L'AGRICULTURE

En préparation :

L'Horticulture, à l'usage des écoles primaires supérieures, des écoles normales primaires, des écoles d'agriculture et des fermes-écoles, rédigée conformément aux programmes prescrits pour ces établissements, par M. *Léon Bussard;* 1 vol. in-12, *avec figures dans le texte.*

On trouve à la même librairie :

Agriculture et Jardinage, à l'usage des écoles primaires, par *J. Gillet-Damitte*, inspecteur de l'instruction primaire; *avec 8 gravures*, *br. avec couverture forte*, 25 c.

Petite Agriculture des Écoles, suivie de Notions d'Horticulture, simples notions sur les principales opérations agricoles et la culture des champs et des jardins, par *le docteur A. C. Saucerotte :* 6e édition, revue et corrigée; in-18, *avec 6 gravures dans le texte*, *cart.* 80 c.

Leçons élémentaires d'Agriculture, rédigées d'après les programmes des écoles normales primaires et des écoles professionnelles, par *A. Ysabeau*, agronome : 11e édition; 1 vol. in-12, *avec 44 gravures dans le texte*, *cart.* 2 f.

Leçons élémentaires d'Horticulture, rédigées d'après les programmes des écoles normales primaires et des écoles professionnelles, par *A. Ysabeau*, agronome : 6e édition; 1 vol. in-12, *avec 30 gravures dans le texte*, *cart.* 1 f. 60 c.

Notions d'Histoire naturelle applicables aux usages de la vie, rédigées d'après les programmes de l'enseignement primaire supérieur, à l'usage des élèves des écoles primaires et normales et des pensionnats, par *Henri Regodt*, professeur de sciences naturelles : 12e édition; 1 vol. in-12, *avec 110 gravures dans le texte*, *cart.* 2 f. 25 c.

Histoire naturelle (Cours d'), répondant aux programmes officiels prescrits pour l'enseignement secondaire classique et moderne dans les lycées et collèges, pour les cours des écoles normales primaires et pour les examens de Baccalauréat, par *M. J. Langlebert*, professeur de sciences physiques et naturelles, docteur en médecine, officier d'académie : 58e édition, suivie d'un Résumé général des classifications zoologique, botanique et géologique actuellement admises dans nos écoles, et tenue au courant des dernières découvertes et des progrès de la science les plus récents; 1 vol. in-12, *avec 620 gravures*, *br.* 4 f.

Leçons élémentaires d'Hygiène, rédigées conformément aux derniers programmes officiels prescrits pour cet enseignement dans les lycées et collèges et dans les écoles normales primaires, par *M. H. George*, docteur-médecin, docteur ès sciences naturelles, maître de conférences d'hygiène à l'Institut agronomique, professeur d'histoire naturelle à l'école municipale Lavoisier à Paris : 9e édition, revue, corrigée et augmentée; 1 vol. in-12, *br.* 2 f. — *cart.* 2 f. 20 c.

Économie domestique et Hygiène, *à l'usage des écoles primaires de filles élémentaires et supérieures*, par *Mme Murique*, directrice de l'école normale primaire de Versailles; 1 vol. in-12, *avec vignettes dans le texte*, *cart.* 1 f. 50 c.

L'AGRICULTURE

COMPRENANT

L'AGROLOGIE, LA MÉTÉOROLOGIE AGRICOLE,
LES CULTURES SPÉCIALES, LA ZOOTECHNIE
ET L'ÉCONOMIE RURALE

PAR MM.

LÉON BUSSARD
Ingénieur agronome, Chef des travaux de la station d'essais de semences de l'Institut national agronomique, Professeur à l'École nationale d'horticulture.

HENRI CORBLIN
Ingénieur agronome, Ancien répétiteur de zoologie à l'Institut national agronomique.

Avec 68 gravures

PARIS
IMPRIMERIE ET LIBRAIRIE CLASSIQUES
MAISON JULES DELALAIN ET FILS
DELALAIN FRÈRES, Successeurs
56, RUE DES ÉCOLES.

L'AGRICULTURE

COMPRENANT

L'AGROLOGIE, LA MÉTÉOROLOGIE AGRICOLE, LES CULTURES SPÉCIALES, LA ZOOTECHNIE ET L'ÉCONOMIE RURALE

PAR MM.

LÉON BUSSARD
Ingénieur agronome, Chef des travaux de la station d'essais de semences de l'Institut national agronomique, Professeur à l'École nationale d'horticulture.

HENRI CORBLIN
Ingénieur agronome,
Ancien répétiteur de zoologie à l'Institut national agronomique.

Avec 68 gravures

DEUXIÈME ÉDITION REVUE ET CORRIGÉE

PARIS
IMPRIMERIE ET LIBRAIRIE CLASSIQUES
MAISON JULES DELALAIN ET FILS
DELALAIN FRÈRES, Successeurs
56, RUE DES ÉCOLES.

Le présent ouvrage a été particulièrement rédigé en vue de l'étude de l'agriculture dans les écoles primaires supérieures, les écoles normales primaires, les écoles d'agriculture et les fermes-écoles. Les auteurs se sont attachés à répondre à toutes les questions comprises dans les programmes adoptés pour ces diverses écoles.

PRÉFACE DE LA DEUXIÈME ÉDITION

Dans la préface de notre première édition, nous disions :

« Les ouvrages agricoles parus jusqu'à ce jour peuvent être classés en deux catégories. Les uns sont de volumineux traités, très complets, très documentés, et parfois d'une valeur indiscutable, mais souvent spéciaux, et qui ne sauraient être consultés avec fruit que par un public initié déjà à la technique de l'agriculture; en raison même de leur développement, ils rebutent dès l'abord les commençants et les praticiens, qui peuvent rarement consacrer un temps suffisant à les compulser. C'est pour les élèves de nos établissements d'enseignement secondaire agricole, fort limités dans le nombre d'heures dont ils disposent, que ce dernier inconvénient se fait le plus vivement sentir. Quant aux traités élémentaires d'agriculture actuellement existants, ils s'adressent, pour la plupart, aux enfants des Écoles primaires, et non à des jeunes gens préparés, par les connaissances précédemment acquises, à recevoir une instruction plus substantielle.

« Entre ces deux genres d'ouvrages, il y a place, nous semble-t-il, pour un troisième, participant à la fois des uns par la méthode scientifique, des autres par la clarté et la concision. C'est la réalisation d'un tel ouvrage que nous avons tentée, en nous inspirant des programmes officiels relatifs à l'enseignement de l'agriculture dans les Écoles normales primaires et les Écoles professionnelles agricoles. Toutefois ces programmes sont complexes et fort détaillés; et, pour embrasser toutes les matières qu'ils comportent, nous avons dû les condenser et les résumer, en nous efforçant de mettre en lumière surtout les règles générales : c'est dire que nous nous sommes attachés à l'esprit plutôt qu'à la lettre de ces guides classiques, laissant au professeur le soin d'appuyer plus fortement sur les points dont l'étude approfondie lui semblera d'une utilité plus certaine et plus immédiate pour ses élèves, et de glisser sur ceux qu'il jugera de moindre importance. Énoncer clairement des notions précises, en évitant, dans la mesure du possible, les données sujettes à controverse ; faire bref autant que le permettent le nombre et l'étendue des matières à enseigner ; toutefois ne passer sous silence aucune question de quelque importance : tel est le but que nous nous sommes proposé.

« Nous avons, d'ailleurs, l'espoir que ce volume, conçu dans un sens non pas exclusivement didactique, mais encore pratique, pourra rendre des services au cultivateur et à toute personne s'intéressant à l'agriculture, aussi bien qu'aux élèves de nos Écoles normales et de nos établissements d'enseignement agricole. L'accueil que nous recevrons du public éclairé auquel nous nous adressons nous permettra d'apprécier dans quelle mesure nous avons réussi. »

La seconde édition de cet ouvrage ne diffère de la première que par des additions assez restreintes et quelques modifications de détail rendues nécessaires par les progrès, peu nombreux dans un si court espace de temps, réalisés dans le domaine des sciences appliquées à l'agriculture.

Nous souhaitons qu'elle rencontre la même faveur auprès des lecteurs auxquels elle est destinée.

AGRICULTURE

CHAPITRE Ier.

Importance de l'agriculture en France. — Nécessité d'une étude raisonnée de l'agriculture. — Importance du moindre progrès en agriculture. — Rôle de l'instituteur à l'école primaire; action favorable qu'il peut exercer dans les campagnes. — Définition de l'agriculture considérée comme métier, art ou science. — Sciences en rapport avec l'agriculture. — Division du cours.

Importance de l'agriculture en France. — L'agriculture est la principale source de richesse de notre pays. Plus encore que nos autres industries, elle en fait la grandeur et la prospérité. L'axiome favori de Sully : *Labourage et pâturage sont les deux mamelles de la France*, énoncé il y a près de trois cents ans, n'a, de nos jours, rien perdu de sa vérité. Dix-huit millions de Français, sur trente-huit millions, vivent directement du travail des champs. Quant aux ouvriers de nos usines ou de nos ateliers, ils demandent à la production agricole la majeure partie des matières premières qu'ils transforment pour nos divers usages. Le capital mis en œuvre par notre agriculture est de plus de 100 milliards, sur lesquels le matériel agricole représente 1 500 millions, le bétail environ 5 milliards 700 millions, le fumier 838 millions, et les semences un peu plus de 500 millions, le surplus de cette somme étant constitué par la valeur des terres cultivées. Son produit brut s'élève annuellement à 14 milliards, et les salaires qu'elle paye dépassent 4 milliards. Une industrie d'une importance aussi colossale est digne de fixer l'attention de tous les hommes soucieux de conserver et d'accroître la fortune et la puissance de notre pays.

Nécessité d'une étude raisonnée de l'agriculture. — On s'est trop longtemps imaginé qu'il n'était nécessaire, pour exercer l'agriculture, d'aucune instruction spéciale, que l'intelligence même était superflue. Tirer parti du sol, tant bien que mal, en se fondant sur les quelques préceptes laissés par les ancêtres, c'est à quoi l'on réduisait cette industrie fondamentale. Aussi, durant de longs siècles, l'agriculture, malgré les efforts de quelques esprits supérieurs, parmi lesquels il convient de citer Bernard Palissy et Olivier de

Serres, resta-t-elle stationnaire, quand tout progressait autour d'elle. Dans cet état d'infériorité, elle ne tarda pas à devenir le lot des faibles et des déshérités. Il fallut la Révolution de 1789 et les efforts des hommes les plus considérables de cette puissante époque pour la faire sortir de sa torpeur. Aidée par la science, elle n'a plus cessé depuis de marcher dans la voie du progrès.

De toutes les mesures prises en faveur de l'agriculture dans ces derniers temps, la plus efficace est, sans contredit, l'extension donnée à l'enseignement agricole, dont la nécessité ne fait plus doute aujourd'hui pour personne. Est-il possible, en effet, de supposer qu'une branche aussi importante de l'activité humaine puisse rester soumise aux errements de la routine? Des connaissances sérieuses sont indispensables pour lui faire produire ce qu'on est en droit d'en attendre. Comment le cultivateur fera-t-il pour appliquer à son sol les engrais nécessaires, si la chimie n'intervient pour les lui indiquer? Sera-t-il en mesure d'utiliser toutes ces machines créées à son intention, s'il n'a quelques notions de mécanique pratique? Pourra-t-il faire un choix judicieux entre les plantes à cultiver, les placer dans le milieu le plus favorable, combattre efficacement les maladies qui les attaquent, si la botanique ne le lui enseigne? Sur quelles bases se fondera-t-il pour loger ses animaux comme il convient, leur fournir au meilleur compte la nourriture nécessaire, choisir ses races et ses individus et s'en débarrasser au moment propice, si les notions de zootechnie lui font défaut? Il obtiendra nécessairement, à plus de frais, des produits moins beaux et de valeur moindre que ceux de cultivateurs plus instruits; il ne pourra entrer en concurrence avec eux, et la ruine à brève échéance couronnera son entreprise. A une époque de marche en avant, comme la nôtre, où les esprits éclairés deviennent plus nombreux tous les jours, la science seule peut nous permettre d'éviter de pareils insuccès.

Importance du moindre progrès en agriculture. — Quand on réfléchit aux sommes énormes que représente notre production agricole, aux surfaces considérables sur lesquelles elle s'exerce, au nombre de têtes de bétail qu'elle alimente, on se rend compte de l'importance que peut avoir le moindre progrès la concernant.

La culture du froment occupe, en France, une superficie d'environ 7 millions d'hectares. Si l'on augmentait de 50 litres seulement le rendement moyen par hectare, il en résulterait un accroissement total de production de 3 500 000 hectolitres, représentant, au prix moyen de 15 francs l'hectolitre, une somme de 52 millions de francs. Or, une telle augmentation paraîtra facile, si l'on considère que le rendement moyen à l'hectare est, actuellement, en France, d'un peu plus de 15 hectolitres, et qu'il s'élève dans certaines exploitations à 30 et 40 hectolitres.

Veut-on un exemple s'appliquant à la production animale? On a calculé que, si l'on parvenait à économiser un centime sur la ration quotidienne de chacun des moutons qui vivent sur notre territoire, la culture française réaliserait, de ce chef, un bénéfice supérieur de plusieurs centaines de millions de francs à celui qu'elle obtient actuellement. L'amélioration de l'espèce ovine de façon à rendre l'animal apte à mieux utiliser ses fourrages, le choix et la préparation des aliments, permettraient certainement d'atteindre ce résultat.

Rôle de l'instituteur à l'école primaire; action favorable qu'il peut exercer dans les campagnes. — Il appartient à l'instituteur de se faire l'ardent propagateur, l'apôtre zélé du progrès agricole. Nul mieux que lui ne peut exercer dans les campagnes l'heureuse influence du savoir mis au service d'une bonne cause. Non seulement il façonne le cœur et l'intelligence des enfants qui lui sont confiés, mais encore il joue le plus souvent, auprès des cultivateurs et des artisans de sa commune, le rôle d'un conseiller éclairé; les avis qu'il donne sont volontiers suivis.

A l'école primaire, l'instituteur ne peut songer à enseigner aux enfants le métier d'agriculteur; il doit se borner à leur faire comprendre et aimer l'agriculture, à la relever à leurs yeux. Il faudra peu d'efforts pour les intéresser aux fleurs, aux oiseaux, aux mille et un détails de la vie des champs, vers laquelle ils sont si naturellement portés. Plus tard, ils adopteront volontiers une carrière pour laquelle ils auront conservé un sentiment profond d'amour et de respect.

Pour atteindre son but, le maître a les leçons orales, les devoirs écrits, narrations ou dictées, sur des sujets faciles, les démonstrations dans son propre jardin, et surtout les excursions dans la campagne. C'est dans ces dernières qu'il puisera les meilleurs exemples à fournir à ses élèves. Ceux-ci saisiront et retiendront mieux les enseignements qui leur seront donnés, quand ils auront sous les yeux l'objet auquel ils s'appliquent.

Mais, pour qu'au village, comme à l'école, l'instituteur se trouve à la hauteur de la tâche qui lui incombe, pour qu'il justifie la confiance qui lui est accordée, il est indispensable qu'il ait approfondi préalablement les questions qui peuvent lui être soumises. De là la nécessité du cours d'agriculture à l'école normale : nécessité tellement reconnue aujourd'hui, qu'il serait oiseux d'insister plus longuement à son sujet.

Définition de l'agriculture considérée comme métier, art ou science. — L'agriculture, selon qu'on l'envisage à l'un ou l'autre point de vue, est un *métier*, un *art*, ou une *science.*

Elle est un *métier*, pour l'*ouvrier agricole* qui travaille au compte d'autrui, pour le *cultivateur* qui suit exclusivement, sans en chercher la raison, les règles de la pratique dès longtemps adoptées dans la région où il exerce son industrie.

Elle est un *art* pour l'*agriculteur*, qui, plus éclairé, se fonde, en connaissance de cause, sur les préceptes de la science.

Elle est une *science* pour l'*agronome*, qui recherche le pourquoi et le comment, les causes et les effets des phénomènes qu'il observe ou qu'il fait naître, et qui en déduit les règles fondamentales, les *lois*.

Considérée dans ses applications raisonnées, nous la définirons ainsi : *L'agriculture est l'art de tirer du sol, au meilleur compte et d'une manière durable, la plus grande quantité possible de produits végétaux marchands* (c'est-à-dire *vendables*) *ou susceptibles de pourvoir aux besoins du cultivateur et des animaux qu'il utilise.*

Il faut insister particulièrement sur ces mots : *d'une manière durable.*

Il ne suffit pas, en effet, de faire rendre beaucoup à la terre sans jamais rien lui restituer. Nous verrons plus loin que la culture ainsi comprise est *épuisante :* elle appauvrit le sol et finit par le rendre stérile.

Sciences en rapport avec l'agriculture. — L'agriculture se fonde sur un grand nombre de sciences : la *géologie*, la *botanique*, la *zoologie*, la *physique*, la *chimie*, les *mathématiques*, la *mécanique*, etc. Elle utilise une foule de connaissances qui en dérivent plus ou moins directement et peuvent être considérées elles-mêmes comme autant de sciences spéciales : la *zootechnie*, l'*art vétérinaire*, la *technologie agricole*, le *génie rural* (qui traite de la construction des bâtiments et des machines agricoles), l'*économie rurale*, la *législation*, etc.

L'hygiène, la médecine, la géographie, la littérature même, ne lui sont pas étrangères. Certains auteurs latins, et non des moindres (Virgile, Columelle, Varron, etc.), ont consacré de longues pages à des sujets purement agricoles.

Division du cours. — La production agricole dépend de trois agents : le *sol*, l'*atmosphère*, la *plante*. Un quatrième intervient lorsqu'il s'agit d'une exploitation zootechnique : l'*animal*. Nous examinerons donc successivement, dans le présent volume :

1° L'**Agrologie**, étude des terres, de leur nature, de leurs propriétés, des modifications qu'elles comportent. A cette partie se rattachent les *Façons culturales*, opérations à faire subir au sol pour le mettre en état de culture : labours, hersages, roulages, etc.;

2° La **Climatologie agricole**, qui traite de l'atmosphère et des climats dans leurs rapports avec l'agriculture;

3° La **Phytotechnie**, qui décrit chacune des plantes agricoles et en indique le mode de culture. Parmi celles-ci, trop nombreuses pour que leur étude puisse entrer dans le cadre de cet ouvrage, il nous faudra nécessairement faire un choix. Nous indiquerons rapidement, pour toutes celles dont nous traiterons, dans quel but et comment elles sont utilisées industriellement, c'est-à-dire que nous résumerons la partie de la *Technologie* qui s'occupe de chacune d'elles;

4° La **Zootechnie**, qui a rapport à la production et à l'utilisation des animaux domestiques;

5° L'**Économie rurale**, science de l'organisation de l'entreprise rurale selon les milieux économiques.

Sous le titre général d'Horticulture, les principes de la *culture potagère*, de l'*arboriculture fruitière*, de l'*arboriculture d'ornement* et de la *floriculture* seront exposés dans un second volume.

CHAPITRE II.

AGROLOGIE.

ÉTUDE DU SOL.

But de l'agrologie. — Le sol. — Formation des terres. — Fertilisation naturelle des terres.

But de l'agrologie. — Le sol sert à la plante de support et de réservoir d'éléments nutritifs. L'agrologie doit donc l'étudier au double point de vue de la *consistance* et de la *composition chimique*.

Comme complément de cette étude, il est nécessaire d'examiner comment on peut modifier les propriétés physiques ou chimiques des terres, dans un sens favorable à la production agricole, par les *façons culturales* (labours, hersages, roulages, etc.), par les *amendements* et par les *engrais*.

Le sol. — On dit d'une terre qu'elle est *meuble*, quand elle se laisse aisément travailler par les instruments de culture. Une terre meuble est formée de particules fines : il ne s'y trouve ni mottes compactes, ni blocs pierreux. Le végétal n'y est point gêné dans sa croissance par la présence d'éléments résistants.

La *terre végétale* est la couche *superficielle* et *meuble* qui recouvre les continents, et dans laquelle les plantes agricoles puisent leurs aliments.

La terre *arable* est la couche supérieure de la terre végétale ordinairement remuée par les instruments aratoires. Son épaisseur varie avec la profondeur des labours (de $0^{m},20$ à $0^{m},30$). On la désigne aussi par les noms de *sol arable*, *sol actif*, ou, plus simplement, *sol*.

Le *sol inerte*, plus généralement appelé *sous-sol*, est constitué par la couche de terre placée immédiatement au-dessous du sol actif, ou par le roc qui la remplace. Il n'est plus atteint par les instruments ordinaires de culture.

Les couches géologiques situées au-dessous du sous-sol n'ont généralement plus d'influence sur la végétation.

Formation des terres. — Les terres résultent de la désagrégation des roches sous l'action d'agents *mécaniques* ou *chimiques*. Nous assistons chaque jour encore à cette formation. L'eau surtout y contribue de diverses façons.

Les rivières, les fleuves, roulent dans leur lit les cailloux arrachés au rivage, les usent les uns contre les autres et produisent ainsi une poussière plus ou moins fine, parfois impalpable, qui n'est autre chose que de la terre. Tant que le courant est suffisamment puissant, cette poussière reste en suspension dans la masse liquide; mais, dès qu'il perd de sa force, elle se dépose dans l'ordre de densité des éléments qui la composent et forme sur le lit du cours d'eau une couche d'épaisseur variable, dont les particules les plus grossières occupent le fond. Les dépôts se font principalement aux embouchures des fleuves. C'est ainsi que les terres apportées par le Rhône ont fini par constituer la Camargue tout entière. Le delta du Nil, en Égypte, est un exemple non moins frappant de la puissance de ce mode de formation des terres.

L'action de la mer est encore plus rapide, plus violente. Ce sont des blocs entiers que le choc des vagues arrache sur les côtes aux falaises, pour les briser ensuite et les réduire à l'état de galets, qui, broyés à leur tour, usés, limés, pour ainsi dire, par un continuel frottement, produisent un sable de grosseur variable. Sur certains points du littoral, ce sable, apporté par les flots, se dépose, et ces alluvions peuvent, avec le temps, combler des ports, des baies, même de grands golfes. L'ancien port d'Aigues-Mortes, où, disent les chroniqueurs, saint Louis s'embarqua pour la septième croisade, se trouve aujourd'hui, par suite d'un phénomène de ce genre, éloigné de plusieurs kilomètres dans les terres.

Or, ce travail de transport et de dépôt des éléments minéraux désagrégés par les eaux, que nous voyons se poursuivre chaque jour, s'est produit sur une bien plus vaste échelle à l'époque où notre globe presque tout entier était recouvert par les mers. Les terrains qui en sont résultés, ceux qui résultent encore aujourd'hui de causes analogues, portent le nom de *terrains de sédiment* ou *sédimentaires;* mais on désigne plus volontiers sous le nom d'*alluvions* les terres de formation récente. On dit aussi que ce sont des *limons*.

Les glaciers agissent comme les rivières, bien que leur mouvement soit beaucoup plus lent.

Les tremblements de terre, les vents violents, les cyclones, les tornados, les trombes, la chute de la foudre, sont autant d'agents de désagrégation des roches.

Les volcans rejettent par leurs cratères de fines poussières, qui se transforment facilement en terre végétale. La couche ainsi produite est parfois considérable. La vallée de la Limagne, en Auvergne, peut-être la plus fertile de France, est formée en grande partie de poussières volcaniques transportées par les vents.

Les changements de température, par les contractions et les dilatations successives des roches, qu'ils produisent incessamment, opèrent aussi sur elles un lent travail de désagrégation. L'augmentation de volume, sous l'effet de la congélation de l'eau, qui remplit leurs pores ou leurs fissures, peut faire éclater les roches les plus dures.

Les actions chimiques, oxydation, carbonatation, etc., jouent un grand rôle dans la division des éléments minéraux du sol : elles aboutissent fréquemment à la dissolution de ces derniers dans les eaux.

Enfin, l'homme, par ses travaux, les animaux, par l'action mécanique résultant de leurs mouvements, concourent encore, dans une certaine mesure, à la formation des terres.

Les terres *tourbeuses* ont une origine particulière. Elles résultent de la décomposition des débris organiques, plantes, cadavres d'insectes et de petits animaux, etc., tombés dans des eaux stagnantes, lacs, mares ou marécages.

Selon que les terres ont pris naissance à la place qu'elles occupent encore, ou qu'elles proviennent de régions d'où elles ont été arrachées par une force quelconque, elles sont dites terres *locales* ou terres de *transport*.

Fertilisation naturelle des terres. — Les terres complètement livrées à elles-mêmes vont s'améliorant sans cesse. Les premiers végétaux qui apparaissent dans les cavités des roches, où se trouvent accumulés des éléments minéraux à un état de ténuité suffisant, sont d'ordre inférieur : *mousses*, *lichens*, etc. Ils vivent péniblement, tirant peu d'un sol pauvre et sans profondeur. Cependant leurs racines se développent en tous sens, profitant des moindres interstices. qu'elles savent élargir quand il est nécessaire, attaquant même les parois de la roche sous-jacente, dans laquelle elles creusent des sillons. Ces plantes meurent, enrichissant la couche superficielle du sol des matériaux puisés par elles dans les profondeurs de la roche et des dépouilles de l'atmosphère. Des végétaux d'un ordre supérieur leur succèdent et poursuivent l'œuvre de fertilisation qu'elles ont commencée; puis ils disparaissent à leur tour, pour faire place à d'autres, plus élevés encore dans l'échelle des êtres. C'est ainsi que s'établit une végétation toujours plus puissante et plus riche, dont le dernier terme est la *forêt vierge*, débordante de sève.

CHAPITRE III.

Propriétés physiques des terres. — Circonstances naturelles capables de modifier les propriétés physiques des terres. — Dénominations appliquées aux terres selon leurs propriétés physiques. — Analyse physique des terres.

Propriétés physiques des terres. — On entend par *propriétés physiques des terres* celles qui résultent de leur densité, de leur plasticité, de leur couleur et surtout de l'état de division des éléments qui les composent.

La *densité* d'une terre est le rapport existant entre le poids d'un volume connu de cette terre et le poids d'un égal volume d'eau. Mais on suppose que la terre est d'un seul bloc, sans interstices entre ses particules, ce qui ne peut avoir lieu dans la réalité. Il ne faut donc pas confondre la *densité* d'une terre avec le *poids du litre*. Ce dernier est toujours plus faible; il varie, d'ailleurs, entre 550 et 1 600 grammes, selon la nature géologique et chimique du sol. Généralement c'est au mètre cube qu'on énonce le poids d'une terre. Voici quelques-uns de ces poids avec les densités correspondantes :

	Poids du mètre cube.		Densité.
	—		—
Sable siliceux	1.400 à 1.500	kilogrammes	2.75
Terre argileuse . . .	1.600 à 1.700	—	2.70
Sable calcaire. . . .	1.400 à 1.600	—	2.80
Terre franche. . . .	1.100 à 1.300	—	2.30
Terreau.	700 à 800	—	1.25

Il n'est pas inutile de faire remarquer que les chiffres représentant la densité d'une terre et le poids du litre diffèrent d'autant plus que les éléments de cette terre, plus grossiers, laissent entre eux des vides plus considérables.

Les terres humides ont toujours, à volume apparent égal, un poids plus élevé que les terres sèches. Quand une terre est remuée par les instruments aratoires, elle augmente de volume; elle *foisonne,* parce que les vides entre ses éléments deviennent plus nombreux. Le poids du mètre cube diminue à mesure qu'augmente le foisonnement.

La *ténacité* d'une terre est la résistance qu'elle oppose à toute force qui tend à séparer ses particules, à l'action de la charrue par exemple. Si cette résistance est grande, la terre est dite *forte* ou *lourde;* elle est dite *légère* dans le cas contraire. Les terres fortes sont les plus difficiles à travailler. Ces termes de *lourde* et de *légère* n'ont, d'ailleurs, aucun rapport avec le poids des terres.

L'*adhérence* est la force qui tient les terres collées aux corps étrangers. C'est elle qui permet à l'argile humide de s'attacher aux mains et aux outils des travailleurs.

La *cohésion* n'est autre chose que l'adhérence des molécules terreuses entre elles.

Les terres argileuses sont à la fois plus fortes et plus adhérentes que toutes les autres.

La *perméabilité* est la propriété qu'ont les terres de se laisser traverser par les liquides et les gaz. Le sable occupe le premier rang comme perméabilité, l'argile le dernier.

La *capillarité* exerce son action dans les canaux sinueux qui sillonnent le sol en tous sens. Elle fait monter à la surface des terres, à mesure que se produit l'évaporation au contact de l'atmosphère, l'eau qu'elles renferment dans leurs profondeurs. Elle permet aux liquides de se diviser à l'infini et de se répandre dans le sol assez loin du point où ils ont été versés. Les terres à éléments fins, *continues*, c'est-à-dire sans vides ni fissures, sont celles qui ont le plus de capillarité.

Selon que les terres retiennent plus ou moins bien l'eau des pluies, des rosées et des irrigations, on dit que leur *faculté d'imbibition* est plus ou moins considérable. La rapidité avec laquelle les terres se dessèchent est en raison inverse de cette faculté. Mieux qu'aucun autre élément du sol, le terreau conserve son humidité : c'est une des raisons pour lesquelles on l'emploie si fréquemment en jardinage.

On entend par *hygroscopicité* des terres le pouvoir qu'elles ont d'absorber, à l'état de vapeur, l'eau qui se trouve dans l'atmosphère. Cette hygroscopicité varie selon la composition du sol; elle dépend surtout de la proportion d'humus qu'il renferme.

La *capacité calorifique* des différents sols, c'est-à-dire la facilité avec laquelle ils s'échauffent, dépend non seulement de leur nature chimique, de leur état d'humidité et de la grosseur des éléments qui les constituent, mais encore de leur couleur. Plus cette couleur est foncée, plus l'échauffement de la terre est intense et rapide, mais aussi plus elle se refroidit vite lorsqu'elle est soustraite à l'action du foyer calorifique.

Sous l'action de la sécheresse, les terres se contractent; elles subissent un *retrait*, et il s'y forme des crevasses. Ce retrait, auquel les terres argileuses sont surtout sujettes, peut exercer sur la végétation des plantes une influence fâcheuse lorsqu'il est assez prononcé pour les déchausser et briser leurs racines.

Voici un résumé du tableau dressé par Schübler, agronome suisse, qui a fait une étude spéciale des propriétés physiques des terres; les chiffres qu'il indique, intéressants à comparer entre eux, n'ont cependant qu'une valeur relative :

	ADHÉRENCE. Poids nécessaire pour détacher un plateau de balance adhérent à la terre.	TÉNACITÉ Poids capable de rompre un prisme de terre façonné humide, puis séché.	FACULTÉ D'IMBIBITION. Poids d'eau retenue par 100 grammes de terre sèche.	DESSÈCHEMENT. Poids d'eau évaporée en 4 heures (terre mouillée avec 100 grammes d'eau).	HYGROSCOPICITÉ. Poids d'eau absorbée par 100 grammes de terre dans un air saturé.	CAPACITÉ CALORIFIQUE comparée à celle du sable calcaire.
	Kilog.	Kilog.	Grammes	Grammes	Grammes	
Sable siliceux.	0.19	0.00	25	88.4	0.0	95.6
Sable calcaire.	0.20	0.00	29	75.9	0.3	100.0
Calcaire pulvérulent. . . .	0.71	1.00	85	28.9	3.5	61.8
Argile pure. .	1.32	18.22	70	31.9	5.9	66.7
Terreau. . . .	0.42	1.58	190	20.5	12.0	49.0

Shübler n'a pas fait d'expériences directes sur la perméabilité des terres. Plus celles-ci sont tenaces, moins elles sont perméables.

De ce que certains sols ont les mêmes propriétés physiques, il ne s'ensuit pas toujours que leurs qualités ou leurs défauts soient identiques. Dans les pays humides, les terres sableuses sont bonnes; elles sont mauvaises dans les pays secs. Les conditions locales exercent toujours une influence sur les propriétés physiques des terres.

Circonstances naturelles capables de modifier les propriétés physiques des terres. — Outre le volume des particules terreuses, qui fait varier du tout au tout les propriétés physiques de sols de même nature, il est d'autres circonstances qui peuvent les modifier ou les neutraliser. On doit placer au premier rang la *profondeur* du sol. On admet généralement qu'une terre doit avoir au moins 20 centimètres de profondeur pour être cultivable. Plus sa profondeur est considérable, plus les racines des plantes peuvent s'y développer à l'aise, et, par suite, plus elle est productive, toutes choses égales.

Le sous-sol modifie les propriétés physiques du sol par son influence mécanique sur l'écoulement des eaux pluviales. S'il est perméable, il laisse pénétrer l'eau, l'air et la chaleur dans les couches sous-jacentes; s'il est imperméable, il maintient cette eau dans le sol, qu'il rend humide et froid. On peut remédier à ce dernier inconvénient par le *drainage* ou les *labours en billons*. D'autre part, les irrigations fréquentes permettent de combattre la rapide dessiccation du sol qui résulte d'un excès de perméabilité du sous-sol.

Selon que le sol est en pente ou forme cuvette, les eaux y séjournent aussi plus ou moins aisément. Enfin l'*exposition*, sur laquelle nous aurons à revenir bientôt, exerce une grande influence sur l'échauffement des terres. Généralement les terrains sont plus chauds au midi, plus humides à l'ouest, plus secs à l'est et plus froids au nord. Dans la détermination du degré de chaleur et d'humidité du sol, il y a également lieu de tenir compte des *abris* : forêts, montagnes, etc., situés à proximité.

Dénominations appliquées aux terres selon leurs propriétés physiques. — Nous avons indiqué déjà ce qu'on entend par terres *légères* et terres *fortes*. On désigne vulgairement sous le nom de terres *à un cheval* celles qui peuvent être labourées par un seul cheval attelé à la charrue. Il y a des terres *à deux chevaux*, *à trois chevaux*, *à deux bœufs*... On distingue aussi la terre *à un homme*, d'une ténacité si faible qu'on peut l'enlever directement à la pelle ; la terre *à deux hommes*, où un piocheur doit préparer le travail du pelleteur ; la terre *à trois hommes*, où il faut deux piocheurs pour un pelleteur, etc. On dit d'un sol qu'il est *compact* ou *consistant*, quand les particules qui le composent sont fortement reliées entre elles, agglutinées par une matière qui le plus souvent est l'argile. Le sol *meuble* est l'opposé du sol compact.

Les sols siliceux et calcaires sont dits, selon la grosseur de leurs éléments : *pierreux*, *caillouteux*, *graveleux* ou *sableux*, les matériaux qui les composent étant classés par ordre de finesse croissante.

Une terre est *sèche* quand elle se trouve presque complètement dépourvue d'eau (moins de 10 pour 100) ; *fraîche*, quand l'eau s'y rencontre en quantité suffisante pour satisfaire aux exigences des végétaux (15 pour 100 environ) ; *humide* ou *mouillée*, quand l'abondance de l'eau la rend malsaine et peu propre à la culture (plus de 20 pour 100).

Analyse physique des terres. — L'analyse physique des terres n'est pas autre chose que la séparation des quatre matières principales dont elles sont formées : silice, argile, calcaire et terreau. Parfois même elle se trouve réduite à une simple classification par ordre de densité des éléments qui composent le sol.

Lorsqu'il s'agit d'analyser la terre arable d'une parcelle de même constitution dans toute son étendue, il faut d'abord prélever un *échantillon moyen*, c'est-à-dire une quantité de matière dont la composition représente aussi parfaitement que possible celle que le sol aurait si tous les éléments dont il est formé se trouvaient mélangés uniformément. Pour cela, sur plusieurs points du champ considéré, on creuse à la bêche, après avoir enlevé l'herbe et les débris végétaux, des tranchées de $0^{m},50$ de côté, et l'on prend, sur chacune des faces de ces trous, un prisme de terre de hauteur égale à celle de l'épaisseur de la couche arable. On fait du tout un même tas, dont, par des brassages répétés, on mélange intimement toutes les parties. Les grosses pierres sont séparées à la main pour en déterminer la proportion à l'aide d'une pesée. Puis, à différentes hauteurs et à l'intérieur comme sur les bords du tas, on prélève de petites quantités de terre, jusqu'à ce que l'échantillon ainsi obtenu atteigne un poids d'environ 2 kilogrammes. Quand le champ considéré présente plusieurs parties de constitutions différentes, il faut prendre autant d'échantillons moyens et exécuter autant d'analyses qu'il y a de parties distinctes.

Pour le prélèvement des échantillons du sous-sol, on procède de la même façon, en creusant davantage les tranchées et en enlevant préalablement la couche arable, facilement reconnaissable à sa couleur.

Ceci fait, nous nous trouvons en présence de deux méthodes d'analyse. La première, due à Masure, est purement mécanique. Elle consiste à placer dans une allonge A (*fig.* 1)

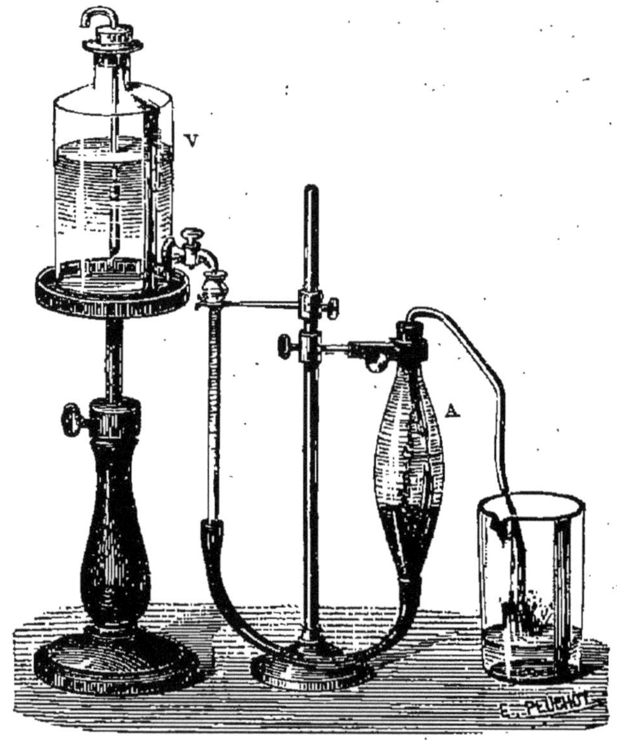

Fig. 1.

un poids déterminé de terre, débarrassée au préalable des cailloux et des graviers qu'elle renfermait, et à la soumettre à l'action d'un courant d'eau circulant de bas en haut à travers la masse. Ce courant est obtenu à l'aide d'un vase de

Mariotte V, qu'un tuyau de caoutchouc surmonté d'un entonnoir en verre met en communication avec l'ouverture inférieure de l'allonge. Les plus fines particules de terre entraînées par l'eau à la partie supérieure de l'allonge, puis dans le tube coudé qui lui fait suite, sont recueillies dans un vase. On les fait sécher, puis on en détermine le poids. Masure considère à tort cette partie tout entière comme constituée par de l'argile; il s'y trouve également du sable très fin. La seconde partie, restée dans l'allonge, est également pesée après dessiccation : c'est le *sable*. Outre son peu de précision, cette méthode présente l'inconvénient de séparer en deux lots seulement les éléments du sol.

La seconde méthode, due à M. Schlœsing, est de beaucoup préférable à la précédente. Elle consiste à diviser 1 kilogramme de terre sèche par des criblages successifs en *cailloux*, qui restent sur un tamis à mailles de 5 millimètres; en *gravier*, qui ne peut traverser un second tamis à mailles d'un millimètre, et en *terre tamisée*, que ne retient pas ce dernier tamis. Chacun de ces lots est pesé à part ; le calcaire des deux premiers y est dosé par différence après traitement par l'acide chlorhydrique. Les débris organiques restés avec les cailloux ou le gravier sont séparés à la main et pesés également. On prélève 10 grammes de terre tamisée, que l'on introduit dans une capsule, et que l'on délaye dans l'eau distillée, en remuant avec le doigt. On cesse d'agiter, on compte 10 secondes, puis on verse doucement l'eau trouble dans un vase, en ayant soin de ne pas faire tomber les particules lourdes restées au fond de la capsule. On répète cette opération jusqu'à ce que l'eau de lavage soit limpide. Le résidu constitue le *gros sable;* il est desséché et pesé. On y dissout le calcaire à l'aide de l'acide azotique : la différence de poids constatée représente le *sable calcaire*. Une nouvelle différence de poids, obtenue par la calcination, correspond aux *débris de terreau*. Restent les *éléments fins*, séparés par décantation. On y dose comme précédemment le *calcaire fin*. On filtre: l'acide employé pour ce dosage coagule l'*argile*, c'est-à-dire la transforme en une substance incristallisable, dont les propriétés physiques sont analogues à celles de la colle vulgaire, et qui joue le rôle d'un véritable ciment minéral. Cette substance, à laquelle on a donné le nom d'*argile colloïdale*, reste sur le filtre avec le *sable fin non calcaire*. On l'en sépare en laissant digérer la masse pendant trois ou quatre heures avec un peu d'ammoniaque, puis en agitant avec de l'eau distillée. L'argile reste en suspension dans l'eau avec la matière organique; le sable se dépose. Il suffit de décanter pour obtenir séparément le sable. La matière organique est dosée par différence après calcination au moufle.

Il est aisé de constater que cette méthode permet de déterminer non seulement la proportion totale, dans la terre considérée, des quatre éléments : silice, argile, calcaire et terreau; mais encore la quantité de chacun d'eux existant dans les lots à différents états de division.

CHAPITRE IV.

Composition chimique des terres. — Étude des principaux éléments constitutifs des terres : Silice. — Argile. — Calcaire. — Humus ou terreau. — Classification naturelle des terres.

Composition chimique des terres. — Les terres se composent essentiellement de *silice*, d'*argile*, de *calcaire* et de matières organiques à l'état d'*humus* ou de *terreau*. En dehors du carbonate de chaux et des silicates, elles renferment encore d'autres substances salines, qui, bien qu'en faible proportion, jouent cependant un rôle considérable dans la végétation. Les plus importantes de ces substances sont le plâtre ou sulfate de chaux, le phosphate de chaux, les chlorures de potassium, de magnésium et de sodium, les carbonates, sulfates, azotates et phosphates de potasse, de soude et de magnésie, les sels de fer et de manganèse. Ce sont ces derniers sels qui donnent aux terres leur coloration.

Sols siliceux. — Les sols siliceux résultent de la désagrégation des roches formées de *quartz*, de *feldspath*, de *mica*, de *talc*, d'*amphibole* et de *pyroxène* diversement combinés. Leur valeur agricole diffère considérablement, selon qu'ils proviennent de la décomposition de l'une ou de l'autre de ces roches.

Les sols siliceux formés par les roches des terrains primitifs et des terrains de transition : *granit*, *gneiss*, *porphyres*, *grès siliceux*, etc., sont maigres par suite de l'insuffisance et de l'état d'insolubilité des substances utiles aux végétaux qu'ils renferment. Ils manquent d'acide phosphorique, de chaux, de potasse et de magnésie, sont très légers et se dessèchent facilement. Les végétaux qu'ils portent sont rabougris; les animaux qu'ils nourrissent, petits et rustiques. La Bretagne, le Plateau Central, le Morvan, les Vosges, sont recouverts en partie par des terres de cette nature.

Les terres siliceuses se reconnaissent aux caractères suivants : elles manquent de consistance, sont sèches, chaudes, perméables et très meubles. Elles font peu ou point effervescence avec les acides. Les amendements argileux et calcaires y sont appliqués avec succès. Ces terres laissent trop facilement échapper les produits de la décomposition des engrais.

La silice ne constitue pas moins de 73 pour 100 de l'écorce terrestre, dont elle forme en quelque sorte la charpente solide. Comme élément nutritif des plantes, elle se trouve toujours en quantité suffisante dans le sol, bien qu'elle entre pour une forte proportion dans la composition de certains végétaux.

Nos céréales sont au nombre des plantes qui en renferment le plus. La paille sèche de froment en contient environ 2 1/2 pour 100, celle d'avoine 3 pour 100.

Sols argileux. — Les argiles sont composées de silicates d'alumine plus ou moins purs. Elles proviennent de la décomposition des *feldspaths* et sont généralement colorées par des sels minéraux. Le *kaolin*, argile à peu près pure, est complètement blanc. Les *ocres* sont, au contraire, fortement colorées.

Les roches volcaniques anciennes (*trachytes*, *basaltes*) donnent naissance à des sols moins poreux et moins perméables que les roches volcaniques modernes (*laves* et *scories*). Toutes ces roches produisent des terres d'une grande fertilité, celles par exemple que l'on rencontre dans la Limagne d'Auvergne et dans certaines vallées de la Gironde.

Les argiles diffèrent notablement les unes des autres par les proportions de silice, de chaux, de potasse, de soude, etc., qu'elles renferment.

Les argiles font pâte avec l'eau et se laissent alors aisément pétrir; elles doivent à cette plasticité, qu'elles perdent par la cuisson, d'être employées à la fabrication des poteries. Le retrait qu'elles éprouvent sous l'influence de la chaleur est la cause de ces larges fissures qui se produisent dans les terres fortes pendant les sécheresses de l'été. Les terres argileuses sont imperméables, compactes, froides, lentes à se dessécher. Elles adhèrent fortement aux instruments aratoires. Elles conservent bien les engrais, qui ne s'y décomposent que très lentement. Souvent assez riches en potasse, elles sont généralement pauvres en acide phosphorique. L'apport d'amendements siliceux ou calcaires ou de matières organiques améliore notablement les terres argileuses. Ces terres peuvent former la base d'excellents sols, mais, seules, elles sont difficiles à travailler et peu propres à la culture. On trouve une forte proportion d'argile dans la plupart de nos bons terrains de prairies.

On donne le nom de *marnes* aux argiles fortement mélangées de carbonate de chaux.

Sols calcaires. — C'est au carbonate de chaux, le plus important et le plus répandu des composés formés avec cette base, qu'on donne généralement le nom de *calcaire*. Mais, quoique ayant une composition chimique à peu près identique, les diverses roches calcaires diffèrent notablement par leur structure. Les *marbres*, calcaires durs et lourds, la *pierre lithographique*, également dure et à texture serrée, ne peuvent être confondus avec le *moellon*, poreux et léger, ou avec la *craie*, si facile à réduire en poussière. Au point de vue géologique, les calcaires des terrains de transition, des terrains secondaires et des terrains tertiaires se distinguent par la nature des coquillages, des *fossiles* qu'on y trouve.

Les propriétés des sols calcaires varient en raison des quantités d'argile, de sable siliceux, de potasse, de soude, etc., qu'ils renferment; en raison aussi de la grosseur de leurs particules. La potasse y fait souvent défaut. Ces sols sont généralement de couleur blanche ou grisâtre. Ils sont tantôt compacts, tantôt légers et perméables. La terre calcaire, assez tenace, se tasse facilement en mottes, qui, durcies, se délitent ensuite à l'air. Durant l'été, le dessèchement et l'échauffement en sont excessifs; durant l'hiver, elle est, au contraire, très humide. Les terres calcaires constituent d'excellents amendements pour les sols dépourvus de chaux; mais elles sont pauvres en matières organiques. La décomposition des engrais y est très active : cette rapidité même entraîne une perte notable de produits utiles. Les paysans ont une façon spéciale d'exprimer cette action : ils disent que ces terres *mangent l'engrais*. On doit les fumer fréquemment, mais à petites doses. On reconnaît les terres calcaires à ce qu'elles produisent, avec les acides, une vive effervescence, due au dégagement d'acide carbonique.

Les sols crayeux, où le calcaire est en masses trop compactes, sont de mauvaise qualité. La Champagne Pouilleuse doit la sécheresse et l'aridité de son sol à la prédominance du calcaire friable. Les plus beaux pâturages de la Normandie sont assis, au contraire, sur des calcaires jurassiques recouverts de limon des plateaux, et la Beauce, riche en céréales, est un exemple de terrains calcaires fertiles.

Ajoutons que le calcaire, indispensable aux plantes comme aux animaux, fait défaut dans un grand nombre de sols. Il faut l'y apporter par le *chaulage* ou par le *marnage*.

Terreau. — Le *terreau* est le produit de la décomposition des matières organiques, débris de plantes ou d'animaux, sous l'influence de micro-organismes. On lui donne le nom d'*humus* quand il est parvenu à un état avancé de putréfaction. On a longtemps considéré l'humus comme étant le seul aliment puisé dans le sol par les végétaux ; on croit aujourd'hui que son rôle se borne à apporter aux plantes certains sels résultant de sa décomposition, à rendre plus solubles les matières minérales, dont il facilite ainsi l'absorption par les végétaux, et à modifier dans un sens favorable les propriétés physiques du sol.

Le terreau est une matière noirâtre, riche en carbone, légère, spongieuse, très perméable. Il peut absorber et retenir jusqu'à 190 pour 100 de son poids d'eau. Il communique aux terres fortes de la perméabilité, les rend légères et faciles à travailler ; il donne, au contraire, plus de corps aux terres légères. La température des terres humifères est à peu près constante. Les sols qui renferment plus de 30 pour 100 de terreau sont de mauvaise qualité ; mais on peut admettre que, jusqu'à 20 pour 100, la fertilité des terres s'accroît avec la proportion de terreau qu'elles renferment. Les terres de jardin sont riches en terreau.

On distingue trois sortes de terreaux :

1° Le terreau *doux*, qui résulte de la décomposition de

plantes de bonne nature, riches en azote, pauvres en tanin, en présence de l'air, de l'humidité et des matières alcalines, sous l'influence d'une température douce. Il a toujours une action favorable sur la productivité du sol;

2° Le terreau *acide*, qui provient de la décomposition de mauvaises plantes dans un terrain trop humide et dépourvu de calcaire. Tel qu'il est naturellement, ce terreau (*terres de bruyères, terres de landes*) exerce une action nuisible sur la végétation. On peut l'améliorer par le dessèchement suivi d'un apport de calcaire ou d'engrais à base de potasse;

3° La *tourbe*, terreau formé lentement sous l'eau, sans l'intervention de l'air, par la décomposition de plantes aquatiques. Les terrains tourbeux, humides, spongieux, élastiques, sont, par eux-mêmes, impropres à la culture. Bien égouttés, chaulés ou marnés, ils sont susceptibles de donner des fonds excellents.

Les terres humifères sont généralement malsaines; elles laissent échapper des émanations putrides.

Les pampas américaines, les terres noires si fertiles de la Russie méridionale, sont constituées par des amas de terre végétale riche en humus, dont la formation est très ancienne. En France, les tourbières sont assez nombreuses, mais de faible étendue; la Bretagne surtout en possède. Les tourbières de l'Irlande, du nord de l'Allemagne, de la Hollande et de la Suisse sont très importantes.

Classification naturelle des terres. — Les modes de classification des terres sont nombreux. Les uns sont basés sur la nature de leurs éléments ou sur leurs propriétés physiques; les autres sur leur degré de fertilité; d'autres, enfin, à la fois sur leur composition et sur leur productivité. Les premières sont dites *agrologiques* ou *naturelles*, les secondes *économiques*, les dernières *mixtes*. Nous ne nous occuperons ici que des classifications naturelles. Il en existe plusieurs. Celle de Masure est à la fois la plus logique et la plus simple. (Voir le tableau ci-contre.) On y remplace généralement aujourd'hui le terme de *sable* par celui de *silice*.

Quelques observations sont nécessaires au sujet des chiffres de ce tableau. Les proportions d'argile qui y sont indiquées ont été déterminées par la méthode de Masure. Elles sont toutes beaucoup trop fortes, les analystes ayant considéré comme argile une notable proportion de sable fin. D'autre

TABLEAU DE LA CLASSIFICATION DES TERRES ARABLES (d'après Masure).

DÉSIGNATION DES CLASSES.		COMPOSITION ÉLÉMENTAIRE. PROPORTIONS CENTÉSIMALES DES ÉLÉMENTS.				TERMES VULGAIRES. Synonymie.
		Argile.	Sable.	Calcaire pulvérulent.	Terreau.	
TERRES ARGILEUSES. (Les propriétés de l'argile dominent.)	Terres argileuses. (L'argile domine seule sur tous les éléments.)	+ de 40 %	— de 50 %	— de 5 %	5 à 10 %	Terres glaises. Terres à potier.
	Terres argilo-sableuses. (L'argile domine sur le sable, et, avec le sable, sur les autres éléments.)	+ de 30 %	50 à 70 %	— de 5 %	5 à 10 %	Glaises maigres. Glaises sableuses. *Terres à blé.*
	Terres argilo-calcaires. (L'argile domine, et, après elle, le calcaire pulvérulent.)	+ de 30 %	— de 50 %	5 à 10 %	5 à 10 %	Marnes glaiseuses. Glaises blanches. *Terres à trèfle et à luzerne.*
	Terres argilo-humifères. (L'argile domine, et, après elle, le terreau.)	+ de 30 %	— de 50 %	— de 5 %	+ de 10 %	Glaises noires. Terres de marécages.
TERRES SABLEUSES. (Les propriétés du sable dominent).	Terres sableuses. (Le sable domine seul.)	— de 10 %	+ de 80 %	— de 5 %	5 à 10 %	Sables meubles. *Terres de pinières.*
	Terres sablo-argileuses. (Le sable domine, mais l'argile se fait sentir après lui.)	10 à 20 %	+ de 70 %	— de 5 %	5 à 10 %	Sables consistants. *Terres à seigle.*
	Terres sablo-calcaires. (Le sable domine, et, après lui, le calcaire pulvérulent.)	— de 10 %	+ de 70 %	5 à 10 %	5 à 10 %	Sables crayeux. Terres blanches. *Terres à sainfoin et à luzerne.*
	Terres sablo-humifères. (Le sable domine, et, après lui, le terreau.)	— de 10 %	+ de 70 %	— de 5 %	+ de 10 %	Sables noirs. Terres de bruyères.
	Terres calcaires. (Le calcaire pulvérulent domine seul.)	— de 10 %	50 à 70 % Sable calcaire surtout.	+ de 10 %	5 à 10 %	Terres marneuses. Marnes exploitables.
	Terres humifères. (Le terreau domine seul.)	— de 10 %	— de 50 %	— de 5 %	+ de 30 %	Tourbes. Marécages.
	Terres parfaites (dont les éléments se font équilibre.)	20 à 30 %	50 à 70 %	5 à 10 %	5 à 10 %	Terres franches. Limon.

part, sous la dénomination de sable, Masure a confondu la silice et le calcaire à un état déterminé de division, sous lequel ils possèdent des propriétés physiques analogues; il convient de les distinguer. Il résulte des analyses physico-chimiques de M. Schlœsing et de M. Grandeau que les sols livrés à la culture renferment rarement 20 pour 100 d'argile et jamais plus de 30 pour 100.

Il est important de faire remarquer que l'agriculteur ne pourra tirer réellement des indications utiles d'une classification des terres qu'en s'appuyant sur l'étude de la géologie.

Cette étude, que faciliteront les cartes géologiques détaillées et les excellents ouvrages que l'on possède aujourd'hui, en lui faisant connaître les caractères exacts des diverses formations, la composition générale des sols qui s'y rencontrent, la disposition des couches les unes par rapport aux autres, lui permettra de mieux apprécier, notamment par la comparaison avec des régions analogues, quelles plantes il pourra cultiver avantageusement, quelles substances fertilisantes il conviendra d'apporter au sol qu'il exploite, quels travaux il devra lui faire subir.

CHAPITRE V.

Propriétés chimiques des terres. — Pouvoir absorbant. — Décomposition des matières organiques dans le sol. — Nitrification. — Indestructibilité de la matière, permanence de la force. — Rôle de l'air dans la terre végétale. — Rôle de l'eau dans la terre végétale. — Classification des terres d'après leur richesse en principes utiles aux végétaux.

Pouvoir absorbant des terres. — La terre végétale a la propriété de fixer certains principes fertilisants, en quantité d'autant plus grande qu'elle en est plus dépourvue. Du purin, versé sur une terre meuble, filtre parfaitement incolore et sans odeur : car il s'est débarrassé, à l'intérieur de la couche terreuse, de la plupart des substances dont il était chargé. L'ammoniaque, la potasse et l'acide phosphorique, dont le sol est constamment dépouillé par les végétaux ou la nitrification, sont facilement absorbés par les terres; il n'en est pas de même des nitrates, également utiles à la végétation.

Le pouvoir absorbant du terreau est considérable; celui de l'argile est moindre; la silice et le calcaire pur n'en ont aucun.

Décomposition des matières organiques dans le sol. Nitrification. — Les matières organiques se décomposent dans le sol, en présence de l'oxygène de l'air, pour donner naissance à de l'acide carbonique, à de l'eau et à différents sels. Cette décomposition n'est pas autre chose qu'une combustion lente; mais elle n'est pas due à un phénomène purement chimique; elle résulte, au contraire, de la vie de nombreux organismes. Comme conséquence de cette production d'acide carbonique, ce gaz se trouve en proportion beaucoup plus considérable dans les terres végétales que dans les sols inertes.

Pendant la combustion dont nous venons de parler, l'oxygène se porte non seulement sur le carbone de la matière organique, mais encore sur l'azote des substances azotées, pour produire de l'acide azotique ou acide nitrique, lequel se combine avec une base, chaux, soude ou potasse, pour former un nitrate. Ce phénomène — très important pour l'agriculture, en ce qu'il rend assimilable l'azote, aliment essentiel des plantes, qui, s'il n'en était ainsi, resterait inutile pour la végétation — porte le nom de *nitrification*. C'est la nitrification qui donne naissance au salpêtre. Elle exige pour se produire :

1° La présence d'une matière azotée;

2° Celle de l'oxygène;

3° Celle d'une base avec laquelle l'acide nitrique puisse se combiner;

4° Un certain degré d'humidité; les terres sèches ne nitrifient jamais;

5° Une température convenable;

6° Enfin le concours d'un petit être organisé affectant la forme de globules microscopiques, auquel on a donné le nom de *ferment nitrique*.

L'état de division du sol, augmenté par les labours, exerce une influence considérable sur la nitrification. Plus la terre est meuble, plus la production d'acide nitrique est abondante. Dans certains sols, la nitrification est tellement rapide, qu'il se produit à la surface des efflorescences salines. Dans l'Inde, l'Égypte, l'Amérique équatoriale, on rencontre sur de grandes surfaces de semblables efflorescences.

Indestructibilité de la matière, permanence de la force. — Dans la nature, *rien ne se perd, rien ne se crée, tout se transforme*. Qu'un animal vienne à mourir, les matières dont il est formé ne disparaissent pas de ce fait. Les unes, solides ou liquides, vont à la terre, qu'elles enrichissent en éléments fertilisants; les autres, gazeuses, se déversent dans l'atmosphère et y restent jusqu'au moment où elles peuvent entrer en combinaison avec d'autres corps. Rien donc ne s'est perdu de tout l'animal. Les plantes emploient à leur développement les matières que sa mort a mises en liberté. Mais, à leur tour, elles servent de pâture à d'autres animaux, auxquels elles permettent de subsister, de s'accroître et de donner naissance à des êtres semblables à eux. Rien non plus ne s'est donc créé : car, de même que toute la matière de l'animal provient de la plante et de l'atmosphère, ainsi la matière de la plante provient en partie de l'animal, le complément étant fourni par le sol et l'atmosphère, auxquels elle le restituera à sa mort.

On explique l'ensemble de ces phénomènes en disant que la matière est *indestructible*.

Pas plus que la matière, la force ne se perd. Toute dépense de force se traduit par une production de chaleur. Inversement, de toute dépense de chaleur résulte une production de force. Qui ne sait que c'est sur cet axiome qu'est basé le principe des machines à vapeur? Visible ou masquée, la force est donc *permanente*.

Le soleil, qui l'échauffe, est la source de tout mouvement à la surface de la terre.

Cette incessante transformation de la matière et de la force constitue en quelque sorte le pivot de toutes les sciences naturelles, et particulièrement de l'agriculture.

Rôle de l'air dans la terre végétale. — Les plantes ont absolument besoin d'air pour subsister, et aucune de leurs parties ne doit en être privée. Les racines en réclament, comme la tige et les feuilles. Dans les terres mal assainies, où l'oxygène fait défaut, les racines périssent par asphyxie dès qu'elles pénètrent à une certaine profondeur. Dès le début de la germination, la jeune plantule qui se développe en terre doit déjà respirer. De l'activité de sa respiration dépendent même sa vitalité et la rapidité de sa croissance.

Aussi les semences ne peuvent-elles lever et pourrissent-elles rapidement dans les sols mal aérés.

Nous avons déjà vu que la décomposition complète des matières organiques ne peut s'effectuer qu'en présence de l'air.

Ajoutons que l'air apporte au sol de la vapeur d'eau, des sels minéraux et des poussières fertilisantes.

Rôle de l'eau dans la terre végétale. — Le rôle de l'eau dans la terre végétale est considérable. Elle s'y trouve constamment en mouvement, soit qu'elle descende à travers les fissures, en vertu de sa pesanteur, soit que la capillarité la fasse remonter à la surface, soit enfin que des courants se produisent en tous sens par suite de l'évaporation ou des différences de densité qui existent dans la masse aqueuse. Dans ce va-et-vient continuel, l'eau entraîne de l'air à sa suite : elle contribue donc à l'aération du sol. Mais elle remplit une fonction bien plus importante encore : c'est elle qui charrie tous les sels minéraux servant à la nutrition des plantes, qui les présente aux racines à l'état de solution, les y fait pénétrer par *osmose* et les abandonne à l'intérieur du végétal à mesure qu'elle s'évapore. Quelle que soit la richesse d'une terre, elle donnera de médiocres récoltes si l'eau y fait défaut.

En outre des matières qu'elle tient en dissolution ou en suspension, l'eau apporte encore aux plantes de l'hydrogène.

Quand les terres pèchent par excès de perméabilité, l'eau n'y séjourne pas; elle entraîne avec elle toutes les matières solubles des engrais, qui se trouvent ainsi perdues pour la végétation. Ce défaut est commun dans les terres sableuses.

Classification des terres d'après leur richesse en principes utiles aux végétaux. — Parmi tous les éléments que doit renfermer le sol pour subvenir à la nutrition des végétaux, un grand nombre ne font jamais ou presque jamais défaut. Les plus importants de ceux-ci sont : l'acide sulfurique, le chlore, la silice, la soude, la magnésie, le fer et le manganèse. La chaux, la potasse, l'acide phosphorique et les matières azotées se trouvent, au contraire, souvent en quantité insuffisante dans le sol. La valeur chimique des terres se déduit rationnellement de la proportion des éléments nécessaires aux plantes, dont la présence ou l'absence détermine l'abondance ou la rareté des récoltes. Se basant sur les travaux de MM. de Gasparin, Risler, Joulie, etc., le Comité des Stations agronomiques a classé les terres de la façon suivante :

	Azote.	Acide phosph.	Potasse.	
Terres très riches.	2	2	»	Pour 1000
Terres riches	1 à 2	1 à 2	»	
Terres moyennement riches. .	1	0.5 à 1	1	
Terres pauvres	0.5 à 1	0.1 à 0.5	»	
Terres très pauvres.	0.5	0.1	»	

Nous reviendrons sur ce qui a rapport à la chaux.

CHAPITRE VI.

Défauts dominants des terres arables. — Conditions que doit remplir une terre arable pour être parfaite. — Indices de la nature et de la fertilité d'une terre. — Périodes de fertilité de Royer.

Défauts dominants des terres arables. — Les défauts dominants des terres arables sont les suivants :

Pour les sols *siliceux :* le manque de consistance, déterminant une perméabilité trop grande et une ténacité trop faible; le dessèchement rapide, d'où résulte un trop facile échauffement; un prompt épuisement des engrais organiques; la pauvreté en matières fertilisantes.

Pour les sols *argileux :* une excessive compacité, déterminant une extrême ténacité et une perméabilité insuffisante; une trop grande humidité, qui en rend l'échauffement difficile et ne permet qu'une très lente décomposition des engrais; la pauvreté en acide phosphorique et parfois en calcaire.

Pour les sols *calcaires :* un dessèchement et un échauffement excessifs durant l'été; une humidité exagérée pendant la mauvaise saison; la pauvreté en matières organiques, résultant de l'épuisement rapide des engrais.

Quant aux terres *humifères*, elles sont malsaines et, par elles-mêmes, impropres à la culture.

Nous verrons bientôt comment, à l'aide des *amendements* et des *engrais*, on peut corriger ces défauts et donner aux terres les qualités que nous allons énumérer.

Conditions que doit remplir une terre arable pour être parfaite. — Ces conditions sont les suivantes :

1° *Fraîcheur :* elle retiendra plus de 10 et moins de 20 pour 100 d'eau ;

2° *Chaleur :* sa température variera entre 5 et 20 degrés ;

3° *État meuble :* il ne s'y rencontrera ni blocs pierreux ni mottes compactes ;

4° *Perméabilité :* elle se laissera aisément traverser par les liquides et les gaz ;

5° *Ténacité :* elle se tenace sans exagération ; les racines des plantes y trouveront une solide assise ;

6° *Richesse en matières utiles :* elle renfermera en quantité suffisante tous les éléments nécessaires aux végétaux ;

7° *Activité chimique :* elle favorisera la décomposition des engrais ;

8° *Conservation des engrais :* elle retiendra les produits de cette décomposition.

D'après Masure, une terre renfermant :

Argile	20 à 30 %
Sable	50 à 70 %
Calcaire pulvérulent	5 à 10 %
Terreau	5 à 10 %

présenterait tous ces caractères. Nous rappelons ici notre précédente remarque en ce qui concerne les proportions d'argile déterminées par Masure.

Indices de la nature et de la fertilité d'une terre. — Seule, l'analyse complète d'une terre peut en faire connaître la composition ; concurremment avec les conditions culturales, elle en indique la valeur AGRICOLE. Mais, quand, pour une raison quelconque, on se trouve dans l'impossibilité d'y recourir, on peut souvent tirer d'utiles renseignements de l'examen des végétaux que le sol produit spontanément ou des animaux qui vivent à sa surface.

Le *chiendent*, l'*avoine à chapelet*, la *houque laineuse*, le *roseau des sables*, la *spergule*, la *pensée sauvage*, se rencontrent sur les terrains SABLEUX. Les sols siliceux provenant de la décomposition de roches GRANITIQUES sont caractérisés par la présence du *châtaignier*, du *framboisier*, de la *digitale pourpre*, etc. L'*orobanche rouge* affectionne les régions BASALTIQUES.

On trouve dans les terres ARGILEUSES : le *tussilage* ou *pas-d'âne*, la *potentille ansérine*, l'*hièble*, la *chicorée sauvage*, etc.

Le *sainfoin*, les *trèfles*, la *minette*, la *fléole*, la *bugrane* ou *arrête-bœuf*, le *mélampyre*, les *chardons*, poussent de préférence dans les sols CALCAIRES : ce sont des plantes *calcicoles*. La *bruyère*, l'*ajonc*, la *fougère*, l'*oseille*, sont, au contraire, *calcifuges* : ces plantes recherchent les sols dépourvus de chaux.

Les terrains TOURBEUX portent des *carex*, des *sphaignes*, des *joncs*, des *pédiculaires*, etc.

On peut être certain de la fertilité d'un sol où les arbres sont vigoureux, élancés, bien garnis de feuilles, lisses et non recouverts de mousse; où l'on rencontre la *fougère*, la *ronce*, le *sureau*, le *pissenlit*, le *laiteron*, le *mouron*, le *plantain*. Au contraire, les *joncs*, les *carex*, le *genêt anglais*, la *ravenelle*, la *petite oseille*, annoncent de mauvaises terres.

Les sols productifs donnent asile à la *fourmi*, à la *courtilière*, à l'*escargot*, au *ver blanc* (larve de hanneton), aux *lombrics* ou vers de terre. La *taupe* y est commune.

Périodes de fertilité de Royer. — Royer, ancien professeur à l'école de Grignon, a classé les terres en six catégories, selon leur degré de fertilité et la nature des végétaux qu'elles sont aptes à produire. Chaque classe correspond à l'une des périodes suivantes :

1° *Période forestière* : Terrains pauvres ne pouvant être utilisés que par les essences forestières, résineuses ou feuillues; sols souvent très humides en hiver;

2° *Période pacagère* : Sols produisant des plantes fourragères, graminées ou légumineuses, non fauchables; la mise en pâturages est le meilleur moyen de les utiliser. Le seigle y donne de 10 à 12 hectolitres par hectare;

3° *Période fourragère* : Terrains perméables, sur lesquels végètent le trèfle violet, la luzerne, le sainfoin, plantes fourragères qui y sont fauchables et y donnent au minimum de 3 000 à 4 000 kilogrammes de foin par hectare. Le blé y réussit peu : il n'y produit que de 15 à 17 hectolitres par hectare;

4° *Période céréale* : Terres profondes d'une culture facile, ni trop sèches en été ni trop humides en hiver. La luzerne, le trèfle, le sainfoin, y donnent de 5 000 à 6 000 kilogrammes de foin par hectare, et le froment de 20 à 25 hectolitres de grain;

5° *Période industrielle* : Terres saines, profondes, fertiles, propres à la culture des plantes industrielles : betterave, colza, lin, chanvre, etc. Les fourrages y donnent leur maximum de produit, et le froment de 30 à 40 hectolitres de grain par hectare;

6° *Période jardinière et maraichère*. — Terres ayant atteint leur plus haut degré de productivité. Tous les produits des jardins peuvent y réussir.

Il n'est pas inutile de faire remarquer que ces périodes ont été établies en prenant pour base les cultures septentrionales, et que certaines cultures méridionales, telles que la vigne ou l'olivier, pourraient difficilement y trouver place.

Par des améliorations foncières bien comprises, et surtout par l'apport d'engrais, on peut augmenter la productivité des terres et les faire passer de l'une à l'autre de ces périodes. Nous examinerons à la fin de cet ouvrage, quand nous traiterons des systèmes de culture, quelles sont les considérations économiques qui doivent guider l'agriculteur dans ces transformations et les lui faire conduire au mieux de ses intérêts.

CHAPITRE VII.

AMENDEMENTS.

Définition et classification. — Écobuage. — Amendements siliceux et argileux. — Amendements calcaires : Marnage, Chaulage, Emploi des dépôts marins, des coquilles et des faluns. — Plâtrage. — Plâtras. — Amendements humifères. — Épierrement.

Définition et classification. — Le terme d'*amendements* s'applique, d'une façon générale, à toutes les opérations qui ont pour but de corriger les défauts des terres arables et de les rendre ainsi plus propres à la culture. Envisagés de cette façon, on peut diviser les amendements en trois classes :

1° Amendements *mécaniques*, qui consistent en l'emploi de moyens purement mécaniques : irrigation, drainage, façons culturales, telles que labours, hersages, etc.;

2° Amendements *physiques* ou *chimiques*, qui apportent au sol, en quantité suffisante pour en modifier les propriétés physiques ou chimiques, un ou plusieurs des quatre éléments constitutifs des terres arables : silice, argile, calcaire ou terreau;

3° Engrais.

Dans la pratique, ce sont les seuls amendements physiques et chimiques que l'on désigne sous ce nom.

Écobuage. — L'*écobuage* est une opération qui consiste à calciner la couche superficielle d'un sol engazonné. On peut le pratiquer en mettant simplement le feu aux herbes desséchées par les chaleurs de l'été. Mais ce mode d'écobuage, dit *à feu courant*, outre les dangers d'incendie qu'il présente, exerce une action moins profonde et moins régulière que l'écobuage *à feu couvert*. On effectue ce dernier de la façon suivante : Sur une épaisseur de 5 à 10 centimètres, on enlève la couche superficielle du sol à l'aide du *tranche-gazon* et de l'*écobue*. Le tranche-gazon est une espèce de serpe coupant par sa partie convexe; il sert à pratiquer dans le sol des entailles, qui permettront à l'ouvrier de détacher avec l'*écobue*, sorte de houe analogue à celle des vignerons, des bandes de gazon de faible largeur. En grande culture, le tranche-gazon est remplacé par un *extirpateur* spécial, et l'*écobue* par une charrue. Quand les mottes ainsi obtenues sont bien sèches, on en fait des tas, au centre desquels on place de petits fagots de broussailles. On ménage à ces *fourneaux* une ouverture, qui permet l'accès de l'air nécessaire à la combustion.

Le feu mis au bois se communique rapidement au gazon et aux racines des plantes. On ferme alors l'ouverture. La combustion dure une quinzaine de jours. Dès que la masse est refroidie, on la répand bien uniformément sur toute la surface du champ, puis on l'incorpore au sol par un labour superficiel.

L'écobuage a pour effet d'amender le sol par les cendres résultant de la combustion des végétaux; de transformer l'argile en un sable friable, riche en silicates alcalins, dont la présence enlève au sol une partie de sa compacité et de son imperméabilité; enfin, de détruire une quantité d'insectes et de plantes nuisibles. Il convient surtout aux terres argileuses riches en humus. Il est à peu près impossible de mettre en culture les anciennes tourbières et les terrains de marais desséchés sans y avoir recours. Ce serait une faute de l'appliquer aux terres légères, les landes pauvres exceptées.

L'écobuage ne doit pas être pratiqué souvent sur une même terre : car il épuise trop rapidement la matière organique, dont une partie des produits fertilisants se perd en fumée. Il convient, pour que cette opération ait tout son effet utile, de la faire suivre d'une fumure abondante.

L'écobuage est favorable aux graminées, aux légumineuses, aux pommes de terre, aux crucifères, aux arbres forestiers. Il doit être effectué peu de temps avant les semailles, pour que les sels utiles que contiennent les cendres qu'il laisse ne soient pas entraînés par les pluies avant d'avoir pu servir à la nutrition des plantes cultivées.

Amendements siliceux et argileux. — Les amendements siliceux, possibles en théorie, ne le sont pas en pratique. Le déplacement de masses énormes de sable, qu'ils nécessiteraient, les rend, économiquement, tout à fait impraticables.

La même raison détermine le rejet des amendements argileux, qui, de plus, par suite de leur adhérence et de leur compacité, ne pourraient être que très difficilement incorporés au sol. Le seul cas où ils puissent être avantageux est celui où le sol sableux repose sur un sous-sol argileux d'une faible épaisseur. On doit procéder alors à des labours profonds pour mélanger le sous-sol au sol. En Sologne, cette façon d'opérer donne toujours de bons résultats.

Amendements calcaires. — Les amendements *calcaires* sont de beaucoup les plus importants : cela tient à l'action considérable qu'ils exercent sur la végétation dans les sols nombreux où cet élément fait défaut. Leur efficacité est démontrée pour les terrains siliceux, argileux, silico-argileux, granitiques, schisteux, tourbeux. Ils produisent sur les sols des effets multiples, qui se traduisent :

1° En ce qui touche aux *propriétés physiques*, par une coagulation de l'argile, qui en diminue la plasticité et en augmente la perméabilité; par une concentration de la chaleur solaire dans les terres fortes; ils donnent, au contraire, au sable de la consistance et de la ténacité;

2° En ce qui touche aux *propriétés chimiques*, par l'accélération de la décomposition et de la nitrification des matières organiques, dont ils favorisent l'utilisation par les plantes; par la fixation des principes solubles du fumier; par l'enrichissement du sol en chaux, capable de servir à la nutrition des végétaux; par la mise à la disposition des plantes d'une partie de la potasse que renferment les argiles;

3° En ce qui touche aux *propriétés physiologiques*, par la destruction des larves d'insectes nuisibles et des plantes adventices, dont les plus redoutables sont en majeure partie calcifuges.

D'après Puvis, une terre est suffisamment riche en calcaire quand elle en renferme 3 pour 100; M. Joulie porte à 5 pour 100 la quantité qui doit s'y trouver pour assurer au sol des propriétés physiques et chimiques satisfaisantes. En réalité, la proportion nécessaire dépend de la nature du sol; elle est plus élevée dans les terres argileuses et tourbeuses que dans les terres sableuses; la pratique et l'expérimentation peuvent seules l'indiquer. Nous étudierons successivement la nature et le mode d'emploi des principales matières qui peuvent servir d'amendements calcaires : *marne*, *chaux*, *dépôts marins*, *coquilles* et *faluns*.

Marnage. — Les *marnes* sont des mélanges intimes, en proportions variables, de carbonate de chaux, d'argile, de silice, de fer, de sels alcalins et de diverses autres substances.

Elles font effervescence avec les acides. Exposées à l'air, elles se *délitent*, c'est-à-dire se réduisent en poussière, par suite d'une inégale dilatation de l'argile et du calcaire et d'une absorption d'eau différente pour ces deux corps.

Les *marnes calcaires* ou *marnes maigres* contiennent au moins 50 pour 100 de carbonate de chaux, souvent beaucoup plus. Ce sont les plus recherchées; les cultivateurs leur donnent le nom de *marnes riches*. Elles sont généralement blanches ou jaunâtres, sèches et difficiles à délayer dans l'eau. Ces marnes conviennent surtout aux terres fortes.

Les *marnes argileuses* ou *marnes grasses* renferment de 50 à 75 pour 100 d'argile avec 10 à 50 pour 100 de calcaire. Elles sont colorées, font facilement pâte avec l'eau; mais se délitent lentement. Il faut leur donner la préférence pour l'amendement des terres siliceuses.

Les *marnes sableuses* ou *siliceuses* sont formées de 25 à 75 pour 100 de silice, de 10 à 50 pour 100 de calcaire, le reste est de l'argile. Ce sont les moins bonnes. On les applique cependant avec succès à l'amendement des terres argileuses.

On connaît aussi des marnes *magnésiennes*, *gypseuses*, *phosphatées*, *coquillières*, *putrides*, etc., qui doivent les noms qu'elles portent aux matières qu'elles renferment.

La marne agit comme la chaux, l'intensité de son action dépendant de sa richesse en calcaire; mais elle exerce aussi sur le sol des effets physiques et chimiques spéciaux, qui varient en raison de la nature des substances qu'elle contient. Elle doit être préférée à la chaux toutes les fois qu'il s'agit de donner aux terres la consistance qui leur manque. Son emploi est tout indiqué quand il existe des gisements marneux à proximité du champ à amender.

C'est en automne, quand les travaux sont peu pressants, qu'on dépose la marne sur les champs par tas distants de 6 à 7 mètres. Elle se délite pendant l'hiver. On l'enterre au printemps par des labours. Les marnages peu abondants, mais fréquents, sont préférables aux forts marnages effectués seulement tous les 20 ou 25 ans. Pour ces derniers, on emploie, par hectare, de 20 à 100 mètres cubes de marne, suivant la richesse de celle-ci, la nature du sol et le but qu'on se propose; quand on répète l'opération tous les 4 ans, on se contente souvent de 2 à 3 mètres cubes à chaque fois.

La marne s'emploie aussi à l'état de compost ou de litière.

Chaulage. — La *chaux* est le produit de la calcination du carbonate calcaire. Sa composition varie selon la nature de la roche qui l'a produite.

La *chaux grasse* est du carbonate de chaux presque pur. C'est la plus active; mais son prix élevé en rend parfois l'emploi trop coûteux. Lorsqu'on l'*éteint*, en lui rendant l'eau qu'elle a perdu par la cuisson, elle *foisonne* beaucoup, c'est-à-dire que son volume augmente notablement.

La *chaux maigre* contient au moins 10 pour 100 de silice et souvent aussi des matières ferrugineuses. Elle foisonne peu par l'extinction et se délite moins facilement que la précédente.

Quant à la *chaux hydraulique*, qui renferme de 15 à 25 pour 100 d'argile, elle ne peut être utilisée que dans des circonstances exceptionnelles : car, durcissant sous l'eau, elle forme dans les terrains humides un mortier compact et imperméable.

La chaux jouit au plus haut degré des propriétés que nous avons signalées comme appartenant aux amendements calcaires. Elle fait disparaître rapidement l'acidité des terres humifères. C'est surtout aux sols tourbeux, aux bois, aux prairies récemment défrichées qu'il convient de l'appliquer. Dans les terres argileuses riches en humus, les Anglais mettent jusqu'à 200 et 300 hectolitres de chaux par hectare tous les dix ou vingt ans. Les chaulages à des doses variant de 10 à 20 hectolitres, répétés tous les trois ou quatre ans, sont, dans presque tous les cas, et surtout dans les terres légères, de beaucoup préférables aux précédents.

La chaux est appliquée de trois manières différentes. La *méthode française* consiste à former avec les boues, gazons, curures de mares ou de fossés, etc., des *composts* ou *tombes*, à l'intérieur desquels on fait éteindre la chaux soit en un seul monceau, soit en couches séparées par des lits de terre. Dans la *méthode italienne*, la chaux est déposée sur le sol par petits tas distants de 6 à 7 mètres les uns des autres et recouverts d'un peu de terre. Quand on suit l'une ou l'autre de ces deux méthodes, le mélange de chaux et de terre doit être répandu avec soin par un beau temps, puis incorporé aussitôt au sol à l'aide d'un hersage énergique et d'un labour peu profond. Les chaulages se font avant les semailles d'automne ou à l'époque des semailles de printemps.

La *méthode allemande*, très différente des précédentes, consiste à répandre sur les légumineuses fourragères, trèfles, luzernes, etc., la chaux qu'on a préalablement laissée exposée à l'air sous un hangar pour en permettre l'extinction. Les effets de ce chaulage sont parfois très remarquables.

Les chaulages, très favorables aux céréales, font souvent d'une médiocre terre à seigle une bonne terre à blé.

Emploi des dépôts marins, des coquilles, des faluns, etc. — Parmi les dépôts calcaires fournis par la mer aux agriculteurs des côtes, on distingue : la *tangue*, vase plus ou moins argileuse; le *merl* ou *mœrl*, formé de débris de madrépores, de coraux, de coquilles, etc.; le *trez*, mélange de sable et de coquillages. Ces dépôts se rencontrent surtout sur les côtes de Bretagne. La composition en est fort variable; mais ils renferment tous une notable proportion de carbonate de chaux, auquel sont mêlées des matières organiques. On les emploie aux mêmes doses et de la même façon que la marne.

Les *faluns*, amas de coquilles fossiles que l'on rencontre dans les terrains tertiaires, et les coquilles contemporaines peuvent servir d'amendements calcaires. Il en est de même des *cendres lessivées* ou *charrées*.

Plâtrage. — Le *plâtre* ou *gypse* est du *sulfate de chaux*. Le plâtre cuit, plus léger et plus facile à pulvériser, est d'un emploi plus facile en agriculture, mais le plâtre cru jouit de propriétés également actives et coûte moins cher : c'est la question de prix, eu égard à la pureté, qui doit guider le cultivateur dans le choix de l'un ou de l'autre.

Le plâtre exerce sur la végétation des légumineuses une influence considérable. On sait que Franklin, qui en introduisit l'usage en Amérique, ayant écrit en gros caractères, avec du plâtre pulvérisé, sur un champ de trèfle bordant une route : *Ceci a été plâtré*, la prairie devint si vigoureuse sur toute la surface atteinte, que, pendant toute une saison on put lire l'inscription tracée en relief par les plantes les plus développées. Sur les céréales, les graminées de prairies, la betterave, la pomme de terre, le plâtre a peu d'action; ses effets sont assez marqués, au contraire, sur le lin, le chanvre, le colza, le sarrasin, la vigne.

On répand le plâtre, le plus souvent au printemps, parfois à l'automne, à la dose moyenne de 300 kilogrammes à l'hectare, sur les luzernes, les sainfoins ou les trèfles. On peut aussi l'employer sous forme de compost ou le mélanger avec les fumiers. Ce n'est pas un véritable amendement ; il joue plutôt le rôle d'un engrais; on n'est, d'ailleurs, pas fixé définitivement sur son mode d'action. Dans tous les cas, il fournit aux plantes de la chaux et du soufre et semble rendre la potasse du sol plus assimilable pour les végétaux.

Plâtras. — Les *plâtras* résultant de la démolition des bâtiments renferment, outre le plâtre, du carbonate de chaux, des nitrates de chaux, de potasse et de magnésie et du sable plus ou moins argileux. Ils constituent tout à la fois un engrais et un amendement. On admet que 20 mètres cubes de plâtras équivalent à 4 mètres cubes de chaux. On les emploie sous forme de compost ou bien réduits en fragments de la grosseur d'une noix; on les répand sur les champs, puis on les incorpore au sol par des labours. Leur action persiste durant de longues années.

Amendements humifères. — On doit classer dans cette catégorie les *terreautages*, transports, sur un sol à améliorer, de terres plus riches en humus, et l'enfouissement des végétaux. Nous étudierons ce dernier quand nous traiterons des engrais verts.

Épierrement. — Il consiste dans l'enlèvement des pierres trop nombreuses dans un champ. Celles-ci occupent une place perdue pour la végétation; elles entravent en outre les opérations culturales. Il faut toutefois ne procéder à l'épierrement qu'avec circonspection. Cette opération, qui peut être excellente dans une prairie, serait désastreuse dans un vignoble. Les cailloux réfléchissent, en effet, la chaleur solaire beaucoup mieux que les matières pulvérulentes; la maturation du raisin est plus hâtive et plus complète dans les sols qui en possèdent que dans ceux qui en sont dépourvus. En outre, les cailloux diminuent la compacité des terres argileuses et maintiennent l'humidité dans les terrains sujets à se dessécher trop facilement. Pour qu'il soit économique, l'épierrement doit être fait par des enfants. On commence, depuis quelques années, à faire usage d'épierreuses mécaniques.

CHAPITRE VIII.

ENGRAIS

Définition et classification des engrais. — Nécessité de l'emploi des engrais : principe de la restitution au sol.

Le fumier de ferme. Nature, composition et poids : déjections solides et liquides. — Litières. — Préparation et conservation du fumier. — Calcul des quantités de fumier produites à la ferme. — Emploi des fumiers et des purins.

Définition et classification des engrais. — Nous définirons l'*engrais :* Toute matière susceptible de servir à la nutrition des végétaux apportée au sol qui en est insuffisamment pourvu. Il se trouve ainsi distingué de l'*amendement*, destiné à modifier, dans un sens favorable à la végétation, l'état des substances que renferme la terre.

Au point de vue économique, les engrais se divisent en

deux grandes catégories : 1° les *engrais de ferme*, que le cultivateur prépare lui-même; 2° les *engrais commerciaux*, qu'il est obligé de se procurer à prix d'argent. Nous rapprocherons des premiers ceux des engrais commerciaux qui doivent à leur origine organique et à leur composition complexe d'avoir avec eux une certaine analogie, les séparant ainsi des engrais *chimiques* proprement dits : nitrates, phosphates, sels ammoniacaux et potassiques, qui sont tous des composés minéraux simples. Ces derniers seront classés, selon la nature de l'élément principal qu'ils apportent au sol, en : 1° *engrais azotés;* 2° *engrais phosphatés;* 3° *engrais potassiques;* 4° *engrais divers.*

Nous ne reviendrons pas sur les engrais *calcaires*, qui figurent déjà parmi les amendements.

Nécessité de l'emploi des engrais : principe de la restitution au sol. — Une récolte de chacune des plantes suivantes enlève, en moyenne, au sol, par chaque hectare de culture :

	Azote. kilogr.	Acide phosphorique. kilogr.	Potasse. kilogr.
Blé (25 hectolitres de grain à l'hectare)	64	27	34
Betterave fourragère (40 000 kilogr. à l'hectare)	132	48	258
Luzerne (10 000 kilogr. de foin à l'hectare)	200	51	152

Plus la récolte est abondante, plus est forte la proportion des éléments dont le sol se trouve dépouillé. Pour que la terre n'aille pas s'appauvrissant sans cesse jusqu'au point d'atteindre une complète stérilité, elle doit recouvrer intégralement ces éléments. Les agents naturels lui en restituent bien une part, mais si faible qu'il serait puéril d'en tenir compte dans la pratique. On cite telles contrées de l'Asie et de l'Afrique qui, jadis greniers d'abondance, où venaient puiser à pleines mains les peuples anciens, ne sont plus aujourd'hui que des déserts d'une désolante stérilité. Les siècles ont passé sans que la nature ait pu rendre au sol ce que les hommes, dans leur imprévoyance, en avaient exporté. L'agriculteur, soucieux d'éviter l'épuisement de ses terres et de léguer à ses enfants autre chose qu'un patrimoine ruiné par sa négligence, doit donc n'attendre que de lui-même la restitution à effectuer au sol des éléments susceptibles d'y faire défaut. C'est par l'emploi des engrais qu'il atteindra son but. Et non seulement ceux-ci lui fourniront le moyen de maintenir ses terres dans l'état de productivité où il les aura trouvées, mais ils lui permettront encore d'en élever la fertilité par l'apport d'éléments nouveaux.

Les engrais ne peuvent être employés indifféremment les uns pour les autres et dans des proportions quelconques. Il importe, pour en faire le meilleur usage, de connaître la composition du sol auquel ils doivent être appliqués et celle des végétaux aux besoins desquels ils auront à subvenir. On n'arrive à cette connaissance que par l'analyse chimique, qu'il faut regarder aujourd'hui comme la base de toute bonne agriculture.

Les agronomes ne sont pas entièrement d'accord sur la quantité qui doit exister dans le sol de chacune des matières qui lui donnent sa fertilité. Nous admettrons, avec les plus autorisés d'entre eux, qu'une terre, pour être productive, doit renfermer au moins 1 pour 1 000 d'azote, d'acide phosphorique et de potasse. Pour la nutrition des végétaux, une pareille proportion de chaux serait également suffisante; mais nous avons vu qu'il en faut davantage pour assurer aux sols des propriétés physiques et chimiques satisfaisantes.

Ce sont ces proportions qu'il faut maintenir dans le sol par l'apport d'engrais en quantités à déterminer, dans chaque cas particulier, d'après la nature et l'importance de la récolte. Les quelques chiffres que nous avons cités au début de ce paragraphe suffisent à démontrer que les végétaux n'ont pas tous les mêmes exigences. Telle plante réclame plus de potasse, telle autre plus d'acide phosphorique. Il faut s'efforcer de donner à chaque culture les engrais contenant en majeure partie la matière fertilisante qu'elle absorbe de préférence. Pour éviter d'inutiles dépenses, il est bon de faire produire, à un terrain abondamment pourvu de l'un des éléments fertilisants, les récoltes qui exigent les plus grandes quantités de cet élément.

Le Fumier.

Nature, composition et poids du fumier. — Le fumier est constitué par le mélange des déjections des animaux domestiques avec les matières, presque toujours végétales, qui forment leurs litières. C'est le plus important et le plus répandu de tous les engrais, l'engrais par excellence, parce que c'est celui que le cultivateur produit le plus aisément dans sa ferme. Il doit aussi la grande faveur dont il jouit à ce qu'il renferme tous les éléments fertilisants dont nous avons parlé : c'est, en un mot, un engrais *complet*.

La composition chimique des fumiers est extrêmement variable. Leur richesse dépend de la nature et de l'abondance des litières, de la nourriture donnée aux animaux, de l'espèce, de l'âge et de l'état de santé de ceux-ci, enfin du mode de conservation du fumier.

L'animal, après avoir prélevé, sur les aliments qu'il reçoit, ce qui est nécessaire à la formation de ses tissus, à la production de la viande, du lait, de la laine, rejette les matières surabondantes, qui constituent les excréments. Ceux-ci comprennent : 1° les déjections solides ou *fèces*, formées principalement des substances qui ont échappé à la digestion; 2° les déjections liquides ou *urines*, résultant de la transformation, dans le corps de l'animal, des matières ingérées. Les proportions de chacune de ces parties varient selon que l'alimentation de l'animal est plus ou moins aqueuse.

Des très nombreuses analyses effectuées par les chimistes, il résulte que les urines renferment la plus grande partie de l'azote et la presque totalité de la potasse des déjections. Le reste de l'azote, l'acide phosphorique et la chaux se concentrent dans les fèces. Il convient de signaler immédiatement combien il est important pour l'agriculteur de ne pas laisser perdre les urines, dont la valeur fertilisante est plus élevée que celle des excréments solides.

Wolff a trouvé, pour la composition du fumier frais de différents animaux, sur 100 parties :

	Eau.	Azote.	Acide phosphorique.	Potasse.	Chaux.
Fumier de cheval.	71.3	0.58	0.28	0.53	0.21
Fumier de bêtes à cornes.	77.5	0.34	0.16	0.40	0.31
Fumier de mouton. . . .	64.6	0.83	0.23	0.67	0.33
Fumier de porc.	72.4	0.45	0.19	0.60	0.08

Les fumiers des chevaux et des moutons portent le nom de *fumiers chauds;* ils sont secs, peu consistants, très perméables à l'air; ils fermentent rapidement en tas et sont difficiles à conserver; on doit les tasser fortement et les arroser abondamment. Ils se décomposent rapidement dans le sol et exercent une action presque immédiate sur la végétation. Ils conviennent aux terres argileuses fortes.

Ceux des porcs et des bêtes à cornes, appelés *fumiers froids*, sont très aqueux, fermentent peu activement en tas, se décomposent lentement dans le sol et exercent, par suite, une action moins énergique, mais plus durable sur la végétation. On doit les réserver aux terres légères ou calcaires, où la combustion des matières organiques est rapide. Dans les terres sèches, ils entretiennent la fraîcheur.

Insistons cependant sur ce fait, que c'est la nature de l'alimentation, bien plutôt que l'espèce animale, qui influe sur la composition du fumier. D'une bonne alimentation résulte un fumier riche.

Dans la ferme, où, presque toujours, il existe simultanément plusieurs espèces d'animaux, on mélange généralement tous les fumiers qu'ils produisent. On obtient ainsi un fumier *mixte*, où domine, selon les cas, l'un ou l'autre de ces fumiers, mais le plus habituellement celui des bêtes bovines. La proportion de chacun des éléments fertilisants y est tellement variable que nous osons à peine citer, à titre d'exemple, les chiffres moyens suivants :

Azote	0.47
Acide phosphorique	0.30
Potasse	0.52

établis cependant, d'après l'analyse de 16 échantillons de provenances très diverses, par MM. Müntz et Girard, dans leur excellent ouvrage sur *les Engrais*.

On ne saurait comparer un fumier frais au même fumier après fermentation. Des transformations chimiques s'opèrent dans la masse; des gaz se dégagent, des liquides s'écoulent, la proportion d'humidité change : de sorte que la teneur en éléments fertilisants n'est plus du tout la même après quelques mois qu'au moment de la mise en tas. Les chiffres suivants, obtenus par Vœlcker, nous montrent quelles modifications peuvent s'effectuer en ce qui concerne l'azote et l'eau :

	Eau %	Azote %
	—	—
Fumier frais.	66.17	0.61
Fumier en tas depuis 3 mois à l'air libre. . . .	69.83	0.74
Fumier en tas depuis 6 mois à l'air libre. . . .	65.93	0.89
Fumier en tas depuis 9 mois à l'air libre. . . .	75.49	0.66
Fumier en tas depuis 12 mois à l'air libre. . .	74.29	0.65

Des variations de poids suivent ces variations de composition. Si l'on admet que le fumier de ferme frais pèse en moyenne 500 kilogrammes au mètre cube, on peut attribuer au même fumier convenablement fait et tassé un poids d'environ 800 kilogrammes. Pour avoir une base précise d'évaluation, l'agriculteur ne saurait se fonder sur ces chiffres; il doit déterminer lui-même le poids de ses fumiers dans chaque cas particulier et demander à l'analyse chimique de lui en faire connaître la teneur en éléments fertilisants.

Litières. — On désigne sous le nom de *litières* toutes les matières placées sous les animaux pour servir à leur couchage et pour absorber les parties liquides de leurs déjections. Elles apportent au fumier une part relativement faible de principes fertilisants; c'est surtout au point de vue de leurs propriétés physiques qu'il convient de les examiner. Molles et élastiques, elles permettent aux animaux d'y reposer doucement; dures et ligneuses, elles constituent un mauvais couchage, qui peut exercer sur l'état de santé de l'animal une influence défavorable. Les unes doivent à la nature des éléments qui les composent d'absorber facilement les liquides; les autres possèdent à un moindre degré cette importante propriété. Mais, dans bien des cas, l'agriculteur ne pourrait se procurer qu'à grands frais certaines d'entre elles; il donne alors naturellement la préférence à celles qui lui reviennent à meilleur compte. Examinons rapidement les matières entre lesquelles il peut avoir à choisir.

Les *pailles* des céréales constituent les litières dans la plus grande partie des cas. Elles sont élastiques, et leur forme tubulaire leur permet de retenir une grande quantité de liquide. La paille de froment est la meilleure : elle s'écrase moins que les autres sous le poids des animaux.

Viennent ensuite celles d'avoine et d'orge. La paille de seigle, employée plus avantageusement à d'autres usages, est rarement utilisée comme litière. La quantité de litière de paille que l'on donne habituellement par jour et par tête de gros bétail varie entre 3 et 5 kilogrammes.

Les *balles* de froment et d'avoine, qui parfois servent à la nourriture du bétail, forment également d'excellentes litières. Elles sont plus riches en azote que les pailles.

Les *fanes* d'un grand nombre de plantes : fèves et féveroles, pois, haricots, vesces, colza, sarrasin, pommes de terre, topinambours, sont inférieures à la paille, mais peuvent cependant être employées utilement comme litière. Écrasées sous le pied des animaux ou sous les roues des voitures, elles forment un meilleur coucher et s'imprègnent mieux des urines.

Beaucoup de plantes sauvages servent au même usage. Citons la fougère, la bruyère, l'ajonc, le genêt, le roseau, les joncs, etc. On les emploie seules ou mélangées avec de la paille.

Les feuilles d'arbres ont une composition chimique analogue à celle des pailles; elles sont toutefois plus riches en azote. Elles constituent de médiocres litières : car leur décomposition est très lente; elles sont, en outre, assez peu absorbantes, et le fumier qu'elles produisent devient aisément acide.

La tourbe, dont l'usage se répand chaque jour davantage, la tannée, écorce de chêne privée de son tannin, la sciure de bois, procurent aux animaux un excellent coucher; ces matières retiennent bien les déjections liquides. Leur emploi est souvent plus économique que celui des pailles.

Quand toute autre litière fait défaut, ou quand on trouve profit à vendre ses pailles, il est avantageux de former des litières de terre rapportée, plutôt que de laisser les animaux reposer directement sur le sol de l'écurie. Ces litières conviennent surtout aux moutons. Dans certains cas, on peut faire usage du *système suisse*, qui supprime toute litière. Les urines sont recueillies dans une citerne; par des lavages, on y entraîne également les déjections solides : le tout forme un engrais liquide auquel on donne le nom de *lisier*.

Préparation et conservation du fumier. — On a coutume, dans les écuries bien tenues, d'enlever tous les jours le fumier produit par les chevaux et de le remplacer par de la litière fraîche. Cette opération ne se fait guère que deux fois par semaine pour les bêtes à cornes. Dans les bergeries, on a trop souvent la mauvaise habitude de laisser s'accumuler le fumier sous les bètes ovines pendant plusieurs mois. Malgré l'économie de litière qui résulte de cette façon de procéder, elle est absolument condamnable ; car elle permet la déperdition dans l'atmosphère de l'ammoniaque des urines, principe essentiellement fertilisant; de plus, elle nuit à la santé des animaux. En aucun cas, on ne doit laisser le fumier longtemps étendu sur une large surface; il convient toujours de le mettre en tas aussi rapidement que possible, pour éviter des dégagements gazeux trop abondants. Au point de vue de l'hygiène du bétail, on doit recommander le renouvellement fréquent des litières.

L'enlèvement des fumiers doit se faire de préférence à la fourche. Cet instrument, mieux que les pics et les crochets, permet de disposer le fumier et de le tasser bien régulièrement par couches égales.

Il importe que le fumier en tas ne soit pas lavé par les pluies, et que le purin qui s'en écoule ne se perde pas dans les ruisseaux et les cours de ferme. On ne saurait trop blâmer la négligence dont font preuve un grand nombre de cultivateurs, qui déposent leurs fumiers à proximité des gouttières, sur des sols en pente, de telle sorte que toutes les matières solubles sont entraînées par les eaux, et non seulement se trouvent perdues pour la fertilisation des terres, mais encore salissent les abords des bâtiments ruraux et corrompent l'eau des mares ou des puits dans lesquels elles se déversent. Le cultivateur peut toujours établir le tas sur un terrain plat, dans une petite fosse remplie de terre tamisée, qui absorbera les liquides et se transformera en une sorte de fumier terreux ; le purin surabondant sera recueilli dans un fossé, dont il aura soin d'entourer le tas.

Dans les fermes d'une certaine importance, un emplacement spécial, aussi proche que possible des étables, est réservé au fumier. On peut alors adopter diverses dispositions, qui se rapportent toutes à deux types : la *plate-forme* et la *fosse à fumier*. Dans tous les cas, le tas doit reposer sur un sol étanche, pavé, bitumé, cimenté ou revêtu d'une couche de terre glaise.

La plate-forme (*fig.* 2) consiste en une surface plane ou légèrement en pente, souvent revêtue d'une couche de béton, sur laquelle repose le fumier; un caniveau circule tout autour et conduit les liquides dans une fosse à purin, sorte de citerne maçonnée, d'où on les remonte à l'aide d'une pompe pour l'arrosage du tas. Assez fréquemment la plate-

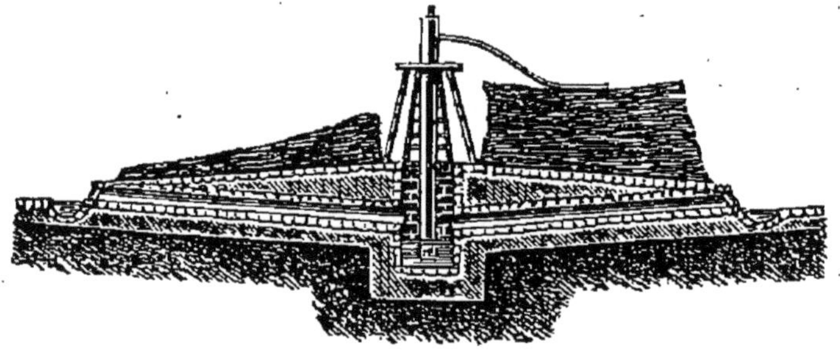

Fig. 2. — Coupe médiane d'une plate-forme à fumier.

forme comprend deux tas disposés sur deux aires en maçonnerie à pentes contraires, entre lesquelles se trouve la fosse à purin.

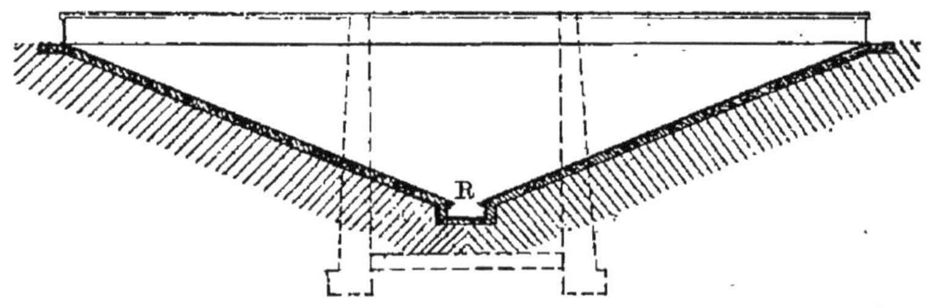

Fig. 3. — Coupe d'une fosse à fumier.

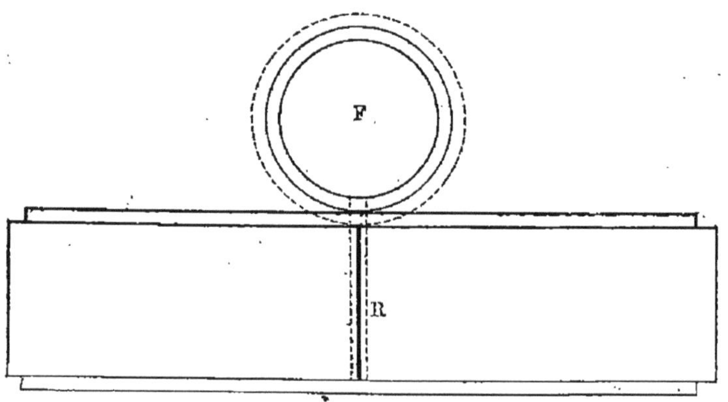

Fig. 4. — Plan d'une fosse à fumier.

Quant à la fosse à fumier (*fig.* 3 et 4), c'est une sorte de chemin creux pavé ou bétonné, dans lequel on peut pénétrer avec une voiture pour y décharger les fumiers. A l'endroit où se réunissent les deux pentes se trouve une rigole R destinée à conduire les liquides dans la fosse à purin F.

Les deux dispositions précédentes ont leurs avantages et leurs inconvénients : la fosse conserve mieux le fumier, mais elle est moins économique.

Quelle que soit la forme adoptée, le tas doit être obtenu par la superposition de couches bien égales de fumier, pressées à mesure qu'on les apporte. Il est nécessaire que le fumier se trouve toujours dans un état convenable d'humidité, que l'on maintient par des arrosages modérés, mais fréquents, avec les purins extraits de la fosse à l'aide de pompes ou d'écopes. En outre, il est important d'empêcher l'accès de l'air dans la masse, pour éviter le développement des moisissures. On y réussit en tassant fortement le fumier : en le faisant piétiner par les animaux, par exemple. Une pratique recommandable consiste à recouvrir le tas d'une couche de terre de 15 centimètres environ, qui a pour but d'y maintenir la fraîcheur et de condenser les matières ammoniacales qui s'en dégagent. En procédant ainsi, la fermentation se régularise, et les déperditions gazeuses sont réduites au minimum. Lorsque le fumier est bien fait, on n'a besoin de recourir, pour empêcher ces déperditions, à l'emploi d'aucune substance chimique.

Il est bon de ne pas donner au tas une trop grande hauteur (plus de $2^{m},50$), pour éviter de laisser trop longtemps les vieux fumiers séjourner sous les fumiers frais. Sans cette précaution, la masse cesserait d'être homogène comme poids et comme composition.

La fosse à purin, parfaitement étanche, doit être bien couverte et présenter la plus faible surface d'évaporation possible. Il faut qu'elle soit suffisamment spacieuse pour contenir, d'une part, les urines des animaux domestiques, de l'autre, la totalité des liquides qui s'écoulent des fumiers à la suite des pluies ou des arrosages.

On incorpore souvent avec avantage au fumier, pour en accroître la masse, les résidus organiques provenant de la cuisine de la ferme, les feuilles mortes, les curures de fossés, etc., et surtout les déjections humaines. On a soin, dans ce dernier cas, d'établir les fosses d'aisances à proximité de la fumière.

Calcul des quantités de fumier produites à la ferme. — Il est certain que ces quantités varient considérablement selon que le fumier est *pailleux* ou *court*, c'est-à-dire renferme beaucoup ou peu de litière. Elles varient également avec la nourriture que reçoit le bétail. Toutefois on peut admettre que chaque animal produit annuellement, en moyenne, les quantités suivantes de fumier :

Cheval	9 000	kilogrammes.
Bœuf de travail	10 000	—
Bœuf à l'engrais	20 000	—
Vache nourrie à l'étable	11 000	—
Bête ovine	550	—
Bête porcine	1 200	—

Ces chiffres sont naturellement très variables selon que l'animal passe tout son temps à l'étable ou en est souvent absent.

On a dit aussi que chaque animal produisait un poids de fumier égal à 20 ou 25 fois son propre poids, ou équivalent au double de la somme des quantités de litière et de fourrage considérés à l'état sec qu'il consomme. Ces données ne peuvent servir de bases qu'à de vagues approximations.

Emploi du fumier. — Le fumier doit être répandu sur les champs lorsqu'il est suffisamment fermenté. Frais et pailleux, il s'incorpore difficilement au sol; trop décomposé, passé à l'état de *beurre noir*, il est d'un emploi facile, mais a perdu beaucoup de matières fertilisantes. Quand on en effectue le chargement, il convient de couper, à l'aide de couteaux spéciaux, le tas de fumier par tranches verticales sur toute sa hauteur, afin d'obtenir des charretées aussi semblables que possible.

L'épandage des fumiers se fait généralement en automne, alors que les hommes et les attelages sont disponibles pour ce travail. D'autre part, le fumier a, de cette façon, le temps de se décomposer dans le sol durant l'hiver et de passer à l'état de terreau, que les plantes peuvent utiliser au printemps.

Le fumier est incorporé au sol par un labour ou employé *en couverture*. Cette dernière méthode, qui n'est guère applicable qu'aux prairies, consiste à étendre le fumier sur les champs, tantôt après les semailles, tantôt sur les plantes en végétation et à ne l'enfouir qu'après la récolte. Elle est défectueuse. en ce qu'elle donne lieu à des pertes d'azote considérables.

Pour la même raison, et aussi parce que la fumure est très inégale entre les places où reposent les tas et celles qui n'en portent pas, l'enfouissement immédiat du fumier est préférable à un séjour de quelque temps sur le sol. Toutefois, quand, à l'époque de l'épandage, la terre est durcie par les gelées ou trop pénétrée d'humidité, il vaut mieux attendre qu'elle se trouve dans un état plus favorable au travail qu'elle doit subir. Il convient, dans ce cas, de conserver le fumier en tas à la ferme, au lieu de le déposer d'avance sur la parcelle à fumer.

Le fumier apporté dans les champs est disposé en petits tas appelés *fumerons*, qui doivent être égaux et également espacés. On a reconnu dans la pratique qu'un espacement de 7 mètres en tous sens est très favorable au travail de l'ouvrier chargé de l'épandage. Cet épandage se fait à la fourche, aussi régulièrement que possible. On enfouit immédiatement le fumier par un labour.

Il est bon de procéder un peu différemment pour les fumiers pailleux : on les place, lors du labour, dans le sillon que vient d'ouvrir la charrue; ils se trouvent recouverts par le second passage de celle-ci.

Dans les cultures du nord de la France, 60 000 kilogrammes de fumier à l'hectare, tous les 3 ans, constituent une forte fumure; 40 000, une fumure moyenne; 20 000, une faible fumure. Dans les terres légères, calcaires ou siliceuses, où l'engrais est rapidement consommé, on doit procéder à des fumures répétées, mais à faibles doses. Les fortes fumures conviennent, au contraire, aux terres argileuses.

Emploi du purin. — Le purin s'emploie en arrosages sur les prairies ou dans les champs, soit avant les semailles, soit sur les plantes en végétation. Dans ce dernier cas, on doit l'étendre de 4 à 6 fois son volume d'eau, pour éviter que le carbonate d'ammoniaque qu'il renferme ne brûle les plantes. Son action est immédiate.

On choisit, pour répandre le purin, le moment où la terre est suffisamment sèche pour absorber immédiatement tout le liquide. On peut le transporter aux champs dans des barriques montées sur roues, et le répandre à l'aide de pelles en bois, auxquelles on donne le nom d'*écopes*, ou se servir pour cet usage de tonneaux métalliques spéciaux.

Il est préférable d'incorporer le purin au fumier par l'arrosage que de l'employer seul. Les matières solides et liquides du fumier se complètent mutuellement : les premières apportent à la masse plus d'acide phosphorique et de chaux; les secondes, plus de potasse et d'azote.

CHAPITRE IX.

Engrais d'origine animale : Déjections humaines. — Poudrette. — Guano. — Colombine, galline, etc. — Déchets d'origine animale.

Engrais d'origine végétale : Engrais verts. — Matières végétales diverses. — Résidus industriels. — Engrais complexes : Gadoues ou Boues de ville. — Utilisation des eaux d'égout. — Composts et Tombes.

Engrais d'origine animale.

Déjections humaines. — Les matières de vidanges sont des engrais très riches en azote et en acide phosphorique. Leur richesse est d'autant plus considérable que l'alimentation de l'homme qui les produit est meilleure, et que la viande y entre pour une plus forte proportion. Il résulte des recherches d'un grand nombre de chimistes qu'un homme produit annuellement en moyenne :

	Poids total.	Azote.	Acide phosphorique.	Potasse.
	—	—	—	—
Déjections solides. .	48.50	0.80	0.60	0.26
Déjections liquides .	438.00	4.40	0.66	0.81
	486.50 kil.	5.20 kil.	1.26 kil.	1.07 kil.

Ces quantités équivalent à environ 1 200 kilogrammes de fumier de ferme, et l'engrais produit par 20 personnes suffirait à fumer normalement un hectare. La valeur totale en argent des déjections humaines produites par la population de la France s'élève à plus de 300 millions. La masse de ces matières obtenue dans les campagnes est faible, relativement à celle qui s'accumule dans les villes, et dont celles-ci sont obligées de se débarrasser à tout prix. Lorsqu'elles les renvoient à la culture, l'apport ainsi fait à celle-ci compense en partie les pertes qui résultent pour elle de l'exportation des éléments fertilisants du sol sous forme de matières alimentaires. La négligence avec laquelle trop souvent on recueille les vidanges est, pour notre territoire rural, une cause sérieuse d'appauvrissement. On ne saurait s'élever assez contre le système adopté par certaines cités, qui consiste à se débarrasser par n'importe quel moyen des excréments humains sans en faire bénéficier l'agriculture ni en tirer profit elles-mêmes. C'est déjà trop des pertes résultant de la dissémination des matières fécales, des infiltrations des liquides à travers les parois des fosses mal conditionnées, enfin de la fermentation des urines, qui permet la volatilisation des gaz fertilisants, sans ajouter encore volontairement à ces pertes.

Si, dans les villes, les systèmes employés pour recueillir les déjections humaines sont aussi nombreux que variés, il n'en est pas de même dans les campagnes. Souvent on établit les cabinets d'aisances directement au-dessus du tas de fumier. Cette pratique est peu recommandable, parce que les déjections ne s'incorporent pas régulièrement à la masse. Il est préférable de les faire arriver dans la fosse à purin, où elles se délayent en perdant une grande partie de leur odeur repoussante. Dans le cas où l'on fait emploi des fosses fixes ou mobiles, il est bon, pour faciliter la manipulation des matières excrémentielles, d'y mélanger des substances absorbantes, telles que terre, paille, tourbe, tannée, etc. On peut aussi les désinfecter à l'aide du sulfate de fer, des sels de zinc, de l'acide phénique, du plâtre cuit, etc.

Les matières de vidange, employées directement, ont sur la végétation une action très rapide. On les utilise de différentes façons. Dans le nord, les agriculteurs transportent sur les champs, dans des tonneaux spéciaux ou dans de vieilles barriques, ces matières achetées à la ville, et qu'ils ont fait fermenter quelque temps dans des citernes. L'épandage s'opère à l'aide d'*écopes*, ou à la lance d'arrosage, lorsque les matières sont étendues de 2 ou 3 fois leur volume d'eau. Il est préférable d'employer cet engrais à l'état frais, plutôt que de le faire fermenter. On lui donne, selon les régions, le nom d'*engrais flamand*, *gadoues*, *courte-graisse*, *etc.*

On applique généralement l'engrais flamand à l'automne, avant les semailles, à des doses variant de 15 à 30 mètres cubes par hectare. Toutes les cultures profitent d'une telle fumure; mais elle convient surtout aux cultures maraîchères et fourragères. Il ne faut pas craindre, — si l'on prend soin de ne pas l'appliquer sur des plantes en végétation, — qu'elle communique, ainsi qu'on l'a dit quelquefois, un goût repoussant aux produits obtenus.

Mélangées à des matières absorbantes, les déjections humaines s'emploient de la même façon que les fumiers. Ces déjections ne sauraient être appliquées seules aux terres pendant de longues périodes. Elles apportent proportionnellement au sol plus d'azote que d'acide phosphorique et de potasse, et, sans l'adjonction d'autres engrais capables de rétablir l'équilibre, l'épuisement de ces deux derniers éléments fertilisants serait rapide.

Poudrette. — La *poudrette* est la substance noirâtre obtenue par la dessiccation des matières solides des vidanges, recueillies dans les dépotoirs. Dans les liquides qui les accompagnent, et auxquels on donne le nom d'*eaux-vannes*, restent en dissolution la majeure partie des matières azotées et potassiques. Ces eaux forment un engrais liquide d'une grande richesse; le plus souvent on les traite industriellement pour en extraire du sulfate d'ammoniaque.

La poudrette est riche en acide phosphorique. Elle en renferme en moyenne 4 pour 100 avec 1,5 à 2 pour 100 d'azote. Toutefois sa composition est des plus variables. C'est un engrais à action rapide, mais qui s'épuise très vite; il faut répéter tous les ans la fumure.

La poudrette s'emploie à raison de 1 500 à 2 000 kilogr., soit de 20 à 25 hectolitres, par hectare. On la répand sur le sol, en poudre fine, au moment des labours.

Guano. — Les *guanos* résultent de l'agglomération des déjections d'oiseaux de mer sur certaines côtes, notamment sur les côtes du Chili, du Pérou et de la Colombie. A ces déjections s'ajoutent un grand nombre de débris animaux : plumes, poils, os, chair d'oiseaux, de mammifères ou de poissons, qui enrichissent la masse. Les gisements du Pérou, exploités depuis près d'un siècle, comme de véritables carrières, se sont déjà considérablement épuisés. On distingue les guanos qui en sont extraits des guanos d'autres provenances à leur plus grande richesse en azote : ils en renferment de 3 à 9 pour 100 avec 12 à 25 pour 100 d'acide phosphorique. Dans les guanos lavés par les eaux pluviales, l'acide phosphorique se concentre, l'azote disparaissant en partie. Ceux-ci doivent donc être employés surtout comme engrais phosphatés (guanos de Colombie, du Vénézuéla).

On désigne sous le nom de *phospho-guano* un engrais obtenu par le mélange du guano avec des matières riches en principes phosphatés, des os par exemple. Quant aux *guanos dissous*, ce sont des guanos que l'on a traités par l'acide sulfurique, pour les rendre plus assimilables. Ils sont généralement coûteux.

On fait usage du guano soit au moment des semailles, soit au printemps, en couverture. Pour en faciliter l'épandage, on le mélange à des matières inertes, terre, plâtre, sel marin. Son emploi est avantageux chaque fois que l'on veut apporter au sol à la fois l'azote et l'acide phosphorique. Malheureusement, il est trop fréquemment falsifié.

Colombine, galline, etc. — Les excréments de pigeons ou *colombine*, ceux de poules appelés *poulaitte*, *pouline* ou *galline*, ceux de canards ou d'oies, constituent, par leur accumulation dans les pigeonniers et les basses-cours, des sortes de guanos d'une composition analogue à celle du guano véritable, quoique un peu moins riches en azote. On les emploie de la même façon que ce dernier.

Déchets d'origine animale. — Les matières obtenues comme déchets lors de l'abatage des animaux de boucherie, les cadavres d'animaux morts de maladies ou d'accidents sont des engrais riches en azote, mais d'une action généralement lente. Dans cette catégorie sont compris le sang, la chair, les matières cornées, les déchets de cuir et de laine, les poils, les plumes, les os.

Le *sang desséché* que l'on emploie comme engrais est obtenu par la coagulation, sous l'influence de la chaleur, de l'albumine du sang, que l'on fait passer à l'étuve, après l'avoir pressé. La *chair desséchée* se prépare par la cuisson, qui permet de débarrasser les muscles de la graisse dont ils sont revêtus. Les *râpures de corne*, les *déchets de cuir* ou de laine, résidus de certaines industries spéciales, les *chiffons de laine* hors d'usage, les *poils*, les *plumes*, se désagrègent assez difficilement dans le sol. Pour en rendre les matières fertilisantes plus aisément assimilables, on les soumet à la torréfaction. Tous ces déchets peuvent être avantageusement incorporés au fumier ou aux composts.

Les *débris de poissons*, têtes de sardines, caqûres de harengs ou de maquereaux, etc.; les *cadavres d'insectes :* hannetons, sauterelles, etc., que l'on recueille parfois en quantités considérables, constituent aussi d'excellents engrais.

Quant aux *os*, il convient de les classer à part. Il est rare qu'on les emploie tels quels. Généralement, l'industrie les débarrasse, pour la fabrication de la colle, de la gélatine dont ils sont revêtus. Privés de cette matière azotée, ils ne peuvent plus être considérés que comme engrais phosphatés.

On les emploie simplement concassés ou à l'état de *noir animal.* Sous cette dernière forme, à laquelle les os sont amenés par la calcination en vase clos, ils sont utilisés, dans les sucreries, pour la clarification des jus sucrés. Quand ils ne sont plus propres à cet usage, ils sont pulvérisés et livrés à l'agriculture. La composition et la valeur des noirs de sucrerie ou de raffinerie se rapprochent beaucoup de celles des phosphates minéraux. Les cendres d'os fossiles, trouvés dans certaines cavernes de l'Europe et de l'Amérique, sont également utilisées comme engrais phosphaté.

A la ferme, il arrive fréquemment que l'on ait à se débarrasser du cadavre d'un animal mort d'accident ou de maladie. Si l'animal est de grande taille, le dépecer pour l'incorporer au fumier devient une opération longue, souvent répugnante et parfois dangereuse, quand on est en présence d'une maladie contagieuse. Dans ce dernier cas, l'enfouissement même ne met pas toujours à l'abri de la contagion : c'est ainsi qu'il ne fait nullement disparaître les germes du *charbon*, qui peuvent se propager en reparaissant à la surface du sol. Voici un procédé, préconisé par M. Aimé Girard, qui satisfait à toutes les conditions d'hygiène comme à celle de la parfaite utilisation des déchets d'origine animale. Les cadavres tout entiers ou les débris à faire disparaître sont plongés dans une cuve doublée de plomb renfermant de l'acide sulfurique à 60° Baumé. Ils s'y dissolvent rapidement, tant que la matière animale dissoute ne dépasse pas les 3/4 du poids de l'acide, et l'on obtient ainsi un liquide épais et noirâtre, que l'on emploie ensuite au traitement des phosphates naturels, pour la production de superphosphates azotés d'une valeur supérieure à ceux qui résultent de la fabrication par l'acide pur.

Engrais d'origine végétale.

Engrais verts. — Les *engrais verts* sont constitués par les végétaux enfouis dans le sol en vue de le fertiliser. Ces végétaux peuvent être produits sur le sol auquel ils servent de fumure ou être apportés du dehors. On cultive surtout comme engrais verts les plantes de la famille des légumineuses : trèfle des prés, trèfle incarnat, lupins, vesces, féveroles. Quelques autres sont également employées : le seigle, le colza, le sarrasin, la moutarde blanche, etc. Il faut choisir, pour ces cultures, des plantes à grand développement foliacé, à végétation rapide, et dont les racines, s'enfonçant profondément en terre, prennent au sous-sol ses matières fertilisantes. Ces conditions remplies, les fumures vertes restituent au sol plus qu'elles ne lui ont pris, et, par suite, l'enrichissent.

M. Georges Ville a fondé, sur l'emploi des engrais verts associés aux engrais minéraux, une théorie à laquelle il a donné le nom de *sidération*. Sous forme d'engrais verts, il fournit au sol l'humus nécessaire aux cultures et complète cette fumure insuffisante par l'apport d'engrais chimiques : il supprime ainsi l'emploi du fumier. Ce fait, aujourd'hui démontré, que les légumineuses puisent dans l'atmosphère la plus grande partie de l'azote qui leur est nécessaire, vient à l'appui de cette théorie.

Les fumures vertes ne sont réellement économiques que dans des cas assez rares, lorsque, par exemple, le transport des fumiers est rendu difficile et coûteux par l'éloignement de la ferme des terres à fumer ou par l'escarpement de ces dernières. On peut aussi en faire usage quand, pour une raison quelconque, le fumier fait défaut. Il ne faut pas perdre de vue que ces fumures ne s'obtiennent qu'au prix du sacrifice d'une récolte, qui serait souvent utilisée d'une façon plus avantageuse par la vente au marché ou la consommation par le bétail.

L'enfouissement des engrais verts se fait à l'époque où la plante est en fleur ; à ce moment elle atteint son maximum de développement. On peut soit faucher les plantes, soit les coucher sur le sol par un roulage; dans les deux cas, on les enterre par un labour.

Les résidus végétaux, feuilles de betteraves, fanes de pommes de terre, etc., laissés sur le sol au moment de la récolte, constituent un excellent engrais vert. Quant aux fougères, genêts, feuilles d'arbres, roseaux, herbes marines, etc., leur emploi est à conseiller chaque fois que le transport n'en est pas trop coûteux.

Matières végétales diverses. — La *tourbe*, formée par la décomposition des végétaux dans des conditions spéciales, a, comme engrais, une valeur qui se rapproche de celle des engrais verts. On peut l'employer directement sur les terres; mais il est préférable de l'utiliser comme litière ou de la mélanger à des matières calcaires pour en faire des composts.

Les *cendres* non lessivées des végétaux sont riches de toute la matière minérale de ceux-ci; mais la matière organique a disparu. La composition en est, d'ailleurs, très variable. Il convient de les considérer surtout comme des engrais potassiques.

Les *marcs* de *raisins* ou de *pommes* obtenus dans la fabrication du vin ou du cidre sont des engrais riches en potasse. On les réserve parfois pour la nourriture du bétail; mais le plus souvent ils vont au fumier.

Les *déchets de la préparation des filasses* de lin et de chanvre doivent être incorporés aux fumiers, à la litière des animaux ou aux composts.

Résidus industriels d'origine végétale. — Les *tourteaux* de graines oléagineuses, résidus obtenus lorsqu'on presse fortement celles-ci pour en exprimer l'huile, renferment tout l'azote, l'acide phosphorique et la potasse de la graine. On les obtient, sous forme de gâteaux, qu'il convient de pulvériser, si l'on veut les employer comme engrais. Nos graines indigènes fournissant de l'huile et, par suite, des tourteaux sont : le lin, le colza, la navette, la cameline, l'œillette, le chènevis, la noix. Parmi les graines exotiques oléagineuses, il faut citer l'arachide, le sésame, le coton, etc. Les *marcs d'olives* ont une valeur analogue à celle des tourteaux. La composition des tourteaux varie selon leur nature; on doit rechercher surtout, pour la fertilisation du sol, ceux qui, fortement pressurés, renferment peu d'huile.

La plupart des tourteaux peuvent être très avantageusement employés à la nourriture du bétail; ce sont ceux qui y sont impropres qu'il faut choisir comme engrais à cause de leur bon marché. Quand on les utilise comme engrais, on les répand sur le sol à la volée, à raison de 1 000 à 2 000 kilogrammes à l'hectare, avant l'époque des semailles, et on les enterre par un labour. On peut aussi les appliquer *en couverture* sur des plantes avancées déjà en végétation. Il faut éviter de les répandre en même temps que la graine à semer, car ils peuvent empêcher celle-ci de lever en se putréfiant à son contact.

Dans les terres très fortes et dans les sols acides, l'action des tourteaux est lente et faible; c'est dans les terrains légers, siliceux ou calcaires, qu'ils produisent les meilleurs effets.

Les *pulpes* de betteraves ou de pommes de terre obtenues en sucrerie ou en féculerie, les *drèches* et les *touraillons*, qui sont des résidus de brasserie, plus riches en azote et en acide phosphorique que le fumier de ferme, sont tantôt employés à la nourriture du bétail, tantôt utilisés comme engrais. Dans la catégorie des engrais azotés figurent aussi le *marc de houblon*, la *tannée*, les *déchets de coton*, et, en général, tous les résidus que l'industrie obtient du traitement des végétaux. Toutes ces matières, à désagrégation assez lente, se prêtent bien à la confection des composts.

Les *écumes de défécation* provenant des sucreries forment un amendement calcaire fréquemment employé. Quant aux *vinasses* de distillerie et aux eaux de féculerie, on peut les utiliser pour l'irrigation des terres, ou ne faire usage que du dépôt qu'elles laissent dans les citernes où on les emmagasine.

Engrais complexes.

Gadoues ou boues de ville. — L'ensemble des déchets de ménage ou d'atelier, des balayures des rues et des marchés, en un mot de toutes les ordures dont les villes ont intérêt à se débarrasser, forme les *gadoues* ou *boues de ville*. On comprend que la composition en soit extrêmement variable. Toutefois, on peut les considérer généralement comme ayant une valeur fertilisante comparable à celle du fumier de ferme. Il faut donner la préférence à celles qui renferment le moins de matières inertes. Les gadoues constituent un engrais chaud, qui peut servir à la confection des *couches* dont fait usage la culture maraîchère. On utilise généralement les gadoues après fermentation en tas durant 2 ou 3 mois. On les applique aux cultures de la même façon que le fumier.

Les gadoues ne sont véritablement avantageuses comme engrais qu'à proximité des villes, car le transport en est alors peu coûteux. Elles pèsent, au mètre cube, de 800 à 1 200 kilogrammes.

Utilisation des eaux d'égout. — Les *eaux d'égout* des cités populeuses, d'une composition nécessairement très variable, sont cependant toujours riches en éléments fertilisants et surtout en azote. Elles constituent de véritables engrais liquides, dans lesquels certaines matières se trouvent en solution, et d'autres en suspension. Aux environs des villes, leur emploi en irrigation sur les cultures s'impose, non seulement parce qu'il fertilise le sol à bon compte, mais encore parce qu'il évite la pollution des rivières par le déversement de ces eaux, pollution qui a souvent pour résultat la destruction du poisson et le transport à longue distance des germes de maladies contagieuses. Les propriétés absorbantes du sol sont telles que l'épuration des eaux d'égout versées à la surface se produit pour ainsi dire instantanément, et qu'il n'y a pas lieu de craindre le dégagement des émanations putrides quand l'irrigation est mesurée.

Les terres de la presqu'île de Gennevilliers, près Paris, qui par mètre carré reçoivent en irrigation 300 litres d'eau d'égout tous les vingt jours, portent de magnifiques cultures maraîchères. Hâtons-nous de dire que, dans des terres plus compactes et moins profondes, il conviendrait de réduire notablement les proportions d'eau d'égout à employer.

Composts et tombes. — Quand les matières organiques à utiliser comme engrais sont d'une désagrégation difficile, on a intérêt à en activer la décomposition par le mélange avec de la terre, de la chaux ou du fumier. On obtient ainsi les *composts* et les *tombes*.

Dans les composts on fait entrer les curures de rivières, d'étangs ou de fossés et tous les débris animaux ou végétaux de la ferme : matières fécales, balayures, criblures, chiffons, poils, plumes, débris de cuir, déchets de boucherie, mauvaises herbes, marcs de pommes et de raisins, poussières de grenier, etc. On stratifie toutes ces matières avec de la terre, en alternant les couches de terre et de substances organiques. On donne aux tas, de forme rectangulaire, une hauteur de $1^m,50$ à 2 mètres. Afin de les rendre plus homogènes et de permettre à l'air d'y pénétrer plus facilement, de temps à autre on les *recoupe* à la bêche, c'est-à-dire qu'on leur fait subir un pelletage, qui en mélange intimement toutes les parties. Des arrosages à l'eau pure ou, mieux encore, avec des purins, des eaux ménagères ou des liquides ayant servi à des usages industriels, doivent être effectués fréquemment, pour maintenir le tas dans un état constant d'humidité. Dans ces conditions, les matières organiques se décomposent, et l'on obtient, en définitive, un terreau de bonne qualité.

La chaux doit être introduite dans les composts, sous forme de chaux vive de préférence, chaque fois que cela est possible. Elle hâte la décomposition des matières organiques et favorise la nitrification, en transformant en ammoniaque, retenue par la terre du compost, l'azote de ces matières. En outre, si elle est en proportion suffisante, l'épandage du compost dans lequel elle entre peut produire sur le sol l'effet d'un véritable chaulage.

Les *tombes* usitées en Flandre, en Normandie et dans l'Anjou ne sont autre chose que des composts formés de chaux, de terre et de fumier.

Le terreau qui provient des composts et des tombes constitue un bon engrais pour toutes les cultures. Mais c'est sur les prairies naturelles qu'il agit le plus efficacement. Il produit en même temps l'effet d'un engrais azoté et celui d'un amendement calcaire. Au point de vue économique, l'établissement des composts n'est réellement avantageux que lorsque la main-d'œuvre et les charrois sont peu coûteux.

Observation. — Nous ne pouvons mieux terminer ce chapitre sur les engrais qu'en faisant remarquer combien il est important de recueillir les immenses quantités de matières fertilisantes d'origine organique qui, perdues par la négligence des cultivateurs, des industriels et des citadins, sont aussi pour les uns et les autres, par leur décomposition non régularisée, la cause de maladies nombreuses autant que redoutables. Une meilleure utilisation de ces matières aura pour conséquence une fertilisation plus complète de notre territoire agricole, et, par suite, un accroissement de récolte, dont le résultat sera, non seulement l'enrichissement du cultivateur, mais encore l'augmentation du bien-être général.

CHAPITRE X.

ENGRAIS CHIMIQUES PROPREMENT DITS.

Engrais minéraux azotés. — Engrais minéraux phosphatés. — Engrais minéraux potassiques. — Préparation, semaille et incorporation au sol des engrais chimiques. — Nécessité de l'emploi des engrais complémentaires. — Estimation de la valeur commerciale des engrais.

Les *engrais chimiques proprement dits* sont des composés *minéraux* extraits de gisements souterrains ou résultant d'une préparation industrielle. Ils forment trois grands groupes, que nous étudierons successivement. Les engrais calcaires ont été passés en revue précédemment, et les engrais magnésiens, sulfatés, ferriques, ont encore trop peu d'importance pour que nous nous y arrêtions davantage.

Engrais minéraux azotés. — Les plus employés sont le *nitrate* ou *azotate de soude* et le *sulfate d'ammoniaque*.

Le nitrate de soude, résultant de la combinaison de l'acide azotique avec la soude, prend naissance lors de la *nitrification*, phénomène chimique dont nous avons parlé déjà. Des gisements de ce nitrate existent dans différentes régions : l'Amérique du Sud (Pérou, Chili, Bolivie) possède les plus importants de ces gisements. Le nitrate de soude est un sel blanc cristallisé, déliquescent, qui renferme de 15 à 16 pour 100 d'azote. En raison de son extrême solubilité, qui en facilite l'entraînement par les eaux pluviales, il convient de l'employer de préférence sur des plantes en végétation qui peuvent l'utiliser immédiatement. C'est un engrais de printemps. En le répandant longtemps à l'avance, on s'exposerait à des pertes considérables, surtout dans les terres légères.

Le sulfate d'ammoniaque, autre sel blanc cristallisé, que l'on obtient par la distillation des eaux de lavage du gaz d'éclairage ou des eaux vannes des dépotoirs, renferme de 20 à 21 pour 100 d'azote. C'est le plus riche des engrais azotés. Également très soluble, il est moins facilement entraîné par les pluies que les nitrates, à cause du pouvoir absorbant des terres, surtout argileuses, à son égard. C'est le prix de l'unité d'azote qui doit déterminer le choix à faire entre ces deux engrais.

Même impurs, le chlorhydrate et le carbonate d'ammoniaque sont généralement trop coûteux pour être employés comme engrais.

Engrais minéraux phosphatés. — Les engrais minéraux phosphatés proviennent, pour la plupart, de gisements de phosphate de chaux. De semblables gisements existent dans les Ardennes, la Meuse, le Lot; en Allemagne, en Espagne, au Canada, etc. Quelques-uns de ces phosphates se trouvent à l'état de roches dures (*apatites*, *phosphorites*); d'autres, à l'état de rognons ou de sables (*nodules*, *craies et sables phosphatés*); d'autres enfin affectent la forme de coquillages ou de débris animaux fossilisés (*coprolithes*, *phosphates fossiles*). La richesse en acide phosphorique des phosphates naturels est très variable, selon leur provenance. Ils en renferment de 10 à 30 pour 100. Les phosphates naturels sont insolubles dans l'eau. Ils ne sont employés comme engrais qu'après avoir été lavés et convenablement pulvérisés. Les parties les plus fines sont celles qui se prêtent le mieux à l'assimilation par les plantes.

Les *superphosphates* sont le produit du traitement des phosphates naturels ou des phosphates d'os par l'acide sulfurique. Ils sont solubles partie dans l'eau pure, partie dans des liquides faiblement acides, et se *diffusent* facilement dans le sol. L'acide phosphorique qu'ils renferment étant plus rapidement assimilable que celui des phosphates naturels, on les a longtemps préférés à ces derniers. Mais ils sont beaucoup plus coûteux, en raison des manipulations dont ils ont été l'objet. En outre, la partie qui n'est pas immédiatement utilisée par la végétation *rétrograde* dans le sol, c'est-à-dire se combine avec les matières calcaires, avec le fer, avec l'alumine, pour reformer des composés insolubles. Il est donc souvent préférable d'appliquer à une culture 1 000 kilogrammes de phosphate naturel plutôt que de lui fournir 400 ou 500 kilogrammes de superphosphate. Pour un prix égal ou même inférieur, on apporte au sol deux ou trois fois plus d'acide phosphorique, que les plantes finissent toujours par s'assimiler avec le temps, malgré son insolubilité. Toutefois, dans les bonnes terres, l'emploi des superphosphates est tout indiqué lorsqu'il s'agit d'exercer une action immédiate sur des plantes en végétation. Dans les terres acides, il faut toujours leur préférer les phosphates naturels ou les scories. Ils renferment, en moyenne, de 15 à 25 pour 100 d'acide phosphorique.

Les *phosphates précipités*, obtenus comme sous-produits dans la fabrication de la gélatine, contiennent de 36 à 40 pour 100 d'acide phosphorique soluble. Ils sont donc très riches, mais généralement coûteux.

Quant aux *scories de déphosphoration*, résultant de la transformation des fontes en fer ou en acier, elles renferment de 7 à 20 pour 100 d'acide phosphorique et 40 pour 100 environ de chaux. Elles constituent donc, non seulement des engrais phosphatés de bonne qualité, mais encore d'excellents amendements calcaires. Elles livrent généralement l'acide phosphorique à un prix assez faible.

Depuis peu de temps, on fait usage en horticulture d'engrais phosphatés solubles : phosphate de potasse, phosphate d'ammoniaque, qui apportent en même temps au sol de la potasse ou de l'azote. Ils sont chers, mais de haute valeur fertilisante.

Il ne faut pas oublier que l'influence de l'acide phosphorique dans la végétation est capitale. Il est indispensable au développement des céréales, à la formation de la graine, à la production de la betterave, des choux, des navets, etc. L'homme et les animaux puisent dans les végétaux le phosphate de chaux nécessaire à la formation de leur ossature. Or, la quantité de cet élément fertilisant qui existe dans nos sols est presque toujours insuffisante : de là l'importance des engrais phosphatés, dont l'insolubilité dans l'eau permet d'ailleurs l'emploi à des doses élevées.

Le mélange des phosphates au fumier est un excellent mode d'emploi.

Engrais minéraux potassiques. — Le *chlorure de potassium* est, parmi les engrais potassiques, le plus fréquemment employé. C'est un sel blanc cristallisé, facilement soluble, que l'on tire des mines de Stassfurth (Allemagne), ou que l'on obtient par le traitement soit des cendres de varech, soit des salins de betteraves, soit enfin des eaux-mères des marais salants. Il renferme de 40 à 55 pour 100 de potasse chimiquement pure.

Le *sel de Stassfurth* ou *kaïnite* est un sulfate double de potasse et de magnésie mélangé de chlorures. Sa composition est très variable; il est 4 ou 5 fois moins riche que le chlorure de potassium et livre la potasse à un prix plus élevé.

Le *sulfate de potasse* normal, assez fréquemment employé, titre de 48 à 52 pour 100 de potasse.

Le *nitrate de potasse* ou *salpêtre*, qui renferme 44 pour 100 de potasse en même temps que 13 pour 100 environ d'azote, et qui, par suite, serait un engrais de premier ordre quand il s'agit d'apporter à la fois au sol ces deux éléments fertilisants, ne peut guère être employé en agriculture, à cause de son prix élevé. On en fait cependant usage en horticulture.

Les *potasses brutes* provenant du traitement des salins de betteraves (10 à 50 pour 100 de potasse sous forme de carbonate), les *sables feldspathiques* (1 à 15 pour 100 de potasse sous forme de silicate), les cendres de bois, sont parfois aussi employés comme engrais potassiques.

Préparation, semaille et incorporation au sol des engrais chimiques. — Pour que la répartition en puisse être uniforme, il est nécessaire que les engrais chimiques se trouvent très divisés. Afin de les amener à l'état voulu, on les soumet à la pulvérisation et au tamisage à la claie. Ces opérations sont d'autant plus nécessaires, que les engrais se sont trouvés plus exposés à l'humidité. Le phosphate fossile seul reste toujours très pulvérulent; les autres engrais *se reprennent* rapidement en blocs. Quand il s'agit de faire un mélange de plusieurs engrais, mélange dont la composition se détermine d'après les besoins du sol et la richesse de chaque engrais en éléments fertilisants, on forme du tout un même tas, en jetant successivement une pelletée de l'un, puis une pelletée de l'autre. On brasse ensuite la masse à plusieurs reprises. On ne saurait trop recommander à l'agriculteur de faire lui-même ses mélanges d'engrais chimiques pour se mettre à l'abri des fraudes auxquelles se livre trop facilement le commerce.

Pour éviter des déperditions de matières fertilisantes sous forme gazeuse, il convient de ne jamais mélanger la chaux ou les scories de déphosphoration avec les sels ammoniacaux ; on recommande aussi de semer séparément les nitrates et les superphosphates.

La semaille des engrais pulvérulents se fait soit à la main, soit à l'aide de semoirs spéciaux. La répartition doit en être effectuée avec le plus grand soin. En règle générale, il convient de faire suivre l'emploi des engrais minéraux d'un hersage énergique. Pour ce qui est des phosphates, on doit les incorporer au sol par un labour de défrichement, s'il s'agit de prairies ou de landes, ou en enfouissant le fumier, pour les terres qui en reçoivent. Quant aux engrais employés au printemps *en couverture*, il est bon de les répandre assez tôt, pour que les pluies puissent les dissoudre et les disséminer dans le sol.

Nécessité de l'emploi des engrais complémentaires. — Est-il possible de restituer intégralement au sol, par l'emploi du fumier produit à la ferme, tous les éléments fertilisants dont il a été dépouillé par les récoltes? Assurément non. Une partie des produits est vendue en nature, une autre sert à l'alimentation du bétail, qui la transforme en lait et en viande, à leur tour exportés de la ferme. Le reste seul retourne au sol sous forme de fumier. Les terres de l'exploitation, qui reçoivent chaque année moins qu'elles ne donnent, vont donc s'appauvrissant sans cesse, malgré les restitutions naturelles par l'atmosphère et par les eaux. Si lent que soit cet appauvrissement, il n'en finit pas moins par amener à la longue l'épuisement complet et, partant, la stérilité des terres. On prévient ce danger par l'emploi d'autres engrais dits *complémentaires*. Ceux-ci ont, d'ailleurs, sur le fumier de ferme, engrais complet, avons-nous dit, l'avantage de pouvoir apporter au sol l'élément qui lui manque, isolé d'autres éléments superflus, et de fournir à la plante, également à l'exclusion des matières inutiles, la substance qui lui convient le mieux. C'est qu'en effet, chaque végétal, en même temps qu'une composition chimique spéciale, a des exigences particulières : le phosphate de chaux est l'engrais de prédilection des crucifères ; les engrais azotés, de faible influence sur les légumineuses, exercent sur le développement de la betterave et des céréales une action considérable; le topinambour est avide de potasse. L'élément que la plante réclame avec le plus d'énergie est ce que l'on nomme sa *dominante*. L'azote est la dominante des graminées, la potasse celle des légumineuses.

Chaque culture, comme chaque sol, a donc des besoins distincts, et l'on ne saurait appliquer indifféremment à toutes et à tous le même engrais. Si donc il est rarement économique de remplacer entièrement le fumier de ferme par les engrais chimiques, du moins on trouve toujours profit à le compléter par l'adjonction de ces engrais. Il ne faut pas oublier, d'ailleurs, que la composition du fumier est le reflet de celle du sol, et que les éléments qui font défaut à l'un sont aussi ceux qui se retrouvent dans l'autre en moindre proportion.

Estimation de la valeur commerciale des engrais. — La valeur agricole des engrais dépend de la proportion des éléments fertilisants qu'ils renferment à un état assimilable pour les plantes, c'est-à-dire sous une forme telle que ces dernières puissent les faire entrer dans la composition de leurs tissus. Mais, au point de vue commercial, chacun de ces éléments a sa valeur propre, son prix, déterminé par la loi de l'offre et de la demande, et soumis, par suite, à des fluctuations nombreuses. L'azote, étant le plus rare et le plus recherché, est aussi le plus cher : son prix varie selon qu'il est à l'état organique, ammoniacal ou nitrique; il vaut actuellement de 1 fr. 50 à 2 francs le kilogramme; l'acide phosphorique des superphosphates, immédiatement assimilable, est taxé de 0 fr. 50 à 0 fr. 60; celui des phosphates naturels, 0 fr. 20 seulement; quant à la potasse, son prix est d'environ 0 f. 40 à 0 fr. 50 le kilogramme.

Pour déterminer la valeur commerciale d'un engrais, il faut, connaissant la proportion de chacun des principes fertilisants qu'il renferme, multiplier par les chiffres qui représentent ces différentes proportions la valeur de l'unité correspondante et faire la somme des produits obtenus. Soit un tourteau présentant la composition suivante :

Azote	5 %
Acide phosphorique	2 %
Potasse	1.3 %

La valeur commerciale en sera :

Azote.	5	× 1f50 =	7f50
Acide phosphorique.	2	× 0.50 =	1.00
Potasse	1.3	× 0.40 =	0.52
Total.			9f02

c'est-à-dire que ce tourteau ne devra pas être payé comme engrais plus de 9 fr. 02 les 100 kilogrammes.

Il va sans dire que tous les engrais ne livrent pas les principes fertilisants au même prix ; mais l'agriculteur doit savoir distinguer ceux qui les lui fournissent au meilleur compte.

L'estimation de la valeur commerciale des engrais est basée sur la connaissance de leur composition chimique. Cette composition, l'agriculteur ne peut presque jamais la déterminer lui-même. Il doit avoir recours, à cet effet, aux *stations agronomiques* ou aux laboratoires d'analyse, nombreux aujourd'hui en France. Pour ne pas être victime de la mauvaise foi des marchands, qui vendent trop souvent comme engrais, sous les plus séduisantes amorces, et, par suite, à des prix élevés, des matières inertes ou sans aucune valeur, voici comment il lui faut procéder. Il exigera du vendeur la garantie, sur facture, d'une richesse déterminée de l'engrais en principes fertilisants. La loi du 4 février 1888 oblige, d'ailleurs, les marchands d'engrais à énoncer, sur leurs factures, la proportion centésimale et la nature exacte de chacun des principes fertilisants que renferment les matières livrées, ainsi que l'origine de ces matières. Cette richesse devra être indiquée pour l'engrais à l'état normal, et non à l'état sec, qui n'est pas celui sous lequel on le vend. A l'arrivée de la marchandise et avant d'en prendre livraison, le cultivateur en prélèvera, en présence de deux témoins, un échantillon, qu'il enverra, sous plomb, au laboratoire d'essais. Si les résultats de l'analyse confirment la richesse garantie ou indiquent une richesse supérieure, le cultivateur devra accepter l'engrais ; dans le cas contraire, il pourra réclamer une diminution de prix ou refuser l'engrais. Nous engageons tous les cultivateurs à prendre cette précaution ; elle leur épargnera bien des mécomptes.

Insistons à nouveau sur ce fait, que l'agriculteur soucieux de ses intérêts doit toujours acheter ses engrais par catégories séparées et préparer lui-même ses mélanges.

CHAPITRE XI.

DESSÉCHEMENTS. — DRAINAGE.

Desséchement des terrains couverts d'eau. — Drainage : son but. — Signes caractéristiques des sols à drainer. — Influence avantageuse du drainage. — Historique. — Pratique du drainage. — Direction, pente, longueur, profondeur et écartement des drains. — Plan de drainage. — Mise à exécution du plan de drainage. — Fabrication des tuyaux. — Pose. — Regards. — Bouches. — Utilisation des eaux de drainage. — Frais d'établissement. — Plus-value des terrains drainés. — Drainage vertical. — Législation.

Desséchement des terrains couverts d'eau. — Les influences diverses qui modifient peu à peu le relief du sol, soit à l'intérieur des terres, soit près des rivages actuels des mers, laissent, en certains endroits, des bas-fonds d'une étendue parfois considérable, où se réunissent et s'accumulent les eaux. Ainsi se forment les marais, les étangs, etc.

Les terrains marécageux sont généralement insalubres. En effet, lorsque le niveau de l'eau s'abaisse, surtout en été, par suite de l'évaporation, une certaine surface se trouve à sec sur tout le pourtour du marais; les végétaux et les animaux aquatiques y périssent et donnent naissance à des miasmes pestilentiels. C'est là certainement la cause première des fièvres de marais.

D'ailleurs, les terres ainsi mouillées, à l'exclusion des étangs en exploitation, sont improductives, et leur desséchement est nécessaire pour les mettre en état d'être cultivées.

Dans la plupart des cas, l'opération serait facile à conduire à bien, si, d'une part, la difficulté d'interpréter une législation compliquée, et, d'autre part, le prix de revient, souvent fort élevé, du travail, lorsqu'il s'agit de grandes étendues de terrain, ne constituaient pas de sérieux obstacles à son exécution.

En principe, la pratique des *desséchements* est simple. L'étendue couverte d'eau doit tout d'abord être isolée des terrains supérieurs (dont les eaux s'écoulent dans le marais à dessécher) par un fossé aussi profond qu'on le juge nécessaire. Ce fossé, auquel on donne le nom de *drain d'isolement*, entoure complètement l'espace humide et possède une pente telle, que les eaux se réunissent en un seul point. On creuse en même temps des tranchées dans l'intérieur du terrain, ou bien l'on établit un système de drainage afin de conduire les eaux reçues par le marais lui-même à l'endroit le plus bas.

Cela fait, deux cas se présentent : 1° l'écoulement de l'eau peut se faire dans une rivière ou dans une mer voisine, dont le niveau est toujours inférieur à celui du point le plus bas du marais : il suffit dès lors de joindre ce point à la rivière ou à la mer par un canal de section convenable, pour que le desséchement s'effectue naturellement; 2° le fond du marais est plus bas que le niveau de la mer ou des cours d'eau voisins : il faut alors, au moyen de machines élévatoires (pompes, vis d'Archimède, roues à palettes, à pots ou à augets), conduire dans un réservoir supérieur l'eau amenée par les drains, et, de là, la faire écouler, par un canal de déversement, dans le cours d'eau ou dans la mer.

Les *polders* du nord de la France et de la Hollande, le lac de Harlem, aujourd'hui en culture, ont été desséchés de cette façon.

But du drainage. — L'épuisement de l'eau superficielle est donc généralement possible; mais le terrain ainsi *desséché* n'est pas forcément *assaini;* il peut encore renfermer intérieurement de l'eau stagnante.

Le *drainage* a pour but de débarrasser les terres humides *non noyées* de toute l'eau stagnante intérieure pouvant nuire à la végétation.

Tout sol arable reposant sur un sous-sol imperméable n'est autre chose qu'un immense pot de fleur sans trou; drainer cette terre forcément stérile, c'est percer le trou qui permet le renouvellement de l'eau et de l'air indispensable à la végétation.

Signes caractéristiques des sols à drainer. — Lorsqu'on aperçoit de l'eau séjournant dans les sillons, ou que la terre foulée par le pied de l'homme ou des animaux laisse dans les traces des pas une petite couche d'eau; quand, trois ou quatre jours après les pluies, les dépressions du terrain sont notablement plus humides que le reste des pièces, et qu'un bâton enfoncé dans le sol laisse voir de l'eau au fond du trou qu'il vient de creuser, partout aussi où l'usage de la culture en billons persiste, on peut affirmer que le drainage produira de bons effets.

D'ailleurs, certaines plantes croissent spontanément dans ces terrains; telles sont : les prêles, le liseron des champs, les renoncules, les joncs, les laiches, les oseilles, le colchique d'automne, que les sarclages ne peuvent faire disparaître, mais que le drainage anéantit, en supprimant l'humidité qui leur est nécessaire.

Influence avantageuse du drainage. — Le drainage, abaissant le niveau des eaux stagnantes, les rend inoffensives pour les racines.

Il facilite le passage à travers la couche arable des eaux de toute nature qui y apportent certains éléments de fertilité. L'air y pénètre en même temps et renouvelle l'atmosphère du sol; les transformations chimiques utiles à la végétation sont ainsi favorisées.

Le drainage contribue à l'ameublissement des terres fortes, il élève la température du sol, en diminuant l'évaporation superficielle de l'eau, et, par suite, en atténuant le refroidissement que cette évaporation produit toujours. En revanche, il facilite l'entraînement des sels nutritifs solubles par les eaux qui traversent le sol.

Historique. — L'assainissement des terres au moyen de tranchées était connu des auteurs anciens. On employait même, avant le drainage proprement dit, les *rigoles ouvertes* dans certaines parties de la France, mais sans règle bien établie. Les Anglais, au commencement du dernier siècle, ont fait faire de grands progrès au drainage.

Les rigoles d'égouttement à ciel ouvert, dans lesquelles l'eau, filtrant à travers le sol, se déversait à la partie inférieure de la rigole et en suivait la pente, furent abandonnées, parce qu'elles prenaient trop de place et étaient très incommodes. On fit donc des tranchées fermées, au fond desquelles on plaça suivant les cas, des pierres ou des galets, des tuiles plates surmontées de tuiles demi-cylindriques, des fascines, etc. Ces différents systèmes peuvent encore être préférés dans certaines circonstances particulières.

La méthode généralement adoptée aujourd'hui consiste dans l'emploi de tuyaux cylindriques, de longueur et de grosseur variables, placés bout à bout au fond de tranchées étroites. On donne à ces tuyaux le nom de *drains*.

L'eau qui imprègne le sol arrive en s'infiltrant jusqu'aux tuyaux de conduite; elle s'introduit dans ces tuyaux *par les interstices* qui les séparent, et s'écoule suivant la pente.

Pratique du drainage. — Tout d'abord, il importe de procéder au levé et au nivellement du terrain : c'est d'après les données de ce travail qu'on peut déterminer la direction, la pente et la longueur des tranchées.

Il est également nécessaire d'étudier le sol, afin de connaître la nature et l'épaisseur des couches qui le constituent, et de voir si ces couches sont parallèles à la surface ou inclinées par rapport à celle-ci. Souvent même le sondage et l'exploration du terrain fournissent le seul moyen de découvrir l'origine de l'eau dont on veut se débarrasser, et, par suite, le procédé d'assainissement le plus convenable.

Direction, pente, longueur, profondeur et écartement des drains. — On a longtemps admis que, la *direction* des drains devait se rapprocher autant que possible d'une ligne de plus grande pente, celle-ci étant suivie naturellement par les eaux qui coulent à la surface du sol. Un récent travail de MM. Risler et Wéry tend avec raison à modifier complètement cette façon de voir. Ils estiment qu'il convient, pour obtenir le meilleur assèchement, de placer les collecteurs suivant la plus grande pente du terrain et les drains en diagonale.

La *pente* dans les tuyaux cylindriques doit être d'environ $0^m,005$ par mètre, au minimum, et beaucoup plus accentuée avec les autres systèmes de drainage : fascines, pierrailles, etc. Elle doit augmenter un peu au fur et à mesure qu'on approche de l'extrémité inférieure du drain.

La *profondeur* des tuyaux ne saurait être trop grande, si l'on ne considère que le développement des racines des plantes, qui vont quelquefois assez loin dans l'épaisseur du sol; mais la dépense croît beaucoup avec la hauteur des tranchées; celle-ci, d'ailleurs, doit varier avec la nature du sol et la pente du terrain et surtout avec l'espacement des drains. Le drainage profond est néanmoins préférable au drainage superficiel. Suivant que l'on a affaire à un sol sableux, argileux, tourbeux, etc., on place les drains à des profondeurs comprises entre 70 centimètres et $1^m,70$ environ.

Comme la profondeur, *l'écartement* des drains dépend beaucoup des circonstances locales. Il faut rapprocher de plus en plus les drains à mesure que le terrain est plus compact, qu'ils sont placés moins profondément, et que la pente est plus forte. Un écartement de 10 à 11 mètres, pour des tranchées profondes de $1^m,20$, convient aux terres argileuses du nord de la France par exemple.

La *longueur* des drains est subordonnée à l'abondance des pluies, au diamètre des tuyaux, à leur pente et à la distance qui les sépare les uns des autres. On admet qu'avec des tuyaux de 25 à 35 millimètres de diamètre, les drains peuvent avoir 250 à 350 mètres de longueur. S'il faut assainir des pentes plus longues, on divise les petits drains ou drains primitifs par un canal secondaire transversal, qui reçoit les eaux de la moitié supérieure des drains.

Les tuyaux de drainage se nomment, suivant leur diamètre, *tuyaux de dessèchement* ou *petits drains* et *drains principaux* ou *collecteurs*. Les collecteurs de premier ordre sont ceux qui reçoivent directement les eaux des petits drains, les collecteurs de second ordre reçoivent les eaux des collecteurs de premier ordre, etc.

Plan de drainage. — Quand on a affaire à un terrain horizontal, la disposition des drains est déterminée par la situation des canaux de décharge et des moyens d'écoulement dont on dispose; mais quand le terrain est incliné, d'autres considérations influent sur la direction qu'on doit donner aux drains.

Si la pente n'est pas trop forte, les petits drains sont dirigés parallèlement ou obliquement à cette pente depuis le bord le plus élevé du terrain jusqu'au bord inférieur et en ligne droite; mais quand les inclinaisons sont multiples, les travaux sont moins réguliers et plus difficiles. Alors on décompose le champ à drainer en plusieurs parties sensiblement planes, et l'on trace les drains de dernier ordre parallèlement les uns aux autres, à la distance reconnue nécessaire et suivant la ligne de plus grande pente de chacune de ces parties planes.

Les drains collecteurs, qui recueillent et conduisent les eaux des petits drains, sont placés à l'extrémité inférieure de ceux-ci, par conséquent dans les parties basses du terrain, ou, au contraire, suivant la ligne de plus grande pente. (Voir la remarque de la page 68). L'angle qu'ils forment avec les petits drains doit être aigu.

Mise à exécution du plan de drainage. — Le plan une fois arrêté sur le papier, on le reporte sur le sol par les procédés usités en arpentage, et l'on trace ainsi la direction des tranchées à ouvrir. Afin d'économiser les frais de fouille et de remblai, on fait les tranchées aussi étroites que possible, en leur donnant, en haut, de 30 à 40 centimètres de largeur, et au fond, 10 à 20 centimètres pour les drains principaux, et 6 à 7 pour les petits drains.

L'ouverture de ces tranchées est faite par une équipe d'ouvriers qui se suivent avec des outils différents. On doit toujours commencer le travail par la partie la plus basse, afin que les eaux supérieures ne viennent pas l'entraver.

Le premier ouvrier entame d'abord le sol avec une bêche ordinaire; ceux qui le suivent approfondissent la tranchée avec des instruments de plus en plus étroits et de plus en plus longs.

Les outils employés sont fort nombreux. Dans les terrains caillouteux, on fait usage du *pic à pédale;* pour couper les gazons, les bruyères, on se sert du *taille-prés*. On tasse le fond des galeries avec une masse de fonte demi-cylindrique longuement emmanchée, et on l'égalise au moyen de la *drague de drainage*, sorte de pioche recourbée et en forme de cuiller.

Afin d'abréger le travail, on emploie parfois des charrues spéciales, qui, outre l'ouverture des tranchées, exécutent encore le placement des tuyaux; mais ces *charrues-taupes* sont rarement en usage dans notre pays.

Fabrication des tuyaux. — Les *tuyaux* que l'on place au fond des tranchées ainsi ouvertes sont faits avec de l'argile à briques bien purgée de pierres et de corps étrangers. On en prépare une pâte, qu'on place dans une caisse résistante portant une filière adaptée à sa face antérieure. Un piston comprime l'argile de cette caisse et la force à passer à travers la filière, d'où elle sort sous forme de tubes, qui s'avancent sur une toile sans fin. On les coupe à la longueur voulue au moyen de fils de laiton fixés sur un cadre mobile, et on les porte au séchoir. Quand ils ont une dureté convenable, on roule ces tuyaux sur une table, afin de les rendre plus réguliers, et il ne reste alors qu'à les faire cuire dans des fours spéciaux.

Pose des tuyaux. — Pour disposer les tuyaux au fond des tranchées, on se sert d'un instrument appelé *broche*, qui permet de les placer bout à bout en les raccordant avec soin. Pour relier les tuyaux par leurs extrémités, on emploie quelquefois des *manchons* ou *colliers* de 7 à 10 centimètres de longueur, et d'un diamètre intérieur tel que les tuyaux y entrent facilement.

La pose exige beaucoup de soin et une grande habileté ; une fois qu'elle est faite, on s'assure que les lignes de tuyaux sont bien régulières, que la pente est bonne et les bouts bien ajustés. On remplit alors les tranchées, d'abord avec la partie la plus argileuse du déblai, qu'on pilonne, puis avec le reste, en damant de temps en temps.

Regards. — A l'intersection des collecteurs, on place des *regards :* ce sont de gros tuyaux s'enfonçant verticalement à la profondeur de 1m,50 environ, fermés à leur partie inférieure par une tuile plate, et dans lesquels se réunissent les eaux de deux ou plusieurs drains principaux. Ces tuyaux peuvent s'ouvrir de l'extérieur, et leur inspection permet de reconnaître comment se fait l'écoulement de l'eau ; s'il y a ou non obstruction des drains d'amont.

Bouches. — Le point où se terminent extérieurement les collecteurs est protégé par une *bouche* contre les petits animaux qui pourraient s'introduire dans les tuyaux. C'est une grille de fonte ou de fer maintenue par une petite maçonnerie.

On se tient en garde contre les touffes radiculaires qui se développent dans les tuyaux, et qu'on nomme *queues de renard*, en éloignant les tranchées d'une dizaine de mètres des haies, des plantations ou des arbres, ou bien en goudronnant la terre qui en forme le fond.

Utilisation des eaux de drainage. — Les eaux de drainage sont, comme les sources, le produit de l'infiltration des eaux pluviales dans les couches du sol ; elles sont généralement très bonnes pour les usages domestiques et les besoins de l'industrie.

Elles peuvent être avantageusement employées pour l'irrigation.

Frais d'établissement. — Ces frais sont évidemment très variables avec la longueur des tranchées, leur profondeur, la nature du sol, le diamètre des tuyaux, le transport, etc.

On peut évaluer, en moyenne, le drainage d'un hectare à 250 francs. Les prix extrêmes sont 200 et 400 francs.

Plus-value des terrains drainés. — Au début de la pratique du drainage, certaines terres, auxquelles il convenait particulièrement, ont plus que doublé de valeur. Beaucoup d'agriculteurs furent ainsi entraînés, par l'espoir de semblables résultats, à drainer leur sol; mais, bien qu'en moyenne on puisse évaluer le bénéfice réalisé à la suite du drainage à 10 pour 100 net des sommes employées à son exécution, d'autre part, il n'est pas évident que l'amélioration qui en résulte rapportera partout plus que l'intérêt normal des capitaux engagés.

Drainage vertical. — Ce système, qu'on appelle encore *drainage par perforation* ou *drainage hollandais*, est employé dans les terrains où se trouvent un grand nombre de sources, et dans les bas-fonds où les eaux pluviales croupissent longtemps.

Il consiste, soit à établir dans le sol un certain nombre de puits perdus (c'est-à-dire dont le fond se trouve dans une couche perméable) qu'on remplit de pierres, et dans lesquels on fait écouler les eaux préalablement réunies par des rigoles à ciel ouvert ou par des drains souterrains; soit à y pratiquer simplement un nombre suffisant de trous de sonde assez profonds pour traverser la couche imperméable qui forme souvent le sous-sol immédiat des terrains humides.

Ce dernier mode de drainage par perforation est économique; il convient bien à certains sols, et peut se pratiquer à différentes reprises.

Législation. — Les obstacles qui, dans notre pays, s'opposaient à l'extension du drainage étaient : la législation relative aux servitudes et le manque de capitaux.

Ces obstacles ont disparu. La loi du 10 juin 1854 énonce que tout propriétaire qui veut assainir son fonds par le drainage ou autrement peut, moyennant une juste et préalable indemnité, en conduire les eaux, souterrainement ou à ciel ouvert, à travers les propriétés qui séparent ce fonds d'un cours d'eau ou de toute autre voie d'écoulement. Il en est de même pour les associations de propriétaires, qui peuvent d'ailleurs être, dans ce but, constituées en syndicats par arrêté préfectoral.

La loi du 17 juillet 1856 affecte une somme de 100 millions à des prêts destinés à faciliter les opérations de drainage. Enfin un décret de 1858 attribue à l'établissement du Crédit foncier la répartition des fonds destinés à être prêtés pour travaux de drainage.

CHAPITRE XII.

IRRIGATIONS.

But et utilité des irrigations. — Eaux propres à l'irrigation. — Eaux employées pour les irrigations. — Eaux de sources. Captation des sources. — Eaux de pluie. Réservoirs. Étangs. — Eaux de drainage. — Eaux de rivières et de ruisseaux. — Machines élévatoires. — Systèmes d'irrigation. — Arrosages d'hiver. — Arrosages de printemps. — Quantité d'eau employée en irrigation. — Colmatages. Limonages. — Eaux chargées d'engrais. — Législation.

But et utilité des irrigations. — L'apport normal de l'eau dans un terrain favorise toujours la végétation. Cette eau, qui contient déjà des substances nutritives en suspension et en dissolution (ces dernières sont toutes prêtes à être assimilées), s'approprie encore les engrais qui se trouvent sur son passage et les met à la disposition des racines des végétaux; elle est, d'ailleurs, absolument nécessaire aux parties herbacées, qui en possèdent souvent plus de 70 pour 100, et qui en perdent constamment par transpiration.

Malgré cette utilité incontestable, nos grands cours d'eau, sauf la Durance, ne fournissent que très peu aux arrosages. D'après M. Hervé-Mangon, 20 000 mètres cubes d'eau employés en irrigations produiraient en substances alimentaires l'équivalent d'un bœuf de boucherie. Les eaux de la Seine, qui se perdent sans avoir servi aux irrigations, jettent ainsi à la mer une tête de gros bétail de deux en deux minutes.

Eaux propres à l'irrigation. — Toutes les eaux ne sont pas également propres à l'irrigation; elles doivent renfermer surtout les matières minérales qui manquent au terrain à arroser.

Les eaux de mauvaise qualité peuvent s'améliorer de diverses manières, suivant la nature du défaut qu'elles présentent. Lorsqu'elles sont froides, mal aérées, on les laisse séjourner dans des bassins larges et peu profonds. Lorsqu'elles sont acides, on peut les répandre sur des sols calcaires auxquels elles conviennent bien, et, s'il s'agit d'autres sols, y ajouter des cendres, de la chaux, du purin, etc.

Plus la température de l'eau dont on dispose est élevée, plus celle-ci semble activer la végétation; le degré de chaleur des eaux d'irrigation est un facteur très important; lorsque ces eaux viennent d'une couche assez profonde, qu'elles sont chaudes, elles permettent de faire des prés d'hiver d'une grande valeur.

Dans les bonnes eaux d'irrigation végètent en abondance le *cresson de fontaine*, les *potamogetons*, les *véroniques* et la *renoncule aquatique*. Les petits animaux d'ordre supérieur y vivent bien.

Les *roseaux*, les *patiences*, les *salicaires*, la *menthe*, les *joncs*, sont de moins bons indices.

Les *carex* et les *mousses*, ainsi que les organismes inférieurs (*infusoires*, *diatomées*, etc.) dénotent des eaux de mauvaise qualité.

Eaux employées pour les irrigations. — Les eaux qu'on emploie en irrigations peuvent provenir des pluies, des puits ou des sources, des puits artésiens, des tuyaux de drainage, des rivières, ruisseaux ou canaux, des égouts des villes, du traitement des matières premières dans les distilleries, féculeries, tanneries, etc.

Eaux de sources. Captation des sources. — Avant d'utiliser les eaux de sources, il faut tout d'abord les capter.

Lorsqu'on a affaire à un terrain sourcier sans sources apparentes, on creuse une tranchée dans le *thalweg*, c'est-à-dire dans la partie la plus basse du terrain, en commençant par le point le moins élevé, et on relie celle-ci par des tranchées plus petites et de pentes convenables aux points qui semblent sourciers, où se montrent tous les signes d'une humidité abondante. On découvre sur le trajet de ces diverses tranchées des veines d'eau, qui se répandront dans la tranchée principale. Ces tranchées, analogues à celles employées dans le drainage, sont damées au fond et corroyées dans les parties perméables, là où l'eau pourrait se perdre dans le sous-sol.

Lorsque les sources sont apparentes, on les réunit par des tranchées analogues, qu'on relie également aux endroits qui semblent posséder des veines d'eau non émergeantes; et l'on fait aboutir ces drains à ciel ouvert dans un réservoir muni d'une bonde.

S'il s'agit d'une fondrière, on entoure la partie la plus basse et la plus humide d'un drain de circonvallation en forme d'U, qui recueille les eaux venant des terrains supérieurs; à chaque extrémité de ce drain, on établit un réservoir; puis on creuse dans le thalweg du bas-fond une nouvelle tranchée, qui se ramifie comme dans le cas précédent et qui aboutit à un autre réservoir moins élevé que les deux premiers.

Eaux de pluie. Réservoirs. Étangs. — Les eaux de pluie, dans les pays où elles tombent fréquemment en toutes saisons, et où se trouve un sol peu perméable, sont recueillies sur les terrains élevés et amenées par de petites rigoles en tête d'une prairie, par exemple, dont la superficie est environ cinq fois plus faible que celle de ces terrains. Les travaux sont alors très simples; mais les irrigations ne peuvent être données suivant les besoins; elles sont subordonnées aux pluies. D'ailleurs, dans les régions où l'eau tombe abondamment, mais en peu de jours, on ne saurait appliquer ce système.

Il faut alors recourir à l'établissement de réservoirs d'irrigation. Ces réservoirs, dont l'importance est quelquefois très grande, se font généralement en barrant une vallée au point où celle-ci est à la fois plus resserrée et plus profonde. Les digues, qui réunissent les deux versants et forcent les eaux à s'accumuler peu à peu dans le fond de la vallée, sont en maçonnerie, en terre revêtue de maçonnerie sèche ou à mortier, ou encore simplement en terre nue, suivant la capacité du réservoir; elles sont convexes, et leur convexité se trouve tournée du côté où s'amassent les eaux, afin qu'elles présentent plus de résistance. Ces digues, dont la construction doit être très soignée, sont munies de *déversoirs*, pour l'écoulement de l'eau des grandes crues, et de buses fermées par des bondes ou des vannes, qu'on peut faire mouvoir de la partie supérieure de la digue, afin de régler le débit de l'eau pendant le temps voulu et aux époques convenables.

La capacité que doit avoir un réservoir dépend à la fois de la quantité d'eau qu'il peut recevoir des terres avoisinantes et de celle dont on a besoin.

On peut admettre qu'en moyenne et dans les circonstances ordinaires, un réservoir fournit annuellement de 1 000 à 1 200 mètres cubes par hectare de terrain dont il reçoit les eaux.

Le plus souvent les travaux sont entrepris par un syndicat de propriétaires ou par les pouvoirs publics eux-mêmes; car ils nécessitent des capitaux considérables.

En France et en Algérie, les réservoirs d'irrigation sont malheureusement trop peu nombreux.

Dans l'Inde anglaise, au contraire, on en compte plus de 40 000. Quelques-uns contiennent au delà de 50 millions de mètres cubes et arrosent des milliers d'hectares.

En Espagne, il en existe également de très anciens, mais d'une moindre importance.

Eaux de drainage. — Les eaux provenant des tuyaux de drainage peuvent toujours être employées avec avantage en irrigation. (Voir plus haut, page 71.)

Eaux de rivières et de ruisseaux. — Les eaux de cette origine sont les plus fréquemment utilisées.

La prise d'eau d'un canal d'arrosage, dans une rivière ou un ruisseau, se fait quelquefois par une simple dérivation : c'est un nouveau bras qui se soude au tronc principal; mais, quand on veut déplacer la totalité du cours d'eau ou bien élever son niveau pour atteindre des terrains un peu supérieurs, on est obligé d'établir un barrage en aval de l'entrée de la rigole ou du canal de prise d'eau.

Dès qu'il ne s'agit plus d'une très petite rigole qu'on peut fermer avec une motte de gazon, on doit toujours se ménager le moyen de régulariser et même de supprimer au besoin l'entrée de l'eau dans le canal d'arrosage. On y parvient en se servant de simples vannes ou de *martellières*, qui ne sont autre chose que des vannes d'assez grandes dimensions établies sur des massifs en maçonnerie; on peut soulever plus ou moins ces vannes au moyen d'une manivelle adaptée à un pignon qui fait monter ou descendre une crémaillère. On règle ainsi le débit.

Les canaux d'amenée de l'eau la conduisent jusqu'au point où commencent les irrigations; ils doivent avoir une pente de 1 à 2 mètres par kilomètre dans les cas les plus usuels; cette pente peut atteindre 5 ou 6 mètres par kilomètre, si le canal est creusé dans le rocher. La section de ces canaux est généralement en trapèze. Il faut faire en sorte que les matières en suspension dans l'eau ne se déposent pas sur le fond : on emploiera donc de préférence de fortes pentes.

Machines élévatoires. — Lorsque le niveau de l'eau dans l'étang, le réservoir ou le cours d'eau est trop bas pour qu'elle puisse s'écouler sur les terrains à arroser, on se sert de machines élévatoires qui sont établies sur les rives en un endroit convenable.

Les vis d'Archimède, les roues à palettes, les tympans, les roues à godets, les norias, les pompes centrifuges et enfin les pompes à piston peuvent être employées, mais non pas indifféremment. Le choix d'une de ces machines dépend de la hauteur à laquelle il faut élever l'eau, des capitaux dont on dispose et de la nature du moteur : animaux, vent ou vapeur.

Quel que soit le mode suivi, nous pouvons maintenant disposer d'un certain volume d'eau; il s'agit de le distribuer aux végétaux en quantités et en temps voulus.

Systèmes d'irrigation. — Les plantes et le sol qui les porte peuvent recevoir l'eau d'irrigation de quatre façons distinctes : 1° par *ruissellement;* 2° par *submersion;* 3° par *infiltration;* 4° par *aspersion.*

Irrigation par ruissellement. — L'eau, étant amenée à la partie la plus élevée d'une prairie en plan incliné, alimente d'une manière continue une rigole à bords horizontaux qui déverse son trop-plein par le bord d'aval. La mince nappe d'eau, qui s'écoule ainsi, roule jusqu'au bas de la pente. S'il n'y avait qu'une rigole, le haut de la zone arrosée profiterait beaucoup plus que le bas : aussi une rigole verticale de distribution, perpendiculaire à la première, vient-elle se brancher à des rigoles horizontales étagées, pour donner de l'eau *neuve* à chacune. Toutes ces rigoles sont donc alimentées simultanément, et chacune déborde en arrosant la bande de prairie qui la sépare de la suivante. La fumure apportée par les eaux d'irrigation est ainsi répartie plus également.

Si l'eau est rare, la seconde rigole reprend l'eau qui a arrosé la première bande et la déverse sur la seconde bande. la troisième rigole recueille cette eau et l'utilise pour la troisième bande, etc. C'est l'arrosage par *reprise d'eau*.

Si le sol n'a qu'une pente insuffisante, si même il est à peu près horizontal et imperméable, on ne peut adopter le ruissellement qu'en transformant la surface et en lui donnant de fortes pentes artificielles. Pour cela on la dispose en une série d'ados, dont les axes sont dirigés suivant la plus grande pente ou normalement à cette pente. La première disposition est la plus recommandable, les deux versants des ados étant égaux ; dans le second cas ils sont inégaux. Les rigoles déversantes, placées au sommet des ados, reçoivent l'eau d'une même rigole de distribution qui leur est perpendiculaire. Les systèmes d'ados sont étagés, et l'eau qui sert au système supérieur sert encore au système qui vient ensuite, lorsqu'elle n'est pas en grande abondance.

Dans les modes précédents d'irrigation, les rigoles déversantes doivent avoir leurs bords versants horizontaux ; mais leur profondeur va en diminuant de leur origine à leur extrémité, de $0^m,20$ par exemple à $0^m,02$ ou $0^m,03$.

Quant à l'expulsion de l'eau du champ irrigué, elle se fait par une canalisation opposée exactement à la première et située dans les thalwegs.

Irrigation par submersion. — Le débordement des rivières n'est autre chose qu'une irrigation par submersion. Ce système, si efficace pour la défense des vignobles contre le phylloxera, est également usité dans la culture des céréales, du riz par exemple.

Le terrain est aménagé en bassins généralement étagés et séparés par des digues en terre. Le canal qui amène l'eau jusqu'au bassin le plus élevé est prolongé par un canal de répartition, qui longe les divers bassins et les alimente à l'aide de buses ou de tuyaux fermés par des vannes ou des clapets.

A la partie la plus basse de chaque bassin, un aqueduc, passant sous la digue d'aval, sert à la vidange de ce bassin après un séjour de l'eau plus ou moins prolongé. Des rigoles d'égout, creusées dans les thalwegs, au fond même des bassins, se réunissent dans des fossés d'égout, qui alimentent un canal général d'écoulement.

Les digues limitant les bassins sont à section trapézoïdale et de deux genres : les unes ont leur axe longitudinal dirigé suivant une horizontale, et les autres suivant une ligne de plus grande pente. On emprunte la terre nécessaire à leur élévation en ouvrant un fossé au pied de chacun de leurs talus.

L'aire de chaque bassin est déterminée par deux conditions : 1° nulle part la profondeur d'eau ne doit dépasser $0^m,40$, afin de ne point trop gêner la respiration des plantes irriguées; 2° l'étendue ne peut guère aller au delà de 2 hectares à 2 hectares 1/2 par bassin, afin d'éviter la formation de vagues trop hautes pendant les vents violents.

Irrigation par infiltration. — L'irrigation par infiltration consiste à faire circuler lentement de l'eau au fond de rigoles serpentant dans une prairie horizontale ou à faible pente, sans que jamais cette eau puisse se déverser à la surface. L'infiltration latérale suffira à provoquer la croissance de l'herbe, si les zones comprises entre les rigoles n'ont pas plus de 3 à 4 mètres. Il convient de disposer les rigoles de telle façon que l'eau n'y reste jamais tout à fait stagnante.

Irrigation par aspersion. — Ce mode d'irrigation n'est qu'un arrosage ordinaire pratiqué sur une plus vaste échelle; une lance, terminée par un ajutage quelconque, se trouve au bout d'un tuyau flexible adapté lui-même soit directement à un réservoir d'alimentation, suffisamment élevé au-dessus de la surface du sol, soit à des bouches d'eau situées de distance en distance sur une conduite de fonte placée en terre et se ramifiant sur toute la surface du terrain. L'eau peut ainsi être répartie en pluie suivant les besoins. Ce système d'irrigation, employé surtout en culture maraîchère, est souvent utilisé pour répandre les eaux des égouts des villes et surtout l'*engrais liquide*, fort apprécié des cultivateurs du nord, et qu'on obtient en ajoutant au purin ou aux déjections des animaux de 4 à 5 fois leur volume d'eau.

Arrosages. — Le mode, la fréquence, la durée, l'abondance des arrosages, ne peuvent être fixés *a priori*. Tout cela varie avec le climat, la disposition du terrain, le genre de culture et la quantité d'eau dont on dispose.

On distingue les *arrosages d'hiver* des *arrosages de printemps*. Si l'on peut se servir d'une grande quantité d'eau, et que la nature du terrain le permette, on arrose moyennement pendant 20 jours, durant chacun des mois de novembre, décembre, janvier et février, soit 80 jours d'arrosage d'hiver. Puis on donne l'eau pendant environ 10 jours par mois en mars, avril et mai, soit 30 jours d'arrosage de printemps. Après un repos en juin, nécessité par la fauchaison, on reprend les arrosages en juillet et août, également à 10 jours par mois environ, si l'on dispose d'une quantité d'eau suffisante. C'est donc environ 130 jours d'arrosage au maximum.

Ce chiffre est atteint dans les irrigations des Vosges; mais dans la plupart des cas le nombre des arrosages lui est de beaucoup inférieur, surtout dans les années pluvieuses. Il peut s'élever de 25 à 30 en moyenne.

L'eau doit couler en nappes aussi épaisses que possible pendant l'hiver et les nuits de gelée blanche; pendant les arrosages d'été, au contraire, il faut en réduire l'épaisseur à quelques millimètres; les terrains sableux doivent en recevoir plus que les terrains compacts; on dirigera sur les premiers les eaux les plus limoneuses. Si la quantité d'eau n'est pas suffisante pour arroser la totalité de la prairie, il faut n'en arroser qu'une partie un jour et une autre partie le jour suivant : car un bon arrosage produit beaucoup plus d'effet que trois ou quatre demi-arrosages.

Lorsqu'on ne possède qu'un volume d'eau restreint, de telle sorte que chaque arrosage ne peut durer plus d'une heure environ, il faut se préoccuper de l'instant de la journée où il doit être fait.

En hiver il ne faut pas arroser pendant qu'il gèle, car l'eau, coulant en petite quantité, permet la formation de petits glaçons très nuisibles aux végétaux; en grande quantité, au contraire, elle préserverait des mauvais effets du froid. C'est, en général, de onze heures à deux heures qu'il faut pratiquer ces courtes irrigations d'hiver : elles sont d'autant meilleures que les eaux, venant d'une couche plus profonde, sont plus chaudes.

Pendant l'été, les moments convenables sont le matin au point du jour et le soir au crépuscule; autant pour éviter les effets de l'évaporation que pour ne pas donner au sol, échauffé par les rayons solaires, des eaux relativement trop froides.

Quantité d'eau employée en irrigations. — Dans les Vosges, la Campine, et dans certaines parties de l'Angleterre, on consomme une très grande quantité d'eau. Le débit peut aller jusqu'à 150 litres par seconde et par hectare pendant la durée de l'arrosage. En moyenne, l'administration des Ponts et Chaussées calcule habituellement les concessions à raison de 1 demi-litre ou de 1 litre d'eau par hectare à arroser et par seconde d'un débit continu. C'est une règle beaucoup trop générale : on ne saurait soumettre au même régime deux climats ou deux sols différents.

Colmatages. Limonages. — Souvent les eaux des torrents ou des rivières à fortes pentes entraînent dans leur cours des parties solides, finement divisées, provenant des roches et des terrains situés près de leur source. On désigne sous le nom de *colmatage* l'opération qui consiste à amener sur le sol les eaux troubles, en couche aussi épaisse que possible, à laisser déposer les parties solides, puis à faire écouler les eaux éclaircies, pour recommencer ensuite la même série d'opérations.

On entoure le terrain à colmater d'une digue échancrée à la partie supérieure, pour l'arrivée des eaux, et à la partie inférieure pour leur sortie. Elles doivent s'écouler par déversement en nappe, au-dessus d'un barrage de hauteur variable. C'est une véritable *décantation* que l'on produit ainsi. Sur les côtes, les travaux effectués dans le but de colmater avec les eaux de mer sont quelquefois considérables.

Lorsqu'on a affaire à certaines eaux, les irrigations par submersion se rapprochent beaucoup des colmatages. Il en est de même des irrigations à grandes eaux. La couche de dépôt qui se forme constitue souvent une excellente terre de culture, et, d'autre part, si le terrain qui la reçoit était humide, il se trouve assaini ; car, au lieu d'abaisser le niveau de l'eau dans le sol, comme on le fait en employant le drainage, on élève le niveau du sol par rapport à celui de l'eau, ce qui revient au même.

Les *limonages* ne sont autre chose que des colmatages par très faibles couches. Les eaux apportent sur le sol les substances fertilisantes qu'elles tiennent naturellement en suspension. Toute irrigation produit, jusqu'à un certain point, des limonages; mais, sauf dans la méthode par immersion, le limon se dépose presque entièrement dans les rigoles horizontales, d'où on l'extrait, pendant le curage de ces rigoles, pour le répandre ensuite sur le terrain avoisinant.

Eaux chargées d'engrais. — Les irrigations au moyen d'eaux chargées artificiellement de matières fertilisantes se pratiquent depuis longtemps en Angleterre : c'est ainsi que l'on fait arriver sur les champs les engrais liquides étendus de beaucoup d'eau. Le système d'irrigation par aspersion est aussi souvent usité dans ce cas. Les eaux de distillerie, les eaux résiduaires de l'industrie, sont également employées. Les eaux d'égout des villes offrent d'immenses avantages pour l'arrosage des terres cultivées; en outre des expériences déjà faites à l'étranger, les résultats que l'on obtient depuis un certain temps avec les eaux des égouts de Paris, répandues en irrigations dans la presqu'île de Genneviliers, sont une preuve de l'utilité des travaux de ce genre.

Législation. — Nul ne peut, en France, détourner le cours des rivières et canaux navigables ou flottables, ou y faire des prises d'eau ou saignées pour l'arrosage des terres, sans y avoir été préalablement autorisé par l'administration. Quant aux autres cours d'eau, les propriétaires riverains peuvent en tirer parti, mais en se conformant à certains règlements et aux usages locaux. Les intéressés se constituent en syndicat. Les lois qui s'appliquent plus particulièrement aux irrigations sont celles des 25 août 1845, 11 juillet 1847, 10 juin 1854, 17 juillet 1856, 21-26 juin 1865. Ces lois déterminent les droits des propriétaires ou riverains des cours d'eau, les quantités d'eau dont ils peuvent disposer et les redevances respectives qu'ils ont à acquitter.

CHAPITRE XIII.

MODIFICATIONS MÉCANIQUES DU SOL.

Défrichement. — Défoncement. — Façons culturales. — Labour, but du labour. — Conditions d'un bon labour. — Utilité des labours profonds. — Renversement de la bande de terre. — Direction du labour. — Labours en planches. — Labours en billons. — Labours à plat. — Époque des labours.

Défrichement. — On entend par travaux de *défrichement* ceux que nécessite la mise en culture des terres *en friches*, c'est-à-dire incultes, ne portant qu'une végétation spontanée; d'une manière plus générale on comprend également sous ce nom la mise en culture d'une forêt ou d'un bois.

Pratique du défrichement. — Les procédés de défrichement varient nécessairement avec la nature du terrain, son étendue et les ressources dont on dispose. On peut avoir affaire, par exemple, à des terrains non caillouteux, à des terrains caillouteux, à des terrains marécageux ou à des forêts.

Dans tous les cas, il importe de sonder à une profondeur de 1 mètre environ pour s'assurer de la nature du sous-sol et savoir s'il convient de le mélanger avec le sol ou de l'ameublir sur place en le remuant, afin d'en augmenter la perméabilité.

Cela fait, on commence par extirper toute végétation : bruyères, broussailles, arbustes ou arbres; on réunit en tas ce dont on ne peut tirer parti, on y met le feu et on répand les cendres sur le terrain. Si le sol est *marécageux*, très humide, il faut d'abord l'assainir, le dessécher, le drainer.

Quand le terrain est *caillouteux*, le défrichement s'opère à la bêche, à la fourche ou au pic; on enlève au fur et à mesure les cailloux, qu'on enfouit dans des tranchées, ou avec lesquels on empierre les chemins.

Le défrichement des bois ne doit pas toujours être effectué. S'ils se trouvent sur des pentes rapides ou à une altitude élevée, ils interviennent pour régulariser la répartition des pluies; d'ailleurs, les frais de culture des terrains qu'ils occupent seraient le plus souvent trop considérables.

Une fois les arbres enlevés. on arrache les racines soit à bras d'hommes, soit avec l'aide de machines spéciales : charrues déboiseuses, etc.

Défoncement. — Le terrain étant ainsi préparé, qu'il soit compact ou marécageux, ou qu'il provienne de bois, il convient de pratiquer le *défoncement*, afin de rendre le sol accessible aux agents atmosphériques et de détruire plus complètement les plantes vivaces à racines traçantes.

Le défoncement peut se faire sur une hauteur variable : de 30 à 60 centimètres, suivant les végétaux que l'on compte cultiver, et aussi suivant la nature et la profondeur du sous-sol.

En général, on utilise, pour cette opération, de puissantes charrues du type ordinaire, toutes les fois qu'on n'entame que le sol, ou que le mélange du sol et du sous-sol peut donner une terre de meilleure qualité.

Au contraire, quand le sous-sol est de nature telle qu'il nuirait au sol, on l'ameublit sans le mélanger à ce dernier, c'est-à-dire sans le ramener à la partie supérieure. On se sert pour cela d'une *charrue-taupe*, *fouilleuse* ou *sous-soleuse*, qui vient après le passage de la charrue ordinaire.

Il importe de défoncer avant l'hiver, afin que les gelées, les pluies et les neiges agissent utilement.

On donne une forte *fumure* au printemps suivant et on enterre le fumier par un labour assez profond; on ajoute même une certaine quantité des engrais minéraux qui peuvent convenir au sol défriché; puis on cultive sur celui-ci, suivant sa nature, des pommes de terre, du seigle ou de l'avoine, avant de le faire entrer dans l'assolement.

FAÇONS CULTURALES. — On désigne sous le nom de *façons culturales* un ensemble d'opérations ayant pour but l'ameublissement, la division et la mise en contact avec les agents atmosphériques des parties de la couche arable qui se trouvaient primitivement agglomérées ou enfouies.

De ce fait il se produit une action mécanique immédiate, qui consiste dans l'ameublissement, la division du sol et ses conséquences, en même temps qu'une action plus lente, d'ordre chimique, que nous avons étudiée déjà.

Les façons culturales comprennent : les *labours*, les *hersages* et les *roulages*.

Chaque façon culturale donnée au sol avec à propos, et particulièrement le labour, lui fait acquérir de nouvelles propriétés physiques et chimiques, lui donne une nouvelle *énergie de production*, et ces qualités compensent, et bien au delà, le travail mécanique dépensé.

Labour. — *But du labour.* — Le labour ameublit le sol sur une certaine épaisseur; il expose à l'air les parties cachées de la couche arable en même temps qu'il en enfouit la surface et les mauvaises herbes qui s'y trouvent. Il facilite également le mélange à la terre du fumier et des autres engrais ou amendements.

Les instruments qui servent à exécuter les labours sont la *bêche*, la *fourche*, la *houe* et la *charrue*.

Les instruments à main, quoique faisant un travail meilleur, sont aujourd'hui très peu usités en grande culture. Le temps que leur emploi nécessite rend la dépense trop élevée. On s'en sert seulement dans la petite culture, en horticulture et dans quelques cas particuliers où la charrue ne peut être employée : terrains à forte pente, coins des champs et pied des arbres.

Conditions d'un bon labour. — Le labour à la charrue nous occupera donc uniquement : il a pour but essentiel le découpage du sol en bandes de section rectangulaire, puis le renversement de ces bandes de telle façon que la plus grande partie possible de la surface antérieurement enfouie soit exposée à l'air, condition qui est remplie lorsque les bandes sont inclinées sur le sol de 45° environ. (Voir *fig.* 5.)

Ces mêmes bandes doivent être découpées entièrement sur tout leur pourtour, de telle sorte que, si on les enlevait, la surface sur laquelle elles reposent se montrerait complètement plane; elles sont régulières et parallèles, et leur direction, tout en facilitant le travail, doit favoriser l'écoulement des eaux, sans cependant provoquer d'érosion.

Toute charrue doit donc découper le sol suivant une section de largeur et de profondeur déterminées, puis la renverser ensuite; mais, pour que ce renversement s'arrête à 45°, sans déformation de la bande, il faut que celle-ci ait une largeur équivalente à environ 1 fois 1/2 la profondeur : $\frac{\text{prof.}}{\text{larg.}} = \frac{1}{\sqrt{2}}$.

Suivant leur profondeur, on divise les labours ainsi qu'il suit : *labours superficiels*, de 6 à 12 centimètres ; *labours moyens*, de 12 à 18 centimètres ; *labours profonds*, de 18 à 25 centimètres ; au delà, ce sont des *labours de défoncement*.

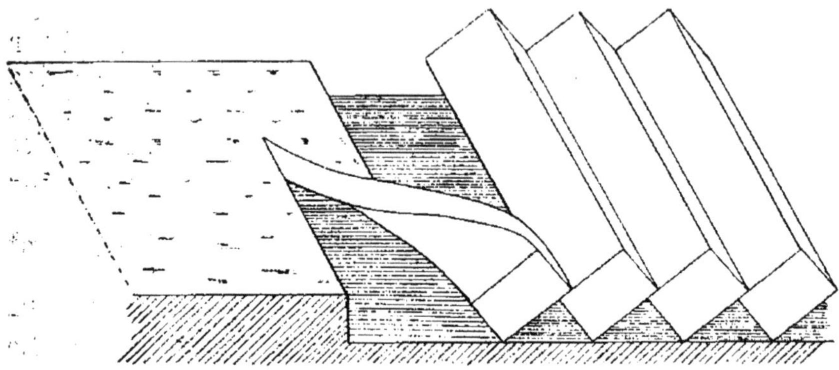

Fig. 5.

Utilité des labours profonds. — En général, il y a avantage à remuer profondément le sol, et, quoique le prix de revient des labours profonds soit évidemment plus élevé que

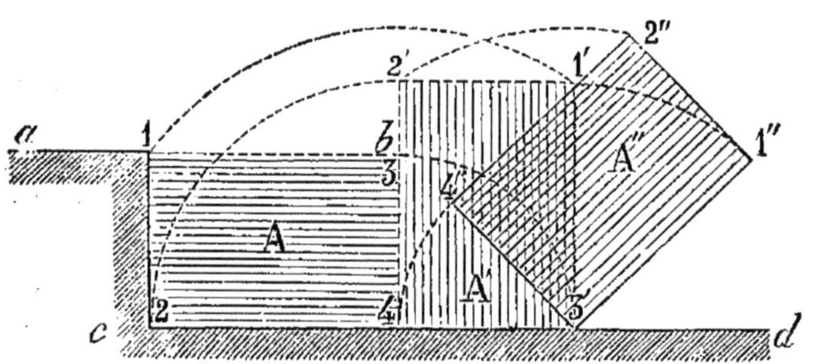

Fig. 6.

celui des labours moyens ou légers, il ne faut pas économiser mal à propos sur ce point. Les labours profonds assurent à la terre une plus grande fraîcheur, parce qu'ils retiennent une plus grande quantité d'eau ; ils contribuent à son assainissement, offrent aux racines un milieu plus propice à leur développement et, par suite, un plus solide appui. Cependant ces labours ne sont pas nécessaires pour un déchaumage, pour l'enfouissement des amendements et des faibles fumures. On ne fait habituellement qu'un seul labour profond chaque année.

Renversement de la bande de terre. — Soit *abdc* (*fig.* 6) la coupe du sol; A la section de la bande à découper et à retourner. Cette bande prendra d'abord la position A′ après avoir fait un quart de tour autour du point 4 comme centre; les deux points 1 et 2 décriront deux arcs de cercle 1-1′, 2-2′. Il restera maintenant à coucher cette bande sur la précédente et à 45° de la ligne *cd*, en la faisant tourner autour du point 3′; les deux points 1′, 2′ viendront en 1″, 2″, et le point 4 en 4″.

La surface du champ ainsi accidentée occupe théoriquement 14 000 mètres environ, au lieu de 10 000 qu'elle avait seulement étant plane.

La *muraille* est représentée par 1-2, le *guéret* par *a*-1 et la *jauge* ou *raie* par 2-4.

Direction du labour. — Suivant le chemin parcouru par la charrue, on distingue les *labours en planches,* les *labours en billons*, et les *labours à plat.* Dans tous les cas, la direction à donner aux raies est déterminée par la forme et la position du champ. Elle est habituellement dans le sens de la longueur, afin que le nombre des tournées se trouve réduit au minimum. Dans les champs aussi longs que larges ou à peu près, on se règle sur le relief du sol afin de faciliter l'écoulement des eaux. Enfin, dans les terrains fortement inclinés, on dirige le labour perpendiculairement à la pente, afin d'éviter les érosions et la difficulté d'un labour fait en montant.

Labours en planches. — Dans les charrues les plus communes, le versoir est fixe, et cette fixité ne permet pas de prendre, en revenant, la bande touchant à la raie qu'on a ouverte en allant, puisque, si à l'aller on a versé d'un côté du champ, au retour on verse nécessairement de l'autre côté. Pour remédier à cette difficulté, on pratique le labour en planches. Lorsque le champ n'a qu'une faible largeur, on ne fait qu'une seule planche. Dans le cas contraire, on le divise en planches plus ou moins larges formant chacune autant de petits champs distincts. Les planches peuvent avoir de 1 mètre 50 à 20 mètres de largeur environ; lorsqu'elles sont étroites (de 1 à 2 mètres), on leur donne le nom de *billons*. Les planches proprement dites ne sont que des billons larges et, par suite, à surface aplatie; les billons, des planches étroites et, par suite, bombées. Il ne faut pas donner aux planches une trop grande largeur ; la dimension moyenne est de 10 à 12 mètres.

On peut labourer soit en *adossant*, soit en *refendant*. Dans le premier cas, la charrue pratique son *enrayure* en A (*fig.* 7) et renverse la bande 1 sur le milieu du champ ; elle suit la ligne pointillée en renversant successivement les bandes 2, 3, 4, 5, 6, 7, 8, et elle sort en B en laissant deux *dérayures* en D D′. Les bandes 1 et 2 forment ce qu'on appelle l'*endos*.

Le labour en refendant s'effectue comme suit : l'enrayure

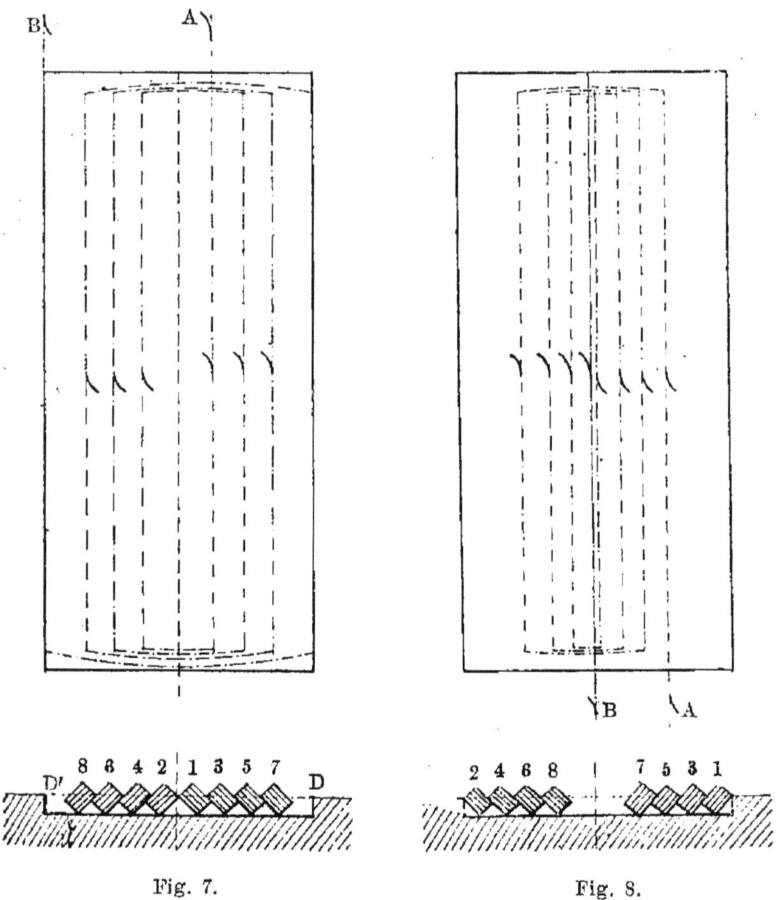

Fig. 7. Fig. 8.

est faite, au contraire, sur l'un des côtés de la planche, en A (*fig.* 8) ; puis on tourne en renversant successivement les bandes dans l'ordre numérique de la figure et en laissant une dérayure au milieu, en B.

Ces deux modes peuvent être combinés diversement ensemble sur deux ou plusieurs planches.

Il faut, dans les labours successifs, afin de maintenir uniforme la surface du champ, ne pas placer les dérayures nouvelles dans les précédentes.

Labours en billons. — Les *billons* ne sont autre chose que des planches étroites et bombées ; on les emploie lorsqu'on a affaire à des terres humides, ou à des terres qui manquent de profondeur : on augmente, en effet, celle-ci en amassant les bandes les unes sur les autres. Mais le labour en billons est difficile, et il y a, dans un champ ainsi préparé, une partie du terrain inutilisée ; de plus, les travaux de culture : semailles, hersages, récoltes, etc., y sont moins aisés.

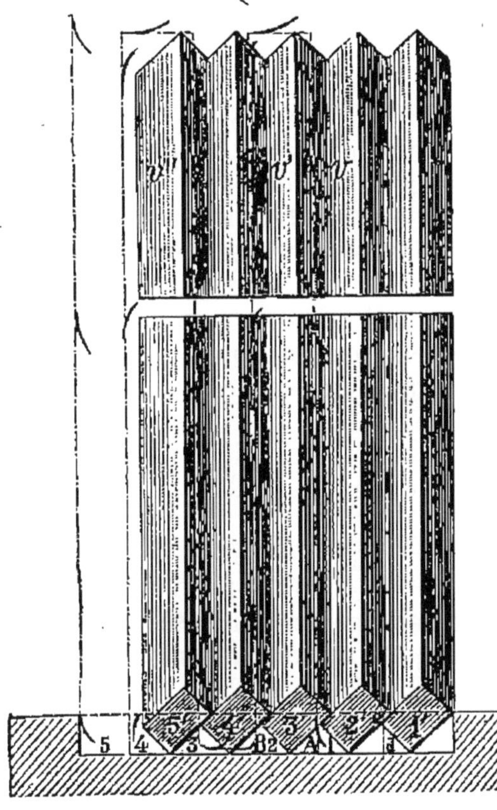

Fig. 9.

Les billons doivent, autant que possible, être dirigés du nord au sud, afin que les deux côtés en soient également bien orientés. On rencontre le labour en billons principalement en Bretagne, dans les Flandres, et dans certaines parties du midi de la France.

Labours à plat. — Dans le labour en planches ou en billons, il y a forcément des pertes de temps occasionnées par les tournées entre la raie que la charrue quitte et celle qu'elle va prendre ; des dérayures en plus ou moins grand nombre subsistent en outre à la surface du champ. Aussi, dans tous les terrains où le sol est assez profond et perméable ou assaini, on a avantage à employer le labour à plat.

Ce labour s'effectue avec des charrues spéciales appelées *charrues tourne-oreille* et *charrues brabant*, qui permettent de se servir d'un versoir orienté toujours d'un même côté du champ, qu'on aille dans un sens ou dans l'autre.

La marche suivie par une charrue labourant à plat est indiquée par la figure 9. L'instrument fait une enrayure en A; il rabat la bande 1 en 1′. Arrivé au bout de la raie, le laboureur fait tourner l'instrument de telle sorte que le versoir agissant en *v′* ait une position symétrique de *v;* il revient alors jusqu'en B, en renversant la bande 2 en 2′. Il retourne à nouveau le versoir de *v′* en *v″*, et ainsi de suite, en renversant successivement les bandes 3, 4, 5, en 3′, 4′, 5′. Les tournées sont ainsi évitées, et il n'y a qu'une seule dérayure sur toute l'étendue du champ; elle se trouve à la place que la dernière bande retournée vient de quitter. Dans les sols très en pente, le labour à plat, quand il peut s'effectuer, permet de verser toutes les bandes en amont, ce qui est avantageux pour éviter la descente des terres vers la partie la plus basse.

Époque des labours. — On doit toujours, quand la chose est possible, labourer les terres aussitôt après l'enlèvement des récoltes, mais surtout avant l'hiver, les labours d'automne exposant la couche végétale à un contact prolongé avec l'atmosphère, et, grâce aux gelées, déterminant dans les terres argileuses un ameublissement difficile à obtenir par d'autres moyens.

D'une façon générale, sauf lorsqu'il s'agit de détruire les mauvaises herbes, notamment le chiendent, on ne doit jamais labourer une terre momentanément trop sèche, encore moins une terre trop humide; et, suivant la nature du sol, on choisit de préférence certaines époques.

S'il s'agit de terres légères, perméables, les labours peuvent se donner dans tout le courant de l'année.

Les terrains compacts, imperméables, ayant une grande affinité pour l'eau, se labourent de préférence en automne et au printemps, dès que la terre est ressuyée, sans cependant qu'elle soit trop sèche. En hiver, les instruments aratoires rencontrent dans ces terres une grande résistance; le travail exécuté est d'ailleurs mauvais, bien que les gelées puissent réparer le mal. Pendant les sécheresses, le sol se prend en blocs difficiles à diviser.

Un labour pratiqué dans de mauvaises conditions peut

gâter la terre, c'est-à-dire que la récolte qui le suit vient mal ou manque totalement; il faut au sol de nouvelles façons culturales ou une jachère pour qu'il récupère sa fécondité première. Ce phénomène, qui se remarque surtout dans le Midi sur les terres légères, a été diversement interprété. La gelée, les alternatives de sécheresse et d'humidité, les hersages, dans certains cas, y portent remède.

Quant au nombre de labours à donner entre deux récoltes consécutives, il varie beaucoup, suivant la nature du sol, suivant la plante qui l'occupait et celle que l'on se propose d'y faire venir, enfin suivant les circonstances météorologiques et la présence plus ou moins accusée des herbes adventices.

CHAPITRE XIV.

CHARRUES. — Araire. — Description des différentes pièces de la charrue. — Charrues à avant-train. — Charrues bisocs, trisocs, polysocs. — Charrues défonceuses, fouilleuses, vigneronnes, etc. — Charrues brabant, tourne-oreille.
Buttoirs. — Cultivateurs.

Charrues. — Les instruments qui servent à effectuer les labours portent le nom générique de *charrues*. Suivant leur destination et la disposition des pièces qui les composent, on les appelle *araires*, *charrues à avant-train*, *charrues polysocs*, *charrues défonceuses*, *charrues fouilleuses*, *buttoirs*, *déchaumeuses*, etc.

Lorsqu'on veut labourer à plat, on emploie la *charrue tourne-oreille* ou *à versoir tournant* et la *charrue brabant*, encore appelée *brabant double*.

Araire. — L'*araire* se compose d'une pièce de bois, *âge*, *haie* ou *flèche* AA (*fig.* 10) portant à son extrémité antérieure différentes pièces, dont l'ensemble constitue le *régulateur*, et à l'extrémité opposée deux *mancherons* MM.

Près de ceux-ci et dirigés verticalement, se trouvent les deux *étançons* EE, réunis à leur partie inférieure par une pièce horizontale, le *sep* SE. L'âge, les deux étançons et le sep forment les côtés d'un quadrilatère qui sert de bâti à la charrue.

Le sep porte en avant une sorte de coin : c'est le *soc* SO, qui a pour prolongement une surface courbe nommée *versoir* V. Cette surface est solidement fixée aux étançons. En avant du soc se trouve la pointe d'un couteau de forme spéciale, le *coutre* C, maintenu sur l'âge par la *coutrière* O.

Age. — L'*âge* est le plus souvent en bois, quelquefois en fer; il est droit ou recourbé : on dit, dans ce dernier cas, qu'il est en *col de cygne;* cette disposition empêche la charrue de *bourrer*, c'est-à-dire qu'elle facilite le dégagement des herbes et des racines qui s'amassent entre le soc, le coutre et l'âge et augmentent inutilement la traction.

Mancherons. — Ils servent à diriger la charrue, à en diminuer ou à en augmenter l'*entrure*, c'est-à-dire la pénétration dans le sol; ils permettent au laboureur d'éviter les obstacles.

Étançons. — Les deux *étançons* sont généralement en fonte et très résistants. Ils maintiennent les pièces travaillantes (soc, versoir) et supportent, en définitive, l'effort de traction par l'intermédiaire de l'âge.

Parfois l'étançon antérieur forme lui-même le commencement du versoir. Dans certains araires on n'emploie qu'un seul étançon, auquel les autres pièces se fixent.

Sep. — C'est sur le *sep* que porte la charrue; cette pièce glisse au fond du sillon. Le sep reçoit le soc à son extrémité antérieure; sa partie postérieure, qu'on appelle *talon* T (*fig.* 10) s'use vite par le frottement : aussi l'a-t-on parfois remplacée par une roulette. Il est préférable de faire usage de talons de rechange.

Soc. — Le *soc*, nous l'avons vu, coupe horizontalement la terre : c'est une pièce triangulaire, dont le tranchant est plus ou moins incliné sur la direction du sep ; plus cette inclinaison est grande, plus le soc pénètre facilement. La pointe antérieure du soc s'altère par l'usure au bout de peu de temps, surtout dans les terres siliceuses ; on peut y substituer une pointe mobile, formée d'une tige qui glisse sur le sep et s'y maintient ; on fait avancer cette tige à volonté, au fur et à mesure qu'elle s'use. Les socs sont en fer, en fonte ou en acier. Parfois, lorsqu'on emploie la fonte, on la durcit à la surface sur quelques millimètres d'épaisseur, afin d'en augmenter la durée.

Versoir. — Le *versoir*, encore appelé *oreille*, sert à renverser la bande de terre; on peut admettre qu'il faut faire tourner la face inférieure de cette bande de 135° environ (90° + 45°).

La forme du versoir est donnée par les diverses positions qu'occupe pendant sa rotation le côté inférieur de la section de la bande de terre à retourner. La surface du versoir est dans ces conditions sensiblement hélicoïdale.

Dans les charrues destinées aux terres légères, le versoir est très court : c'est souvent une simple lame convexe.

Pour les terres argileuses, fortes, le versoir est, au contraire, allongé; car la torsion de la bande, qui est toujours d'environ 135°, demandera d'autant moins d'effort qu'elle sera moins brusque, c'est-à-dire qu'elle se répartira sur une plus grande longueur; mais, d'autre part, l'adhérence de la terre argileuse, croissant avec la surface du versoir, augmente la traction.

Coutre. — Le *coutre* est généralement incliné. Si sa pointe est en avant, l'entrure de la charrue tend à augmenter : les pierres, les racines, sont élevées à la surface du sol; la charrue peut *bourrer*. Si cette pointe est en arrière, les corps formant obstacle sont enfouis plus profondément, l'entrure diminue.

Les coutres sont en fer forgé, aciérés sur le tranchant, quelquefois même complètement en acier.

Coutrière. — Il est nécessaire que le coutre puisse se mouvoir dans le sens vertical et dans le sens horizontal : de là l'usage de la *coutrière*.

Dans les anciennes charrues, on plaçait simplement le manche du coutre dans un trou percé au milieu de l'âge.

Dans l'araire Dombasle, une pièce boulonnée dans l'âge donnait la position voulue au tranchant par l'intermédiaire d'une vis de pression.

Pour éviter de percer l'âge et, par suite, d'en amoindrir la résistance, on a imaginé l'étrier américain de Jefferson et la coutrière de Howard.

On peut remplacer le coutre par un disque tranchant, comme on le fait dans certaines charrues américaines. Lorsque le sol est couvert de plantes traçantes, l'emploi de ce disque est évidemment recommandable.

Rasette. — On place encore quelquefois en avant du coutre, et de la même façon que ce dernier, ce que l'on nomme une *rasette* Ra (*fig.* 13) : c'est un petit soc muni d'un versoir rudimentaire; la couche supérieure du sol est d'abord coupée par cet outil et retombe au fond de la raie.

Régulateur. — La largeur et la profondeur d'un labour devant toujours être dans un même rapport, il est théoriquement impossible de faire deux labours de dimensions différentes avec la même charrue.

On y supplée dans une certaine mesure en adaptant à la charrue un *régulateur*, avec lequel on peut donner à la bande de terre une profondeur et une largeur déterminées et invariables pour un même labour.

Le régulateur, quelles que soient les pièces qui le composent, a toujours pour but le déplacement du point d'attache des traits horizontalement et verticalement, de façon à l'amener à une position convenable.

Quand on baisse ce point, la charrue tend à s'élever, et l'entrure diminue. Si on le hausse, le contraire se produit.

Si le point d'attache est porté du côté opposé au versoir par rapport à l'âge, la charrue occupe moins de largeur, elle tourne autour de son centre d'action, et la partie postérieure du versoir tend à s'effacer. Dans le cas contraire, l'inverse a lieu, et la largeur du labour augmente.

On peut aussi régler la charrue quant à la profondeur, en raccourcissant ou en allongeant les traits, ce qui est évidemment hausser ou baisser le point d'attache, et, par suite, diminuer ou augmenter l'entrure.

Dans la pratique, on distingue les *régulateurs continus* et les *régulateurs discontinus*. Ces derniers ReH (*fig.* 13) sont formés de plaques ou de tiges percées de trous ou garnies de crans et disposées de diverses façons. Une cheville, à laquelle on attache les traits, peut se placer dans l'un ou l'autre des trous, à la position voulue, ou bien l'un des anneaux de la chaîne de traction est introduit dans l'un des crans.

Les régulateurs continus ReV (*fig.* 13) sont basés sur l'emploi d'un écrou mobile dans une coulisse; cet écrou se déplace au moyen d'une tige filetée Vi; le point d'attache est fixé à une pièce également mobile par rapport à l'écrou et permet ainsi un réglage exact.

Quel que soit le mode employé, il est utile que la traction ne s'opère pas directement sur le régulateur; la chaîne ou la barre de traction C n'est que guidée par celui-ci, et elle vient s'attacher un peu en avant des pièces travaillantes, ou même sur l'étançon antérieur.

L'*araire* exige moins de traction que les charrues plus compliquées ; elle rend en outre les tournées plus faciles. La figure 10 représente un de ces instruments muni d'un avant-train.

Charrues à avant-train. — Ces charrues (*fig.* 10) ne diffèrent des précédentes qu'en ce que l'âge et, par suite, le régulateur et le point d'attache des traits sont maintenus pour un même labour à une hauteur constante au-dessus du sol au moyen d'un support.

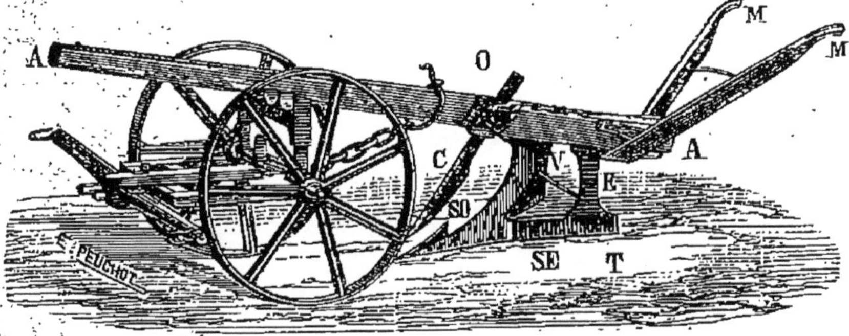

Fig. 10. — Charrue à avant-train.

Celui-ci peut être constitué par un simple sabot de bois ou de fer frottant sur le terrain et se déplaçant verticalement à volonté par rapport à l'âge, de façon à le maintenir plus ou moins élevé ; on remplace ce sabot par une roulette, qui diminue le frottement, lorsque le sol qu'on laboure est exempt de mauvaises herbes.

Le plus souvent, dans les charrues modernes, le support est formé de deux roues, égales ou inégales, la plus grande marchant, dans ce dernier cas, au fond de la raie, et la plus petite sur le guéret.

Dans les *charrues à avant-train* proprement dites, les deux roues sont fixées à un bâti, sur lequel s'appuie l'âge, par l'intermédiaire d'une sellette mobile laissant elle-même à l'âge toute liberté; l'avant-train est généralement disposé pour servir au réglage de la charrue.

Charrues bisocs, trisocs, polysocs. — Ces charrues (*fig.* 11) peuvent tracer une ou plusieurs raies suivant que les socs sont ou ne sont pas dans le prolongement l'un de l'autre. Elles offrent à la traction plus d'uniformité : car les déviations de plusieurs versoirs solidaires se compensent dans une certaine mesure.

Leur emploi est économique, car le nombre de conducteurs et d'animaux employés n'est pas proportionnel au nombre de socs. Le bâti sur lequel sont montées les pièces travaillantes est ordinairement en fer forgé; le plus souvent on dispose un ou plusieurs leviers L (*fig.* 11) sur ce bâti, de façon à permettre le déterrage des socs.

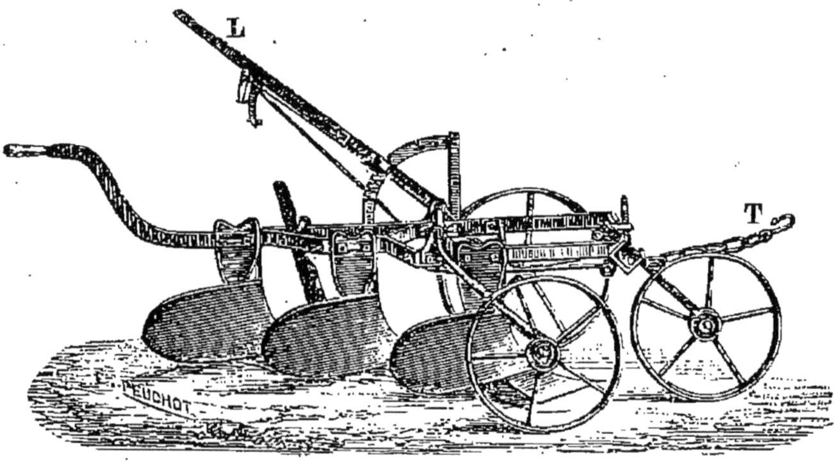

Fig. 11. — Charrue trisoc.

Déchaumeuses. — Les charrues appelées *déchaumeuses*, à trois ou quatre petits socs munis de versoirs rudimentaires et montés sur le même bâti, peuvent être rangées dans cette catégorie. Elles enlèvent seulement la couche superficielle du sol.

Défonceuses. — Les *défonceuses* sont employées pour les labours profonds; elles augmentent l'épaisseur de la couche arable et parfois entament le sous-sol.

On peut défoncer *en retournant la bande de terre :* c'est alors un labour analogue aux labours ordinaires, mais plus profond.

Si l'on fait ce défoncement en une seule fois, il faut une charrue très solide ; mais ce mode d'opérer est trop coûteux. Il est préférable d'ouvrir d'abord une raie de $0^{m},18$ à $0^{m},20$ avec une charrue ordinaire, puis d'approfondir cette raie de $0^{m},10$ à $0^{m},15$ avec une charrue défonceuse à versoir spécial (dont la partie antérieure est un plan incliné), qui ramène le fond de la *jauge* à la partie supérieure.

Si l'on fixe les pièces travaillantes des deux charrues l'une derrière l'autre sur le même âge, on obtient après un seul passage la profondeur voulue.

Fouilleuses, sous-soleuses. — On peut encore défoncer le sol *sur place* sans le retourner; les instruments destinés à cet usage portent plus spécialement les noms de *fouilleuses* ou *sous-soleuses*; ils se rapprochent beaucoup des scarificateurs décrits plus loin.

Les fouilleuses se composent d'un bâti, sur lequel est fixé un petit nombre de dents en fer forgé, terminées par des pointes aciérées ou par un petit soc en fonte durcie ou en acier fondu.

Charrues vigneronnes. — Les *charrues vigneronnes* ressemblent aux araires; mais elles n'ont pas l'âge dans le plan de la muraille; il se trouve rejeté du côté du versoir. Les mancherons sont mobiles horizontalement; on les fixe dans une position telle qu'ils ne rencontrent pas les pieds de vigne. Ces dispositions permettent de déchausser et de rechausser la plante en passant très près des ceps.

On connaît encore des charrues *déboiseuses*, utilisées dans les défrichements; *rigoleuses*, dans les irrigations; *forestières*, pour les plantations; *dégazonneuses*, etc.

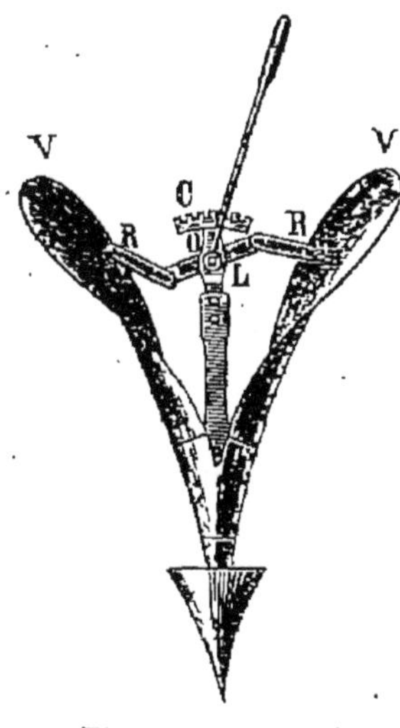

Fig. 12. — Buttoir (mécanisme d'expansion).

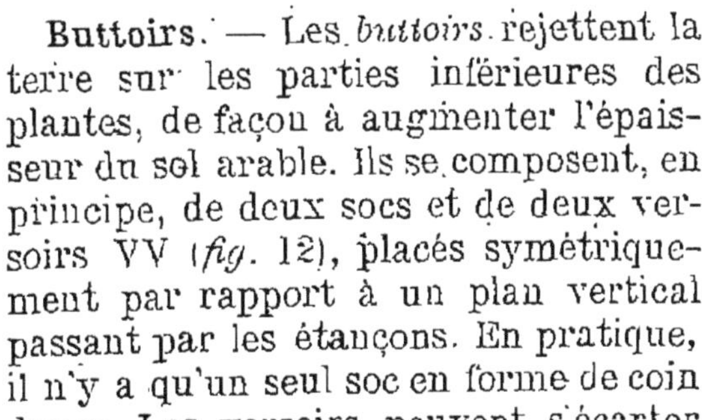
Buttoirs. — Les *buttoirs* rejettent la terre sur les parties inférieures des plantes, de façon à augmenter l'épaisseur du sol arable. Ils se composent, en principe, de deux socs et de deux versoirs VV (*fig.* 12), placés symétriquement par rapport à un plan vertical passant par les étançons. En pratique, il n'y a qu'un seul soc en forme de coin
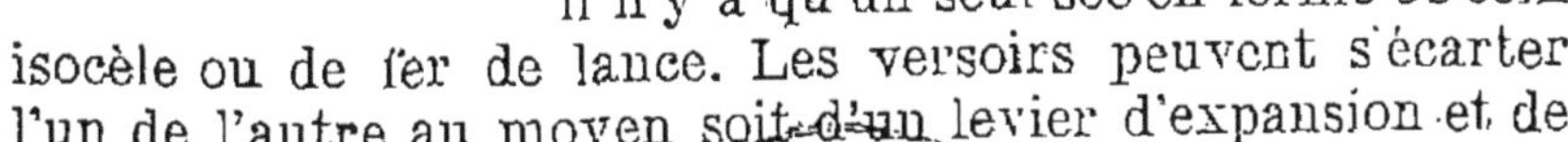
isocèle ou de fer de lance. Les versoirs peuvent s'écarter l'un de l'autre au moyen soit d'un levier d'expansion et de

pièces C R L, soit de tout autre système, afin de modifier la largeur de la raie ouverte par le buttoir.

L'instrument étant symétrique, les résistances doivent être les mêmes des deux côtés : un régulateur de profondeur suffit donc. Des mancherons servent à maintenir l'entrure et à diriger l'instrument, qui, d'ailleurs, a le plus souvent un avant-train.

Charrues labourant à plat. — Le labour à plat doit se faire avec des charrues spéciales. Les unes peuvent ne posséder qu'un seul versoir, lequel tourne autour de deux de ses points, de manière qu'on lui fait prendre à chaque tournée une position symétrique de celle qu'il occupait précédemment : de là les noms de *charrues tourne-oreille*, *charrues à versoir tournant*. Quelques-unes sont formées de deux charrues accolées dans le prolongement l'une de l'autre par l'étançon d'arrière et ayant les versoirs du même côté : ce sont les *charrues-navettes*. D'autres enfin, de beaucoup les plus employées, se composent de deux systèmes de pièces travaillantes, placées symétriquement par rapport à un plan horizontal passant par l'âge commun : ce sont les *brabants*.

Charrues brabant. — Dans le *brabant* (*fig.* 13), l'axe peut tourner sur lui-même; à la fin de chaque raie, il suffit, au moyen d'un *levier de déclanchement* L placé à l'arrière, de mettre en terre les pièces qui se trouvaient précédemment à la partie supérieure. Cette manœuvre est très facile.

Les charrues brabant sont toujours munies d'un avant-train et d'un régulateur de profondeur ReV à vis et écrou; le régulateur de largeur ReH est placé en tête de l'âge, là où vient passer la barre de tirage C C, aboutissant en avant des étançons antérieurs.

L'instrument, une fois bien réglé, effectue, sans être maintenu, un labour très régulier, si l'attelage est conduit convenablement.

Cultivateurs. — On désigne sous les noms de *scarificateurs*, *extirpateurs*, et sous le nom générique de *cultivateurs*, des instruments qui ne diffèrent guère les uns des autres que par la forme des pièces travaillantes. Ils se composent d'un bâti en fer généralement triangulaire, monté sur roues. Sur ce bâti et sur les traverses qu'il porte, sont de fortes dents, adaptées soit par boulons et écrous, soit par étriers.

Un levier L — ou une manivelle — pouvant être mû de l'arrière, sert à déterrer ces dents, lorsqu'il s'agit de faire tourner l'instrument ou de cesser le travail. En agissant sur ce levier, on soulève l'avant ou l'arrière de ce bâti ou même

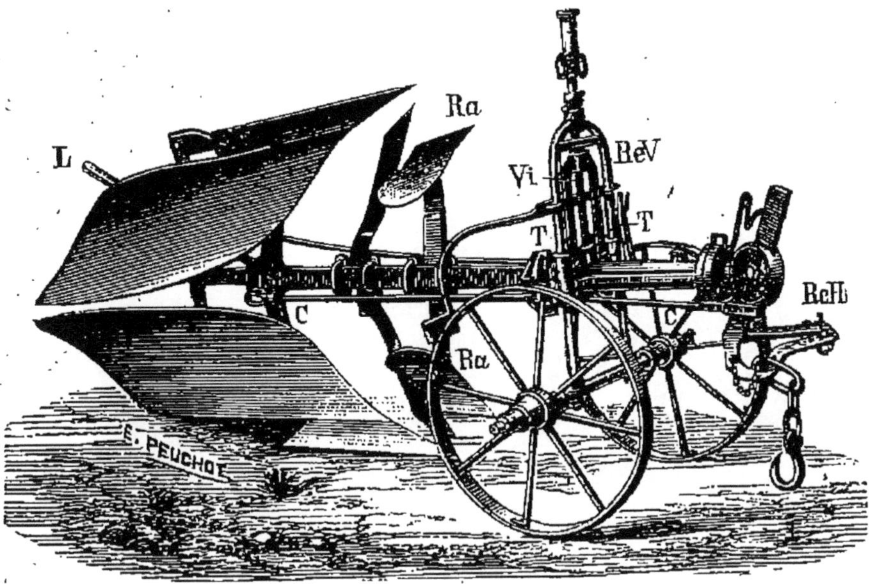

Fig. 13. — Charrue brabant.

le bâti tout entier. Quelquefois, dans les anciens modèles (*fig.* 15), les dents sont mobiles autour d'un axe, et leur extrémité supérieure est reliée au *levier de déterrage:* on fait alors facilement sortir les dents de terre sans soulever le bâti.

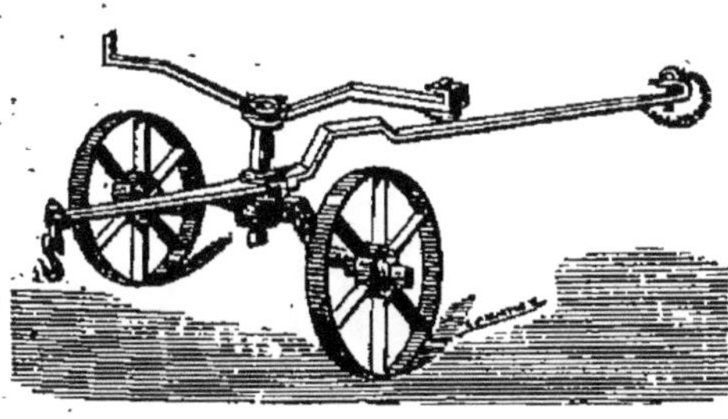

Fig. 14. — Support de brabant.

Un régulateur de profondeur V (*fig.* 16), seul nécessaire, se trouve à l'avant de l'instrument, afin que la traction elle-même règle l'entrée, et que les roues appuient très peu sur le sol pour maintenir les dents à la hauteur convenable.

Le nombre des dents varie de 7 à 11; elles sont recourbées et peuvent être simplement terminées en pointe. Cette pointe est parfois munie de deux petites ailes; elle peut encore être remplacée par un petit soc S (*fig.* 15) en forme

Fig. 15. — Scarificateur Coleman.

de triangle isocèle ou de fer de lance, suivant la nature du travail à effectuer.

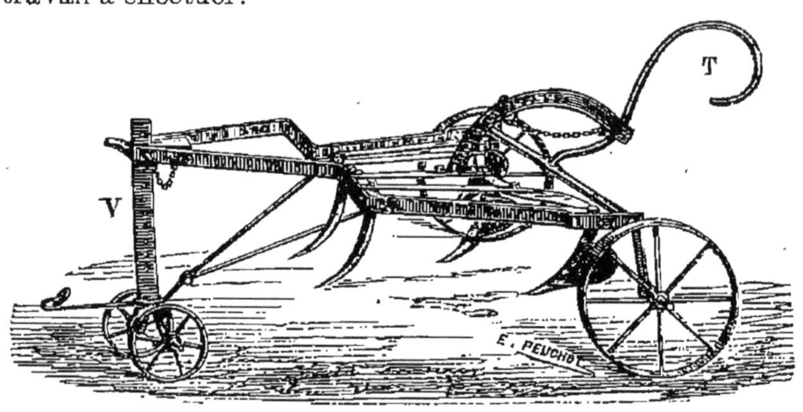

Fig. 16. — Cultivateur.

Les *cultivateurs* sont utiles dans les grandes exploitations : ces instruments permettent des façons rapides, qui ne peuvent être exécutées sans eux. Toutes les fois qu'un ameublissement du sol est nécessaire, et que le temps presse, on les emploie avec profit; il en est de même dans certaines cultures, au printemps, alors que le passage de la charrue est impossible.

CHAPITRE XV.

Hersage. — But et utilité du hersage. — Herses simples, herses articulées.
Roulage. — But et utilité du roulage. — Rouleaux plombeurs indivis ou segmentés. — Rouleaux brise-mottes.
Culture à vapeur.

Hersage.

But et utilité du hersage. — On pratique le *hersage :*

1° Lorsqu'on veut ameublir et aérer la couche superficielle du sol, diviser les petites mottes de terre et enlever les cailloux;

2° Dans le but de détruire les mauvaises herbes; un premier hersage les déracine en partie et fait pousser celles qui restent; un second hersage, pratiqué une quinzaine de jours après, achève la besogne;

3° Pour enterrer les semences. La graine, une fois répandue sur le sol, est entraînée dans les petits sillons que trace la herse; un hersage perpendiculaire au premier recouvre les semences d'une faible couche de terre. On enfouit les engrais de la même façon.

Herses. — La *herse* est un diminutif du cultivateur : les dents sont beaucoup plus petites et peuvent, par conséquent, se trouver en plus grand nombre sur un même bâti. Le travail effectué est beaucoup plus superficiel.

Suivant la nature du terrain, le mode de culture et le but que l'on se propose, il convient de choisir entre les nombreuses formes de herses.

Les dents d'une herse doivent tracer chacune un sillon distinct, et ces divers sillons forment autant de lignes parallèles, également espacées les unes des autres (*fig.* 17).

Les dents se trouvent donc aux angles de petits parallélogrammes égaux. Elles peuvent être droites, ou bien inclinées, ou même recourbées; elles sont alors *accrochantes*, lorsque leur pointe est en avant, *décrochantes* dans le cas contraire. La section de chacune d'elles doit être un triangle ou un losange, afin qu'elle agisse à la façon d'un coin pour diviser le sol.

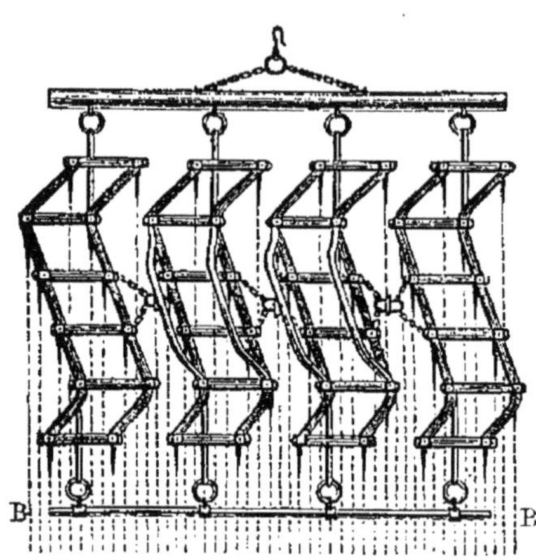

Fig. 17. — Herse articulée.

Les dents de la herse sont montées sur un bâti présentant des formes diverses. Si le bâti est rigide, en bois ou en fer, il a fréquemment la forme d'un parallélogramme ou est lui-même composé de parallélogrammes : dans ce dernier cas, on a la *herse en zigzag*, qui fait un travail plus égal. Les herses n'ont pas de régulateur de profondeur; on les règle à l'aide de pièces pesantes quelconques, que l'on place sur le bâti, plus ou moins loin du point d'attache des traits, afin que la herse n'ait point de tendance à s'enlever ni à entrer trop profondément; une corde attachée à la partie postérieure permet de la soulever pour la dégager lorsqu'elle bourre.

Les *herses milanaises* sont faites de branchages attachés sur une sorte de claie. Certaines herses sont simplement composées de chevilles de bois enfoncées dans des traverses assemblées légèrement.

Herses articulées. — Mais avec ces herses rigides, si le sol n'est pas également plat et dur, il arrive qu'une partie seulement des dents porte, la herse saute; le résultat est mauvais. On y remédie en employant les herses *multiples articulées* ou les herses à *dents indépendantes*. Les premières sont formées de plusieurs petites herses en zigzag placées les unes à côté des autres et fixées à une même barre de traction; moins chacune d'elles a de largeur, mieux se fait le travail. Pour qu'elles marchent parallèlement, on les réunit à la partie postérieure par une *barre d'équilibre* BB (*fig.* 17).

Les herses à dents indépendantes, dites *herses souples*, sont, d'une façon générale, composées de mailles plus ou moins grandes, de forme triangulaire ou losangique, aux angles desquelles se trouve une dent. Les modèles en sont nombreux et variés.

On distingue encore les *herses à billons*, dont le bâti est en ogive, et les herses dites *norvégiennes* ou mieux *roulantes*, composées en principe de cylindres sur lesquels sont implantées des dents, et qui peuvent tourner dans un bâti à la façon d'un rouleau. Ces herses sont surtout en usage dans le midi de la France.

Il est bon de munir les herses d'un régulateur de largeur, constitué par une chaîne ou une barre de fer percée de trous et disposée transversalement à la partie antérieure.

Dans la majorité des cas, ce sont les herses articulées en zigzag qui conviennent le mieux. Les herses à bâti triangulaire ou trapézoïdal, employées dans certaines régions, offrent des inconvénients : elles ne font pas un travail suffisamment régulier.

Les herses souples à mailles, qui peuvent se retourner et agissent alternativement des deux côtés, sont d'un bon usage dans les prairies.

Roulage.

But et utilité du roulage. — Le passage du rouleau comprime la surface du sol et lui donne plus de consistance. Il régularise en même temps cette surface.

Son emploi est donc indiqué, lorsqu'il s'agit d'aplanir les terres en culture, afin d'y faciliter les travaux ou bien de briser les mottes de terre. Quand la couche arable supérieure s'assèche trop dans les sols légers, un roulage, en tassant la surface, retient l'humidité sur les racines. Lorsqu'une gelée vient à déchausser la partie inférieure des plantes qui ne font que paraître, au printemps par exemple, il suffit de rouler légèrement pour que la reprise de la végétation ait lieu dans de bonnes conditions.

Le rouleau, dans les prairies naturelles, est un instrument recommandable; il facilite le tallement, nivelle la surface, que le passage des animaux domestiques et diverses autres causes ont pu légèrement accidenter; il raffermit également le sol de la prairie.

Rouleaux. — On peut diviser les rouleaux en deux groupes : les rouleaux *plombeurs* et les rouleaux *brise-mottes*.

Rouleaux plombeurs. — Ceux-ci sont d'une seule pièce ou segmentés. Les *rouleaux indivis* sont formés d'un simple cylindre uni de bois, de pierre ou de fonte, tournant dans un cadre en bois supporté par deux tourillons. Quand ces rouleaux rencontrent un petit monticule ou une grosse pierre, ils ne touchent le sol que sur les crêtes, ils sautent ; de plus, aux tournées, l'une des extrémités du cylindre prend un mouvement de rotation moins rapide que celui que possède l'autre extrémité, le rouleau étant rigide, il ne peut que racler le sol, il en résulte un mauvais travail. On a eu l'idée de segmenter le rouleau, c'est-à-dire de couper le cylindre perpendiculairement à son axe ; les segments opposés tournent en sens contraire, la tournée peut se faire presque sur place et beaucoup plus facilement.

Les *rouleaux segmentés* (*fig.* 18) sont généralement en

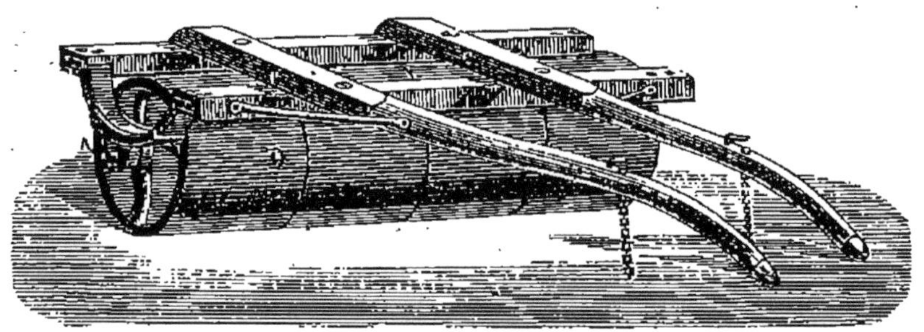

Fig. 18. — Rouleau plombeur.

fonte ; le nombre des segments creux et mobiles sur l'axe varie de quatre à dix : l'axe doit tourner lui-même autant que possible, afin qu'il ne s'use pas toujours à la même place, là où s'exerce l'effort de traction. On peut faire en sorte que les trous ou *yeux* percés dans les segments, et qui reçoivent l'axe, aient un diamètre plus grand que celui-ci ; de cette façon les tronçons du rouleau suivent plus facilement les dénivellations du sol, et la pression est mieux répartie.

Le travail d'un rouleau ne dépend pas uniquement de son poids, mais encore de son diamètre. Il est clair, en effet, que deux rouleaux de même poids, mais de diamètres différents, n'agissent pas sur une surface égale, à cause de l'affaissement du sol sous leur action : de sorte que la pression du rouleau ayant le plus grand diamètre s'effectuant sur une surface plus étendue, celui-ci fera, toutes choses égales d'ailleurs, un travail moins énergique: en revanche, ce travail sera plus rapide que celui du rouleau à faible diamètre.

Dans la culture en billons, les segments qui composent les rouleaux ont la forme de deux troncs de cône, juxtaposés par leur grande base ou par leur petite base, suivant que l'on veut tasser le creux ou le sommet du billon.

Rouleaux brise-mottes. — Les rouleaux brise-mottes sont parfois formés de disques, à bords plus ou moins arrondis; on les trouve encore sous forme de *rouleaux cannelés*, c'est-à-dire dont la surface présente une série de dépressions longitudinales, ou de *rouleaux squelettes* constitués par une sorte de cage cylindrique; les barreaux de cette cage, de section carrée, sont placés suivant les génératrices du cylindre. Tous ces rouleaux s'engorgent rapidement dans les terres adhérentes, et leur action se réduit alors à celle d'un rouleau plombeur.

Le *rouleau Croskill* (*fig.* 19), qu'on rencontre, plus ou moins

Fig. 19. — Rouleau Croskill.

modifié, dans les exploitations d'une certaine importance, n'offre pas cet inconvénient. Il se compose de deux séries de disques en fonte, les uns de grand diamètre et percés en leur centre d'un grand trou, les autres d'un diamètre inférieur et percés d'un trou plus petit. On enfile ces disques sur un même axe, en ayant soin d'en mettre alternativement un grand et un petit. Ils portent tous deux séries de dents, les unes sur la circonférence et les autres placées perpendiculairement aux disques et des deux côtés, à la façon de chevilles qui y seraient implantées.

Dès que le rouleau se met en marche, la partie inférieure de tous les disques touche le sol; mais les grands disques tournent moins vite que les petits : les surfaces frottent donc les unes sur les autres et se nettoient d'elles-mêmes. De plus, les dents transversales complètent l'action des autres, et le travail s'effectue dans de bonnes conditions. Ces rouleaux sont pesants et par suite d'un prix assez élevé.

Bâti des rouleaux. — Le plus souvent on adapte aux rouleaux un simple bâti de bois, qui sert à maintenir deux limons ou une flèche; mais parfois (*fig.* 19) c'est un bâti en fer de forme trapézoïdale qui relie les deux tourillons à une ou deux petites roues formant avant-train.

Les rouleaux Croskill dégradant beaucoup les routes, il est indispensable qu'ils ne portent pas sur le sol pendant le transport. A cet effet, certains de ces rouleaux ont un axe suffisamment long pour que, en les soulevant sur le champ, au moyen d'un cric par exemple, on puisse placer à chaque extrémité de cet axe, une roue porteuse mobile; d'autres ont les roues porteuses fixées au bâti, de telle sorte que, en se servant des limons comme leviers et en les mettant dans une position diamétralement opposée à celle qu'ils ont en travail, on surélève le rouleau, qui s'appuie alors uniquement sur les roues porteuses.

Culture a vapeur.

Les instruments que nous venons de passer en revue sont mus par des animaux domestiques. Afin d'exécuter les divers travaux de culture plus rapidement et de disposer d'une puissance plus considérable, on a cherché à remplacer les moteurs animés par la vapeur.

La culture à vapeur, applicable en terrain plat dans les grandes propriétés, est plus répandue en Angleterre et en Amérique que dans notre pays; car le matériel nécessaire est assez important, et la division de notre sol se prête peu à son emploi.

En principe, tout matériel de culture à vapeur se compose d'une ou de deux locomobiles, munies chacune d'un treuil, qu'elle peut faire tourner dans les deux sens, puis d'une ou de plusieurs grandes poulies de renvoi, qu'il est possible de déplacer et de fixer à volonté en un point donné, au moyen de grappins qu'on enfonce dans le sol.

On dispose les choses de telle façon qu'un câble d'acier auquel vient s'attacher l'instrument de travail soit tiré parallèlement à l'un des côtés du champ, tantôt dans un sens, tantôt dans l'autre. A chaque parcours, on fait avancer les treuils d'une distance égale à la largeur de l'instrument de culture : on déplace ainsi peu à peu le câble parallèlement à lui-même, jusqu'à ce que l'on soit arrivé à l'extrémité opposée du terrain.

Ce mode de culture, encore trop peu commun pour que nous insistions sur son emploi, fait usage d'instruments analogues à ceux que nous avons étudiés précédemment, quant à la forme générale des parties essentielles; mais la taille en est plus grande, et la construction beaucoup plus solide, afin d'utiliser la force mise en jeu et de répondre au but que l'on se propose : exécuter des travaux énergiques, en particulier des défoncements, plus rapidement que ne le permettent les moteurs animés.

CHAPITRE XVI.

MÉTÉOROLOGIE ET CLIMATOLOGIE AGRICOLES.

ÉTUDE DES AGENTS ATMOSPHÉRIQUES DANS LEURS RAPPORTS AVEC L'AGRICULTURE.

Influence de la chaleur sur la végétation. — Gelées. — Influence de l'humidité atmosphérique sur la végétation. — Rosées. — Brouillards. — Pluies. — Neige. — Influence des vents sur la végétation. — Influence de la lumière sur la végétation. — Influence de l'électricité sur la végétation. — Orages. — Grêle.

Influence de la chaleur sur la végétation. — La chaleur exerce sur la végétation une influence prépondérante. Chaque plante entre en croissance à une température déterminée, différente selon les espèces. Chez les unes, la sève se met en mouvement dès que le thermomètre accuse quelques degrés au-dessus de zéro; il faut à d'autres une chaleur de 10 à 12 degrés; une température de 15 à 20 degrés est nécessaire aux plantes des pays chauds. La température *minima* à laquelle la plante commence à végéter est ce que l'on nomme sa *température initiale*. Au-dessous de cette température, la plante cesse d'accomplir ses fonctions, elle ne vit plus qu'à l'état latent. Cette période de son existence est désignée sous le nom de *sommeil hivernal.* Le *sommeil estival,* au contraire, correspond à l'époque durant laquelle la végétation cesse sous l'influence d'un excès de chaleur.

Chaque végétal réclame, en outre, pour parvenir à son entier développement, une somme déterminée de degrés de température, qui varie, il est vrai, avec les climats. Le blé exige, chez nous, du jour de l'ensemencement jusqu'à sa parfaite maturité, 2 100 degrés de chaleur environ ; il en faut au maïs 2900. Il n'est possible de cultiver une plante en un lieu donné que si elle y reçoit, durant la période comprise entre les saisons où la température s'abaisse au-dessous de sa température initiale, la somme totale de chaleur qui lui est nécessaire pour parcourir le cycle annuel de sa végétation. Cette somme s'obtient en additionnant, de l'époque de l'ensemencement à celle de la récolte, toutes les températures journalières supérieures à la température initiale de la plante.

On peut, dans une certaine mesure, par le *forçage* usité en horticulture, et sur lequel nous reviendrons, suppléer à l'insuffisance de la chaleur atmosphérique pour la culture de certaines plantes.

Les plantes cultivées sous les climats septentrionaux extrêmes arrivent à complète maturité en moins de temps que sous nos latitudes. Cela tient surtout à la longue durée des journées d'été, qui représentent, en quelque sorte, pour le végétal, un plus grand nombre d'heures de travail. Cette précocité des variétés d'origine septentrionale persiste quelque temps lorsqu'on les introduit dans nos pays : des blés dont les semences venaient directement de Norvège ont mûri, sous le climat de Paris, 29 jours avant nos blés indigènes, semés à la même époque. L'acclimatation leur fait perdre cette avantageuse propriété.

On entend par *température moyenne* d'un lieu la moyenne obtenue en additionnant les températures de tous les jours d'un très grand nombre d'années et en divisant le chiffre ainsi trouvé par le nombre de jours auquel il correspond. On donne le nom de *lignes isothermes* à des lignes imaginaires passant par les différents points du globe, appartenant à un même hémisphère, qui jouissent d'une même température moyenne.

Les *lignes isothères* réunissent les points où les moyennes des températures de l'été sont équivalentes.

Quant aux *lignes isochimènes*, elles sont déterminées par les moyennes des températures hivernales.

Si les lignes isothermes exercent une certaine influence sur la répartition des végétaux cultivés, il n'en est pas moins vrai que ce sont surtout les lignes isothères qui décident de la possibilité ou de l'impossibilité d'un grand nombre de cultures. De deux localités ayant même température moyenne, celle qui jouit de l'été le plus chaud a souvent sur l'autre l'avantage de permettre à certaines plantes, peu sujettes d'ailleurs à souffrir des rigueurs de l'hiver, de parvenir à complète maturité.

Mais ce qu'il faut considérer avant tout dans la détermination des limites des cultures, ce sont les températures *minima*. Telle région, par exemple, ne pourra convenir à la culture de l'olivier, parce que, durant l'hiver, la température y descend, chaque année au moins une fois, à 15 degrés au-dessous de zéro, et qu'un froid semblable fait inévitablement périr cet arbuste. La considération des températures maxima, qui correspondent aux plus fortes chaleurs de l'été, est d'une moindre importance pour notre agriculture.

Dans nos climats, les différentes phases de la végétation des plantes s'accomplissent entre 5 et 30 degrés au-dessus de zéro. La croissance des parties herbacées du végétal s'effectue entre 5 et 15 degrés; la floraison et la fructification ont lieu entre 20 et 25 degrés; la maturation se produit entre 25 et 30 degrés. Dans les pays chauds, sous les tropiques par exemple, la végétation se poursuit malgré des températures beaucoup plus élevées. Les végétaux y prennent alors des caractères particuliers : ils durcissent en se lignifiant, en même temps que leurs fleurs et leurs fruits acquièrent une intensité d'odeur et de coloration qu'ils n'ont pas sous nos climats.

Dans la région tempérée que nous habitons, il est bien rare que les végétaux aient à souffrir d'un excès de chaleur. Parfois cependant les *coups de chaleur* leur occasionnent des brûlures, surtout lorsque l'évaporation par les feuilles est devenue difficile, ainsi que cela se produit en serre ou sous cloche. On évite ces accidents par l'emploi de paillassons qui s'opposent au passage des rayons solaires et empêchent ainsi la chaleur de se concentrer sous les châssis ou sous les cloches.

Une chaleur excessive, surtout par un temps sec, a souvent aussi pour effet d'arrêter subitement le développement des plantes. C'est ainsi que, s'il survient, après la floraison du blé, quelques journées de vent sec et brûlant, le grain, dont la croissance est brusquement interrompue, reste petit et ridé. On dit qu'il est *échaudé*.

Gelées. — L'influence du froid se manifeste surtout par la *gelée*, c'est-à-dire par la congélation de l'eau à la surface et à l'intérieur des plantes, en même temps que sur le sol et dans la terre, à une profondeur variable avec l'abaissement de la température.

Les gelées d'hiver, presque journalières, ne présentent pas de très grands dangers, parce qu'elles se produisent à une époque où la plante est pour ainsi dire endormie et souvent mise à l'abri des grands froids par la neige qui la recouvre. Les gelées tardives, les gelées de printemps, sont bien autrement redoutables; elles ont lieu quand les végétaux, gorgés de sève, offrent le minimum de résistance. En outre, à cette époque de l'année, la neige a généralement disparu. Les arbres fruitiers qui fleurissent de bonne heure ont beaucoup à souffrir des gelées printanières. C'est dans les vallées humides que les gelées exercent sur la végétation la plus fâcheuse influence.

Certaines plantes *gèlent*, ou, pour parler plus scientifiquement, *périssent par le froid*, à une température supérieure à zéro degré. Celles-là doivent, sous nos climats, passer l'hiver dans des serres chauffées. Mais nos végétaux de grande culture sont beaucoup plus résistants; ils supportent presque tous, sans subir d'accident, des températures bien inférieures à celle de la glace fondante.

Les effets du gel sur les plantes sont d'autant plus désastreux que le dégel se produit plus rapidement. Un coup de soleil survenant après une gelée amène presque instantanément la pourriture des végétaux qui y sont exposés. Sous une influence semblable, les feuilles des arbres se détachent et tombent. Dans les jardins, les paillassons sont d'une très grande utilité pour empêcher le dégel trop brusque des végétaux.

Jusqu'à présent, le seul moyen un peu pratique de garantir contre les gelées les plantes de grande culture consiste dans la production de *nuages artificiels*. En effet, les gelées se produisent surtout lorsque, à la faveur d'un temps clair, il y a *rayonnement*, c'est-à-dire cession à l'atmosphère d'une partie de la chaleur du sol. La présence des nuages met obstacle à ce refroidissement : c'est pour cette raison qu'on a imaginé, afin d'empêcher les ceps de geler, de faire brûler, par les nuits sereines, à proximité des vignobles, en des points choisis de telle sorte que le vent chasse la fumée au-dessus de la surface à protéger, des matières fuligineuses, du goudron par exemple. Ce procédé, applicable à toutes les cultures, mais plus spécialement, en raison des dépenses qu'il occasionne, à celles d'un grand rapport, est d'une indiscutable efficacité lorsqu'on opère convenablement.

Sur les arbres, l'action des gelées donne lieu à des altérations des tissus connues sous le nom de *gélivures, roulures* ou *lunures*.

Les gels et dégels successifs produisent des contractions et des dilatations du sol qui ont souvent pour effet de briser les racines des plantes ou de les mettre à nu. La végétation en souffre profondément.

Les gelées *blanches* sont le résultat de la congélation de la rosée à la surface du sol.

Elles sont fréquentes en avril-mai, par les nuits claires, et dangereuses, parce qu'elles *roussissent* les bourgeons. De là l'influence néfaste attribuée à tort à la *lune rousse*.

Influence de l'humidité atmosphérique sur la végétation. — L'évaporation de l'eau par les plantes, comme par tout autre corps, est en raison inverse de la quantité de vapeur d'eau contenue dans l'atmosphère. L'état hygrométrique de l'air exerce donc une action directe sur la végétation. Mais ce qui est le plus important encore, c'est qu'il intervient pour régler la quantité d'eau qui tombe et séjourne à la surface du sol. Nous examinerons successivement chacune des formes sous lesquelles se présente cette eau.

Rosées. — Les rosées résultent de la condensation de la vapeur d'eau de l'atmosphère à la surface du sol et des objets qui le recouvrent. Elles se produisent quand, une nuit sereine favorisant le rayonnement, le sol se refroidit rapidement : la température de la mince couche d'air qui se trouve à son contact s'abaisse alors au-dessous de son *point de rosée*, et le dépôt des gouttelettes d'eau s'effectue. C'est un phénomène analogue à celui que l'on observe quand on introduit une carafe d'eau froide dans une atmosphère chaude et humide. Il est clair que, plus l'air est chargé de vapeur d'eau, moins il est nécessaire que le corps soit froid pour que la rosée s'y dépose.

Les dépôts de rosée se produisent d'autant plus facilement que l'air, sans être trop agité, se renouvelle plus fréquemment. Ils sont surtout abondants au printemps et en automne.

Tout obstacle au rayonnement nocturne : nuages, abris naturels ou artificiels, entrave le refroidissement des corps terrestres et, par cela même, empêche le dépôt de rosée à leur surface.

La quantité d'eau fournie aux plantes par les rosées, même les plus abondantes, est assez faible. Mais elles ont une assez grande importance en raison de la proportion d'ammoniaque et d'acide nitrique dont elles sont chargées et qu'elles abandonnent au sol.

Brouillards. — Les brouillards ont diverses origines. Quelques-uns, dits *brouillards secs*, ne sont autre chose que d'épaisses fumées produites par des éruptions volcaniques, des incendies de forêts ou de tourbières ou des causes analogues. Mais la plupart des brouillards doivent être rangés dans la catégorie des météores aqueux. Ils sont dus au refroidissement de l'air entraînant une condensation incomplète des vapeurs qui s'élèvent du sol. Les brouillards ne sont, en réalité, que des nuages situés à une faible hauteur dans l'atmosphère. Les vallées profondes, arrosées par des cours d'eau, sont très sujettes au brouillard.

Les vents humides du sud, du sud-ouest et de l'ouest sont, en France, les plus favorables à la production des brouillards.

Les brouillards sont l'indice d'un excès d'humidité atmosphérique. L'influence qu'ils exercent sur la végétation est surtout due à ce qu'ils fournissent aux plantes une quantité appréciable d'ammoniaque. Sur l'homme et sur les animaux, ils ont plutôt une action nuisible : ils maintiennent à la surface du sol, sans toutefois les y déposer complètement, les miasmes qui s'étaient disséminés dans l'atmosphère. Ils mettent en outre obstacle à l'éclairement des plantes et s'opposent à l'évaporation de l'eau par les feuilles.

Pluies. — Les pluies résultent de la condensation de la vapeur d'eau dont les nuages sont formés. Elles exercent sur la végétation une influence considérable, parce que ce sont elles qui apportent aux plantes presque toute l'eau qui leur est nécessaire.

La répartition des pluies est soumise, en France, aux mêmes influences que sur l'ensemble du globe. Les pluies sont plus rares, mais plus abondantes dans le Midi que dans le Nord. La proximité des forêts et la direction des vents dominants exercent aussi une grande influence sur leur répartition. En outre, il pleut davantage et plus fréquemment dans le voisinage des mers que dans l'intérieur des terres, dans les régions montagneuses que dans les pays de plaines.

Le hauteur de l'eau qui tombe annuellement sur la surface de notre pays atteint environ $0^m,77$; mais, tandis que pour le bassin de la Seine elle n'est que de $0^m,60$ elle s'élève pour celui du Rhône à $0^m,95$.

En France, le maximum des pluies, très variable selon les années, se produit généralement en été ou en automne. L'hiver est la saison la moins pluvieuse. Les pluies de printemps sont nombreuses, mais moins abondantes que celles d'été. Ces dernières sont surtout des pluies d'orage.

Pour exercer une action bienfaisante sur la végétation, les pluies doivent être fréquentes, prolongées, mais fines et peu abondantes, de façon à faire pénétrer lentement et profondément l'humidité dans la terre. Les pluies violentes coulent à la surface du sol sans que celui-ci les absorbe; puis, après l'avoir raviné sur les pentes, — lui enlevant ainsi ses particules les plus fines et les plus riches en éléments fertilisants, — se réunissent par grandes masses et vont se perdre dans les cours d'eau. Dans la vallée du Rhône, où il tombe annuellement, nous venons de le voir, 95 centimètres d'eau en quelques pluies très abondantes, les sécheresses sont beaucoup plus à craindre qu'en Bretagne, où la hauteur d'eau tombée ne dépasse pas 80 à 90 centimètres, mais se répartit sur plus de 200 jours de pluie.

Le boisement des pentes est le meilleur moyen de les soustraire au ravinement par les eaux. Dans les régions montagneuses, les forêts, non seulement mettent obstacle à la formation des torrents, mais ont encore une incontestable utilité pour régulariser la répartition des pluies.

Les pluies apportent au sol une quantité de matières fertilisantes assez élevée. Elles tiennent en dissolution ou en suspension du carbonate d'ammoniaque, des nitrates, du chlorure de sodium ou sel marin, des poussières atmosphériques, etc. On compte que, dans le midi de la France, elles ne fournissent pas moins de 2 kilogr.,7 d'azote nitrique par an et par hectare. Quant à la quantité d'ammoniaque, très variable selon les lieux, qu'elles déposent dans le même temps sur un hectare de terre, elle peut atteindre jusqu'à 30 et 40 kilogrammes.

Enfin les pluies débarrassent les feuilles des végétaux des matières étrangères dont le dépôt, formant enduit à leur surface, les empêche d'accomplir normalement leurs fonctions de respiration et de transpiration.

Neige. — La neige prend naissance dans les hautes régions de l'atmosphère par la congélation de l'eau des nuages. Elle fond en arrivant sur le sol ou s'y accumule, selon que la température de celui-ci est plus ou moins élevée. L'eau de neige pénètre lentement et profondément les terres; mais elle les refroidit. Les neiges, même les plus abondantes, fournissent relativement peu d'eau; mais cette eau est plus chargée d'éléments fertilisants que les eaux de pluies.

La neige, accumulée en hiver sur les sommets élevés, fond au printemps et donne souvent naissance à des torrents qui, grossissant subitement les rivières, occasionnent des inondations. Mais les cours d'eau alimentés par des neiges dont la fonte est progressive jouissent de la propriété de n'être jamais à sec.

La neige qui recouvre les végétaux durant l'hiver leur forme en quelque sorte un manteau protecteur qui les met à l'abri des fortes gelées. Les cultivateurs redoutent les hivers froids et sans neige.

La neige présente l'inconvénient pour les arbres résineux — pins et sapins — qui conservent leurs feuilles toute l'année, de s'accumuler sur leurs branches et, par son poids, d'en déterminer la rupture.

Influence des vents sur la végétation. — Les vents sont les grands modificateurs des saisons, tant au point de vue de la température qu'à celui de la pluviosité. Les vents modérés exercent une action favorable sur la végétation; ils renouvellent les couches d'air au contact du sol et des plantes et mettent ainsi à la disposition de ces dernières une plus grande somme de matières utiles : gaz ou poussières fertilisantes. Ils transportent, en outre, le pollen nécessaire à la fécondation des fleurs.

Par contre, les vents violents sont funestes aux végétaux, qu'ils meurtrissent ou brisent. Nous n'insisterons pas sur les ravages causés par les *cyclones* ou les *ouragans*. Ce qu'il importe de savoir, pour être en mesure de prendre les précautions commandées par les circonstances, c'est qu'une baisse rapide de la pression barométrique est le plus sûr indice de l'approche d'une tempête. Le Bureau central météorologique fournit aux localités abonnées des indications sur le temps probable, précieuses pour les agriculteurs.

Les vents *dominants* d'une région ou d'une localité sont ceux qui soufflent habituellement dans cette région ou cette localité. C'est la disposition des lieux par rapport aux abris : montagnes, forêts, etc., qui en règle la direction. Quant aux vents *locaux*, ils sont dus à des différences de température entre deux milieux dissemblables. Sur les côtes, il souffle, durant le jour, de la mer, moins chaude, vers le sol, qui l'est davantage, une *brise de mer*, qui rafraîchit l'atmosphère. A ce vent succède, durant la nuit, une *brise de terre*. Dans les régions montagneuses, il s'élève, pendant la journée, une brise ascendante de la plaine vers la montagne; une brise descendante se produit, au contraire, pendant la nuit.

Dans la zone qui entoure Paris, les vents les plus chauds sont ceux du sud et du sud-ouest ; les plus froids, ceux du nord et du nord-est. Les vents d'est sont généralement secs ; ceux de l'ouest et du sud-ouest, au contraire, amènent presque toujours la pluie. L'influence des ces vents sur le degré de chaleur et d'humidité de l'atmosphère diffère avec les saisons et même avec les mois de l'année. En règle générale, les vents marins sont les plus chauds en hiver ; en été, ce sont les vents qui soufflent du continent, ceux d'est par conséquent pour la France.

La vallée du Rhône est soumise à l'action de deux vents spéciaux : le *sirocco*, vent brûlant qui vient d'Afrique et dessèche tout sur son passage; le *mistral*, vent froid du nord, également desséchant, et dont la violence cause fréquemment de grands dommages aux cultures.

Pour mettre ces dernières à l'abri de vents semblables, on plante certains végétaux résistants, à croissance rapide — tels que la canne de Provence — dont les feuilles et les tiges forment en peu de temps de véritables rideaux protecteurs. Contre les vents marins, salés et caustiques, on fait usage, selon les pays, de plantations de *pin maritime*, de *palmiers*, d'*eucalyptus*, etc. Des treillis ou des paillassons tendus verticalement peuvent être également employés avec succès dans la culture maraîchère.

En règle générale, dans les pays où règnent des vents violents, on doit ne cultiver que des plantes basses à tiges résistantes et peu sujettes à s'égrener.

Influence de la lumière sur la végétation. — La lumière solaire est indispensable à la végétation de nos plantes cultivées, dès qu'elles sont sorties de leur période de germination. Seuls, certains végétaux parasites peuvent se développer sans son intervention. Une plante verte ne fixe le carbone, l'hydrogène, l'azote nécessaires à sa nutrition, elle n'absorbe en abondance l'eau qui lui apporte en dissolution les sels minéraux dont elle a besoin, que sous l'influence de la lumière favorisée par une température convenable. Les plantes qui poussent dans l'obscurité croissent en volume sans augmenter de poids ; elles épuisent la matière organique mise en réserve dans leurs tissus, s'étiolent et meurent au bout de peu de temps. On utilise parfois cette propriété pour les conserver tendres : c'est dans ce but qu'on lie les salades et qu'on cultive dans les caves la chicorée dite *barbe de capucin*. Les plantes qui se développent à l'ombre ont moins de saveur et sont moins nutritives que celles qui se trouvent exposées à l'action directe des rayons solaires : aussi les animaux préfèrent-ils les herbes des clairières à celles qui viennent sous le couvert des arbres. Dans les pays tropicaux, où l'éclairement est très intense, on obtient des plantes extrêmement vigoureuses, à saveur forte et à odeur pénétrante. Dans les pays brumeux, au contraire, les végétaux restent faibles et conservent un goût et une odeur peu prononcés.

La *nébulosité*, c'est-à-dire la présence plus ou moins fréquente sur l'horizon de nuages s'interposant entre le soleil et la terre, exerce donc une très grande influence sur la végétation, et l'on doit en tenir compte pour le choix des plantes à cultiver. Grâce à une moindre nébulosité, l'olivier, improductif à Agen avec 14 degrés de température moyenne, est fertile en Dalmatie avec 13 degrés seulement.

L'importance des récoltes étant proportionnelle à la quantité de carbone qu'elles fixent par hectare, et cette quantité se trouvant, toutes choses égales d'ailleurs, en raison directe de la somme de lumière que reçoivent les plantes, on peut en conclure que la récolte sera, dans une certaine mesure, d'autant plus abondante que, durant l'année, l'éclairement aura été meilleur, c'est-à-dire, la nébulosité moindre. La rapidité de croissance des végétaux dépend également de l'éclairement; il en est de même de leur lignification.

Influence de l'électricité sur la végétation. — On est mal fixé sur l'influence exercée directement par l'électricité sur la végétation. Les uns la nient, alors que d'autres l'affirment. Si elle existe, elle est, vraisemblablement, assez peu marquée.

Orages. — Les *orages* ont une origine électrique depuis longtemps reconnue. Ils exercent sur les végétaux, par la chute de la foudre, des effets mécaniques, dont il n'y a pas lieu de tenir compte dans la pratique culturale, en raison de leur caractère accidentel.

Les décharges électriques provoquent la combinaison de l'azote et de l'oxygène de l'air sous forme d'acide nitrique, lequel, en présence de l'ammoniaque atmosphérique, donne naissance à des nitrates, sels d'une haute valeur fertilisante, comme on l'a vu déjà. Ceux-ci sont entraînés par la chute des pluies ou tombent sur le sol en vertu de leur pesanteur.

Enfin les orages sont presque toujours accompagnés de pluies violentes, dont nous avons précédemment signalé les inconvénients.

La fréquence des orages varie beaucoup selon les lieux : à Paris, en année moyenne, leur nombre s'élève à 13 environ, tandis qu'à Viviers, dans l'Ardèche, on en compte plus de 34.

Grêle. — Le mode de formation de la *grêle* est encore mal connu. Dans tous les cas, l'influence de l'électricité n'y paraît pas étrangère. La chute de la grêle accompagne presque toujours un orage à son début. On n'ignore pas quels dégâts considérables elle peut causer, hachant les récoltes de telle façon qu'il est souvent impossible d'en rien sauver. Certaines localités y sont particulièrement exposées. On doit éviter d'y cultiver les céréales et, d'une façon générale, y substituer aux plantes dont on récolte les fruits ou les graines celles dont le produit consiste surtout en racines ou en fourrages.

Il n'existe aucun moyen pratique de mettre les cultures à l'abri de la grêle. Le mieux est, quand on en redoute les effets, d'assurer les récoltes aux Compagnies spéciales ; on se soustrait ainsi au danger d'en perdre totalement la valeur.

CHAPITRE XVII.

Climat. — Influence de la situation d'un lieu sur son climat. — Limites des cultures. — Climats agricoles de la France.

Climat. — Le *climat* d'un lieu est l'ensemble des conditions de température, de lumière et d'humidité de ce lieu. C'est lui qui décide tout d'abord de la possibilité ou de l'impossibilité de la culture des différentes plantes. Nous n'avons sur le climat aucune influence réelle ; car les moyens artificiels de le modifier dont nous disposons (arrosages, emploi de serres chaudes, des châssis, des couches ou des cloches, des paillassons, des abris divers, etc.), ne sont guère applicables qu'à la culture maraîchère. Parmi ces moyens, un seul peut trouver avantageusement son utilisation dans la grande culture : c'est l'irrigation, à l'aide de laquelle il est possible de remédier à l'insuffisance d'humidité résultant de la rareté des pluies.

Obligé qu'il est donc de subir le climat, c'est au cultivateur d'en tirer le meilleur parti, en ne confiant au sol que les espèces végétales les mieux appropriées à sa nature, celles qui sont parfaitement *acclimatées* par un long séjour dans la région ou dans des régions jouissant de conditions analogues de température, d'éclairement et d'humidité.

Influence de la situation d'un lieu sur son climat. — La température moyenne d'un lieu dépend de sa *latitude :* plus on s'éloigne de l'équateur pour se rapprocher du pôle, plus la température décroît ; elle s'abaisse d'environ 1 degré centigrade par 50 lieues de marche vers le nord. La France, située dans la zone tempérée du globe, est comprise entre les isothermes de 10 et de 15 degrés.

Pour des lieux de même latitude, la température varie en raison de leur *altitude*. La chaleur totale décroît en proportion de la hauteur des lieux au-dessus du niveau général des mers. Dans les contrées de l'Europe, ce décroissement est d'environ 1 degré centigrade pour 180 mètres de hauteur.

Le voisinage des grandes mers a pour effet d'uniformiser la température en atténuant les froids de l'hiver et les chaleurs de l'été. Les climats *marins* ont des extrêmes de température beaucoup moins prononcés que les climats *continentaux*. A Édimbourg, au voisinage de l'Atlantique, la différence entre les températures moyennes de l'hiver et de l'été est de 10° 8; à Moscou, sous la même latitude, mais en plein continent, elle s'élève à plus de 27° centigrades. Quant à l'humidité des lieux, elle est généralement en raison inverse de leur distance aux grandes mers.

Les courants marins, selon qu'ils sont froids ou chauds, modifient la température dans un sens ou dans l'autre. Les côtes occidentales de la France, baignées par les eaux chaudes du Gulf-Stream, ont habituellement des hivers très doux.

Enfin les parties orientales des continents sont, à latitude égale, plus froides que les parties occidentales. A New-York, qui se trouve cependant sous la même latitude que Madrid, les hivers sont aussi rudes qu'à Saint-Pétersbourg, situé 20 degrés plus au nord. La rotation diurne de la terre d'occident en orient semble être la cause de ce phénomène.

Tels sont les facteurs qui déterminent les *climats généraux*. Quant aux *climats locaux*, ils sont soumis encore à d'autres influences, parmi lesquelles il convient de citer en premier lieu celle qu'exerce l'*orientation* ou *exposition*. Les localités situées sur le versant méridional d'une montagne possèdent toujours une température plus élevée que celles qui occupent le versant septentrional. Sous nos latitudes, la meilleure exposition est celle du midi, qui, largement ouverte à l'action du soleil et défendue des vents froids, reçoit et garde la plus grande somme de chaleur. L'orientation au nord est la plus froide; celle de l'est est exposée aux dégels subits, qui, comme on le sait, exercent une influence fâcheuse sur la végétation; enfin, celle de l'ouest est humide et soumise à l'action des vents parfois violents qui viennent de l'Océan.

Les *abris* peuvent corriger en partie l'influence de l'orientation et celle des vents dominants. Les montagnes, les collines et les forêts jouent le rôle d'abris naturels. La Provence méridionale, abritée du vent du nord par les Alpes et par les Cévennes, n'a, pour ainsi dire, pas d'hiver.

On forme des abris artificiels en élevant des murs ou en créant des plantations d'arbres serrés : cyprès, ifs, etc. Ce n'est que grâce aux abris obtenus contre les vents marins par la plantation, de distance en distance, de rideaux de pins maritimes que l'on a pu mettre en culture les landes de Bretagne et de Gascogne. Enfin le voisinage de lacs, de rivières, etc., la nature même des cultures d'un pays, qui, selon l'espèce végétale, évaporent une plus ou moins grande quantité d'eau, sont autant de causes qui interviennent dans la détermination du climat.

Limites des cultures. — Abstraction faite de la constitution minéralogique du sol, l'aire géographique occupée par les diverses espèces végétales est délimitée par les conditions du climat : température, degré d'humidité de la région, transparence de l'atmosphère. Dans la formation des *limites de culture*, lignes idéales qui passent par les points extrêmes où les plantes considérées cessent d'être cultivables, les questions de température, nous le répétons, jouent le principal rôle. Ces lignes sont extrêmement sinueuses; car elles se trouvent subordonnées, en raison des multiples exigences de la plante, à toutes les causes susceptibles de modifier le climat que nous avons précédemment examinées.

La plupart des végétaux qui forment en France le fond de nos cultures : céréales, racines, plantes fourragères, etc., peuvent également croître et venir à maturité sur toute l'étendue de notre territoire. Nous n'avons guère à considérer, en ce qui nous concerne, que quatre limites de culture de plantes d'une certaine importance. Celles que l'on a tracées pour les autres espèces botaniques ne présentent, au point de vue qui nous occupe, qu'un médiocre intérêt. Ces quatre limites, purement septentrionales, sont celles de l'*olivier*, du *mûrier*, de la *vigne* et du *maïs*. Un simple coup d'œil jeté sur la carte de la page 122 permettra d'en saisir aisément le tracé.

Hâtons-nous de dire que ces limites ne sauraient être

absolues. Certains points isolés, situés en dehors, quoique à proximité de la région qu'elles embrassent, conviennent parfois encore à la culture de la plante, alors que celle-ci réussit mal en certains autres, compris cependant dans cette région.

En outre des limites de culture basées sur la latitude, il en est d'autres qui résultent de l'altitude. A mesure qu'on s'élève sur une montagne, la végétation change, comme elle change lorsqu'on s'avance vers le nord. Les derniers contreforts méridionaux des Alpes et des Pyrénées portent des plantations d'oliviers et de chênes-lièges ; la vigne persiste jusqu'à 600 mètres d'altitude ; le blé s'arrête à 1 000 mètres, l'orge et l'avoine atteignent 1 600 mètres, le seigle et la pomme de terre 1 900 mètres ; puis ces cultures cèdent la place aux prairies, lesquelles, composées d'abord de graminées et de légumineuses, finissent, dans les régions les plus élevées, par ne plus comprendre que des plantes essentiellement alpines : gentianes, saxifrages, etc. Quant aux arbres, les chênes et les hêtres subsistent jusqu'à près de 1 000 mètres au-dessus du niveau de la mer ; à cette altitude ils sont remplacés par des conifères (pins, sapins, mélèzes) et certains feuillus, tels que l'aune et le bouleau ; à leur tour, ceux-ci disparaissent vers 2 500 mètres, et des arbustes mêlés de végétaux buissonnants (rhododendrons) leur succèdent. Plus haut encore, les plantes alpines seules persistent. Une semblable gradation des cultures s'observe sur les flancs de toutes les montagnes ; mais la limite supérieure de végétation de chaque plante est d'autant moins élevée que l'on s'avance davantage vers le nord.

Climats agricoles de la France. — Les géographes, se basant sur les conditions météorologiques spéciales à chaque région, ont divisé la France en sept climats principaux. Ces climats, on le comprend, ne sont pas absolument homogènes dans toute leur étendue, les influences météorologiques locales intervenant toujours pour leur faire subir des modifications ; mais chacun d'eux est cependant assez uniforme pour qu'entre deux points quelconques de la surface qu'ils occupent, il n'existe que de légères variations dans les produits du sol et les procédés de culture.

Passons successivement en revue chacun de ces climats.

1° Le climat *Sequanien* ou *des plaines du nord*, qui tire

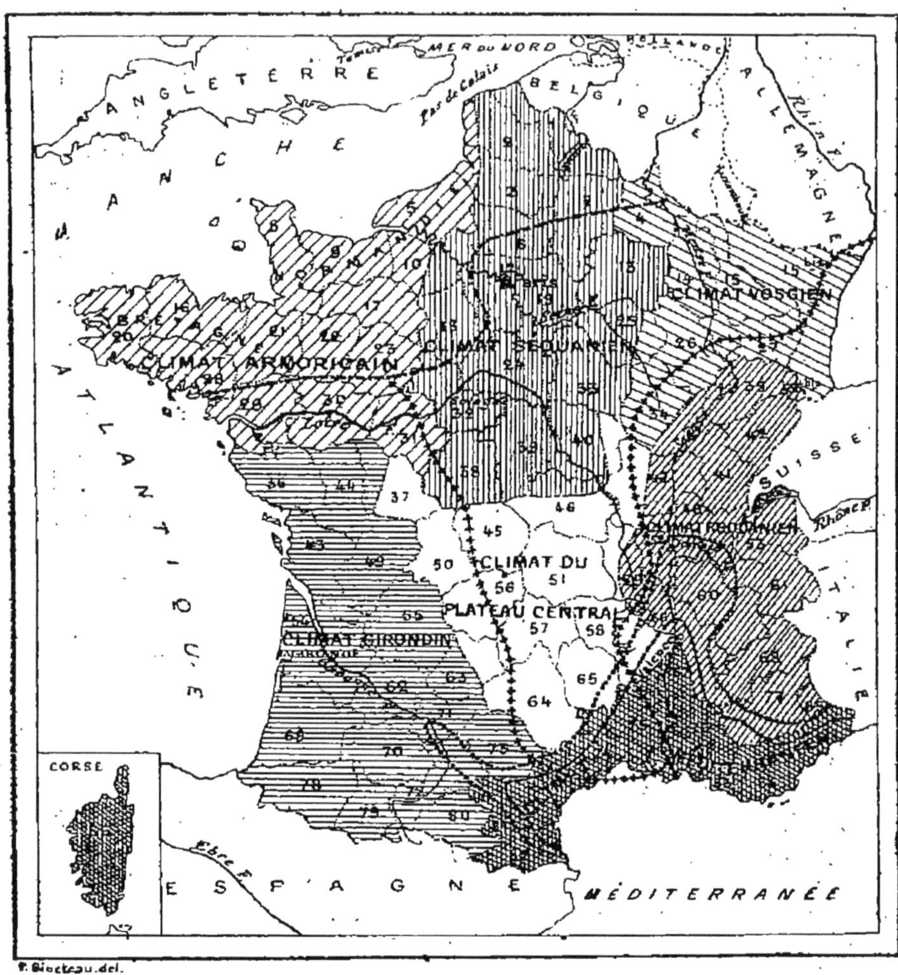

DIVISION DE LA FRANCE EN SEPT CLIMATS

Légende

- .... *Limite septentrionale de la culture de la vigne.*
- +++++ — — — — — — — *du maïs (grain).*
- .... — — — — — — — *de l'olivier.*
- .... — — — — — — — *du mûrier.*

Division de la France en sept climats.

1° Climat Séquanien.

1. Nord.
2. Pas-de-Calais.
3. Somme.
6. Oise.
7. Aisne.
11. Seine-et-Oise.
12. Seine.
13. Marne.
18. Eure-et-Loir.
19. Seine-et-Marne.
24. Loiret.
25. Aube.
32. Loir-et-Cher.
33. Yonne.
38. Indre.
39. Cher.
40. Nièvre.

2° Climat Armoricain.

5. Seine-Inférieure.
8. Manche.
9. Calvados.
10. Eure.
16. Côtes-du-Nord.
17. Orne.
20. Finistère.
21. Ille-et-Vilaine.
22. Mayenne.
23. Sarthe.
28. Morbihan.
29. Loire-Inférieure.
30. Maine-et-Loire.
31. Indre-et-Loire.

3° Climat Vosgien.

4. Ardennes.
14. Meuse.
15. Meurthe-et-Moselle.
15 *bis*. Alsace-Lorne.
26. Haute-Marne.
27. Vosges.
34. Côte-d'Or.

4° Climat du Plateau Central.

37. Vienne.
45. Creuse.
46. Allier.
50. Haute-Vienne.
51. Puy-de-Dôme.
56. Corrèze.

4° Climat du Plateau Central (*suite*).

57. Cantal.
58. Haute-Loire.
64. Aveyron.
65. Lozère.

5° Climat Girondin.

36. Vendée.
43. Charente-Infre.
44. Deux-Sèvres.
49. Charente.
54. Gironde.
55. Dordogne.
62. Lot-et-Garonne.
63. Lot.
69. Landes.
70. Gers.
71. Tarn-et-Garonne.
72. Haute-Garonne.
73. Tarn.
78. Basses-Pyrénées.
79. Hautes-Pyrénées.
80. Ariège.

6° Climat Rhodanien.

35. Haute-Saône.
35 *bis*. Belfort.
41. Jura.
42. Doubs.
47. Saône-et-Loire.
48. Ain.
52. Rhône.
53. Haute-Savoie.
59. Loire.
60. Isère.
61. Savoie.
66. Ardèche.
68. Hautes-Alpes.
77. Basses-Alpes.

7° Climat Méditerranéen.

67. Drôme.
74. Hérault.
75. Gard.
76. Vaucluse.
81. Aude.
82. Pyrénées-Orles.
83. Bouches-du-Rhône.
84. Var.
85. Alpes-Maritimes.
86. Corse.

son nom de la Seine, comprend les environs de Paris et le nord de la France. La température moyenne y est de 10° centigrades. Dans cette région, les étés sont courts, mais souvent très chauds; les hivers assez froids. Il y tombe annuellement en moyenne 600 millimètres d'eau. On y rencontre les riches cultures industrielles (betteraves, colza, lin, houblon, etc.) du Nord, du Pas-de-Calais, de la Somme et de l'Aisne, les céréales de la Beauce et de la Brie, les vignobles de la Champagne et de la Bourgogne. Les prairies artificielles y sont nombreuses et productives.

2° Le climat *Armoricain* ou *des côtes de l'ouest*, rattaché parfois au précédent, occupe la Normandie, la Bretagne et la basse Loire. Il possède une température moyenne de 11° centigrades. C'est un climat essentiellement marin et soumis à l'influence du Gulf-Stream. Les pluies y sont fréquentes et abondantes (8 à 900 millimètres par an); les étés et les hivers très tempérés. C'est par excellence la région des grands herbages et du pommier à cidre. Le sarrasin en est la céréale caractéristique; on y cultive également le seigle et l'orge. Les vignobles qui bordent la Loire produisent des vins blancs estimés (Vouvray, Saumur, etc.).

3° Le climat *Vosgien* ou *des plateaux de l'est* s'étend sur les Ardennes, l'Alsace, la Lorraine, la partie montagneuse de la Champagne et de la haute Bourgogne. Sa température moyenne est d'environ 9 degrés. Ses hivers, longs et froids, sont marqués par des neiges abondantes; par contre, il n'est pas rare d'y constater, pendant l'été, des températures supérieures à 30 degrés. Il y tombe environ 670 millimètres d'eau par an, répartis sur 140 jours de pluie. Les pâturages y dominent, et les forêts y sont nombreuses. La culture des pommes de terre destinées à la féculerie y occupe de grandes surfaces. L'avoine en est la céréale la plus importante. Le chanvre et le houblon sont au nombre des cultures industrielles de cette région.

4° Le climat du *Plateau Central*, que l'on rattache parfois au climat séquanien, occupe principalement le Limousin et l'Auvergne. Sa température moyenne est de 11 degrés. Les hivers y sont longs et froids, les neiges fréquentes, les étés courts et chauds. C'est encore une région de pâturages en montagnes. La riche vallée de la Limagne est apte à la production de nos meilleures céréales; mais le seigle et le méteil sont surtout cultivés sous ce climat.

5° Le climat *Girondin* comprend les plaines du sud-ouest. Sa température moyenne s'élève à 12°. Il possède des hivers doux, des étés chauds et de longs automnes. La hauteur des pluies, qui n'est, dans le nord de cette région, que de 585 millimètres, atteint plus d'un mètre dans le voisinage des Pyrénées. On rencontre, sous le climat girondin, les grands vignobles du Bordelais et des Charentes, les pâturages de la Vendée, les prairies artificielles du Poitou et de nombreuses terres à blé disséminées un peu partout. Le bassin de la Garonne produit à lui seul les 2/3 du tabac récolté sur notre territoire. La région du sud-ouest est celle qui convient le mieux à la culture du maïs. Les Landes possèdent de riches forêts de pins.

6° Le climat *Rhodanien* tire son nom du Rhône, dont il occupe toute la vallée supérieure jusqu'à Valence. La température moyenne y est de 11 degrés, la hauteur totale des pluies y atteint près de 950 millimètres.

Ce climat est sujet à de brusques variations de température ; les pluies et les neiges y sont abondantes dans les parties montagneuses; les orages, fréquents, sont souvent accompagnés de grêle. On y rencontre les pâturages de la Franche-Comté, les vignobles de la Côte-d'Or, du Mâconnais, du Beaujolais, les cultures de garance de la Drôme, les forêts des Alpes. D'importantes surfaces y sont consacrées aux céréales. Le climat rhodanien forme, avec le suivant, la seconde zone de culture du maïs.

7° Au climat *Méditerranéen*, *Provençal* ou *des côtes du sud*, appartiennent le Roussillon, la partie maritime du Languedoc, le Comtat Venaissin, la Provence et Nice. Ce climat jouit d'étés chauds, longs et secs. La température moyenne y est de 14 degrés; la hauteur totale des pluies, de 650 millimètres. C'est la région la plus chaude de la France; elle est caractérisée par la culture de l'olivier, du mûrier, de l'oranger. Elle embrasse les vignobles du Roussillon, de l'Aude, de l'Hérault, des Bouches-du-Rhône.

On peut rattacher à ce climat la Corse et l'Algérie. Le littoral de la Corse jouit du climat de la basse Provence avec une température un peu plus élevée; le centre, montagneux, possède un climat analogue à celui de la région rhodanienne.

L'Algérie septentrionale, dont la température moyenne est d'environ 17 degrés, dans la partie voisine de la Méditerranée, présente également une certaine analogie avec le climat de la Provence. Il en est encore de même de la région montagneuse qui sépare le Tell du Sahara, bien que la température y soit notablement plus basse.

CHAPITRE XVIII.

ÉTUDE GÉNÉRALE DE LA PLANTE.

Composition des végétaux. — Germination. — Nutrition de la plante. — Respiration. — Évaporation et transpiration. — Amélioration des végétaux par la culture. — Variétés. — Modes de reproduction des végétaux cultivés. — Méthodes d'amélioration : sélection et hybridation. — Règles à suivre pour l'achat des semences.

Composition des végétaux. — L'analyse chimique des diverses plantes y fait retrouver invariablement les quatorze éléments suivants :

Carbone, oxygène, hydrogène, azote ;

Phosphore, potassium, calcium, sodium, magnésium, fer, silicium, soufre, chlore, manganèse.

Les quatre premiers sont des éléments *organiques*. Les composés ternaires (formés de carbone, d'oxygène et d'hydrogène), ou quaternaires (formés de carbone, d'oxygène, d'hydrogène et d'azote) qui résultent de leur combinaison ne se rencontrent que dans les corps organisés. Ces éléments, soumis à la combustion, disparaissent à l'état de gaz ou de vapeur. 90 à 95 pour 100 de la substance des végétaux sont fournis par eux.

Les dix autres sont des éléments *minéraux*. Ils se retrouvent dans les cendres après la combustion des plantes. Ils entrent pour 5 à 10 pour 100 dans le poids total des végétaux.

Tous ces corps se combinent de diverses façons entre eux et parfois avec quelques autres, pour former des composés dont la nature varie avec les différentes plantes. Voyons où les puise le végétal, et comment il se les assimile.

Germination. — La plante naît le plus ordinairement d'une graine, véritable œuf végétal. Trois conditions sont indispensables pour que la graine germe, c'est-à-dire opère, en quelque sorte, son éclosion : humidité, chaleur à un degré variable avec les espèces, présence de l'oxygène. Lorsque ces conditions se trouvent réunies, il se produit à l'intérieur de la graine un travail d'un genre spécial : les tissus se gonflent sous l'influence de l'humidité qu'ils absorbent; des ferments particuliers, les *diastases*, réagissent sur les substances de l'albumen ou des cotylédons et les transforment en matières solubles, (*glucose* surtout, directement propres à l'alimentation de *l'embryon*, germe du futur végétal.

L'embryon se développe et rompt les téguments de la graine; la *radicule* s'enfonce dans le sol, pour y puiser les sucs nourriciers, et la *tigelle*, se dirigeant vers la lumière, perce la croûte terreuse qui lui fait obstacle et s'élève dans l'atmosphère. Quand la graine est pourvue d'un ou de deux *cotylédons*, ceux-ci se transforment en une ou deux feuilles séminales ; puis la *gemmule*, bourgeon initial de la plante, porté par la tigelle, se déploie pour donner le premier feuillage véritable. C'est seulement lorsque les cotylédons sont épuisés que la jeune plante se trouve obligée d'emprunter aux milieux extérieurs les éléments nécessaires à sa subsistance ; jusque-là la substance de la graine y suffit entièrement. On s'explique donc qu'on puisse faire germer des graines sur une assiette, dans un morceau de flanelle ou dans du papier buvard humide, et que, dans ce cas, le développement du jeune végétal ne cesse que lorsque la matière féculente, oléagineuse ou cornée de la graine a complètement disparu.

Les graines doivent être conservées en lieu sec, pour qu'une germination prématurée ou le développement de moisissures n'en produise pas l'altération.

L'embryon respire dès son premier réveil : de là la nécessité de la présence de l'oxygène. Dans les terres humides, où ce gaz pénètre difficilement, la graine pourrit sans germer. Elle reste inerte lorsqu'elle est enfouie trop profondément dans le sol, surtout dans des sols compacts. L'ameublissement de ces derniers, qui en permet l'aération, a pour effet d'y favoriser la germination des semences.

Le temps nécessaire à la germination varie avec les espèces végétales, et, pour chacune d'elles, avec la température. Les céréales germent au bout d'une semaine environ, le cresson alénois après deux jours à peine. Les semences à tégument dur mettent très longtemps à germer, parfois plusieurs années. On en hâte la germination en pratiquant dans le tégument des ouvertures par lesquelles l'eau pénètre jusqu'à l'albumen.

La faculté germinative des semences ne se conserve pas indéfiniment. Elle décroît en raison de l'âge de la graine et finit par disparaître complètement après un temps variable selon les espèces. Les graines du caféier, de l'angélique, perdent leur aptitude à germer dans l'année qui suit la récolte. Celles du jonc la gardent pendant fort longtemps. Quoi qu'on ait dit de sa persistance chez les céréales, il faut n'accorder qu'une faible créance à la légende qui veut que des grains de blé retiré du tombeau des momies égyptiennes, après un enfouissement de plusieurs milliers d'années, se soient trouvés susceptibles de germer encore. Dans la pratique, on doit toujours donner la préférence aux graines nouvelles sur les vieilles graines.

Nutrition de la plante. — Trois des quatre éléments organiques dont se compose la plante lui sont fournis par l'atmosphère. L'acide carbonique de l'air, absorbé par les feuilles des végétaux, est décomposé par elles; les plantes fixent le carbone dans leurs tissus et laissent dégager l'oxygène, qui retourne à l'atmosphère. (Voir le paragraphe suivant : *Respiration de la plante*). Ce phénomène de nutrition est connu sous le nom de *fonction chlorophyllienne*, parce qu'il est dû à la présence, dans les feuilles des plantes, de la *chlorophylle*, matière verte qui leur donne leur coloration. La chlorophylle ne se développe et n'agit que sous l'influence de la lumière. La fonction chlorophyllienne cesse donc pendant la nuit. Elle ne peut se produire chez les végétaux étiolés, où la matière verte fait défaut, pas plus que chez certaines plantes parasites (champignons), également dépourvues de chlorophylle, et qui ne vivent qu'en puisant à l'intérieur d'autres êtres organisés les éléments nécessaires à leur nutrition.

L'oxygène est apporté au végétal par l'air, par l'eau et par les composés oxygénés puisés dans le sol; l'hydrogène provient de l'eau et de l'ammoniaque fournies par le sol et l'atmosphère.

On admet aujourd'hui l'absorption, longtemps discutée, de l'azote atmosphérique par les végétaux appartenant à la famille des légumineuses, par l'intermédiaire des micro-organismes de leurs nodosités radiculaires. Toutefois, à part cette exception, c'est le sol qui fournit, sous forme de sels minéraux, l'azote nécessaire aux plantes.

Quant aux éléments minéraux, c'est également le sol qui doit en pourvoir la plante. Ils pénètrent dans les jeunes racines à l'état de dissolution dans l'eau, par un phénomène d'*endosmose* ou *dialyse*, c'est-à-dire par un échange de liquides de densités différentes entre le sol et la cellule végétale.

Lorsqu'une membrane organique, animale ou végétale, se trouve interposée entre deux liquides inégalement chargés de principes solubles, il s'établit à travers cette membrane deux courants inverses : l'un du liquide le plus dense vers le liquide le moins dense, l'autre du liquide le moins dense vers le liquide le plus dense, jusqu'au moment où, grâce à ces échanges successifs, les solutions ont atteint le même titre. Or, l'eau que renferme le sol est généralement plus riche en substances minérales dissoutes que celle qui circule à l'intérieur du végétal : car cette dernière s'est débarrassée, au profit des différentes parties de la plante, des matières qu'elle tenait en dissolution. On comprend donc aisément qu'il puisse s'établir, au début, des échanges osmotiques entre ces deux milieux, et que ces échanges soient, en ce qui concerne les matières minérales utiles, tout à l'avantage du végétal. Mais l'équilibre de densité dont nous parlions n'est jamais obtenu, parce que, d'une part, le liquide entré dans la plante, d'abord *sève ascendante*, subit à son tour une concentration pour devenir *sève élaborée*, qui redescend jusqu'aux racines, en fournissant, sur son parcours, aux besoins de toutes les parties du végétal, et que, d'autre part, les mouvements continuels de l'eau dans le sol renouvellent constamment celle qui se trouve au contact des radicelles. Les échanges d'où résultent la nutrition de la plante se poursuivent donc, par l'intermédiaire d'une même racine, aussi longtemps que les tissus de celle-ci ne sont pas devenus imperméables par suite de la formation d'une couche de liège. Les jeunes radicelles, celles qui forment le chevelu des plantes, sont les seules qui, par leurs poils, absorbent les sucs nourriciers : il faut donc en favoriser par tous les moyens possibles la multiplication. Les jardiniers y parviennent en tronquant l'extrémité des racines : il se produit alors de nombreuses racines adventives.

Certains sels insolubles dans l'eau peuvent être absorbés directement par les radicelles des plantes, lesquelles sécrètent un suc acide qui les solubilise. Ce fait est d'une très grande importance en ce qui concerne l'absorption par le végétal de l'acide phosphorique, peu soluble, comme nous l'avons vu.

En résumé, pour que la nutrition de la plante s'effectue dans de bonnes conditions, il faut : 1° que l'éclairement soit suffisant pour permettre à la fonction chlorophyllienne de s'accomplir ; 2° que l'humidité du sol, sans se trouver en excès, soit telle qu'elle favorise la dissolution des éléments minéraux ; 3° enfin que ceux-ci se rencontrent dans le sol dans des proportions satisfaisantes.

Les racines jouissent de la propriété de s'étendre dans le sol à la recherche de l'eau ou des matières salines nécessaires au végétal ; en vertu du phénomène purement physique de l'endosmose, elles absorbent de préférence telle ou telle substance minérale. Cette faculté que semblent avoir les plantes de choisir en quelque sorte leurs aliments est ce qu'on nomme leur *pouvoir électif*.

Respiration de la plante. — La *respiration* des végétaux se traduit, comme celle des animaux, par l'absorption de l'oxygène de l'air et le rejet, dans l'atmosphère, de l'acide carbonique résultant de la combustion des matières organisées. Pendant le jour, cette fonction est masquée par la fonction chlorophyllienne, plus active qu'elle, et qui agit en sens inverse ; pendant la nuit, au contraire, elle subsiste seule. Ce phénomène, mal interprété, a donné lieu à cette croyance erronée, que la plante respire différemment à la lumière et dans l'obscurité. En réalité, ce n'est pas la respiration qui se modifie, c'est la nutrition qui se poursuit ou s'arrête. Non seulement, quand elle est suffisamment éclairée, la plante peut vivre dans une atmosphère confinée, où succomberait l'animal, mais encore elle assainit les milieux où elle se trouve.

Les échanges gazeux avec l'atmosphère se font par toute la partie aérienne de la plante, mais surtout par les feuilles. Ces dernières sont à la fois, en quelque sorte, le poumon et l'estomac du végétal.

Évaporation et transpiration. — Les plantes vivantes *évaporent* à l'air comme les plantes mortes et les corps inertes, lorsqu'elles renferment plus d'eau que l'air ambiant. Ce phénomène est purement physique. Quant à la *transpiration*, certains botanistes la confondent avec l'évaporation, d'autres la considèrent comme un phénomène physiologique. Quoi qu'il en soit, sous l'influence de la lumière et de la chaleur, les plantes excrètent des gouttelettes d'eau, que l'on peut comparer à la sueur des animaux. Cette fonction est intimement liée au développement utile de la plante ; elle permet l'expulsion de l'eau qui remplit ses tissus et qui laisse à ceux-ci les matières salines nécessaires à leur organisation : elle rend ainsi possible l'introduction, par les racines, d'une nouvelle quantité d'eau, avec laquelle pénètrent de nouvelles provisions d'éléments minéraux dissous. Par conséquent, plus elle est active, plus la croissance du végétal est rapide, à la condition toutefois que l'eau ne fasse pas défaut dans le sol. Lorsqu'il en est autrement, la plante, perdant plus d'humidité qu'elle n'en reçoit, ne tarde pas à se faner et meurt, si la sécheresse persiste.

M. Risler, expérimentant à Calèves, près Nyon (Suisse), a constaté que les plantes cultivées évaporaient, en moyenne, pour chaque jour de végétation du 1er avril au 31 juillet, les quantités d'eau suivantes exprimées en millimètres :

Luzerne	de 3,4 à 7
Avoine.	de 2,9 à 4,9
Blé.	de 2,7 à 2,8
Trèfle	2,9
Seigle	2,3
Vigne	0,9
Pommes de terre.	0,7

Le blé peut consommer, pour produire un hectolitre de grains du poids de 80 kilogrammes, plus de 100 000 kilogrammes d'eau. Hâtons-nous de dire que ce chiffre est déduit d'une expérience faite avec une terre relativement pauvre en éléments fertilisants. Plus le sol est riche en engrais, moins la plante doit absorber d'eau pour y trouver la même quantité de substances minérales, et moins elle en absorbe en réalité.

Faisons remarquer ici quel bénéfice on peut tirer de l'irrigation, dans des sols où les engrais, faute d'eau pour les dissoudre, n'exercent aucune influence sur la végétation.

Amélioration des végétaux par la culture. — Variétés. — Améliorer les plantes qu'il cultive, de façon à en obtenir le maximum de produits utiles, tel est le but vers lequel doivent tendre constamment les efforts de l'agriculteur. Les végétaux à l'état naturel ne fournissent qu'une faible quantité de produits de peu de valeur. Ce n'est que par une suite de soins ininterrompus que l'homme est parvenu à transformer les plantes sauvages de telle manière qu'elles pussent répondre à ses besoins. Des siècles ont été nécessaires pour faire de certaines d'entre elles les plantes cultivées que nous connaissons aujourd'hui. Mais, d'un type uniforme, l'homme a tiré, selon les nécessités résultant de son mode d'existence, du climat sous lequel il exerçait son industrie, du sol qu'il exploitait, des formes diverses, des *variétés*, adaptées chacune à des conditions et à des milieux différents. C'est ainsi que l'on connaît actuellement un très grand nombre de variétés de blé, les unes *précoces*, c'est-à-dire parvenant en peu de temps à complète maturité; les autres *tardives*, qui mûrissent lentement; celles-ci qui doivent être semées à l'automne; celles-là qui, redoutant les gelées de l'hiver, ne peuvent l'être qu'au printemps. Il en est dont les épis sont barbus, et d'autres sans barbes; quelques-unes ont une paille longue; d'autres, cultivées sous des climats où règnent des vents violents, doivent posséder un chaume court et rigide, pour présenter plus de résistance à la *verse*. Les blés des pays chauds ont des grains durs; ceux des pays tempérés ou froids, des grains tendres.

Selon leurs aptitudes et leur destination, les betteraves se divisent en variétés potagères, fourragères ou sucrières. On distingue également parmi les pommes de terre des variétés propres à l'alimentation de l'homme et d'autres qui conviennent plus spécialement à l'extraction de la fécule. Un pareil mode de spécialisation se retrouve chez toutes les espèces cultivées.

Le premier soin de l'agriculteur, lorsqu'il veut introduire une plante dans ses champs, est donc d'en choisir la *variété* de telle manière que, répondant au but qu'il se propose d'atteindre, elle s'accommode parfaitement du climat et du sol qu'il lui destine. Cette introduction s'effectuant par la semence, c'est, en définitive, sur la semence que son choix doit s'exercer.

Modes de reproduction des végétaux cultivés. — La plupart de nos végétaux cultivés se reproduisent par graines : tel est le cas des céréales, des légumineuses, des crucifères, etc. Il en est, toutefois, qu'on a coutume de multiplier par fragments de la tige ou des rameaux, — de ce nombre est la vigne, — ou par portions de racines (tel est le houblon). On plante le tubercule de la pomme de terre, on en sème rarement la graine. Ces derniers modes de multiplication sont employés pour gagner du temps en avançant la récolte d'une ou de plusieurs années, ou pour des végétaux ne donnant pas de graines fertiles. Le terme de *semences*, dans son acception la plus large, peut s'appliquer aussi bien aux boutures qu'aux graines, aux bulbes, aux tubercules, etc. Il désigne, en général, toute portion du végétal apte à reproduire, par la mise en terre, un végétal semblable à celui qui lui a donné naissance.

Se procurer des semences améliorées par d'autres, lors même que ces semences seraient d'un prix élevé, constitue généralement pour le cultivateur une opération fructueuse. Mais combien il est plus avantageux encore pour lui de réaliser lui-même cette amélioration, qu'un peu de savoir le met si facilement en mesure d'obtenir. Le premier bénéfice qu'il en tire est la certitude de posséder ainsi des semences d'espèces acclimatées; lorsqu'il se les procure au dehors, au contraire, rien ne lui garantit une semblable condition. Il évite, en outre, de cette façon, un débours parfois considérable.

Méthodes d'amélioration : sélection et hybridation. — Il existe deux moyens d'atteindre cette amélioration : la *sélection* et l'*hybridation*. *Sélection* signifie *choix*. Sélectionner les semences, c'est donc les choisir. On a signalé bien des méthodes de sélection : choix des semences sur telle ou telle tige, en tel ou tel point de l'inflorescence, etc.; pour nous, nous n'en indiquerons qu'une seule, car elle résume toutes les autres. Lorsqu'il s'agit de graines, le cultivateur devra toujours donner la préférence aux plus grosses et aux plus lourdes. Celles-ci, capables de mieux nourrir le jeune végétal durant la germination, donneront naissance à des plantes plus vigoureuses et, par suite, plus susceptibles de fournir une récolte abondante. Ces grosses graines seront aisément séparées des autres par le criblage.

Si l'on veut, d'autre part, obtenir des végétaux possédant

une qualité déterminée, *précocité*, *rusticité*, etc., il faut toujours choisir les semences provenant des plantes possédant au plus haut degré cette propriété.

Quant aux boutures, aux tubercules, etc., d'autres considérations doivent intervenir dans leur choix comme semences. Nous en parlerons à propos de chacune des cultures spéciales pour lesquelles on les emploie.

L'*hybridation* est le mariage de deux variétés dans le but d'en obtenir une troisième jouissant à la fois des aptitudes des deux autres. Elle consiste à féconder une fleur, — à laquelle on n'a laissé que des organes femelles, — par le pollen d'une fleur de l'espèce choisie comme père. Cette opération délicate doit être laissée aux spécialistes. Presque toujours il y a lieu de conseiller au cultivateur de lui préférer la sélection des semences, opération simple et pratique, dont le résultat est beaucoup plus certain. Cette dernière, appliquée avec esprit de suite aux bonnes variétés locales, constitue en résumé le meilleur moyen d'obtenir des plantes répondant parfaitement aux besoins de la culture.

Règles à suivre pour l'achat des semences. — Confier au sol de mauvaises semences, c'est rendre infructueuses les dépenses faites pour l'ameublissement du terrain, pour son amélioration par les engrais, pour les semailles qu'on y effectue, pour le loyer même de la parcelle ensemencée : c'est sacrifier en un mot le bénéfice d'une culture. Trop souvent aussi c'est introduire dans ses terres les germes de plantes nuisibles, dont il sera fort difficile ensuite de se débarrasser. L'agriculteur avisé doit toujours, lorsqu'il achète des semences, exiger du vendeur qu'il lui garantisse sur facture, outre la provenance et la variété, la proportion pour cent des graines de l'espèce annoncée contenues dans le lot fourni et la faculté germinative de celles-ci, c'est-à-dire le taux pour cent de graines susceptibles de germer. Il refusera impitoyablement tous les lots qui renfermeraient des semences de certaines plantes parasites dangereuses : la *cuscute* ou *teigne* pour les trèfles et les luzernes par exemple. Les garanties fournies par le vendeur seront contrôlées par une analyse effectuée dans un des laboratoires spéciaux connus sous le nom de *stations d'essais de semences*. Ces laboratoires jouent, à l'égard des graines, le même rôle que les stations agronomiques à l'égard des engrais. Comme ces dernières, ils dévoilent les fraudes, beaucoup trop fréquentes malheureusement, auxquelles se livrent des commerçants peu scrupuleux, et mettent les agriculteurs à même de les éviter. C'est surtout lorsqu'il s'agit de semences d'un faible volume, de graines fourragères par exemple, difficiles à distinguer et à séparer les unes des autres, que leur intervention est nécessaire. Les échantillons à leur faire parvenir doivent être prélevés en suivant des règles analogues à celles que nous avons indiquées au sujet des engrais.

En ce qui concerne la faculté germinative des semences volumineuses, le cultivateur peut la déterminer approximativement lui-même en en faisant germer un certain nombre entre deux morceaux de flanelle ou de papier buvard maintenus constamment humides dans une salle chauffée à la température de 15 ou 20 degrés centigrades.

CHAPITRE XIX.

CULTURES SPÉCIALES.

CÉRÉALES.

Nomenclature des céréales. — Le Blé. — Classification des blés. — Préparation du sol. — Fumures. — Semailles. — Cultures d'entretien. — Maladies du blé. — Moisson. — Battage. — Nettoyage et conservation du grain. — Utilisation du blé.

Nomenclature des céréales. — On comprend sous la dénomination de *céréales* diverses plantes qui produisent des graines servant à la nourriture de l'homme et des animaux.

Les céréales les plus importantes sont : le *blé* ou *froment*, le *seigle*, l'*orge*, l'*avoine*, le *maïs*, le *riz*, le *millet* et le *sarrasin*. Cette dernière plante appartient à la famille botanique des Polygonées; toutes les autres sont des Graminées.

La culture des céréales occupe actuellement en France une superficie d'environ 15 millions d'hectares, soit plus de 29 pour 100 de notre territoire total. Sur cette étendue, 7 millions d'hectares sont consacrés au blé, 3 700 000 à l'avoine, 1 700 000 au seigle et 1 million à l'orge.

Le Blé.

Classification des blés. — Le genre botanique *Triticum*, auquel appartient le froment, renferme un grand nombre d'espèces, parmi lesquelles plusieurs ne présentent aucune utilité; exemple : le chiendent. Toutes les variétés cultivées se rattachent aux sept espèces dont nous indiquons ci-dessous les principaux caractères :

Le **Froment commun** ou **Blé tendre** (*Triticum sativum*) (*fig.* 20) est le plus répandu. Sa paille est creuse; son grain, oblong ou ovale, présente, lorsqu'on le brise, un aspect farineux. Certaines variétés possèdent des barbes; d'autres en sont dépourvues.

Le **Blé dur** (*Triticum durum*) est à paille pleine; ses grains, petits et pointus, sont durs, à cassure vitreuse, cornée. Toutes les variétés en sont barbues. C'est par excellence le blé des pays chauds. Riche en gluten, il est recherché pour la fabrication des pâtes alimentaires.

Le **Blé Poulard** (*Triticum turgidum*) (*fig.* 21) a la paille pleine, le grain renflé, bossu; ses épis sont toujours barbus.

Le **Blé de Pologne** (*Triticum Polonicum*) se rapproche beaucoup du blé dur, auquel on le rattache parfois. Le grain en est plus volumineux.

Ces quatre espèces sont *à grain nu*, c'est-à-dire que, par le battage, la balle se sépare aisément du grain. Dans les trois suivantes, au contraire, l'axe de l'épi se brise au battage en fragments correspondant à chaque épillet, et la balle reste adhérente au grain; elles sont dites, pour cette raison, *à grain vêtu*.

L'**Epeautre** (*Triticum spelta*) (*fig.* 22) possède une paille creuse; ses épis, longs et minces, portent des épillets très écartés les uns des autres.

L'**Amidonnier** (*Triticum amyleum*) est une sorte d'épeautre à épillets plus rapprochés. Il doit son nom à ce que son grain est fréquemment employé pour la préparation de l'amidon.

L'**Engrain** (*Triticum monococcum* (*fig.* 23) n'a généralement qu'un grain par épillet.

L'épeautre, l'amidonnier et l'engrain, peu productifs, doivent être réservés aux terres pauvres, dans lesquelles les autres blés ne peuvent réussir.

Chacune des espèces que nous venons d'énumérer comprend plusieurs variétés, caractérisées par l'époque à laquelle

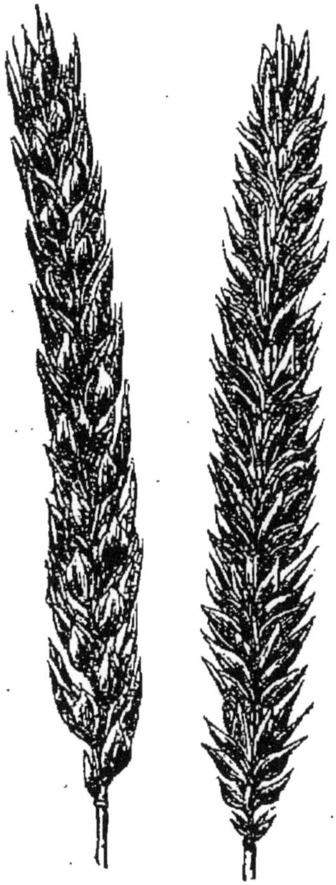

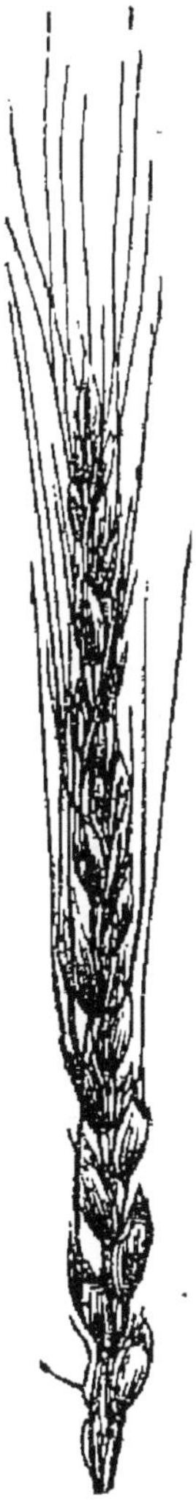

Fig. 20. — Blé tendre.

Fig. 21. — Blé Poulard.

Fig. 22. — Epeautre.

il convient de les semer, par la présence ou l'absence de barbes, par la couleur de l'épi, celle du grain, etc. Citons quelques-unes des variétés les plus estimées en France.

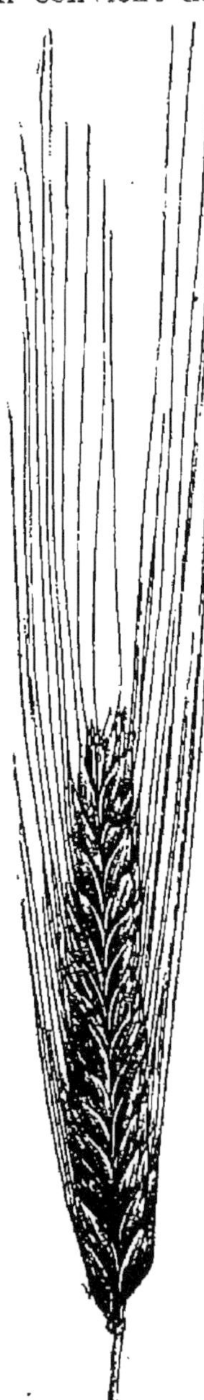
Fig. 23. — Engrain.

Blés tendres. — *D'automne.* — Blanc de Flandre, Victoria blanc, Chiddam, Hunter, Roseau, Richelle de Naples, blanc de Mareuil, de Crépi, de Noé, de Saumur d'automne, à épi carré, de Hallett, Rouge d'Écosse, Spalding, Prince Albert, de Bordeaux, de Saint-Laud, Browick, Dattel, Lamed, blé seigle.

De printemps. — De Saumur de mars, de mars rouge sans barbes, de mars rouge barbu, Hérisson, Victoria de mars, etc.

Blés durs. — Trimenia de Sicile, de Xérès, Belotourka, de Médéah.

Blés Poulards. — Pétanielle blanche, Pétanielle noire, Nonette de Lausanne, Poulard d'Australie, Rivet. Le blé de Miracle, poulard à épi composé, autour duquel on a fait jadis un certain bruit, n'est pas une variété recommandable.

Épeautres. — Épeautre blanc sans barbes, Épeautre blanc barbu, Épeautre noir barbu.

Amidonniers. — Amidonnier blanc, Amidonnier noir.

Engrains. — Engrain commun, Engrain double.

Chaque jour, de nouvelles variétés de blé, obtenues par le croisement ou la sélection, viennent s'ajouter à la liste fort longue de celles que nous connaissons.

Préparation du sol. — Fumures. — Les terres qui conviennent le mieux au blé sont les terres de consistance moyenne. Il se plaît dans les limons (Beauce, pays de Caux, etc.), et surtout dans les terres argilo-calcaires profondes. Mais il n'aime pas les terres *creuses*, *discontinues* : sols tourbeux, gazons ou bois récemment défrichés, etc. Dans les sols légers, siliceux ou calcaires, généralement trop secs, il ne donne que de faibles rendements. Dans les terres très argileuses, à sous-sol imperméable il souffre, au contraire, de l'excès d'humidité.

Dans la rotation des cultures, il est bon de faire succéder le blé aux plantes sarclées ou aux fourrages verts. Ces récoltes laissent une terre nette de mauvaises herbes et bien engraissée par les fortes fumures qu'on leur applique, c'est-à-dire parfaitement préparée à la culture des céréales. Il peut suivre également une jachère fumée. En aucun cas, il ne doit succéder à un autre blé.

On ameublit le sol et on le débarrasse de toute végétation adventice par un ou deux labours suivis de hersages. Dans les terres légères, un roulage est toujours utile : il comprime le sol et l'empêche de rester *creux*. Le dernier labour doit être donné au sol quinze jours ou trois semaines avant les semailles ; il est bon que le sol soit *rassis* lorsqu'on y dépose le grain, afin que celui-ci y trouve une assiette solide. Les semis d'automne sur terres motteuses sont recommandables ; les mottes se divisent durant l'hiver sous l'influence des gelées. Les terres trop meubles ne conviennent pas au blé.

On a rarement coutume d'appliquer directement le fumier de ferme à la sole de blé ; c'est la culture qui précède qui le reçoit. On a constaté, en effet, que le fumier pousse au développement de la végétation herbacée, au détriment de la production du grain, et que, d'autre part, il ne permet pas aux tiges d'acquérir la rigidité nécessaire pour résister à la *verse*. Cependant aujourd'hui l'on fume parfois directement le blé à petite dose en ajoutant des phosphates au fumier. Par contre, l'emploi des engrais chimiques avant les semailles, pour compléter la fumure, est presque toujours à conseiller. C'est l'acide phosphorique qui fait le plus souvent défaut : ce sont donc les phosphates qui exercent généralement l'action la plus favorable. On les répand à l'automne, en même temps que les engrais potassiques et le sulfate d'ammoniaque, si l'on a reconnu l'utilité de ces derniers. Quand, au printemps, la végétation du blé est chétive, languissante, on doit avoir recours, pour la stimuler, pour lui donner en quelque sorte un coup de fouet, aux engrais azotés à action rapide : nitrate de soude, sels ammoniacaux, etc., que l'on sème en couverture.

Semailles. — Les grains de blé qui ont été récoltés à parfaite maturité et conservés en lieu sec sont ceux que l'on doit de préférence employer comme semences. Tout ce que nous avons dit précédemment au sujet du choix des semences s'applique au blé : nous ne reviendrons donc pas ici sur cette question.

Avant de semer le blé, il convient de le sulfater, pour détruire les germes de carie qui peuvent adhérer aux grains. Le *sulfatage* ou *vitriolage* consiste à plonger le blé dans une solution à 1/2 pour 100 de sulfate de cuivre (vitriol bleu) dans l'eau. On le laisse ensuite égoutter, puis on le saupoudre de chaux éteinte. L'opération doit se faire la veille du jour où l'on sème, pour éviter un commencement de germination en tas. L'absorption de liquide fait augmenter de 20 à 25 pour 100 le volume du grain ; il faut tenir compte de cette augmentation dans la quantité de blé à semer à l'hectare.

Les blés d'automne doivent être semés de préférence à la fin de septembre ou dans le courant d'octobre. Les semis tardifs réussissent mal, la plante ne pouvant acquérir avant l'hiver une vigueur suffisante. Quant aux blés de printemps, c'est en février ou mars, rarement en avril, qu'on les sème ; confiés au sol à une époque plus avancée, dans la plupart des régions de la France, ils ne parviendraient pas à complète maturité. En règle générale, il ne faut jamais craindre de semer trop tôt. D'ailleurs, les semailles trop hâtives sont ordinairement impossibles, soit parce que la récolte précédente occupe encore le sol, soit parce que la sécheresse ou les gelées empêchent de labourer.

Les semailles *à la volée* se font à la main. L'ouvrier qui les exécute doit répandre la semence aussi uniformément que possible. On la recouvre ensuite à l'aide d'un hersage ou d'un coup de scarificateur. C'est ce que l'on appelle semer *sous herse*. La semaille *sous raie*, qu'on exécute en projetant la semence dans la raie que vient d'ouvrir la charrue, est peu recommandable, en raison du temps qu'elle exige. En outre, elle a l'inconvénient d'enterrer trop profondément les grains. Le blé ne doit pas être semé à une profondeur dépassant 5 à 6 centimètres dans les terres fortes et 10 à 12 dans les terres légères.

C'est avec le semoir que l'on effectue les semailles *en lignes*.

Le *semoir mécanique* (*fig.* 24) se compose d'une caisse en bois divisée en deux parties. Dans la partie supérieure, formant trémie, sont placées les graines à semer; elles tombent dans un compartiment inférieur en passant sous de petites vannes qu'on ouvre plus ou moins. Dans cette dernière caisse tourne, avec une vitesse réglable à volonté, un axe mû au moyen d'un système d'engrenages commandé par les roues porteuses du semoir. Cet axe, qui va d'un bout à l'autre de la caisse, porte, de distance en distance, des disques sur lesquels sont placées des cuillers, soit dans le prolongement des rayons, soit perpendiculairement à la surface du disque, et, par suite, dans une position horizon-

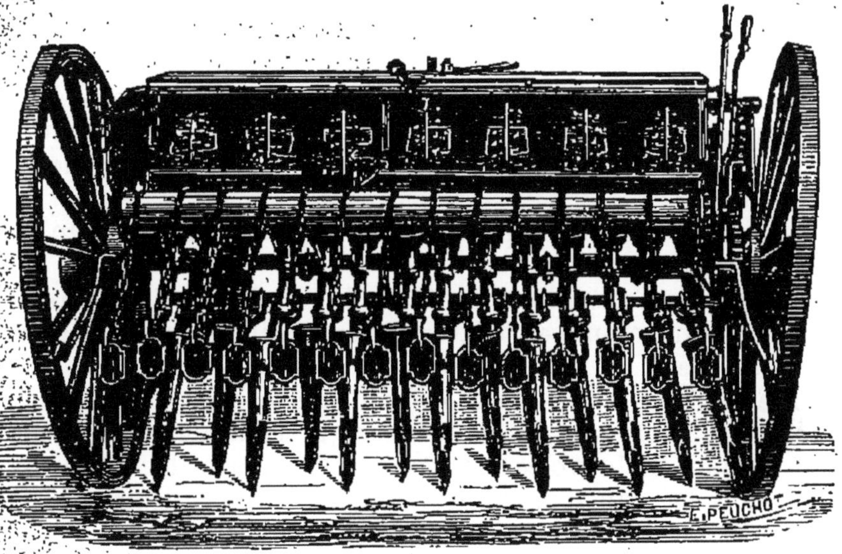

Fig. 24. — Semoir.

tale. La graine, prise par ces cuillers, est versée, au fur et à mesure que l'axe tourne, dans un entonnoir disposé à cet effet à côté du disque. Au lieu de disques munis de cuillers, on emploie également beaucoup d'autres systèmes : c'est ainsi que l'axe est parfois muni de petites roues creusées, à la périphérie, de cavités ou alvéoles plus ou moins grandes (roues alvéolaires); de palettes, qui poussent la semence dans des orifices qu'on obstrue plus ou moins complètement suivant la grosseur des grains et la quantité nécessaire au semis. Quelquefois ce sont des brosses circulaires qui sont chargées de répartir les semences.

Quoi qu'il en soit, nous supposerons la graine versée en quantité déterminée dans des tubes qui la conduisent en terre, au fond des sillons tracés par les socs dans lesquels elle tombe.

Ces tubes, composés de plusieurs morceaux emboîtés l'un dans l'autre, s'allongent à volonté; grâce à un levier muni d'un contrepoids, ils peuvent être soulevés pour le déterrage ou bien lorsqu'ils rencontrent un obstacle. Enfin, l'écartement de deux tubes voisins peut être modifié au gré du semeur, ce qui permet d'espacer convenablement les lignes de semis. L'écartement le plus convenable varie entre 15 et 20 centimètres.

Les semoirs mécaniques sont souvent reliés à un avant-train portant une grande barre transversale, de sorte que le conducteur, agissant sur l'une des poignées placées à chaque extrémité de la barre, peut empêcher toute déviation de l'instrument. Les bons semoirs recouvrent eux-mêmes la semence.

Dans les petites exploitations, on peut faire usage du semoir à brouette.

Rapidité d'exécution du travail, régularité du semis en profondeur comme en écartement, possibilité de débarrasser aisément les cultures des mauvaises herbes par le passage entre les lignes de la *houe à cheval*, enfin économie de semence : tels sont les avantages qui résultent de l'emploi du semoir. A la volée, on sème par hectare de 200 à 250 litres de blé; au semoir, de 100 à 150 litres seulement.

Cultures d'entretien du blé. — Les *cultures d'entretien* du blé commencent en mars, alors que la végétation est partie. Elles ont pour but d'ameublir et de nettoyer la couche arable.

Si le sol est compact, entrecoupé de fissures produites par le retrait des terres, s'il est couvert d'une croûte dure, il conviendra d'effectuer un hersage énergique, *en accrochant*, avec une herse à dents de fer. Il ne faut pas craindre que cette opération nuise au jeune froment; il ne repartira que plus vigoureusement ensuite. Elle aura, d'ailleurs, pour effet de détruire les mauvaises herbes levées avec le blé.

Le hersage pourra être avantageusement suivi d'un roulage, qui favorisera le *tallage* du blé, c'est-à-dire, grâce à l'accumulation de la sève au collet de la plante, l'émission d'un certain nombre de tiges secondaires. Dans les terres légères, où les blés se déchaussent facilement, on évitera de herser; mais il faudra procéder de suite au roulage, qui tassera le sol autour des racines.

Les binages que l'on exécute dans le but de détruire les herbes adventices et d'ameublir la couche superficielle du sol sont impossibles à la machine sur des terres où la semaille a été faite à la volée. Quant aux blés semés en ligne, ils peuvent être binés soit à la main, à l'aide de la rasette, soit à la *houe à cheval*. Ce dernier instrument est formé d'un bâti monté sur roues portant plusieurs séries de lames verticales recourbées à leur partie inférieure. On peut faire varier l'écartement de ces lames de telle façon qu'en guidant convenablement la houe, tous les couteaux passent entre les lignes sans toucher au blé et coupent un peu au-dessous de la surface du sol toutes les plantes placées dans l'intervalle.

La bineuse Garrett est une houe à cheval perfectionnée.

En mai ou juin, on fait enlever à la main les plantes adventices qui auraient échappé aux précédents binages. Celles que l'on rencontre le plus communément sont : les *chardons*, les *ivraies*, le *bleuet*, le *coquelicot*, la *nielle des blés*, le *mélampyre des champs*, etc.

Maladies du blé. — Nombreuses sont les maladies du blé causées par les cryptogames qui vivent en parasites sur cette plante. Citons la **rouille**, due au développement du *Puccinia graminis* ou du *Puccinia straminis*, espèces voisines qui forment sur les jeunes feuilles des céréales des taches jaunes ou brunes, auxquelles, plus tard, se substituent des pustules poudreuses, jaunes d'or. Le blé Poulard, l'épeautre, le blé de Pologne, sont les espèces qui résistent le mieux à la rouille.

La **carie** (*Tilletia caries*) remplit la pellicule du grain de blé d'une masse de poussière noire à odeur fétide de marée. C'est également en une poussière noire que le **charbon** (*Ustilago carbo*) transforme le grain des céréales ; mais cette poussière est sans odeur et s'échappe d'elle-même sans qu'on écrase le grain.

Le **piétin ou maladie du pied** est attribué au développement de l'*Ophiobolus graminis*, cryptogame qui exerce surtout ses ravages au collet des céréales.

L'**ergot** (*Claviceps purpurea*) s'attache plus spécialement au seigle. Toutefois le blé n'en est pas complètement indemne. Sur les épis atteints de cette maladie, le grain est remplacé par une masse d'un brun violacé, qui jouit de propriétés toxiques parfaitement reconnues.

On n'a trouvé, jusqu'à présent, aucun remède pratique à employer contre ces diverses maladies. On ne peut que les prévenir en détruisant par le sulfatage les spores ou germes des cryptogames fixés aux semences, en évitant d'introduire ces spores dans les cultures avec les fumiers ou de toute autre manière, et en donnant au blé les meilleurs soins de culture.

La **nielle** est due à des anguillules qui vivent à l'intérieur de la tige des céréales et transforment le grain en une substance sans valeur alimentaire.

Les influences atmosphériques exercent parfois sur les céréales une action nuisible, qui se traduit différemment selon les cas. Lorsqu'il survient, pendant la période de la floraison, des froids subits ou des pluies prolongées, la température n'est plus assez élevée pour que la fécondation puisse se produire; les fleurs *coulent*, et les épillets restent vides. Il en résulte une diminution sensible dans la récolte en grain. Pour parer à ce danger, il est avantageux de semer ensemble plusieurs variétés de blé dont l'époque de floraison est différente: de cette façon, si l'une est atteinte par la coulure, les autres ont des chances d'y échapper, le rendement est ainsi plus régulier et plus certain.

Un vent sec et brûlant survenant quelque temps après la floraison arrête le développement du grain, qui reste petit et léger. On dit qu'il est *échaudé*. Les blés d'origine septentrionale que l'on transporte sous les climats méridionaux y sont très sujets à l'échaudage.

Enfin, sous l'action de vents violents, surtout accompagnés de pluie, les céréales peuvent être couchées par terre; elles *versent*. L'insuffisance de l'éclairement, ayant pour conséquence une mauvaise nutrition du végétal, rend ce dernier plus sensible à la verse. Les céréales semées en lignes y résistent mieux, parce qu'elles reçoivent plus de lumière pendant le cours de leur végétation. La verse a pour effet de mettre obstacle à la parfaite maturation des céréales et d'occasionner une notable diminution de récolte. Des semis clairs, l'emploi de variétés précoces, à paille courte, un bon équilibre entre les engrais azotés, phosphatés et potassiques fournis au sol permettent d'éviter cet accident.

Moisson. — La maturité des céréales se traduit extérieurement par le jaunissement des tiges. Il convient d'effectuer la *moisson* du blé quand le grain, résistant déjà, se laisse cependant encore couper avec l'ongle; si l'on attendait davantage, beaucoup d'épis s'égrèneraient, et la récolte se trouverait diminuée d'autant. Le seul cas où il y ait lieu de ne moissonner que quand la maturité se trouve complète, c'est lorsqu'on veut obtenir du blé de semence.

On coupe le blé soit à la main, soit à la machine. Quand on moissonne à la main, on fait emploi de divers instruments. Parmi ceux-ci, la *faux* est le plus répandu. Elle se compose d'une lame d'acier de faible épaisseur, légèrement recourbée à son extrémité et fixée à un manche en bois d'une longueur suffisante pour que l'ouvrier puisse travailler debout. La faux est *armée* d'une sorte de rateau en baguettes courbes, à l'aide duquel on maintient les tiges coupées, que l'on dépose ensuite sur le sol en lignes parallèles. Ces lignes portent le nom d'*andains*.

La *faucille* est formée d'une lame d'acier fixée à une poignée de bois et affectant la forme d'un croissant. Elle est tantôt unie, tantôt finement dentée. Le moissonneur saisit de la main gauche une poignée de tiges, qu'il coupe à la base. La réunion de plusieurs de ces poignées constitue une *javelle*.

Le *volant* est une grande faucille. Quand à la *sape*, c'est une petite faux à manche court dont les moissonneurs flamands font généralement usage. Ils se servent alors, pour former la javelle, d'un crochet, qu'ils tiennent de la main gauche. La faucille, le volant et la sape sont d'un bon emploi dans les blés versés.

Dans les exploitations d'une certaine importance, on a presque toujours avantage aujourd'hui à remplacer par la machine les travailleurs armés de ces divers instruments. Nous décrirons simultanément ici la *faucheuse*, qui sert à la coupe des foins, et la *moissonneuse* (*fig.* 25), destinée à la coupe des céréales, ces deux appareils reposant sur le même principe.

L'organe essentiel de la faucheuse ou de la moissonneuse mécanique est une lame de scie à dents isocèles, qui glisse dans une rainure pratiquée dans une barre d'acier appelée *porte-lame;* sur ce porte-lame sont fixés des sortes de doigts métalliques ou *gardes*. La lame mobile est animée d'un mouvement alternatif de va-et-vient, que lui communique l'une des roues motrices ou l'axe principal, par l'intermédiaire d'engrenages, de telle sorte que, pour chaque mètre parcouru par l'attelage, on obtient 5 ou 6 coups de scie, aller et retour, s'il s'agit d'une moissonneuse, et 7 ou 8 coups s'il s'agit d'une faucheuse. En marche, les tiges végétales sont prises entre les gardes fixes, qui forment peigne, et les dents de la scie; elles sont facilement coupées.

Le porte-lame est maintenu à son extrémité libre par une petite roue porteuse et peut être fixé horizontalement à telle hauteur que l'on veut. On le relève suivant une verticale lorsqu'il s'agit de passer sur un obstacle ou de rendre la machine moins encombrante pour le transport.

Fig. 25. — Moissonneuse.

Un levier ou une pédale de débrayage sert à isoler les engrenages de la roue qui les commande et permet ainsi d'interrompre le mouvement de la scie à la volonté du conducteur.

Telle est, simplifiée, la composition des faucheuses.

Quant aux moissonneuses, elles ont, en outre, quelques parties qui leur sont propres. Dans certaines de ces machines, les tiges coupées sont disposées en andains à la main; dans les autres, la mise en andains se fait à l'aide de râteaux automatiques.

Les moissonneuses à râteau à main portent derrière la scie une claire-voie rectangulaire mobile qui peut s'abaisser à volonté. L'ouvrier qui tient le râteau, et qui doit former les javelles, est assis sur un siège placé à côté de celui du conducteur; de son râteau à manche oblique, il pousse les tiges contre la scie; quand la javelle est assez forte, il fait basculer la claire-voie, et les tiges restent sur le sol.

Les moissonneuses à râteaux automatiques ont une seule roue, porteuse et motrice. En arrière du porte-lame se trouve un tablier horizontal en forme de quadrant de cercle. Des râteaux automatiques, animés d'un mouvement circulaire, se meuvent au-dessus du tablier; ceux dits *rabatteurs* appuient les céréales contre la scie. Lorsqu'il y a une botte suffisante sur le tablier, un râteau *javeleur* passe, pousse la javelle en arrière et la fait tomber sur le sol en dehors du chemin parcouru par la scie, de sorte que la piste se trouve libre sur le passage de l'attelage au tour suivant.

On peut couper en un jour :

Avec la moissonneuse. . .	3 à 4 hectares	de blé.
Avec la faux.	50 à 60 ares	—
Avec la sape.	30 à 35 ares	—
Avec la faucille.	15 à 20 ares	—

Les blés coupés doivent être laissés quelque temps sur le champ, afin que leur dessiccation s'achève complètement. On réunit les javelles par deux ou par trois à l'aide d'un lien de paille de seigle, de ficelle et parfois d'écorce de tilleul. On forme ainsi une *gerbe*. Le liage des gerbes se fait le plus généralement encore à la main. Cependant il existe des *moissonneuses-lieuses* qui préparent elles-mêmes la gerbe aussitôt après la coupe.

A l'aide du râteau à main ou du *râteau à cheval*, on ramasse les épis restés sur le sol.

Pour que le blé ne se trouve pas exposé à souffrir des pluies qui peuvent survenir, on dispose les gerbes en *dizeaux* (*fig.* 26). Autour d'une première gerbe on en dresse 8 autres, les épis en l'air, et l'on recouvre le tas ainsi formé d'une dixième gerbe renversée, dont on écarte les épis, et qui forme chapeau. On a donné, par extension, le nom de *dizeaux* à des tas formés de la même façon avec 12 ou 15 gerbes. On peut aussi donner aux tas une forme prismatique, en plaçant deux gerbes sur le sol, les épis de l'une appuyés contre ceux de l'autre; sur celles-là on en met d'autres en travers.

Fig. 26. — Dizeau.

Les *moyettes* se rapprochent des dizeaux. On forme la *moyette picarde* en plaçant, par couches horizontales circulaires, les épis au centre, un certain nombre de javelles, et en recouvrant le tas ainsi obtenu d'une forte gerbe servant de chapeau. Quant à la *moyette flamande*, c'est un tas arrondi et conique de javelles disposées verticalement; elle est également surmontée d'une grosse gerbe renversée.

Quand les blés sont suffisamment secs, on les met à l'abri sous un hangar ou dans une grange, ou bien on en forme des meules. Ces dernières sont établies soit dans les champs soit dans les cours de ferme. On leur donne une forme circulaire ou une forme rectangulaire, en plaçant les gerbes par lits superposés, les épis à l'intérieur de la meule. Celle-ci se termine en pointe ou en toit; on la revêt d'une couverture de paille fixée par des piquets. Les meules doivent toujours être placées sur un terrain sec, et jamais dans une dépression où les eaux puissent s'accumuler; afin de mettre plus complètement leur base à l'abri de l'humidité, on recouvre d'un lit de paille ou de branchages le sol sur lequel on les élèvera.

Battage. — Pour détacher le grain de la paille et le débarrasser de ses enveloppes, on soumet les céréales au *battage*.

Le *fléau*, dont l'usage est encore assez commun dans les petites exploitations, se compose de deux pièces de bois :

l'une longue, servant de manche; l'autre courte et dure, rattachée à la première à l'aide de lanières de cuir. Le battage au fléau consiste à frapper avec cet instrument les gerbes étendues sur une aire soigneusement aplanie.

Le *dépiquage* consiste à faire fouler les gerbes par de lourds rouleaux en forme de tronc de cône ou par des animaux, auxquels on fait décrire des courbes formant rosace. Ce mode de battage appartient surtout à la culture méridionale.

Ces deux procédés, lents et coûteux, le dernier surtout, sont presque complètement abandonnés aujourd'hui dans les exploitations de quelque importance. On leur substitue le battage à la machine, qui s'opère de la façon suivante.

Les gerbes sont étalées sur la table de la machine et envoyées entre les deux pièces principales, le *batteur* et le *contre-batteur*.

Le batteur est un cylindre à claire-voie dont les génératrices sont des pièces de fer — ou de bois recouvert de tôle d'acier — appelées *battes*. Le contre-batteur est formé d'une portion de cylindre analogue; ses battes regardent celles du batteur, de telle sorte que le grain encore enveloppé, placé entre les battes mobiles du cylindre batteur et les battes fixes du contre-batteur, reçoit des chocs qui le chassent de ses enveloppes à la façon du noyau de cerise pressé entre les doigts.

Le diamètre du batteur peut varier de $0^m,45$ à $0^m,60$ suivant le système employé; sa vitesse est, en moyenne, de 900 à 1 200 tours à la minute. Quant à sa longueur, elle est d'environ $0^m,70$, s'il s'agit d'une petite batteuse qui bat *en bout*, c'est-à-dire dans laquelle la paille passe perpendiculairement à l'axe du batteur; elle atteint, au contraire, quelquefois 2 mètres dans les grandes batteuses *en travers*, où la paille passe parallèlement à l'axe du batteur, ce qui lui permet de sortir presque intacte.

Pour éviter que les corps étrangers qui s'introduisent avec la paille n'abîment la machine, on monte le contre-batteur sur ressorts, afin qu'il s'écarte automatiquement du batteur quand cela est nécessaire. L'écartement habituel se règle à volonté suivant la grosseur de la graine à battre : s'il est trop grand, le battage se fait plus vite, mais il y a des grains qui restent intacts; s'il est trop petit, les grains se brisent, et les battes s'usent.

Au sortir du battage proprement dit, la paille entraîne

avec elle des grains déjà isolés : c'est pourquoi on la fait arriver sur un *secoueur*, qui a pour but, en la remuant, de laisser tomber ces grains, qui iront rejoindre ceux qui ont passé au travers du contre-batteur.

Le secoueur est le plus souvent formé de traverses en bois articulées à l'une de leurs extrémités sur un arbre coudé en vilebrequin, l'autre extrémité restant mobile; les coudes se trouvent alternativement, pour deux traverses voisines, au-dessus et au-dessous de l'axe, de telle sorte que, lorsque cet arbre coudé tourne, la paille est secouée et entraînée tout à la fois hors de l'appareil.

Telle est la constitution de la machine à battre simple. On dit que la batteuse est *complète* quand, en outre du secouage de la paille, elle soumet le grain à un premier nettoyage au moyen d'un tarare.

Dans les batteuses dites *à grand travail*, perfectionnées, on ajoute un trieur; ce qui permet de livrer le grain au commerce immédiatement au sortir de la batteuse.

On complète même quelquefois ces machines en les munissant : d'une *engreneuse mécanique*, chargée d'introduire automatiquement la quantité de paille voulue entre le batteur et le contre-batteur; d'une *lieuse* ou *botteleuse mécanique*, ou bien d'un *élévateur de paille*, formé d'un conduit de bois dans lequel se meuvent des dents de fourche, fixées sur des courroies sans fin actionnées par un tambour inférieur; les dents entraînent la paille qu'elles reçoivent au sortir de la machine. Plus le couloir se rapproche de la verticale, plus la paille se trouve élevée, de sorte que la confection du pailler est rendue facile. Les élévateurs de fourrages sont tout à fait analogues.

Il existe de petites machines à battre à bras ou à manège, peu coûteuses et d'un emploi avantageux. D'ailleurs, partout, aujourd'hui, des entrepreneurs spéciaux passent dans les campagnes avec leurs machines et battent les céréales moyennant une redevance, variant de 40 à 60 centimes par hectolitre ou de 4 à 6 francs par heure de marche. Le prix de revient du dépiquage ou du battage au fléau n'est pas inférieur à 1 fr. 50 ou 2 francs par hectolitre.

Le battage *à la poignée* consiste à frapper sur le bord d'un tonneau défoncé ou sur une claie les céréales prises par poignées successives. Cette méthode n'est employée que très rarement, lorsqu'il s'agit, par exemple, d'obtenir de faibles quantités de grains de semences ou lorsqu'on veut une paille exempte de brisures.

Nettoyage et conservation du grain. — Le grain, une fois battu, doit être séparé des graines étrangères et des matières inertes qui s'y trouvent mélangées. Le vannage a pour objet de le débarrasser des poussières et des balles. On l'effectue parfois encore à l'aide du *van*, sorte de grande corbeille plate en osier. Presque partout, cependant, on a définitivement substitué au van un appareil qui lui est bien supérieur, le *tarare*, et l'on achève l'épuration du grain par le passage au trieur.

Le *tarare* (*fig.* 27) est basé sur ce principe, que, si l'on pro-

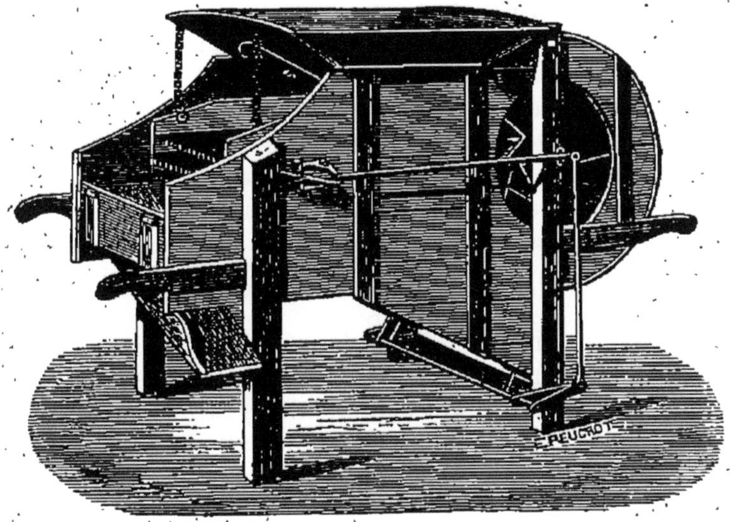

Fig. 27. — Tarare.

jette le grain contenant des poussières, des petits cailloux, des fragments de paille, des balles, etc., dans un courant d'air énergique, les matières lourdes sont portées à une moindre distance que les matières légères. Il s'opère une classification de ces matières par ordre de densité.

Le grain s'échappe en quantité déterminée d'une trémie supérieure, sur des grilles animées d'un mouvement saccadé de va-et-vient; celles-ci sont destinées à donner plus de prise au courant d'air produit par le ventilateur, en ralentissant la chute et en disséminant la matière sur une plus grande surface. Le *ventilateur* consiste simplement en palettes de bois calées sur un axe horizontal plus ou moins obliquement par rapport aux rayons. L'air s'introduit par le centre et se trouve chassé par la force centrifuge dans un conduit latéral.

Pour séparer du grain les matières lourdes, telles que les pierres, on se sert d'instruments spéciaux appelés *épierreurs*, construits sur le principe du van dont on se servait jadis.

Les *trieurs* sont destinés à classer mécaniquement les grains en catégories de grosseurs différentes.

On peut les diviser en *cribleurs* et en *trieurs alvéolaires*.

Parmi les cribleurs, quelques-uns sont formés de plaques percées de trous de diverses formes et de diverses grandeurs ; ces plaques sont fixes et obliques ou horizontales et animées d'un mouvement alternatif. Dans d'autres cribleurs, plus perfectionnés (cribleurs Pernollet), elles sont enroulées et adaptées bout à bout sur un bâti cylindrique dont l'axe est un peu incliné sur l'horizontale. Le grain et les impuretés tombent d'une trémie dans la partie supérieure du cylindre, et le mouvement de rotation, en même temps que l'inclinaison de ce cylindre, fait que les différentes matières, tout en cheminant vers la partie inférieure, s'échappent par les trous de la surface dès qu'elles arrivent à une plaque dont les perforations correspondent aux dimensions respectives de ces matières.

Il peut arriver que ces cribleurs laissent passer par des trous ronds des graines longues, qui se présentent par hasard sur leur pointe, ou, inversement, des graines rondes par des trous allongés; les trieurs dont nous allons parler n'offrent pas cet inconvénient.

Les trieurs alvéolaires (trieurs Vachon, Marot, etc.) (*fig.* 28) comportent également l'emploi d'un cylindre, qui peut être animé d'un mouvement de rotation; mais les plaques de zinc recourbées qui en forment la surface ne sont plus percées; elles présentent de petites cavités repoussées dans la feuille de métal et ayant la forme des graines que l'on veut y loger, forme qui varie, bien entendu, avec la partie du cylindre et la plaque que l'on considère.

Les graines passent de la trémie d'abord sur des plaques cribleuses horizontales; puis, étant introduites dans le cylindre, elles cherchent à se loger dans les alvéoles qu'elles recouvrent; celles qui correspondent à ces alvéoles ou sont plus petites se trouvent remontées jusque dans un demi-cylindre, à l'intérieur duquel se meut une vis d'Archimède, qui les conduit dans un deuxième compartiment, où un nouveau triage a lieu; une nouvelle montée de graines, suivie d'un nouvel entraînement par la vis dans un autre compartiment, s'opère, et ainsi de suite. Les graines et les impuretés qui restent dans le premier compartiment s'en échappent par de grands trous percés à son extrémité inférieure; le blé de semence qui n'est pas remonté du second passe dans le troisième compartiment, lequel est formé d'un crible cylindrique, d'où il tombe dans un coffre spécial.

Les grains sont conservés en tas dans des greniers ou

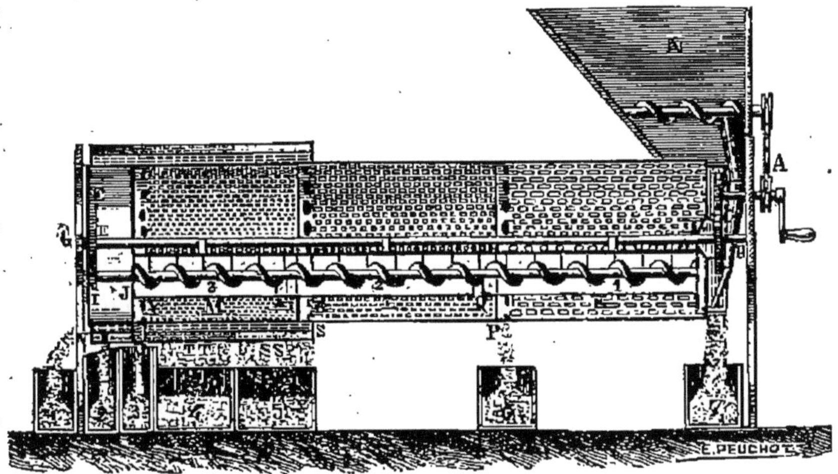

Fig. 28. — Trieur à alvéoles.

enfermés dans des silos en maçonnerie. Pour éviter la fermentation et la moisissure, il est nécessaire qu'ils se trouvent absolument soustraits à l'action de l'humidité. Rentrés secs, ils doivent donc être placés en lieu sec. Il faut, en outre, que les greniers soient construits de telle façon que les rongeurs n'y puissent entrer facilement.

Les murs doivent en être tenus lisses et propres, afin d'empêcher la multiplication des insectes destructeurs de grains : charançons, teignes, alucites; il convient, dans ce même but, de soumettre les tas à de fréquents pelletages. Pour agiter les grains sans être obligé de recourir à une main-d'œuvre coûteuse, on a imaginé des greniers spéciaux, verticaux, dans lesquels on peut établir une ventilation puissante. Le grain, parfaitement enfermé dans ces greniers, peut s'écouler à la partie inférieure; remué dans des sortes de gouttières au moyen de vis sans fin, il est ensuite facilement remonté à l'aide d'une chaîne à godets. Les systèmes les plus connus sont ceux de Sinclair et de Pavy.

La méthode des silos est surtout en honneur dans les contrées méridionales.

Quant à la paille, on la conserve soit dans des greniers, soit en meules établies d'après des principes analogues à ceux que nous avons indiqués à propos des blés non battus. Pour en faciliter le transport et la manipulation, on en fait des bottes pesant généralement 5 ou 10 kilogrammes.

Le blé fournit une récolte en grain qui varie, selon les cas, de 10 à 50 hectolitres à l'hectare. Chaque hectolitre pèse de 75 à 80 kilogrammes. Quant au rendement en paille, il est de 2 à 3 fois supérieur au rendement en grain.

Utilisation du blé. — La fabrication du pain consomme la majeure partie du blé produit dans le monde. Aucune céréale, en effet, ne peut fournir un pain de qualité supérieure au pain de froment. Les pâtes sèches, dites pâtes d'Italie, sont obtenues avec les blés durs. Apte, comme toutes les autres céréales, à produire de l'amidon, du glucose et de l'alcool, le blé, en raison de son prix élevé, est rarement employé pour cet usage, auquel on réserve, toutefois, les froments avariés.

La paille de blé sert à la nourriture du bétail et à la confection des litières.

CHAPITRE XX.

Seigle. — Méteil. — Orge. — Avoine. — Maïs. — Millet. — Riz. — Sarrasin.

Seigle. — Le *seigle* (*Secale cereale*) est, par excellence, la céréale des pays pauvres. Très rustique, il est avantageusement cultivé sous des climats froids, où le blé ne peut parvenir à maturité. Les terres sèches, légères et perméables sont celles qui lui conviennent le mieux. Il craint beaucoup l'humidité.

Les variétés de seigle sont assez peu nombreuses; elles

peuvent toutes être ramenées à deux types : les seigles *précoces* et les seigles *tardifs*.

Le seigle se sème aux mêmes doses et de la même façon que le blé. Mis en terre en septembre, sous le climat de Paris, on le récolte dans les premiers jours de juillet. Lorsqu'on redoute les gelées tardives, qui nuisent beaucoup à la floraison du seigle, on emploie les variétés de printemps, que l'on sème en mars ; celles-ci n'épient que dans le courant de juin. Les seigles d'automne sont plus rustiques et plus productifs que les seigles de printemps.

— Pour le seigle, comme pour les céréales qui vont suivre, les soins de culture sont les mêmes que pour le blé ; nous nous abstiendrons donc d'y revenir, et nous signalerons seulement les particularités propres à chacune de ces céréales. —

Le seigle produit, selon les conditions dans lesquelles il a été cultivé, de 12 à 30 hectolitres de grain, pesant chacun de 70 à 75 kilogrammes, et de 2000 à 5000 kilogrammes de paille.

Le seigle est employé à la fabrication d'un pain grisâtre de qualité secondaire ; cuit à l'eau, on l'utilise pour l'engraissement du bétail. La paille de seigle, fine et souple, sert à la confection de liens et à la fabrication de chapeaux légers.

Comme plante fourragère, le seigle d'automne est précieux, en raison de sa précocité ; c'est le premier fourrage vert que l'on obtient au printemps ; on le fauche en avril.

Méteil. — Le *méteil* résulte du semis d'un mélange, en proportions variables, de seigle et de blé. Dans les terres sèches et pauvres, la récolte du méteil est toujours supérieure à celle que l'on obtiendrait de l'une ou de l'autre de ces céréales cultivée seule.

Orge. — L'*orge* appartient au genre botanique *Hordeum*. Les principales variétés cultivées se classent dans les trois espèces suivantes :

1° Orge commune ou carrée (*Hordeum vulgare*) (*fig.* 29), à 6 rangs, qui paraissent n'en former que 4. L'escourgeon d'hiver et l'escourgeon de mars sont deux variétés de cette espèce ;

2° Orge à 6 rangs (*Hordeum hexastichum*) ;

3° Orge à 2 rangs (*Hordeum distichum*) (*fig.* 30). Cette dernière espèce fournit les orges les plus estimées pour la brasserie, entre autres l'orge Chevalier.

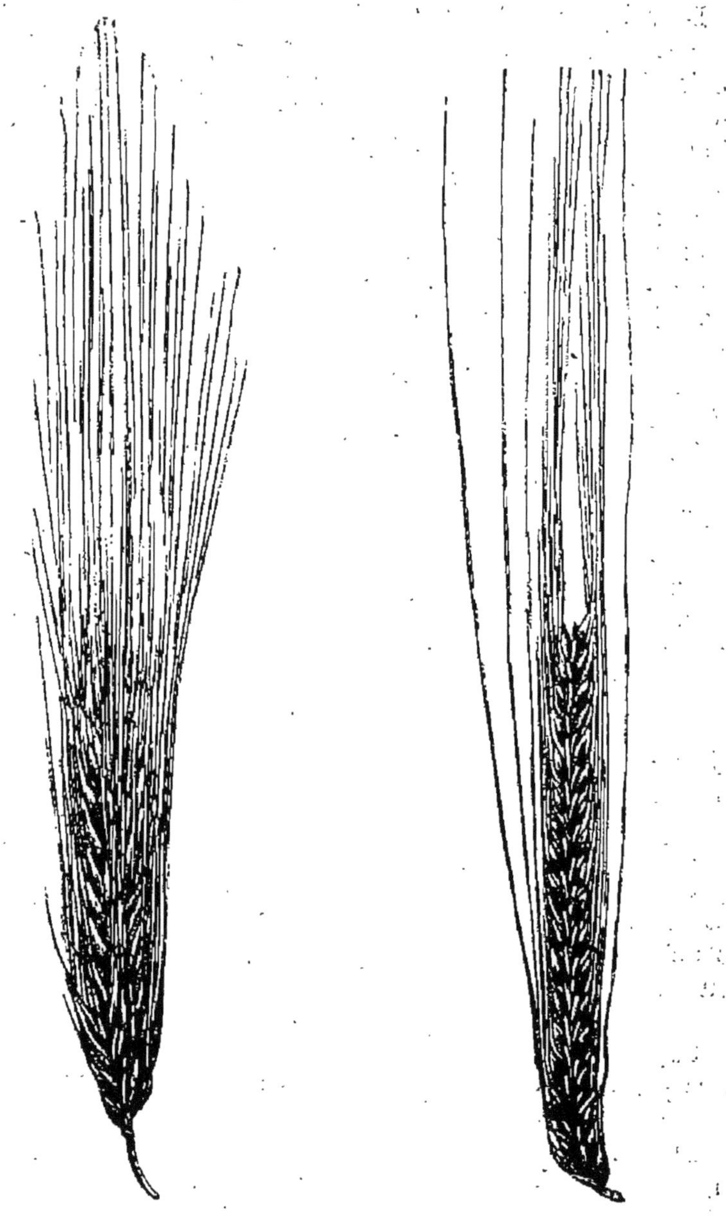

Fig. 29. — Orge escourgeon. Fig. 30. — Orge à deux rangs.

Les orges sont généralement *vêtues*, c'est-à-dire que le grain adhère à la balle; il existe cependant quelques variétés d'orge nue, mais elles sont délicates et cultivées seulement dans les pays chauds.

Il faut à l'orge des terres saines, meubles et fertiles; elle est, au point de vue du sol, presque aussi difficile que le blé. Les terres calcaires ou silico-calcaires sont celles qui lui conviennent le mieux.

C'est en septembre qu'on effectue le semis des variétés

Fig. 31. — Avoine commune. Fig. 32. — Avoine de Hongrie.

d'automne; celui des variétés de printemps, de beaucoup le plus usité, se fait en avril, lorsque les fortes gelées ne sont plus à craindre. On répand, à la volée, de 200 à 300 litres de grains à l'hectare et de 130 à 160 litres avec le semoir.

L'orge doit être coupée dès qu'elle est mûre, car elle s'égrène avec une très grande facilité. Il faut la rentrer immédiatement : elle est, en effet, très sujette à s'avarier sous l'influence de l'humidité. L'orge produit, par hectare, de 25 à 35 hectolitres de grain du poids de 60 à 70 kilogrammes.

Le pain d'orge est de mauvaise qualité; c'est dans la fabrication de la bière et l'alimentation du bétail que cette céréale trouve son emploi principal. La paille d'orge, courte et cassante, a peu de valeur. Elle déplaît aux animaux à cause des barbes qui s'y trouvent mêlées.

Avoine. — Les plus importantes des nombreuses variétés d'*avoine* que l'on cultive chez nous comme plantes alimentaires appartiennent à deux espèces, que l'on réunit aujourd'hui communément en une seule : 1° l'avoine commune ou avoine à panicules (*Avena sativa*) (*fig.* 31); 2° l'avoine de Hongrie ou avoine à grappes (*Avena orientalis*) (*fig.* 32).

Suivant la couleur du grain, on divise les avoines en avoines blanches, grises, noires et rousses. Citons, parmi les variétés les plus connues : l'avoine noire de Brie, l'avoine grise de Houdan, l'avoine Abondance, l'avoine de Beseler, l'avoine Joanette, l'avoine Prunier, etc.

L'avoine est une plante rustique qui s'accommode bien des conditions les plus diverses. Elle peut donner encore un certain produit dans les sols pauvres envahis par les mauvaises herbes; mais c'est seulement dans les bonnes terres que sa culture est véritablement rémunératrice.

L'avoine se sème quelquefois à l'automne, plus fréquemment au printemps, à raison de 250 à 300 litres à l'hectare à la volée, ou de 200 à 250 litres avec le semoir. Sous le climat de Paris, on récolte les avoines d'hiver dans la première quinzaine de juin et les avoines de printemps vers la fin de juillet.

L'avoine s'égrène facilement : il ne faut donc pas attendre la complète maturité pour la faucher. Il ne convient pas non plus, une fois qu'elle est coupée, de la laisser exposée à la pluie, ainsi que le font certains cultivateurs, sous prétexte de faire gonfler le grain. Cette pratique lui fait perdre beaucoup de sa qualité.

Les rendements obtenus varient, par hectare, de 15 à 50 hectolitres de grain pesant de 45 à 50 kilogrammes chacun et de 2 000 à 6 000 kilogrammes de paille. Cette paille est de bonne qualité; on l'emploie soit pour la confection des litières, soit pour la nourriture du bétail.

En Bretagne et dans les Ardennes, on prépare avec

l'avoine des bouillies nourrissantes; le pain que fournit cette céréale est grossier. Le grain d'avoine constitue pour le bétail, et surtout pour les chevaux, un aliment de première qualité.

Maïs. — On cultive en France une seule espèce de *maïs* comme plante alimentaire, le maïs commun (*Zea maïs*), dont les diverses variétés se distinguent par la forme et la couleur du grain. Citons, parmi ces variétés : le maïs quarantain, le maïs jaune d'Auxonne, le maïs jaune gros, le maïs blanc des Landes. La culture du maïs pour son grain n'est possible en France que dans deux zones, qui occupent, l'une la vallée du Rhône, et l'autre la partie sud-ouest de notre territoire (voir, page 122, la *Carte des Climats agricoles*. Partout ailleurs, il ne vient pas à maturité; mais on en obtient un fourrage vert excellent.

Le maïs réussit bien dans tous les sols riches; cependant il préfère les terres de consistance moyenne. En ce qui concerne les engrais, il est aussi exigeant que le blé.

Le maïs se sème en avril ou mai, quand les gelées ne sont plus à craindre. Les semis en lignes distantes de $0^{m},70$ à 1 mètre doivent être adoptés, parce qu'ils permettent le sarclage, opération nécessaire pour cette culture. On répand de 40 à 50 litres de semences à l'hectare. Quand la plante a développé quelques feuilles, on pratique un *éclaircissage*, de façon à ne laisser qu'un pied tous les 30 ou 50 centimètres. Les fleurs mâles apparaissent quand le maïs a atteint de $1^{m},10$ à $1^{m},50$ de hauteur; les étamines s'épanchent alors au dehors en houppe soyeuse. Quand ces filaments deviennent rougeâtres et se flétrissent, c'est que la fécondation est achevée. On procède alors à l'*écimage :* il consiste à enlever les fleurs mâles devenues inutiles, et dont le développement priverait le reste du végétal d'une partie de sa sève. Ces fleurs constituent un bon aliment pour le bétail. On butte ensuite les pieds de maïs à l'aide d'un buttoir ordinaire. On favorise ainsi le développement des racines et, par suite, la croissance du végétal tout entier. En septembre, on pratique l'*effeuillage*, c'est-à-dire qu'on supprime un certain nombre de feuilles, de façon à découvrir les épis et à en hâter la maturation, qui n'est généralement complète qu'en octobre.

On reconnaît que les épis sont mûrs à ce que leurs enveloppes jaunissent. On les détache alors de la tige, on les dépouille de ces enveloppes et on les fait sécher au soleil ou sous des hangars spéciaux, parfois même dans des fours. Quand la dessiccation est achevée, on procède à l'égrenage, soit à la main, soit à la machine.

L'*égreneuse de maïs* se compose, en principe, d'un ou de deux disques en fonte à axe horizontal portant à leur surface des aspérités en forme de petites pyramides. L'épi de maïs, placé dans une sorte d'entonnoir, est appuyé convenablement par un ressort contre le disque que l'on met en mouvement à l'aide d'une manivelle. Il subit donc un véritable râpage, en même temps qu'il est soumis à un mouvement de rotation; les grains sont ainsi détachés, et la rafle rejetée de côté.

On obtient en moyenne, avec le maïs, 50 hectolitres de grain à l'hectare. Chaque hectolitre pèse de 75 à 80 kilogrammes. Le maïs quarantain, beaucoup plus hâtif que les autres variétés, ne produit guère au delà de 30 à 35 hectolitres de grain. Ce grain fournit une farine jaunâtre, dont on fait des bouillies très nourrissantes. Comme nous le verrons bientôt, il sert de matière première aux industries de l'amidonnerie et de la distillerie. Les rafles et les tiges sèches sont employées comme combustibles. Quant aux *spathes* ou enveloppes de l'épi, on en confectionne des paillasses.

Récoltés en vert, quand le grain est encore laiteux, c'est-à-dire en août ou septembre, les maïs indigènes peuvent donner de 40 000 à 60 000 kilogrammes de fourrage à l'hectare. Les variétés américaines, qu'on ne coupe qu'à la fin de septembre ou dans le courant d'octobre, produisent de 100 000 à 120 000 kilogrammes de fourrage vert à l'hectare. Ces énormes masses fourragères sont aujourd'hui conservées en silos, pour être utilisées au fur et à mesure des besoins. On trouvera décrits plus loin les divers procédés d'ensilage.

Millet. — Le *millet à grappes* ou *millet commun* (*Panicum miliaceum*) est le seul cultivé en France pour l'alimentation de l'homme. Le *millet d'Italie* (*Panicum Italicum*) ne sert guère qu'à la nourriture des oiseaux.

Il faut au millet des terres légères, sablonneuses. Cette céréale se sème en mai, en lignes ou à la volée, à raison de 8 à 10 kilogrammes de graines à l'hectare. En août ou septembre, on récolte les panicules à mesure qu'elles mûrissent, on les fait sécher, puis on les égrène à l'aide de gaules flexibles. On obtient de 15 à 18 hectolitres de millet à l'hectare. Chaque hectolitre pèse de 60 à 65 kilogrammes. On fait avec le grain de millet une sorte de semoule.

Riz. — Nous ne parlerons du *riz* (*Oryza sativa*) que pour mémoire. Cette céréale, qui joue un rôle considérable dans l'alimentation de certains peuples orientaux, et dont la culture est encore importante en Italie, n'a été tentée en France que sur de faibles surfaces, dans les parties marécageuses des Landes et des Bouches-du-Rhône. Elle est abandonnée aujourd'hui. La culture du riz nécessite une irrigation constante.

Sarrasin. — Le *sarrasin* appartient à la famille des Polygonées. On en cultive deux espèces : 1° le sarrasin commun (*Fagopyrum esculentum* ou *Polygonum Fagopyrum*), dont on connaît deux variétés : 1° le sarrasin argenté et le sarrasin de Russie; 2° le sarrasin de Tartarie (*Fagopyrum Tataricum* ou *Polygonum Tataricum*).

Le *sarrasin* ou *blé noir* est une plante annuelle à végétation rapide. Il aime les sols légers et parfaitement meubles; les terres récemment défrichées lui conviennent bien.

Il faut à cette plante un climat brumeux; le froid et la sécheresse lui sont également nuisibles; elle occupe d'importantes surfaces en Bretagne, dans le Limousin, l'Auvergne et le Morvan, dans les terres granitiques pauvres.

Le sarrasin se sème au printemps, soit à la volée, à raison de 60 à 80 litres de grain à l'hectare, soit en lignes, en diminuant de 10 à 20 litres cette quantité de semence. Il faut éviter de semer trop dru, pour que les plantes puissent acquérir tout leur développement et devenir suffisamment résistantes. Réserver au sarrasin des terres propres.

Le sarrasin ne nécessite aucune culture d'entretien. Il doit être coupé avant complète maturité, car il s'égrène avec une extrême facilité. La coupe s'exécute avec précaution, soit à la faux nue, soit à la faucille. On fait, avec les plantes, des bottes, qu'on laisse exposées à l'air jusqu'à complète dessiccation.

Le sarrasin permet d'obtenir une récolte moyenne de 30 à 35 hectolitres de grain par hectare. Ce grain est employé, dans l'alimentation humaine, sous forme de bouillies ou de galettes. On l'utilise également pour la nourriture des animaux, et surtout pour celle des volailles. La paille sert de litière.

En culture dérobée, succédant immédiatement à une céréale précoce, le seigle par exemple, le sarrasin mûrit encore avant l'hiver; mais, dans ces conditions, il ne donne guère que de 12 à 15 hectolitres de grain par hectare.

Enfoui au début de la floraison, le sarrasin constitue un excellent engrais vert. On le cultive également comme plante fourragère; mais le fourrage qu'il produit est de qualité médiocre.

CHAPITRE XXI.

LÉGUMINEUSES ALIMENTAIRES

Définition. — Haricot. — Pois. — Lentille. — Fève. — Féverole. — Gesse. — Lupin.

Définition. — On classe parmi les *légumineuses alimentaires* toutes les plantes appartenant à la famille des Papilionacées, dont le fruit ou la graine sont consommés par l'homme. A cette catégorie appartiennent le *haricot*, le *pois*, la *lentille*, la *fève*, la *gesse* et le *lupin*.

Haricots. — Le **haricot commun** (*Phaseolus vulgaris*) a fourni de nombreuses variétés, qui se distinguent par la forme et la couleur de la gousse et du grain. Toutes ces variétés se ramènent à deux grandes catégories : 1° les haricots *à rames*, dont les tiges élevées, volubiles, doivent être soutenues par des tuteurs légers; 2° les haricots *nains*, qui ne nécessitent pas une semblable précaution. Citons, parmi les premiers : le *haricot de Soissons*, le *haricot sabre*, le *haricot beurre* ou *haricot d'Alger;* parmi les seconds, le *flageolet*, les *haricots suisses*, le *haricot de Soissons nain*, le *haricot nain d'Orléans*, etc. Certaines de ces variétés, dites *à parchemin*, ont des gousses revêtues à l'intérieur d'une membrane résistante; on les consomme très jeunes à l'état vert, ou on leur demande des grains secs. D'autres, au contraire, auxquelles on a donné le nom de *Mangetout*, sont dépourvues de cette membrane; elles peuvent être consommées vertes après formation des grains.

Le **haricot d'Espagne** (*Phaseolus multiflorus*), qui sert à l'ornementation des jardins, est également employé, surtout dans le Midi, comme plante alimentaire. Ses grains sont gros, mais durs et coriaces.

Le **dolic** ou **mongette** (*Dolichos unguiculatus*) est une espèce voisine du haricot, que l'on cultive en Algérie et en Provence.

Ce sont les terres légères, saines et fertiles sans excès, qui conviennent le mieux au haricot. Les lieux frais, ombragés, lui sont défavorables. Il est très sensible au froid. Dans l'assolement, on le fait souvent succéder à une céréale.

Le haricot se sème au printemps, en avril ou en mai, sous le climat de Paris. On le cultive soit en lignes espacées de $0^{m},40$ à $0^{m},50$, soit en *poquets* ou trous distants de $0^{m},30$ à $0^{m},40$ en tous sens. On recouvre légèrement les graines, au râteau ou à la herse. Pendant le cours de la végétation, on sarcle une ou deux fois en buttant les pieds. Les rames sont fixées lors du dernier sarclage. On cueille les haricots verts à différentes reprises, et ce sont les dernières gousses que l'on réserve pour la production des grains secs. Quand celles-ci sont suffisamment mûres, on arrache les pieds, dont on fait de petites bottes, que l'on suspend dans un lieu à l'abri de l'humidité. Lorsque la dessiccation en est complète, on bat les haricots au fléau ou on les écosse à la main.

On obtient, avec les haricots à rames, de 30 à 40 hectolitres, et avec les haricots nains, de 15 à 20 hectolitres de grain par hectare. Les tiges ou *fanes* de haricots sont employées comme litières; les gousses écossées peuvent être consommées par les moutons.

Le *soja* fournit des graines alimentaires et un fourrage estimés; on le cultive comme le haricot.

Pois. — Le **pois** (*Pisum sativum*) comprend, comme le haricot, des variétés à rames et des variétés naines, des variétés *à écosser* et des variétés *mangetout*. On distingue aussi le pois à grain ridé des pois à grain rond. Nous citerons, parmi les variétés les plus connues, le *pois Michaux*, le *pois de Clamart*, le *pois d'Auvergne*.

Le pois se sème au printemps, en lignes distantes de $0^{m},30$, sur des terres perméables fumées l'année précédente. On pratique plusieurs binages pendant la croissance de la plante, puis, quand les fleurs apparaissent, on procède au pincement des tiges, c'est-à-dire qu'on coupe les sommités de celles-ci. Cette opération favorise le développement des gousses et rend inutile l'emploi des rames.

On récolte le pois à des époques différentes selon qu'on veut en obtenir des grains verts ou des grains secs. Dans ce dernier cas, on coupe les tiges à la faux ou à la faucille quand la maturité est complète, puis on les dispose en moyettes, pour les faire sécher, avant de procéder au battage. On obtient de 15 à 30 hectolitres de pois secs par hectare. Les fanes et les gousses écossées sont utilisées pour la nourriture du bétail.

Le pois ne doit revenir sur un même sol que tous les cinq ou six ans.

Le **pois gris** ou **bisaille** (*Pisum arvense*) a des fleurs violacées. Ses grains gris ou roux possèdent une saveur âpre, désagréable. Aussi ne le cultive-t-on que pour l'alimentation des animaux. On le sème à l'automne ou au printemps, seul ou associé au seigle ou à l'avoine, parfois à la féverole. Récolté prématurément et fané, le pois gris fournit un excellent fourrage.

Le **pois chiche** (*Cicer arietinum*) appartient surtout à la culture méridionale. C'est une plante dont la hauteur dépasse rarement $0^{m},35$. On sème le pois chiche en février ou mars dans le midi de la France, en avril ou mai dans la région de Paris. On en dispose les semences en lignes ou en poquets. Les soins de culture sont les mêmes que pour le pois ordinaire, et la récolte se fait de la même façon. Le pois chiche ne produit guère que de 5 à 6 hectolitres de grains secs par hectare. Ces grains sont comestibles, à saveur délicate.

Lentille. — La **lentille** (*Ervum lens*) n'a fourni qu'un petit nombre de variétés. Les plus connues sont : la *lentille de Gallardon*, la *lentille de Lorraine* et la *lentille verte* ou *lentille du Puy*.

Les terres légères sont celles qui conviennent le mieux aux lentilles. Certaines variétés se sèment en automne, d'autres au printemps, à la volée ou en poquets. Les semis en poquets sont préférables, car ils permettent l'exécution des binages nécessaires. La récolte s'opère comme pour les pois. Les tiges sèches sont battues à la gaule ou au fléau léger. On obtient à l'hectare de 15 à 18 hectolitres de grain. Les fanes constituent un bon fourrage.

Le *lentillon, petite lentille* ou *lentille à la reine*, produit, dans les terrains calcaires, un fourrage estimé, que l'on emploie surtout pour la nourriture des bêtes à laine.

La **lentille uniflore** ou **lentille d'Auvergne** (*Ervum monanthos*) réussit dans les terres granitiques peu fertiles. Elle produit, comme la lentille commune, mais en moindre quantité, des grains et un fourrage de bonne qualité.

Fève et Féverole. — La **fève potagère** ou **fève de marais** (*Faba vulgaris*) a des semences aplaties, que l'on utilise surtout à l'état vert pour l'alimentation de l'homme; la **féverole** ou **fève de cheval** (*Faba equina*) possède des semences plus petites et plus arrondies, que l'on emploie à l'état sec pour la nourriture des animaux. La farine de féverole est parfois mélangée avec la farine de froment pour la fabrication du pain; elle est très substantielle.

Récoltée en vert, la féverole fournit un fourrage qui convient aux bêtes ovines.

La culture de la fève et de la féverole se fait comme celle des légumineuses précédemment citées. Il faut réserver à ces plantes des terres argileuses fraîches. Elles viennent bien dans les lieux marécageux sans excès d'acidité. Récoltées à maturité et battues au fléau ou à la machine, les fèves donnent de 20 à 35 hectolitres de grain à l'hectare. La paille n'est propre qu'à servir de litière.

Enfouie au moment de la floraison, la féverole constitue un excellent engrais vert.

Gesse. — La **gesse cultivée** (*Lathyrus sativus*) a quelque importance dans le midi de la France. Son grain est comestible après ébouillantage.

Le grain de la **gesse jarosse** (*Lathyrus cicera*), au contraire, est toxique pour l'homme et les animaux. Aussi cette espèce n'est-elle cultivée que comme fourrage vert sur les terres argileuses où d'autres légumineuses fourragères réussiraient mal.

Lupin. — Le **lupin blanc** (*Lupinus albus*) est cultivé dans l'est et le midi de la France pour ses graines alimentaires;

celles-ci ne sont mangeables qu'après qu'une macération dans l'eau salée leur a fait perdre leur amertume. On les réserve généralement au bétail.

Le lupin blanc fournit une litière passable, mais ne peut être employé comme fourrage, car tous les animaux le rebutent. Le **lupin jaune** (*Lupinus luteus*), au contraire, est accepté par les moutons : aussi l'utilise-t-on pour la nourriture de ces animaux soit à l'état vert, soit à l'état de foin.

Les lupins affectionnent les terres légères maigres. Enfouis au moment de la floraison, ils constituent, grâce à leur masse foliacée, les meilleurs engrais verts que l'on puisse appliquer à ces terres. Torréfiées, les graines de lupin sont parfois utilisées comme le café dans les ménages pauvres.

CHAPITRE XXII.

PRAIRIES NATURELLES

Définition. — Création des prairies naturelles. — Entretien et amélioration des prairies naturelles. — Récolte, conservation et utilisation des fourrages. — Pâturage. — Prairies temporaires.

Définition. — On donne le nom de *prairie* à toute étendue de terre produisant de l'herbe propre à la nourriture du bétail.

Les prairies *naturelles* sont celles qui, engazonnées naturellement ou par la main de l'homme, se trouvent composées de plantes fourragères d'espèces variées. Ces prairies, quand elles sont de longue durée, sont dites *permanentes*.

Les prairies *temporaires*, formées des mêmes espèces que les précédentes, en diffèrent en ce qu'elles n'occupent le sol que pendant un temps limité, soit deux, trois ou quatre ans. Elles remplacent les prairies naturelles proprement dites dans les pays où celles-ci ne peuvent se maintenir et dans les systèmes de culture avancés.

On divise les prairies naturelles en prairies *fauchables*, dans lesquelles le produit est fauché et converti en foin, et en *herbages* ou *pâturages*, dont le fourrage est consommé sur place par le bétail. Le nom de *prés* s'applique plus spécialement aux prairies fauchables. Un grand nombre de prairies sont soumises à un système mixte, qui consiste à faucher la première coupe, c'est-à-dire le premier fourrage obtenu dans l'année, et à faire pâturer la seconde.

Création des prairies naturelles. — Les prairies naturelles peuvent occuper les terrains les plus divers; mais tous ne leur conviennent pas également. Ce sont les terres fraîches à toute époque de l'année, mais où l'humidité ne se trouve jamais en excès, qui produisent les fourrages les plus abondants et les meilleurs. Les sols compacts, où l'argile domine, très humides en hiver et très secs en été, et les sols sablonneux, où les sécheresses estivales se font vivement sentir, sont les plus défavorables à l'établissement des prairies. Il faut, autant que possible, réserver aux prairies permanentes, — en tenant compte toutefois de ce fait, que les terres véritablement fertiles sont mieux utilisées par les prairies temporaires ou par les prairies artificielles, — il faut, disons-nous, réserver aux prairies permanentes les fonds de vallées parcourues par des cours d'eau, les sols qui peuvent être facilement irrigués ou ceux qui reçoivent les eaux provenant de terrains supérieurs. La condition indispensable de toute production fourragère satisfaisante est, en effet, la présence dans le sol d'une suffisante quantité d'eau. Mais cette eau ne doit pas séjourner; lorsqu'elle ne trouve pas un écoulement naturel, il est nécessaire d'assainir la parcelle à transformer en prairie par un drainage plus ou moins complet suivant les cas.

Dans les sols acides ou simplement pauvres en calcaire, le chaulage ou le marnage est une opération préliminaire de la plus grande utilité.

On classe les prairies en *prairies hautes* et *prairies basses*.

Les prairies hautes sont celles qui occupent les plateaux élevés, les sommets des collines et des montagnes. Il est presque toujours impossible d'irriguer ces prairies, qui ne fournissent, en une seule coupe généralement, qu'une faible quantité de fourrage. Après cette coupe, on en obtient encore un pâturage.

Les prairies basses, situées dans le voisinage des cours d'eau, sont d'une irrigation facile, et, lorsqu'une humidité constante ne les transforme pas en marécages, leur rendement en fourrage de bonne qualité est élevé.

Entre ces deux catégories se placent les prairies moyennes,

qui occupent les parties supérieures des vallées. Elles présentent souvent les mêmes avantages que les prairies basses, sans être soumises aux mêmes inconvénients.

Lorsqu'il s'agit d'établir une prairie, deux cas peuvent se présenter : ou le terrain qu'on lui réserve était précédemment en culture, ou il portait une mauvaise prairie, à laquelle on se propose d'en substituer une bonne. On ramène le second cas au premier, en intercalant entre les deux prairies une série de cultures arables, que l'on fait durer deux ou trois ans. Quand le terrain est envahi par des plantes adventices vivaces, on porte à quatre ou cinq ans, parfois davantage, la durée des cultures nettoyantes, et on y comprend une jachère.

Quoi qu'il en soit, la prairie doit trouver un sol parfaitement ameubli par les façons culturales, suffisamment profond pour conserver longtemps sa fraîcheur, tout en restant sain et bien égoutté, enfin à surface assez régulière pour ne pas permettre aux eaux pluviales et d'irrigation de s'accumuler dans certaines dépressions, et pour faciliter le travail de la faux ou de la faucheuse. Quant à l'enrichissement de la couche arable, on l'obtient par les fumures appliquées au sol pendant les cultures préparatoires. L'enfouissement d'engrais phosphatés et potassiques avant l'ensemencement est toujours une excellente opération.

Le choix des espèces à semer est d'une importance capitale pour assurer la production d'un foin de bonne qualité. Bien que la flore des prairies soit généralement très variée, ce ne sont que les graines de plantes appartenant aux familles des *graminées* et des *légumineuses* qu'il y a lieu d'apporter au sol. Parmi celles-ci, les espèces les plus recommandables sont les suivantes :

Graminées. — Ray-grass anglais (*Lolium perenne*), ray-grass d'Italie (*Lolium italicum*), fétuque des prés (*Festuca pratensis*), fétuque élevée (*Festuca elatior*), fétuque hétérophylle (*Festuca heterophylla*), fétuque ovine (*Festuca ovina*), paturin des prés (*Poa pratensis*), paturin commun (*Poa trivialis*), dactyle pelotonné (*Dactylis glomerata*), fléole des prés (*Phleum pratense*), vulpin des prés (*Alopecurus pratensis*), cretelle (*Cynosurus cristatus*), houque laineuse (*Holcus lanatus*), avoine élevée ou fromental (*Arrhenaterum elatius*), avoine jaunâtre (*Avena flavescens*), agrostis traçante (*Agrostis stolonifera*), agrostis vulgaire (*Agrostis vulgaris*).

Les canches et les bromes, que l'on associe parfois aux plantes précédentes, sont, en raison de leur dureté, de mauvaises espèces fourragères. Quant à la flouve odorante (*Anthoxanthum odoratum*), sa présence dans les foins leur donne un parfum spécial; mais c'est à peu près à cela que se borne son utilité.

Légumineuses. — Trèfle des prés ou trèfle violet (*Trifolium pratense*), trèfle blanc (*Trifolium repens*), trèfle hybride (*Trifolium hybridum*), minette ou lupuline (*Medicago lupulina*), lotier corniculé (*Lotus corniculatus*), lotier velu (*Lotus uliginosus*), anthyllide vulnéraire ou trèfle jaune des sables (*Anthyllis vulneraria*), sainfoin (*Onobrychis sativa*). La luzerne, dont l'importance est si considérable pour la formation des prairies artificielles, ne se sème pas dans les prairies naturelles.

En dehors de celles que nous venons de citer, bien d'autres plantes, appartenant aux familles les plus diverses, viennent spontanément dans les prairies. Quelques-unes d'entre elles, quoique de médiocre valeur, peuvent cependant encore être consommées par le bétail. De ce nombre sont : l'achillée millefeuille, la jacée, le plantain, la berce branc-ursine, la pimprenelle, le pissenlit, le salsifis des prés, la bourrache, la consoude, la carotte sauvage, etc.

D'autres, au contraire, sont franchement nuisibles, soit parce que, dédaignées par le bétail, elles tiennent la place de bonnes espèces, soit parce qu'elles exercent sur les animaux une action toxique. Citons, parmi les plus redoutables, les prêles ou queues de cheval, les carex ou laîches, les joncs, le colchique d'automne, la ciguë, les renoncules, les chardons, les mousses, etc. Les prairies humides sont celles qui donnent le plus volontiers asile aux plantes nuisibles. Le cultivateur doit s'attacher à faire disparaître ces plantes par l'extirpation, l'assainissement du sol et les fumures propres à accroître le vigueur des bonnes espèces.

Pour déterminer la composition des mélanges de graines à employer afin que la prairie se trouve dans les meilleures conditions de production fourragère, le cultivateur se basera sur les données suivantes : durée de la prairie à établir; — destination (prairie à faucher ou à pâturer); — humidité du sol aux différentes époques de l'année; — nature physique et composition chimique du sol. La nature et la proportion des espèces à faire entrer dans les mélanges varieront avec ces diverses conditions. On comprend donc que les formules à appliquer puissent être fort différentes selon les cas.

L'établissement de ces formules nécessite une connaissance approfondie des exigences de chacune des espèces fourragères qui peuvent s'y trouver comprises. L'examen de la composition botanique des prairies anciennes situées au voisinage de la surface à ensemencer fournira toujours d'utiles indications en ce qui concerne la vigueur et la résistance de ces espèces dans des conditions de sol et de climat analogues à celles où l'on se propose de les placer.

Citons, à simple titre d'exemples et sans leur accorder de valeur absolue, les formules suivantes, recommandées par quelques auteurs, qui les ont employées avec succès :

PRAIRIE PERMANENTE A FAUCHER.

(Terre fraîche et fertile.)

	Quantité de semence par hectare.
Ray-grass anglais. .	6 kilog.
Fétuque des prés . .	15 —
Paturin commun. . .	4 —
Dactyle.	8 —
Fléole des prés. . . .	5 —
Avoine élevée	5 —
Vulpin des prés . . .	3 —
Trèfle blanc.	5 —
Lotier corniculé. . .	3 —
Poids du mélange	54 kilog.,

à semer sur un hectare.

PRAIRIE TEMPORAIRE (DURÉE DE 3 A 4 ANS).

(Terre fraîche et fertile.)

	Quantité de semence par hectare.
Ray-grass anglais. .	10 kilog.
Dactyle.	7 —
Paturin commun . .	4 —
Fléole des prés . . .	5 —
Fétuque des prés . .	4 —
Trèfle des prés. . . .	2 —
Trèfle blanc.	2 —
Trèfle hybride. . . .	4 —
Poids du mélange	38 kilog.,

à semer sur un hectare.

PATURAGE TEMPORAIRE.

(En terre fraîche et fertile.)

	Quantité de semence par hectare.
Ray-grass anglais.	15 kilog.
Fétuque des prés.	5 —
Paturin des prés	3 —
Fléole des prés	10 —
Trèfle blanc.	5 —
Trèfle hybride.	2 —
Poids total du mélange. . . .	40 kilog.,

à semer sur un hectare.

On ne saurait trop recommander aux cultivateurs de faire eux-mêmes, avec discernement, leurs mélanges de graines de prairies, à l'aide de semences achetées par espèces séparées. Les mélanges que le commerce livre tout préparés ne sont presque jamais appropriés aux sols et aux climats auxquels on les destine; trop souvent ils sont formés pour la presque totalité de matières inertes et de semences d'espèces de faible valeur fourragère. Quant aux balayures de greniers décorées du nom de *fenasses* ou de *fleurs de foin*, que beaucoup de cultivateurs croient encore devoir employer à l'ensemencement des prairies, il faut les rejeter entièrement pour cet usage. Elles sont toujours pauvres en espèces utiles, riches au contraire en débris de toute nature et surtout en graines de plantes salissantes ou nuisibles. La fraude s'exerce avec une grande facilité sur les semences de prairies qui, par leur faible volume, défient l'appréciation tirée d'un examen sommaire. Ce sont donc celles-là surtout qu'il faut soumettre à l'analyse des stations d'essais de semences, dont nous avons déjà parlé.

L'ensemencement des prairies se fait à l'automne sous les climats chauds; en mars ou en avril dans les pays froids. Les plantes fourragères peuvent être semées seules; mais, le plus souvent, on leur associe une céréale d'hiver ou de printemps, selon les cas, que l'on sème très clair pour éviter d'étouffer la jeune prairie. Une avoine à faucher en vert convient parfaitement dans cette circonstance.

De la totalité des graines à semer on fait deux parts. La première, formée des graines lourdes, est semée d'abord; la seconde, qui comprend les graines légères, est répandue ensuite; on enterre le tout par un hersage léger. Un roulage termine l'opération. Il est bon de ne pas placer les graines dans le sol à une profondeur de plus de deux à trois centimètres.

Entretien et amélioration des prairies naturelles. — La jeune prairie étant établie, il faut en surveiller le développement. Empêcher l'envahissement des eaux stagnantes, tout en apportant, par une irrigation bien conduite, l'eau nécessaire à la végétation; extirper les plantes nuisibles; enfin fournir aux plantes utiles les éléments susceptibles de favoriser leur croissance : tels sont les soins à donner à la prairie. L'apport d'engrais, si besoin est, au printemps qui suit les semailles, permettra aux bonnes espèces de prendre le dessus et de fournir une première coupe satisfaisante. Pour maintenir la prairie en bon état de productivité, il y aura lieu, par la suite, d'appliquer à nouveau des engrais appropriés au sol en même temps qu'aux espèces dont on veut favoriser le développement.

Dans le cas où des places non gazonnées existeraient dans la prairie, il faudrait les gratter au râteau et y refaire un semis.

Les animaux ne doivent être introduits sur une prairie que la seconde année; encore ne leur permettra-t-on jamais d'y pénétrer lorsque le terrain aura été détrempé par les pluies. Quant aux moutons, dont la dent est particulièrement redoutable, ils ne seront admis que sur les prairies ayant plusieurs années d'existence.

Le roulage des prairies au printemps est une bonne opération.

Récolte, conservation et utilisation des fourrages. — Il faut choisir, pour faucher l'herbe, le moment où la majeure partie des plantes qui la composent sont en fleurs. C'est alors que ces plantes renferment la plus grande quantité de principes nutritifs, c'est-à-dire atteignent, comme fourrage, leur valeur maxima. Avant la floraison, elles sont aqueuses et produisent moins de foin; après la floraison, elles durcissent trop. En France, c'est, selon les régions, de la fin de mai à la fin de juillet, que l'on fauche les prairies.

On coupe l'herbe à la faux ou à la faucheuse mécanique. Nous avons décrit ce dernier instrument en même temps que la moissonneuse. Avec la faucheuse, on abat, en un jour, de 3 à 4 hectares de prairie; un bon faucheur ne peut guère en couper dans le même temps plus de 35 à 40 ares. Si l'on veut éviter des pertes sérieuses de fourrage, il convient d'apporter la plus grande attention à ce que l'herbe soit fauchée aussi près de terre que possible.

L'herbe coupée est disposée sur le sol en lignes continues, auxquelles on a donné le nom d'*andains*. Il s'agit de transformer cette herbe en foin par une dessiccation bien conduite. La valeur nutritive du foin obtenu est très différente, selon que le fanage s'exécute dans de bonnes ou dans de mauvaises conditions. Dans un grand nombre d'exploitations, cette opération se fait encore à la main. Quand le temps est beau, l'herbe est retournée deux ou trois fois par jour à l'aide de fourches en bois ou en fer. Le soir, on la réunit en tas d'autant plus gros que la dessiccation est plus avancée. Chaque matin, quand la rosée a disparu, on étend les tas faits la veille. Plus l'herbe est sèche, plus il faut apporter de précautions à son maniement, pour éviter de la briser et d'en faire tomber les feuilles et les fleurs. Par la pluie, on doit laisser les andains sans les ouvrir.

Une dessiccation rapide assure au foin une qualité supérieure.

Le fanage à la main exige un personnel nombreux. On lui substitue avec avantage le fanage à la machine.

La *faneuse mécanique* (*fig.* 33) se compose d'un jeu de dents

Fig. 33. — Faneuse mécanique.

en fer recourbées, montées sur un arbre qui tourne avec les roues de l'instrument actionné par un cheval. Dans leur mouvement de rotation, ces dents saisissent l'herbe, la soulèvent et la projettent de tous côtés.

La mise en tas se fait au râteau. Le *râteau à cheval* (*fig.* 34) rend de très grands services pour rassembler les foins épars. Cet instrument est formé d'un bâti en fer monté sur roues, sur lequel sont fixées de longues dents courbes, indépendantes les unes des autres et très mobiles, de façon à pouvoir suivre les ondulations du sol. Il ramasse les fourrages. Quand il est chargé, on en soulève les dents à l'aide d'un levier L, et le foin retombe en tas sur le sol. Les dents sont relevées également pour le transport de l'instrument lorsqu'il n'a pas à fonctionner. Le travail de 25 à 30 ouvriers peut être exécuté dans le même temps par un seul râteau à cheval, qu'un homme suffit à conduire.

Le *foin brun* s'obtient par la mise en grosses meules, pressées à mesure qu'on les forme, de l'herbe qui vient d'être fauchée. Il se produit bientôt dans la masse une fermentation très active. Quand la chaleur est telle qu'on ne peut plus tenir la main à l'intérieur, on démonte la meule et on étend le foin, qui sèche en quelques heures d'exposition au

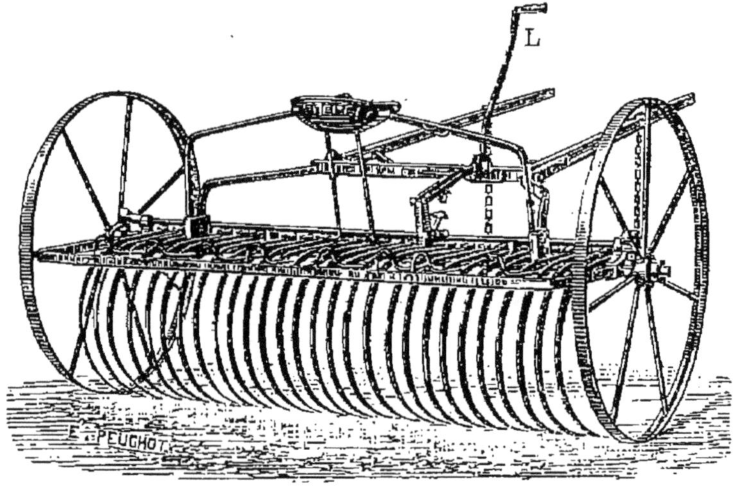

Fig. 34. — Râteau à cheval.

soleil. Ce procédé a l'avantage de conserver au foin sa saveur, de ne pas le faire durcir et de lui laisser toutes ses feuilles.

Bien qu'il faille éviter autant que possible de faner par un temps pluvieux, il peut cependant se présenter des cas où cette opération devient nécessaire. On met alors l'herbe en moyettes, en la réunissant par brassées, que l'on dresse sur le sol, et que l'on maintient ensemble à l'aide d'un lien fait de quelques brins d'herbe. Ces moyettes sont laissées ainsi jusqu'à ce que la dessiccation soit complète, ou bien on profite d'une belle journée pour les culbuter, afin d'en faire sécher plus rapidement toutes les parties. L'ensilage, que nous décrirons plus loin, est le meilleur procédé de conservation des fourrages mouillés.

Les foins secs sont bottelés soit directement sur la prairie, soit dans les greniers où ils ont été rentrés. Selon les régions, on donne aux bottes un poids de 5 ou 10 kilogrammes. Ces bottes sont faites à la main ou à l'aide de botteleurs mécaniques. Elles sont entourées d'un ou de plusieurs liens de foin tressé.

Les foins peuvent être conservés en meules recouvertes d'une couche de paille, quand on ne dispose pas de greniers suffisants pour les mettre à l'abri. Une bonne précaution pour éviter qu'ils moisissent consiste à les saupoudrer légèrement avec du sel au moment de l'emmagasinage ou de la mise en meules.

Le foin occupe, sous un faible poids, un volume considérable. Il pèse, au plus, de 100 à 120 kilogrammes par mètre cube. Pour faciliter le transport, on le comprime de façon à réduire son volume au quart ou au tiers de ce qu'il était primitivement. Les presses à foin, employées dans ce but, sont de types aussi nombreux que différents. Les unes (*fig.* 35)

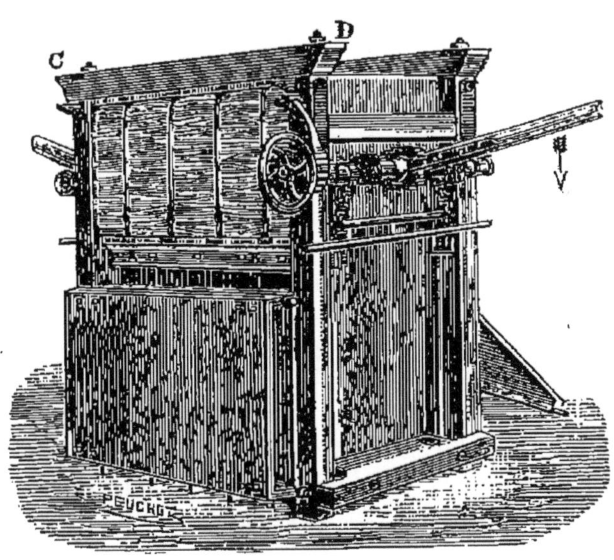

Fig. 35. — Presse à foin.

sont formées de deux plateaux, dont l'un AB se meut verticalement sous l'impulsion qu'on lui donne à l'aide de deux leviers, de façon à se rapprocher du second plateau CD, qui est fixe. Dans d'autres systèmes, c'est un piston mû par la vapeur qui comprime le foin arrivant par une trémie dans une sorte de corps de pompe. Les balles obtenues sont tantôt cubiques, tantôt cylindriques. On les maintient à l'aide de liens de fil de fer.

Pâturage. — Dans certains cas, il est plus avantageux de faite pâturer la prairie que de la faucher. Il en est ainsi pour les prairies éloignées des bâtiments de la ferme ou d'un accès difficile aux voitures, pour toutes celles dont la production en foin, inférieure à 1 500 kilogrammes, n'est pas en rapport avec les frais de récolte, enfin sous les climats humides, où le fanage est long et pénible. Les riches herbages de la Normandie sont presque tous livrés au pâturage.

Il est nécessaire de faire succéder les animaux sur la prairie dans un ordre déterminé, en commençant par les bêtes bovines, qui ont besoin d'une nourriture abondante, pour terminer par les moutons, auxquels leur organisation permet de tondre l'herbe de très près.

Le séjour permanent des animaux au pâturage fait retourner à celui-ci, par les déjections, une partie des éléments fertilisants qui lui ont été enlevés. Quand les animaux rentrent à la ferme pendant la nuit, afin d'éviter l'appauvrissement de l'herbage, il faut réserver à celui-ci le fumier produit à l'étable ou lui fournir des engrais minéraux.

Le pâturage *au piquet*, qui consiste à ne laisser brouter l'animal que sur une surface circulaire ayant comme rayon la corde à laquelle il est attaché, permet d'utiliser les herbages beaucoup mieux qu'avec le pâturage libre ; la perte de fourrage est moindre, car l'animal piétine peu et mange la presque totalité de l'herbe.

Les pâturages et les prairies fauchées prennent, après quelques années d'exploitation, un aspect différent. Alors que les herbes de ces dernières s'éclaircissent et s'allongent, celles des pâturages tallent et restent courtes.

Nous reviendrons sur le pâturage en traitant de l'alimentation du bétail.

La fauchaison des fourrages pour les faire consommer à l'état vert constitue une bonne méthode d'exploitation des prairies, à la condition que la coupe de l'herbe, sur les divers points de l'herbage soit combinée de telle sorte que l'on ne fauche jamais que des plantes suffisamment développées sans cependant être trop vieilles.

Prairies temporaires. — On établit et l'on exploite les prairies temporaires de la même façon que les prairies permanentes. Mais, en raison de leur faible durée, il est indispensable d'en obtenir dès le début un produit rémunérateur. On y sème donc des espèces à croissance rapide et à grande production : ray-grass, fétuque des prés, fléole, dactyle, pâturin des prés, trèfles, minette, etc., en ayant soin de choisir celles dont l'extirpation est facile, afin qu'on puisse s'en débarrasser aisément quand la prairie devra faire place à une autre culture.

Intercalée dans l'assolement des terres arables, à la suite d'une céréale d'hiver, la prairie occupe généralement la sole pendant trois ou quatre ans. Elle produit chaque année au moins deux coupes ou une coupe et un pâturage. On la défriche ensuite à l'automne pour lui substituer une céréale de printemps. Quand, dans une exploitation, les prairies temporaires se succèdent sans interruption, il faut leur consacrer chaque année une même superficie, afin de régulariser la production fourragère.

CHAPITRE XXIII.

PRAIRIES ARTIFICIELLES

Définition. — Rôle des prairies artificielles. — Luzerne. — Trèfle des prés. — Trèfle blanc. — Trèfle hybride. — Trèfle incarnat. — Sainfoin. Minette. — Anthyllide. — Vesce. — Serradelle. — Spergule. — Ray-grass. — Autres plantes fourragères des prairies artificielles.

Définition. — Le nom de *prairies artificielles* devrait s'appliquer à toutes les prairies créées par la main de l'homme. Il ne désigne, en réalité, que les cultures de certaines espèces fourragères semées isolément.

Rôle des prairies artificielles. — Les prairies artificielles remplacent avantageusement les prairies naturelles partout où les conditions de sol, de climat et d'exploitation en permettent l'établissement. Elles produisent généralement un fourrage abondant et d'une grande valeur nutritive; de plus, elles peuvent facilement prendre place dans certains systèmes d'assolement. Enfin, celles qui sont formées de plantes appartenant à la famille des légumineuses enrichissent le sol de l'azote accumulé dans les longues et fortes racines que ces plantes laissent en terre.

La plupart des espèces qui composent les prairies artificielles sont bisannuelles ou vivaces; quelques-unes sont annuelles. C'est la nature du sol et du climat, en même temps que les besoins en fourrage du bétail entretenu sur l'exploitation, qui doivent guider l'agriculteur dans le choix de ces espèces.

La préparation du sol pour les prairies artificielles est à peu près la même que pour les prairies naturelles ; mais la terre doit se trouver ameublie par les labours sur une plus grande profondeur, surtout lorsqu'il s'agit de prairies de longue durée. Quant aux procédés de récolte et de conservation des fourrages, ils ne diffèrent en rien de ceux que nous avons indiqués précédemment.

Luzerne. — La luzerne (*Medicago sativa*) est une plante vivace de la famille des Légumineuses. Ses tiges, qui atteignent une hauteur de $0^{m},40$ à $0^{m},50$, portent des feuilles composées de trois folioles finement dentées et plus allongées que celles du trèfle. Ses fleurs, violettes, sont réunies en grappe. La racine de la luzerne est pivotante et s'enfonce profondément en terre.

Bien que le midi de l'Europe soit la véritable patrie de la luzerne, cette plante prospère dans les parties les plus septentrionales de la France, à la condition toutefois que le terrain lui convienne. Elle est exigeante, en effet, sous le rapport du sol. Il lui faut des terres profondes, bien ameublies, assez riches en calcaire, à sous-sol perméable se laissant aisément pénétrer par les racines. Ce sont les sols d'alluvion sains qui lui conviennent le mieux; les terres fortes, humides, lui sont, au contraire, absolument défavorables.

Quant aux matières fertilisantes que la luzerne doit rencontrer dans le sol, c'est la potasse, l'acide phosphorique et la chaux qui exercent la plus grande influence sur son développement. Nous savons, en effet, que la potasse est la dominante des légumineuses, sur lesquelles les engrais azotés n'ont qu'une action faible ou nulle, ces plantes puisant dans l'atmosphère la presque totalité de l'azote qui leur est nécessaire, et le reste pouvant leur être fourni par le sous-sol; cette particularité a fait donner aux légumineuses le nom de plantes *améliorantes*. Mais elles ne sont améliorantes qu'en ce qui concerne l'azote qu'elles apportent au sol; elles sont, au contraire, comme tous les autres végétaux, épuisantes par rapport aux éléments minéraux. Ce sont donc ces éléments qu'il convient de leur fournir sous forme d'engrais. La chaux, le plâtre, les cendres, les phosphates et les sels de potasse peuvent être employés dans ce but et incorporés préalablement au sol ou répandus en couverture, soit à l'automne, soit en février ou mars, sur les prairies ayant un an d'existence.

Sous le climat de Paris la luzerne se sème en mars ou avril, à raison de 20 à 25 kilogrammes de semences à l'hectare, dans une céréale claire, avoine ou orge. Dans le Midi, où, si l'on procédait ainsi, les jeunes plantes auraient à souffrir de la sécheresse, on exécute le semis en septembre ou en octobre. On enterre la graine avec une herse légère ou une herse d'épines.

Parmi nos luzernes indigènes, les variétés les plus connues sont celles de Provence, du nord et du Poitou. La première, dont la valeur est incontestable dans le midi de la France, produit, dans nos départements septentrionaux, un fourrage moins abondant que les deux autres. Quant aux luzernes d'Amérique, que l'on a tenté d'introduire chez nous dans ces dernières années, il faut les rejeter absolument. Elles sont, en effet, de faible durée, très peu productives, résistent mal aux maladies cryptogamiques et apportent dans nos cultures des parasites dangereux.

Pendant le cours de la végétation, on exécute dans les luzernières quelques sarclages, si les plantes ont été disposées en lignes; dans le cas contraire, on les remplace par un coup de scarificateur, donné au printemps et suivi de hersages légers; les herbes sont ensuite ramassées à l'aide du râteau à cheval.

Les irrigations d'été sont très favorables au développement de la luzerne.

La luzerne se fauche lorsqu'elle est en pleine fleur. Le nombre des coupes que l'on en obtient varie selon les conditions de sol, d'entretien et surtout de climat. On en compte jusqu'à cinq dans certaines prairies irriguées du midi de la France. Le rendement annuel des luzernières atteint par hectare, dans nos départements septentrionaux, de 20 000 à 50 000 kilogrammes de fourrage vert, qui se réduisent par la dessiccation à 5 000 ou 10 000 kilogrammes de foin; sous l'influence de l'arrosage, ce rendement s'élève parfois à 60 000 kilogrammes dans les contrées méridionales. Le foin de luzerne occupe, au point de vue de la valeur nutritive, le premier rang parmi nos divers fourrages.

La graine de luzerne se récolte, selon les régions, sur la seconde ou la troisième pousse de l'année.

Une luzernière placée dans de bonnes conditions peut durer de quatre à dix ans. Il est rarement avantageux de la laisser subsister plus de six ans. Quand elle n'est plus suffisamment productive, on la défriche par un labour d'automne et on la fait suivre d'une céréale.

La luzerne a de nombreux ennemis. Citons, parmi les parasites végétaux, le *rhizoctone* et surtout la *cuscute* (*Cuscuta epithymum*). Cette dernière plante, susceptible de se reproduire à la fois par graines et par filaments, exerce des ravages considérables dans les cultures de trèfle et de luzerne. Il est extrêmement important de s'assurer que les semences de ces deux légumineuses n'en renferment aucune graine. Si, malgré cette précaution, le dangereux parasite faisait son apparition dans les cultures, on devrait faucher toute l'étendue qu'il occupe, brûler sur place les plantes attaquées et arroser copieusement le sol avec une solution de sulfate de fer à 5 ou 10 pour 100. Nous renvoyons, pour l'étude des insectes nuisibles, au chapitre spécial qui leur est consacré.

Trèfle des prés. — Le trèfle des prés (*Trifolium pratense*), appelé communément trèfle violet, est également une plante de la famille des Légumineuses, bisannuelle ou vivace. Ses tiges atteignent une hauteur de $0^m,30$ à $0^m,40$. Sa fleur est d'un violet clair.

Cette plante redoute les climats à sécheresses persistantes.

Les terres fraîches, consistantes sans excès, sont celles qui conviennent le mieux au trèfle des prés. Tout ce que nous avons dit des engrais favorables à la luzerne s'applique également au trèfle, aussi bien qu'aux légumineuses qui vont suivre.

Semé au printemps dans les mêmes conditions que la

luzerne, à raison de 15 à 20 kilogrammes de graines par hectare, le trèfle des prés donne un pâturage à l'automne, puis, l'année suivante, une première coupe en juin, une seconde en août et un nouveau pâturage d'automne. On enfouit parfois en vert la dernière pousse. La plante n'occupe généralement le sol que pendant dix-huit mois.

Selon la fertilité du terrain et les conditions climatériques de l'année, le trèfle des prés produit par hectare de 20 000 à 35 000 kilogrammes de fourrage vert représentant de 4 000 à 8 000 kilogrammes de fourrage sec, d'une valeur un peu moindre que celle du foin de luzerne.

La semence se récolte sur la seconde pousse.

Trèfle blanc. — Le trèfle blanc (*Trifolium repens*), de plus petite taille que le précédent, est aussi moins productif. Mais, rustique et peu exigeant sous le rapport du sol, il s'accommode des conditions de culture les plus diverses. Cette légumineuse est surtout employée, concurremment avec d'autres espèces, pour la création des prairies naturelles; quand on en forme des prairies artificielles, on la sème et on la récolte comme le trèfle violet. On répand, à l'hectare, de 10 à 12 kilogrammes de graines.

Trèfle hybride. — Le trèfle hybride (*Trifolium hybridum*) se distingue du trèfle blanc par sa fleur rosée, ses tiges dressées et ses feuilles plus grandes. On le sème, comme ce dernier, dans les prairies naturelles ou artificielles.

Le trèfle hybride craint peu le froid et l'humidité; il redoute, au contraire, beaucoup la sécheresse.

Trèfle incarnat. — Le trèfle incarnat ou farouche (*Trifolium incarnatum*) est une légumineuse annuelle. Sa tige velue est surmontée de fleurs d'un rouge éclatant. Certaines variétés possèdent des fleurs blanches.

Le trèfle incarnat peut végéter sur des terres médiocres, surtout lorsqu'elles sont légères et perméables; dans les sols fertiles, son rendement en fourrage vert est élevé : il atteint de 15 à 25 000 kilogrammes par hectare. Cette plante est précieuse en raison de sa précocité. Semée de bonne heure à l'automne, sur un coup de herse ou un labour très léger, on peut la couper, au printemps, quinze jours ou trois semaines avant le trèfle des prés. On distingue les variétés hâtives, qui fleurissent au commencement de mai, des variétés tardives, dont les fleurs n'apparaissent qu'à la fin du même mois. Le fourrage de trèfle incarnat, quoique de qualité un peu inférieure à celui des autres trèfles, est cependant très estimé, pour la nourriture du bétail ; il constitue également un excellent engrais vert.

Sainfoin. — Le sainfoin, esparcette ou bourgogne (*Hedysarum Onobrychis*) est au nombre de nos meilleures plantes fourragères. Il est vivace, rustique; ses racines descendent à une grande profondeur dans le sol. Ses tiges atteignent une hauteur de 40 à 60 centimètres; elles portent des feuilles nombreuses divisées en longues folioles.

Ce qui fait du sainfoin une plante précieuse, c'est qu'il végète sur les terres calcaires sèches et les sols siliceux, là où le trèfle et la luzerne viennent mal. Mais il redoute les terres humides, argileuses ou marneuses.

Dans le nord, le sainfoin se sème au printemps dans une céréale ; dans le midi, le semis s'effectue en automne sur un sol nu. On emploie 4 hectolitres ou environ 120 kilogrammes de semences par hectare. La graine est enfouie par un ou deux hersages.

On coupe le sainfoin au moment où les graines se forment. Il produit de 4 000 à 7 000 kilogrammes de fourrage sec par hectare. Ce fourrage est d'excellente qualité et peut soutenir la comparaison avec celui de trèfle.

Le sainfoin double ou à deux coupes est une variété améliorée, par la culture en terre riche, du sainfoin ordinaire ou sainfoin à une coupe. Les prairies de sainfoin peuvent durer cinq ou six ans ; souvent cependant on ne les conserve qu'un ou deux ans.

Le sainfoin d'Espagne ou sulla (*Hedysarum coronarium*) appartient à la culture méridionale. Il est apprécié en Algérie, en Italie et en Espagne en raison de l'abondance du fourrage qu'il y produit.

Minette. — La minette ou lupuline (*Medicago lupulina*) appartient au genre luzerne. Cette plante bisannuelle, que souvent on associe au trèfle blanc ou au ray-grass, est précieuse pour les sols calcaires, où le trèfle réussit mal. On la sème comme les espèces précédentes, à raison de 15 à 18 kilogrammes de graines par hectare. On n'en obtient qu'une coupe ou un pâturage. Sa production s'élève, dans les bonnes terres, à 10 000 ou 12 000 kilogrammes de fourrage vert par hectare.

Anthyllide. — L'anthyllide vulnéraire ou trèfle jaune des sables (*Anthyllis vulneraria*) est encore assez peu connue chez nous. Sa culture est cependant à propager dans les sols légers et sous les climats où les sécheresses prolongées sont à craindre; on sème et on récolte cette plante de la même façon que celles dont nous venons de parler.

L'anthyllide peut durer de deux à cinq ans; il est rare qu'on la conserve plus de deux ans. On en obtient annuellement à l'hectare de 8 à 10 000 kilogrammes de fourrage vert, qui se réduisent par la dessiccation à 2 000 ou 3 000 kilogrammes de foin.

Vesce. — La vesce (*Vicia sativa*), plante annuelle de la famille des Légumineuses, dont les tiges grimpantes ne peuvent se soutenir d'elles-mêmes, s'associe généralement au seigle, à l'avoine ou à l'orge. On en distingue deux variétés : l'une d'hiver, que l'on sème en septembre; l'autre de printemps, dont le semis peut s'effectuer du mois de mars au mois de juin, selon l'époque à laquelle on veut obtenir du fourrage; cette dernière redoute la sécheresse. On répand par hectare de 150 à 200 kilogrammes de graines, que l'on enterre par un léger labour ou à l'aide du scarificateur.

Les terres consistantes, suffisamment pourvues de calcaire, sont celles qui conviennent le mieux à la vesce.

Cette plante permet d'obtenir par hectare de 20 000 à 25 000 kilogrammes de fourrage vert, soit de 4 000 à 5 000 kilogrammes de foin. La variété d'hiver est plus productive que celle de printemps.

Serradelle. — La serradelle ou pied d'oiseau (*Ornithopus sativus*) appartient à la famille des Légumineuses. Cette plante annuelle, dont les tiges atteignent une hauteur de $0^{m},40$ à $0^{m},50$, porte des feuilles composées à folioles velues; ses fleurs sont petites, de couleur rouge violacé.

La serradelle convient spécialement aux terres sablonneuses, où le trèfle des prés ne donne qu'une récolte insuffisante. Elle redoute beaucoup l'humidité.

Cette plante se sème au printemps, soit seule, soit dans une céréale, à raison de 30 à 40 kilogrammes de graines par hectare. Sa croissance étant lente au début, elle se trouve facilement étouffée par les mauvaises herbes : il faut donc lui réserver un sol propre. La serradelle est bonne à faucher deux ou trois mois après la levée. Elle donne, en une seule coupe, de 3 000 à 6 000 kilogrammes de fourrage sec à l'hectare. Le fourrage vert qu'on en obtient est nutritif, tendre et savoureux. Les animaux l'acceptent volontiers.

Cette plante, peu cultivée en France, mériterait certainement de l'être davantage. Elle peut rendre de réels services dans les régions à climat sec et chaud.

Spergule. — La spergule ou spargoute (*Spergula arvensis*), plante annuelle de la famille des Caryophyllées, a des tiges fistuleuses couchées, longues de $0^{m},30$ ou $0^{m},40$. Ses feuilles sont verticillées, ses fleurs petites et blanches.

La spergule, qui vient à l'état spontané dans les terres siliceuses fraîches, convient surtout aux sols légers peu calcaires. Elle réussit mal dans les terrains et sous les climats secs. On la sème de mars à septembre, sur un sol nu bien nettoyé, à raison de 20 à 25 kilogrammes de graines à l'hectare. On peut l'employer en culture dérobée.

La spergule atteint en deux mois son entier développement et doit alors être fauchée. On en obtient à l'hectare de 10 000 à 15 000 kilogrammes de fourrage vert de bonne qualité. Ce fourrage convient surtout aux vaches laitières; il pousse en effet, dit-on, à la production du lait, et l'enrichit en matières grasses.

Ray-grass. — Les ray-grass sont des graminées du genre ivraie. On en cultive deux espèces : le ray-grass anglais (*Lolium perenne*) et le ray-grass d'Italie (*Lolium Italicum*). Toutes deux sont vivaces, mais ne peuvent guère être conservées en culture pendant plus de deux ans, surtout le dernier.

Les ray-grass sont des plantes à végétation rapide, qui réussissent bien dans toutes les terres fraîches et sous les climats humides. On les sème généralement au printemps sur un sol nu, ou dans une céréale d'automne, à raison de 50 à 60 kilogrammes de graines par hectare. On associe souvent aussi le ray-grass anglais au trèfle des prés ou au trèfle blanc. Il entre presque toujours dans la composition des prairies naturelles.

Les ray-grass doivent être fauchés souvent : car leurs tiges durcissent dès qu'elles prennent quelque développement.

Autres plantes fourragères des prairies artificielles. — En dehors des espèces que nous venons de passer en revue, il en est d'autres qui peuvent également servir à la formation de prairies artificielles. Telles sont : la gesse (*Lathyrus sativus*), la jarosse (*Lathyrus cicera*), le lentillon (*Ervum lens minor*), le pois gris ou bisaille (*Pisum arvense*) d'hiver ou de printemps. Nous avons déjà cité la plupart d'entre elles en traitant des légumineuses alimentaires.

Le fenu-grec (*Trigonella fœnum-græcum*) appartient à la culture méridionale. Il fournit un fourrage de médiocre valeur.

Quant au mélilot (*Melilotus alba*), préconisé quelquefois, ses tiges sont trop dures pour qu'il y ait lieu d'en conseiller la culture.

La vesce velue (*Vicia villosa*) a pris tout récemment une place importante dans nos cultures fourragères.

CHAPITRE XXIV.

PLANTES FOURRAGÈRES DIVERSES

Choux fourragers. — Autres crucifères. — Céréales fauchées en vert. — Consoude. — Ajonc. — Feuilles de divers végétaux.

Choux fourragers. — Le chou (*Brassica oleracea*) appartient à la famille des *Crucifères*. C'est une plante vivace.

Les choux fourragers rappellent de loin le chou sauvage. Ils ne *pomment* pas, mais acquièrent avec une tige élevée un très grand développement foliacé. Ces choux jouent un rôle important dans l'alimentation du bétail de nos départements de l'ouest et du nord-ouest.

On en distingue plusieurs variétés : 1° *le chou branchu du Poitou* ou *chou mille têtes*, très ramifié, et dont la hauteur atteint $1^{m},50$; 2° le *chou moellier*, à tige renflée pleine d'une moelle abondante et nutritive, moins riche en feuilles que le précédent ; 3° le *chou cavalier*, très rustique, qui atteint souvent une hauteur de deux mètres, mais donne relativement peu de feuilles ; 4° le *chou caulet* ou *chou de Flandre*, à tige violette, ramifiée, qui ressemble au chou branchu ; 5° le *chou frisé* ou *chou du Nord*, le plus rustique de tous les choux fourragers, qui n'a que des feuilles d'une faible ampleur.

Les terres argileuses ou argilo-calcaires sont celles qui conviennent le mieux au chou. Cette plante redoute les sols humides durant l'hiver. L'addition d'engrais phosphatés et calcaires aux fumiers est avantageuse pour la culture du chou.

Les choux fourragers se sèment en pépinière en mars ou avril. On enterre la graine au râteau et l'on recouvre le sol d'une couche de *paillis*, fumier très divisé. Quelques arrosages sont nécessaires quand le temps est trop sec.

En mai ou juin, les plants sont mis en place à l'aide du plantoir ou de la pioche. On les dispose en lignes distantes de $0^{m},70$ à 1 mètre, et on les espace, dans les lignes, de $0^{m},65$ à $0^{m},75$. On obtient ainsi de 15 000 à 18 000 plants par hectare.

Dans le courant de juillet, on procède aux binages nécessaires ; puis, à la fin d'août ou au commencement de septembre, on butte les pieds à l'aide d'une charrue-buttoir.

La récolte des feuilles commence à la fin de septembre. On l'effectue, selon les besoins journaliers, en enlevant une ou deux feuilles à chaque pied. On obtient ainsi, pendant l'automne, de 15 000 à 20 000 kilogrammes de feuilles. En février de l'année suivante, on effeuille à nouveau ; puis en mars ou en avril, lorsque apparaissent les premières fleurs, on coupe ou on arrache les choux. Les feuilles et les ramifications peuvent être immédiatement données au bétail. Quant aux troncs, on les fend en deux ou en quatre parties, s'il s'agit de choux moelliers. Les troncs des autres variétés, très durs, sont généralement mis de côté et brûlés quand ils sont secs.

Un hectare de choux fourragers rapporte, en totalité, pendant les deux années que la plante occupe le sol, de 80 000 à 100 000 kilogrammes de fourrage vert de bonne qualité. On a prétendu que ce fourrage donne au lait des vaches qui s'en nourrissent une saveur de mauvais aloi. Cette observation ne paraît pas fondée.

Autres crucifères. — Le colza, la navette, la moutarde blanche, fauchées en vert au printemps ou à l'automne, quelques mois après les semailles, fournissent des fourrages appréciés.

Céréales fauchées en vert. — Toutes nos céréales peuvent être fauchées en vert pour la nourriture du bétail ; mais quelques-unes seulement sont couramment employées à cet usage. Le maïs est la plus importante d'entre elles. Cette céréale peut, dans toutes nos régions, être cultivée comme plante fourragère. Les grands maïs d'Amérique, surtout le maïs Caragua, sont ceux auxquels il faut donner la préférence pour cette destination, chaque fois que cela est possible. Semés depuis le commencement du printemps jusqu'au milieu de l'été et fauchés lors de l'apparition des fleurs mâles, ils donnent de 80 000 à 100 000 kilogrammes de fourrage vert par hectare. Le rendement de nos maïs indigènes : quarantain, jaune d'Auxonne, etc., ne s'élève guère au delà de 50 000 à 60 000 kilogrammes. Ils sont plus précoces et plus rustiques que les maïs d'Amérique. C'est à l'*ensilage*, procédé que nous décrirons plus loin (voir *Alimentation du bétail*), qu'il convient de recourir pour la conservation de ces énormes masses fourragères.

Les variétés d'hiver de *seigle*, d'*orge* et d'*avoine*, coupées au printemps, au début de l'épiaison, fournissent un fourrage de bonne qualité. Le seigle surtout est précieux en raison de sa précocité. On obtient par hectare, avec cette dernière plante, de 25 000 à 30 000 kilogrammes de fourrage vert, qui peut être récolté dès la seconde quinzaine d'avril. L'orge et l'avoine semées au printemps peuvent être fauchées deux mois après.

Le *sorgho*, le *moha de Hongrie*, le *millet long* ou *alpiste*, jouent aussi un rôle important comme graminées fourragères. On les cultive à peu près comme le maïs. Le moha peut être fané.

Le fourrage produit par le sarrasin est de très médiocre valeur.

Consoude. — La consoude à feuilles rudes (*Symphytum asperrimum*) est une plante de la famille des *Borraginées*, dont on a préconisé l'emploi comme plante fourragère. En sols riches et frais, elle produit un fourrage vert abondant, mais de faible valeur nutritive, et qui déplaît aux animaux à cause des poils rudes dont sont garnies les feuilles du végétal ; il semble cependant apprécié des vaches laitières. La consoude donne, d'ailleurs, peu de graines, et l'on est obligé de la multiplier par éclats de pieds, ce qui en rend la culture difficile. C'est, en définitive, une plante assez peu recommandable.

Ajonc. — L'ajonc marin, jaunet ou genêt épineux (*Ulex Europæus*), plante vivace et buissonnante de la famille des *Légumineuses*, qui croît spontanément en France dans les lieux arides et secs, fournit à l'alimentation du bétail un précieux appoint dans nos départements de l'ouest et du sud-ouest.

C'est seulement dans les terres médiocres dépourvues de calcaire que la culture de l'ajonc a sa raison d'être. Cette plante se sème au printemps, dans une céréale, à raison de 10 à 15 kilogrammes de graines par hectare. On recouvre par un hersage. En novembre ou en décembre, on fauche les jeunes pousses pour provoquer le tallement. La véritable première coupe ne s'effectue qu'à l'entrée du second hiver qui suit l'ensemencement. On obtient ensuite une récolte tous les ans lorsque les pousses ont atteint une hauteur de $0^m,50$ à $0^m,60$. L'ajonc produit annuellement, pendant six ou sept ans, de 18 000 à 20 000 kilogrammes de fourrage vert par hectare.

L'ajonc est épineux et ne peut être donné au bétail sans avoir subi une préparation préalable. (Voir *Alimentation du bétail.*)

Feuilles de divers végétaux. — Les tiges et les feuilles du pastel, de la chicorée sauvage ; les feuilles de la betterave, de la carotte, du panais, celles de certains arbres ou arbustes, tels que la vigne, l'orme, le frêne, le charme, le tilleul, l'érable, le peuplier, etc., peuvent être avantageusement utilisées comme fourrages. Ce sont des produits accessoires, dont il est facile à l'agriculteur de tirer profit.

CHAPITRE XXV.

PLANTES A RACINES FOURRAGÈRES

Définition. — Betterave fourragère : variétés. — Préparation du sol. — Fumures. — Semailles. — Cultures d'entretien. — Transplantation. — Maladies et ennemis de la betterave. — Récolte et conservation des racines. — Utilisation des betteraves fourragères. — Culture des porte-graines.
Carotte. — Panais. — Navet. — Chou-navet. — Chou-rave.

Définition. — Nous venons d'étudier les diverses plantes qui sont fourragères par leurs parties aériennes, tiges, feuilles et fleurs; il nous reste à voir celles dont les racines ou les tubercules servent à l'alimentation du bétail. De ce nombre sont la *betterave*, la *carotte*, le *navet*, le *panais*, le *chou-rave*, le *chou-navet*, la *pomme de terre* et le *topinambour*. Nous consacrerons un chapitre spécial à l'étude de ces deux dernières plantes, qui sont tout à la fois alimentaires, industrielles et fourragères.

Betterave fourragère : variétés. — La betterave (*Beta vulgaris*) est une plante bisannuelle de la famille des *Chenopodées*. Sa racine, charnue, se forme la première année; quant à sa tige, c'est la seconde année seulement qu'elle se développe.

On connaît un grand nombre de variétés de betteraves. Quelques-unes appartiennent à la culture potagère, d'autres à la culture industrielle comme betteraves de distillerie ou betteraves à sucre. Les principales variétés fourragères aujourd'hui connues dérivent des quelques types suivants :

1° *Betterave disette d'Allemagne* ou *disette champêtre*, à racine fusiforme très développée, dont une moitié au moins sort de terre. La peau en est rouge, la chair blanche veinée de rose. La betterave *mammouth* et la betterave *corne de bœuf* (*fig.* 36) dérivent de cette variété;

2° *Betterave blanche à collet vert* ou *disette blanche*, à racine cylindrique; peau verte hors de terre, blanche sur toute la partie en terre, chair blanche;

3° *Betterave rouge grosse*, à racine cylindrique, très hors de terre; la peau, la chair et les feuilles en sont rouges;

3° *Betterave jaune grosse*, à racine cylindrique; peau et chair jaunes;

5° *Betterave jaune d'Allemagne*, à racine cylindrique, longue et grosse; peau jaune, chair blanche;

Fig. 36. — Betterave corne de bœuf. Fig. 37. — Betterave globe.

6° *Betterave globe jaune* (*fig.* 37), à racine presque sphérique; peau jaune ou rougeâtre, chair blanche;

7° *Betterave globe rouge*, à racine presque sphérique; peau rouge, chair blanche;

8° *Betterave jaune ovoïde des Barres*, à racine ovoïde; peau jaune et chair blanche.

Toutes ces variétés ont des racines très sorties de terre. Elles diffèrent en cela des variétés sucrières, dont le collet est très réduit.

Préparation du sol. — La betterave exige des terres profondes, riches et fraîches. Les terres franches sont celles qui lui conviennent le mieux. Elle redoute les sols très argileux ou très calcaires.

Les terres destinées à la culture de la betterave doivent être soigneusement ameublies. On leur donne en automne, aussitôt après l'enlèvement de la récolte, un premier labour de déchaumage. Au printemps, on exécute un second labour profond. Dans les terres fortes, il est parfois utile d'effectuer un troisième labour.

Un roulage au rouleau Croskill, puis un ou deux hersages complètent la préparation du sol.

Quand les terres manquent de profondeur, on ne peut cultiver la betterave que sur *billons* ou *ados*. Ces billons sont espacés, d'axe en axe, de 0m,60 à 0m,80 et dirigés, si c'est possible, du nord au sud.

Fumures. — Pour que la betterave soit productive, il est nécessaire de lui appliquer des fumures abondantes. Cette plante vient généralement, d'ailleurs, en tête de l'assolement, avant les céréales, et l'excès des engrais qu'on lui fournit sur ce qu'elle consomme sert aux cultures suivantes, auxquelles, souvent même, on n'apporte plus aucune matière fertilisante.

Obtenir un rendement considérable correspondant à la plus forte quantité possible d'éléments azotés, tel est le but que l'on doit poursuivre dans la culture de la betterave fourragère. Il ne faut donc lui ménager ni les engrais azotés et phosphatés ni les sels alcalins. Nous verrons que, pour la betterave à sucre, quelques précautions sont nécessaires à cet égard.

Les matières fertilisantes peuvent être fournies à la betterave soit sous forme de fumier de ferme, soit sous forme d'engrais chimiques. Ces derniers sont rarement employés seuls. Le fumier de ferme est appliqué à l'automne, à raison de 40 000 à 60 000 kilogrammes à l'hectare, et enfoui par un labour. On peut réduire cette quantité à 30 000 ou 35 000 kilogrammes et compléter la fumure par l'apport d'engrais minéraux.

Semailles. — On sème la betterave du 15 février au 15 avril, suivant les régions. Les semailles hâtives paraissent préférables aux semailles tardives.

Les semis se font *en place* ou *en pépinière*.

En place, on dispose les semences en lignes espacées de 0m,50 à 0m,65. Dans les cultures de faible étendue, on trace les lignes à l'aide d'un *rayonneur* et l'on répand les semences à la main dans les sillons ainsi ouverts. On recouvre ensuite au râteau. Dans les exploitations importantes, c'est au semoir à cheval qu'on a recours. L'appareil doit être réglé de telle façon qu'il répande une dizaine de graines par mètre de longueur. On consomme ainsi de 5 à 10 kilogrammes de semences par hectare. On fait suivre le semoir d'un rouleau, dont le passage a pour but de rendre plus parfait le contact de la terre avec la semence, et de hâter ainsi la germination.

Pour les semis sur billons, on fait usage de plantoirs ou de semoirs spéciaux.

Dans les terres dont la surface durcit facilement et s'opposerait à la levée des graines, on est obligé de transplanter les betteraves lorsqu'elles ont acquis un certain développement. On sème alors celles-ci *en pépinière*, sur un sol riche, et bien ameubli, en lignes distantes de 0m,10 à 0m,15, et à raison de 30 kilogrammes environ de semences par hectare. Un hectare de pépinière fournit suffisamment de plants pour une superficie de 8 à 12 hectares de culture. A l'aide d'arrosages, on empêche le sol de durcir. Quand les plants sont trop serrés, on les éclaircit lorsqu'ils ont deux ou trois feuilles.

Cultures d'entretien. — La betterave est la plante *sarclée* type. Pendant les premiers mois de la végétation, soit en place, soit en pépinière, on fait subir aux cultures de cette plante deux ou trois binages à la *rasette flamande* ou à la houe à cheval.

A la fin de mai ou dans le courant de juin, on procède à l'*éclaircissage* ou *démariage* des betteraves semées en place. Cette opération consiste à enlever les plants trop nombreux, de façon à n'en laisser qu'un tous les 30 ou 40 centimètres sur les lignes. Les semences de betteraves sont des *glomérules* renfermant chacun deux ou trois graines et pouvant, par suite, donner naissance à deux ou trois plantes. Ces plantes se nuiraient mutuellement si l'on ne prenait pas soin de supprimer celles qui sont en excès. En même temps qu'on éclaircit, on remplace les plants qui ont péri.

De nouveaux binages sont effectués dans le courant des mois de juin, juillet et août dans les betteraves semées en place ou repiquées. L'*effeuillage*, que l'on pratique encore dans quelques régions, est une opération à rejeter : elle nuit à la végétation de la plante et, par suite, au développement des racines.

Transplantation. — C'est du 15 mai au 20 juin que l'on transplante les betteraves semées en pépinière. On choisit un temps humide pour cette opération.

Quelques heures avant la transplantation, on arrache à la main les plants les plus vigoureux, auxquels on fait subir un *habillage*, qui consiste à couper l'extrémité des feuilles et celle de la racine. Pour empêcher la dessiccation de cette dernière, on a souvent coutume de la tremper, aussitôt après l'habillage, dans un mélange de bouse de vache et de suie ou de noir animal.

Le sol ayant été préalablement rayonné, l'ouvrier pratique, à l'aide du *plantoir*, un trou dans lequel il place le plant, qu'il fixe solidement par un second coup de plantoir. La mise en place doit se faire avec soin, de manière à ce que tous les plants se trouvent également espacés.

Quand des sécheresses surviennent après la transplantation, un arrosage est souvent utile pour assurer la reprise des jeunes plants. Dans le midi, cette opération est presque toujours nécessaire.

Maladies et ennemis de la betterave. — La betterave est sujette à des maladies cryptogamiques, dont les plus communes sont la *rouille*, causée par l'*Uromyces betæ*, et la *suie*, due au développement de l'*Helminthosporium rhizoctonon*. La première de ces maladies atteint les feuilles; en enlevant celles qui sont attaquées, on pourrait l'empêcher de se propager. Quant à la suie, elle provoque la pourriture des racines. Elle n'apparaît, d'ailleurs, que dans les terrains humides, et l'assainissement de ceux-ci est le meilleur moyen de la combattre.

Parmi les insectes, la betterave a de nombreux ennemis : le ver blanc du hanneton, l'atomaire linéaire, le taupin, l'altise, les cassides, le silphe opaque, la mouche de la betterave (*Pegomya hyosciani*), les noctuelles. Un myriapode, l'iule, et surtout un nématode microscopique, l'anguillule de la betterave (*Heterodera Schachtii*), sont également très nuisibles à cette plante.

Récolte et conservation des racines. — L'arrachage des betteraves s'opère du 15 septembre à la fin d'octobre, suivant les régions et la nature du sol. On choisit, autant que possible, un beau temps pour l'effectuer.

L'arrachage à la bêche, qui ne mutile pas les racines, mais exige une main-d'œuvre coûteuse, est généralement réservé aux betteraves à sucre. On peut aussi substituer à la bêche la fourche à dents plates ou la houe fourchue. L'emploi d'instruments spéciaux, actionnés par des chevaux, qui soulèvent les betteraves hors de terre, est plus économique en grande culture.

Dès que les racines sont arrachées, on les soumet au *décolletage* ou *ététage*, qui consiste à en couper le collet à l'aide d'une serpe ou d'une faucille. Cette opération a pour but d'arrêter la végétation de la plante et de permettre l'utilisation et la conservation de la racine. Les betteraves sont ensuite nettoyées à l'aide d'un couteau de bois, puis mises en tas, lorsqu'on ne peut les rentrer immédiatement.

On obtient, avec les betteraves fourragères, de 30 000 à 60 000 kilogrammes de racines par hectare. Leur rendement varie avec les variétés et les conditions de culture.

Les betteraves peuvent être conservées en caves ou en celliers; mais lorsque la récolte est importante, il est rare que l'on dispose de locaux suffisants pour les loger. On les place alors dans des silos en maçonnerie, ou bien on en forme des silos temporaires. Ces derniers s'obtiennent de la façon suivante : dans un sol sain on creuse une fosse de $0^{m},30$ de profondeur sur $1^{m},50$ ou 2 mètres de largeur et une longueur aussi considérable qu'il est nécessaire. On dispose sur le sol de cette fosse une première assise de betteraves, et sur ces betteraves on en place d'autres, de façon à former un prisme à base rectangle d'une hauteur de $1^{m},50$ environ. Sur les côtés de la fosse, on creuse des rigoles de $0^{m},50$ à $0^{m},60$ de profondeur, et l'on se sert de la terre que l'on en extrait pour recouvrir le tas, préalablement revêtu d'une couche de paille ou de feuilles. On bat ensuite la terre à la pelle. Des *cheminées* formées de fascines ou de pièces de bois dressées verticalement de distance en distance permettent de renouveler l'air à l'intérieur du tas et d'empêcher l'échauffement des racines. Ces cheminées sont couvertes ou bouchées en temps de pluie ou lors des gelées.

Lorsqu'il s'agit de faire usage des betteraves pour la

consommation journalière, ces silos doivent être entamés par l'une de leurs extrémités.

Utilisation des betteraves fourragères. — La betterave constitue un bon aliment pour les vaches et les brebis laitières. Elle a une grande valeur pour l'engraissement des bœufs, des moutons et des porcs. On la donne crue aux animaux; mais, comme elle est très aqueuse, il est bon de ne la leur distribuer qu'associée au foin, au son ou aux balles de froment ou d'avoine.

Les feuilles détachées lors de l'arrachage peuvent être données aux vaches ou aux porcs, lorsqu'elles ont été récoltées par un temps sec. On en obtient généralement de 12 000 à 18 000 kilogrammes par hectare.

Culture des porte-graines. — Le choix des racines destinées à la production de la graine doit se faire au moment de l'arrachage. Il faut donner la préférence à celles qui présentent bien les caractères de la variété à propager, possèdent un pivot unique et sont de moyenne grosseur. On s'assurera, d'autre part, qu'elles ne sont ni mutilées ni creuses.

On enlève les feuilles sans toucher au collet des racines, et les betteraves sont placées dans une cave saine, où elles passeront l'hiver. En mars ou en avril on les plante dans un lieu abrité des vents et bien exposé au soleil. On laisse entre deux pieds successifs un espace d'un mètre. Quand les tiges ont atteint un certain développement, on les fixe à des tuteurs, afin d'éviter que le vent ne les brise.

La récolte se fait en août, septembre ou octobre, suivant les régions. Les tiges sont coupées, puis égrénées à la main ou au fléau léger. On obtient, dans de bonnes conditions. de 200 à 250 grammes de graines par pied.

Carotte. — La carotte (*Daucus carota*) appartient à la famille des *Ombellifères*. C'est une plante bisannuelle. On connaît un grand nombre de variétés de carottes. Celles que l'on emploie pour la production des racines fourragères sont généralement de couleur blanche. Citons, parmi les principales : la *carotte blanche à collet vert*, la *carotte blanche des Vosges*, la *carotte blanche d'Orthe*, la *carotte rouge longue* et la *carotte jaune longue*.

Les terres légères, profondes, riches et fraîches sont celles qui conviennent à la carotte. Les engrais à lui fournir sont les mêmes que pour la betterave.

Les semis de carottes se font en mars, avril ou mai, à la main ou au semoir, mais toujours en lignes distantes de $0^m,40$ à $0^m,50$. La graine que l'on emploie a été préalablement débarrassée des pointes raides qu'elle portait, en la frottant avec du sable : on dit alors qu'elle est *persillée*. On en répand de 3 à 5 kilogrammes par hectare.

On donne un premier binage en juin, et l'on fait suivre l'éclaircissage, qui se pratique en juillet, d'un ou de deux autres binages.

On récolte la carotte dans le courant de novembre. L'arrachage, le décolletage et la mise en silos se font comme pour la betterave. Un hectare de carottes produit de 20 000 à 50 000 kilogrammes de racines. Celles-ci conviennent surtout à l'alimentation des chevaux et des vaches laitières.

Panais. — Le panais (*Pastinaca sativa*) est une Ombellifère bisannuelle. On distingue le *panais long* du *panais rond*.

Le panais se cultive de la même façon que la carotte. C'est une plante très rustique; mais il lui faut des terres meubles, profondes et un peu argileuses.

On récolte le panais vers la fin de novembre. Parfois on le laisse passer l'hiver en terre, en arrachant au fur et à mesure ce qui est nécessaire à la consommation journalière.

Dans de bonnes conditions de culture, le panais fournit un rendement aussi élevé que la carotte. Ses racines sont données, crues de préférence, aux chevaux et aux vaches laitières. Leur valeur nutritive est supérieure à celle de la carotte.

Navet. — Le navet ou rave (*Brassica napus*) est une plante bisannuelle de la famille des *Crucifères*. On s'accorde à donner plus spécialement le nom de *navets* aux variétés à racines longues, et celui de *raves* à celles dont les racines sont courtes et rondes. Parmi les principales variétés de raves, nous trouvons le *turneps* ou *rabioule*, la *rave d'Auvergne*, la *rave du Limousin*, etc.; et parmi les navets : le *navet d'Alsace*, le *navet du Palatinat* et le *navet de Meaux*.

Les raves et les navets réussissent surtout sous les climats brumeux. Il leur faut des terres légères, fraîches. Les engrais à leur fournir doivent être plus riches en acide phosphorique et moins riches en azote et en potasse que ceux que l'on donne habituellement à la betterave.

En France, on sème les navets en juillet, par un temps couvert. Les semis en lignes sont de tous points préférables aux semis à la volée. On répand de 3 à 5 kilogrammes de graines par hectare.

Les cultures d'entretien sont les mêmes pour le navet que pour la betterave. Le buttage des racines, que l'on pratique surtout en Angleterre, est une opération recommandable.

Les procédés de récolte et de conservation des navets sont semblables à ceux que l'on emploie pour la betterave.

Le rendement du navet atteint, suivant les cas, de 20 000 à 40 000 kilogrammes de racines à l'hectare. Ces racines sont nutritives et conviennent à l'alimentation de tous les animaux domestiques.

Le navet peut faire aussi l'objet d'une culture dérobée ou *sur chaumes*. On sème dès que la céréale qui occupait le sol a été enlevée, et l'on récolte au commencement de l'hiver. Les rendements obtenus de cette façon sont nécessairement plus faibles qu'avec le précédent mode de culture.

Chou-navet. — Le chou-navet est une race de chou dont la racine s'est développée au point d'atteindre le volume d'un navet. On en connaît deux variétés : le *chou-navet blanc* et le *chou-navet à collet rouge*.

Le *chou-rutabaga*, que l'on a quelquefois séparé du chou-navet, n'est cependant, en réalité, qu'un chou-navet à chair jaune. On en distingue quatre variétés principales : le *rutabaga à collet vert*, le *rutabaga à collet rouge*, le *rutabaga de Skirving* et le *rutabaga de Laing*. Cette plante, dont la culture a pris en Angleterre une grande extension, occupe aujourd'hui d'importantes surfaces dans l'ouest de la France.

Il faut au chou-navet un climat humide et un sol frais. Il utilise avantageusement les terres légères pauvres et peu profondes, mais bien ameublies. On doit lui fournir les mêmes engrais qu'au navet.

Le chou-navet se sème en place ou en pépinière, toujours en lignes, à raison de 2 à 3 kilogrammes de graines par hectare dans le premier cas, et de 7 à 10 kilogrammes dans le second. La transplantation et les binages s'effectuent comme pour la betterave. En septembre, on procède au buttage des racines.

L'arrachage se fait au commencement de l'hiver. On obtient de 40 000 à 50 000 kilogrammes de racines par hectare. La valeur nutritive de ces racines se rapproche de celle de la betterave. On les utilise pour l'alimentation des ruminants.

Chou-rave. — Le chou-rave (*fig.* 38) diffère du chou-navet en ce que ce n'est plus sa racine, mais sa tige, qui se trouve renflée au-dessus du sol. On distingue les choux-raves blancs des choux-raves violets.

Fig. 38. — Chou-rave.

Le chou-rave se cultive exactement de la même façon que le chou-navet. Très rustique, il résiste bien au froid comme à la sécheresse.

On obtient avec le chou-rave les mêmes rendements qu'avec le chou-navet. La valeur nutritive de ses renflements est égale à celle des racines de cette dernière plante.

CHAPITRE XXVI.

POMME DE TERRE. — Description. — Historique. — Classification des variétés. — Choix et préparation du sol. — Semis et plantation. — Cultures d'entretien. — Maladies et ennemis de la pomme de terre. — Récolte et conservation des tubercules. — Utilisation de la pomme de terre.
TOPINAMBOUR. — Description. — Plantation et cultures d'entretien. — Récolte et utilisation des tubercules.

POMME DE TERRE.

Description. — La pomme de terre (*Solanum tuberosum*) appartient à la famille des *Solanées*. Ses tiges aériennes, herbacées et annuelles, sont rameuses et velues; elles portent des feuilles divisées en segments inégaux et des fleurs blanches, roses ou violettes, auxquelles succèdent des baies globuleuses, vertes au début, puis violacées. Ses tiges souterraines se renflent en tubercules féculifères, pour la production desquels cette plante est cultivée. Ces tubercules servent soit à la nourriture de l'homme, soit à l'alimentation du bétail, soit enfin de matière première à l'industrie féculière ou à la distillerie.

Historique. — La pomme de terre, originaire du Chili ou du Pérou, a été introduite d'abord en Espagne, puis en Angleterre. Sa culture gagna peu à peu l'Italie, l'Autriche, l'Allemagne et la Belgique. En France, l'introduction de la pomme de terre eut lieu vers le commencement du seizième siècle; on la cultiva seulement alors comme plante fourragère, car l'opinion générale était qu'elle engendrait la lèpre chez l'homme. Sous le règne de Louis XVI, Turgot fit sans succès quelques tentatives de culture de la pomme de terre comme plante alimentaire dans le Limousin et l'Anjou. C'est à Parmentier que revient l'honneur d'avoir, par sa persévérance et son ingéniosité, détruit les préjugés qui mettaient obstacle à la propagation du précieux tubercule.

Classification des variétés. — On connaît aujourd'hui plus de 1 000 variétés de pommes de terre, qui diffèrent par la forme et la couleur des tubercules, par l'époque de leur maturité, par les usages auxquels ils conviennent plus spécialement, enfin par leur mode de culture. On peut les classer, ainsi que l'a fait M. Henri Vilmorin, en :

Jaunes rondes;
Jaunes longues;
Rosées;
Rouges rondes;
Rouges longues;
Violettes rondes;
Violettes longues;

ou adopter cette autre classification, due à MM. Girardin et Dubreuil :

Patraques *ou* rondes;
Parmentières *ou* aplaties;
Vitelottes *ou* cylindriques.

On distingue aussi les variétés hâtives des variétés tardives; les variétés industrielles, des variétés alimentaires ou fourragères; les variétés de grande culture, des variétés potagères.

Parmi les principales variétés appartenant à la grande culture, nous citerons : la Magnum bonum, la Saucisse, la Chave, la Chardon, l'Institut de Beauvais, la Bleue géante, la Richter's Imperator, l'Early rose, la Jeuxey, la Gelbe rose, etc. Ces cinq dernières variétés sont employées généralement pour la production de la fécule; les autres sont surtout des variétés alimentaires ou fourragères. On peut néanmoins les faire servir toutes à l'un ou à l'autre usage.

Choix et préparation du sol. — La pomme de terre réussit dans tous les terrains où l'humidité n'est pas en excès. Dans le nord de la France, les sols légers lui sont favorables; mais, dans le midi, il vaut mieux lui réserver les terres un peu argileuses, car elle redoute beaucoup les sécheresses prolongées.

Le parfait ameublissement du sol est d'une grande importance pour la culture de la pomme de terre. On donne à l'automne un premier labour, puis un second dans le courant de février, et enfin un troisième un peu avant la plantation. Ces labours doivent être profonds. On les fait suivre de hersages et de roulages si l'on en reconnaît l'utilité.

Les engrais azotés, fournis en excès à la pomme de terre

poussent au développement des tiges au détriment de la qualité des tubercules. Les engrais phosphatés et potassiques sont ceux qu'il convient surtout d'apporter au sol pour la culture de cette plante. Il faut déconseiller les fumures au fumier de ferme seul : car cet engrais ne renferme pas dans les proportions voulues les trois éléments fertilisants précités; on rétablira l'équilibre par l'emploi des engrais chimiques.

Semis et plantation. — On ne multiplie les pommes de terre par semis que lorsqu'on veut obtenir des variétés nouvelles. Ce mode de multiplication, en effet, donne naissance à des tubercules qui diffèrent généralement par quelque point de ceux de la variété dont ils dérivent. C'est à la plantation des tubercules entiers ou des fragments de tubercules que l'on a recours dans tout autre cas.

Le choix du plant n'est pas sans importance. Les tubercules de poids moyen plantés entiers sont ceux qui donnent les meilleurs résultats. Si toutefois on se trouve, pour une raison quelconque, dans l'obligation d'employer de gros tubercules, on doit les partager en deux ou trois fragments, en les coupant *dans le sens de la longueur*. De chaque œil, qui est en réalité un bourgeon, part une tige nouvelle.

C'est du mois de mars au mois de mai que l'on plante les pommes de terre. On effectue cette opération à la bêche, à la houe ou à la charrue. Quand on plante à la bèche, l'ouvrier fait un trou, dans lequel un aide place un tubercule, recouvert aussitôt avec la terre du trou suivant. Dans la plantation à la charrue, les pommes de terres sont disposées dans les sillons, la section contre terre s'il s'agit de fragments; la charrue les recouvre en ouvrant la raie suivante. La plantation à la houe ne se fait que lorsqu'il s'agit de faibles étendues.

On place les tubercules en lignes distantes de $0^m,50$ à $0^m,60$, et on les espace de $0^m,30$ à $0^m,40$ dans les lignes.

Cultures d'entretien. — Dès que les pousses apparaissent à la surface du sol, on donne un hersage énergique, qui a pour effet d'ameublir superficiellement la couche arable et de détruire une certaine quantité de mauvaises herbes. Durant le cours de la végétation, on procède à des binages répétés, afin de maintenir le sol en parfait état de propreté.

On *butte* les pommes de terre dès qu'elles commencent à fleurir. Le buttage consiste à amasser la terre au pied des plantes, en vue de favoriser la formation et le développement des tubercules et de les préserver de l'action de la lumière, qui les ferait verdir. Cette opération est d'autant plus nécessaire que le sol est plus sec et moins profond. Elle se pratique à bras, avec la houe, ou à la charrue buttoir.

Maladies et ennemis de la pomme de terre. — La maladie de la pomme de terre, qui, il y a quelques années, fit des ravages considérables dans nos cultures, est due au développement d'un champignon microscopique, le *Phytophtora infestans,* qui vit en parasite sur la plante. La maladie fait d'abord son apparition sur les feuilles et les tiges; celles-ci se couvrent de taches brunâtres, qui ne tardent pas à noircir, puis elles se fanent et meurent. Les tubercules, atteints à leur tour, s'amollissent et laissent écouler un liquide à odeur putride. Cette décomposition les rend inutilisables pour l'alimentation de l'homme et des animaux. On peut cependant les employer encore pour l'extraction de la fécule, qui, de ce fait, ne subit aucune altération.

On combat la maladie de la pomme de terre en arrosant les plantes avec une solution de sulfate de cuivre ou avec la *bouillie bordelaise*, mélange d'eau, de sulfate de cuivre et de chaux, dont nous reparlerons à propos de la vigne. Ce traitement doit être préventif.

Les variétés précoces sont moins sujettes aux atteintes du phytophtora que les variétés tardives.

La *gale*, la *rouille*, la *variole* de la pomme de terre, maladies causées également par la présence de parasites microscopiques, sont peu dangereuses et ne donnent pas lieu à un traitement spécial.

La *frisolée* est attribuée aux trop fortes fumures. Elle se traduit extérieurement par la décoloration des feuilles, qui se couvrent de taches brunes et se plissent de façon à paraître frisées. La tige devient cassante, et le développement des tubercules s'arrête. Dans les terres saines, et quand on emploie des fumiers bien décomposés, il est rare que la frisolée fasse son apparition.

La *courtilière* et le *ver blanc du hanneton* sont les insectes les plus nuisibles à la pomme de terre. Le *Doryphore du*

Colorado (*Doryphora decemlineata*), qui a exercé des ravages considérables dans les cultures américaines, est, heureusement, fort rare en Europe.

Récolte et conservation des tubercules. — On procède à l'arrachage des pommes de terre dès que les fanes sont sèches, du 1er août au 15 septembre pour les variétés précoces, dans le courant d'octobre pour les variétés tardives. Cette opération se fait soit à bras, à l'aide du *crochet*, sorte de houe fourchue, soit avec une charrue spéciale privée de versoir, et dont le soc se prolonge en une grille convexe, qui pénètre dans le sol, soulève les tubercules et les laisse à la surface. La terre passe à travers les interstices de cette grille.

Les pommes de terre sont nettoyées, puis placées dans des caves sèches ou dans des silos. Elles doivent être conservées à l'obscurité, car elles verdiraient sous l'influence de la lumière et perdraient beaucoup de leur valeur alimentaire. On les visite de temps à autre, de façon à éliminer celles qui sont altérées et à prévenir ainsi la fermentation des tas.

On obtient par hectare de 300 à 400 hectolitres de pommes de terre, pesant chacun de 70 à 80 kilogrammes. On cite des rendements, atteints, il est vrai, dans des conditions exceptionnelles, de 40 000 à 45 000 kilogrammes à l'hectare. Les variétés tardives sont plus productives que les variétés précoces.

Utilisation de la pomme de terre. — La pomme de terre joue aujourd'hui un rôle considérable dans l'alimentation de l'homme. On l'emploie aussi, crue ou cuite, pour la nourriture des animaux : bêtes bovines, moutons, porcs et volailles. Elle fournit la matière première de l'industrie féculière et sert, en Allemagne surtout, à la production de l'alcool. Avec 75 pour 100 d'eau, elle renferme en moyenne 20 pour 100 de fécule et de dextrine et 2 pour 100 de matières azotées. Nous la retrouverons aux chapitres des industries agricoles et de l'alimentation du bétail.

Topinambour.

Description. — Le topinambour (*Helianthus tuberosus*) est une plante de la famille des *Composées*, à racines vivaces et à tiges annuelles. Ses tubercules, de forme irrégulière et de couleur rougeâtre, ont une chair blanc jaunâtre; la fécule y est remplacée par une matière sucrée et aromatique.

Le topinambour est originaire de l'Amérique centrale : d'une rusticité extrême, il réussit sous tous les climats et dans tous les sols où l'humidité n'est pas en excès. Les terres sablonneuses sont celles qui lui conviennent le mieux.

Plantation et cultures d'entretien. — Le sol destiné à la culture du topinambour doit recevoir les mêmes façons que lorsqu'il s'agit de la pomme de terre.

On plante les tubercules en février ou mars, en lignes espacées de $0^m,50$ à $0^m,60$; on laisse entre eux, sur les lignes, une distance de $0^m,25$ à $0^m,30$. La quantité de tubercules employés pour cette plantation s'élève à 15 ou 20 hectolitres.

Dès que les jeunes pousses apparaissent à la surface du sol, on donne un hersage, puis on procède à des binages répétés pendant tout le cours de la végétation.

Récolte et utilisation des tubercules. — On arrache les tubercules, au fur et à mesure des besoins, du 15 novembre au 15 mars. On opère de la même façon que pour les pommes de terre. Si l'on veut cultiver le champ en topinambours pendant plusieurs années, il suffira de laisser de place en place quelques tubercules pour que le sol se regarnisse parfaitement. C'est, d'ailleurs, un des inconvénients de cette plante de présenter une telle résistance, qu'il est fort difficile d'en débarrasser les cultures qui lui succèdent.

On obtient par hectare, la première année, de 15 000 à 30 000 kilogrammes de tubercules. Ceux-ci, lavés et divisés au coupe-racines, sont donnés crus au bétail. On les utilise parfois aussi pour l'alimentation de l'homme, et la distillerie peut en faire emploi.

CHAPITRE XXVII

CULTURES INDUSTRIELLES

Définition. — PLANTES TEXTILES : Lin. — Chanvre. — Préparation des fibres textiles du lin et du chanvre. — Ramie.

Définition. — On donne le nom de *plantes industrielles* à toutes celles qui, par l'une quelconque de leurs parties, servent de matière première aux différentes industries. On distingue, selon la nature du produit que l'on en tire : les *plantes textiles*, les *plantes oléagineuses*, les *plantes tinctoriales*, les *plantes à parfums*, les *plantes pseudo-alimentaires*, les *plantes aromatiques*, les *plantes narcotiques*, enfin celles qui ne peuvent trouver place dans aucune de ces catégories.

PLANTES TEXTILES.

Les *plantes textiles* sont celles dont les fibres servent à la confection des tissus et des cordages. Un très grand nombre de végétaux peuvent être rangés dans cette catégorie; mais beaucoup d'entre eux (*coton*, *alfa*, *jute*, *phormium*, etc.) appartiennent exclusivement à la culture des pays chauds : nous ne nous en occuperons donc point ici. La culture française ne produit guère, en réalité, que deux plantes textiles ayant une véritable valeur industrielle : le lin et le chanvre.

Lin. — Le lin (*Linum usitatissimum*) est une plante herbacée, annuelle, de la famille des *Linées*, voisine de celle des Caryophyllées. C'est, par ses graines, une plante oléagineuse, en même temps qu'une plante textile par ses fibres.

Le lin d'automne, que l'on sème à la même époque que le blé, ne convient guère qu'à nos régions méridionales. La filasse qu'il produit est de moindre qualité que celle que fournit le lin de printemps; mais il donne une grande quantité de graines. Ce dernier se sème tantôt en mars, tantôt en mai. On en connaît plusieurs variétés, les unes à fleurs bleues, les autres à fleurs blanches; celle de Riga, dont on fait venir les graines de Russie, est la plus estimée. On recherche surtout les lins dont la tige est droite, sans ramification.

Ce sont les terres meubles, fraîches, riches en humus et en calcaire, les terres d'alluvion par exemple, qui conviennent le mieux au lin. Ses racines sont pivotantes et ne se développent bien que dans les sols profonds. C'est par des labours énergiques suivis de hersages qu'on prépare la surface à ensemencer. Quant aux engrais à employer, ce sont, outre les fumiers parfaitement décomposés, des substances azotées et phosphatées : guano, poudrette, noir animal, cendres, tourteaux de lin, d'œillette ou de chanvre. L'arrosage au purin étendu d'eau est également recommandable. Il faut avoir soin toutefois d'éviter l'excès des engrais azotés, qui aurait pour résultat la verse de la plante.

Lorsque c'est la production de filasse que l'on poursuit, le lin se sème à raison de 150 à 300 kilogrammes de graines par hectare. Plus les plantes sont serrées, plus grande est la finesse de leurs fibres. Quand, au contraire, ce sont des graines que l'on veut obtenir, on réduit à 120 ou 130 kilogrammes la quantité de semences à répandre par hectare. On sème le lin au semoir ou à la volée, et l'on enterre la semence par un hersage.

Quand la plante a atteint quelques centimètres de hauteur, on pratique dans les cultures des sarclages à la main, en évitant soigneusement d'écraser les jeunes brins.

Pour obtenir des fibres de qualité supérieure, il faudrait procéder à l'arrachage du lin dès que la floraison est passée; mais on a généralement coutume d'attendre que les capsules soient presque mûres pour exécuter cette opération. On obtient, de cette façon, un certain produit en graines, auquel il ne faut pas, toutefois, sacrifier la valeur de la filasse, qu'un arrachage tardif amoindrirait considérablement. Les feuilles du lin commencent à jaunir en juin ou juillet : c'est à cette époque qu'on récolte les *lins en doux*, c'est-à-dire ceux auxquels on ne fait pas produire de graines ; les autres sont arrachés dans le courant du mois d'août. On laisse les plantes étendues sur le sol pendant un ou deux jours, puis on les réunit en petites bottes, que l'on rentre dès qu'elles sont sèches, ou dont on forme des moyettes, que l'on recouvre de paille : la graine achève ainsi de mûrir à l'abri de l'humidité. On l'extrait des capsules par le battage à la main sur des claies ou en faisant passer le lin, poignée par poignée, à travers les dents d'un peigne. La tige est ensuite soumise aux opérations que nous décrivons plus loin.

On obtient par hectare de 2 000 à 5 000 kilogrammes de tiges sèches rouies et de 400 à 500 kilogrammes de graines de lin. Ces graines renferment de 30 à 35 pour 100 d'une huile siccative, que l'on emploie surtout pour la préparation des couleurs.

Très épuisant, le lin ne doit revenir sur un même sol qu'à de longs intervalles. D'ailleurs, l'interruption prolongée de sa culture est souvent nécessaire pour faire disparaître certains de ses ennemis : la *cuscute du lin* (*Cuscuta epilinum*) et la *rouille* ou *brûlure du lin* (*Melampsora lini*), qui sont des parasites végétaux redoutables.

Chanvre. — Le chanvre (*Cannabis sativa*) (*fig.* 39) appartient à la famille des *Cannabinées*. On le classait autrefois parmi les *Urticées*. C'est une plante herbacée, annuelle, dioïque, c'est-à-dire dont les fleurs mâles et les fleurs femelles se trouvent sur des pieds différents. On le cultive pour la filasse grossière, mais très résistante, que fournissent ses tiges, et pour ses graines, appelées *chènevis*, dont on extrait une huile comestible.

Fig. 39. — Chanvre.

Fleur mâle. Fleur femelle.

On connaît deux variétés de chanvre, le *chanvre commun* et le *chanvre de Bologne ou du Piémont*, plus tardif et d'une taille plus élevée que le précédent.

On doit éviter de cultiver cette plante sous les climats où règnent des vents violents secs ; elle redoute beaucoup les sécheresses. Elle réussit admirablement, au contraire, sous les climats humides et tempérés.

Il faut au chanvre des terres légères, sablonneuses, fraîches en été, mais où l'humidité ne se trouve jamais en excès; les fumures abondantes lui sont très favorables, et l'on n'a pas à redouter la verse comme pour le lin. Les engrais à action prompte sont ceux qu'il convient de lui fournir : car il se développe avec une très grande rapidité.

Les façons préparatoires à donner aux *chenevières* consistent en labours profonds suivis de hersages. Un binage pratiqué avant les semailles a pour résultat de débarrasser le sol des mauvaises herbes qui nuiraient au chanvre dans sa première période de végétation.

C'est dans le courant d'avril ou de mai que l'on effectue les semailles.

Le chanvre se sème au semoir ou à la volée, à raison de 100 à 200 kilogr. par hectare. Plus les pieds sont rapprochés les uns des autres, plus la filasse obtenue est fine, mais moins elle est résistante. On sème clair toutes les fois que l'on veut produire des graines. La semence est recouverte à la herse ou à la charrue; il est nécessaire de bien l'enfouir, pour qu'elle échappe aux oiseaux, qui en sont très friands.

Grâce à la rapidité de sa croissance, le chanvre étouffe facilement les mauvaises herbes qui s'élèvent à ses côtés. Aussi les sarclages sont-ils généralement inutiles pendant le cours de sa végétation.

On procède à l'arrachage des pieds mâles dès que leurs fleurs se flétrissent; les pieds femelles sont récoltés quand leurs tiges commencent à jaunir. Quant aux porte-graines, on les laisse en place jusqu'à complète maturité des semences. Les pieds, mis en bottes liées à l'aide de tiges d'osier ou de saule, sont dressés sur le sol. Quand ils sont secs, on les bat au fléau léger ou à la baguette, ou bien on en sépare la graine par le *sérançage*, opération qui consiste à faire passer les tiges entre les dents d'un gros peigne appelé *séran*.

On obtient, avec le chanvre, de 3 000 à 7 000 kilogrammes de tiges rouies sèches et de 300 à 500 kilogrammes de graines par hectare.

Le chanvre a dans deux parasites végétaux, la cuscute (*Cuscuta Europœa*) et l'orobanche (*Phelipœa ramosa*), des ennemis redoutables, que l'alternance des cultures est le meilleur moyen de détruire.

Quoique très épuisant, le chanvre peut être cultivé sur le même sol pendant plusieurs années successives, à la condition de ne pas ménager l'engrais.

Préparation des fibres textiles du lin et du chanvre. — Les fibres textiles que contiennent le lin et le chanvre se trouvent à la périphérie de la tige; elles sont reliées entre elles et à la partie centrale par une matière gommeuse, qu'il s'agit de décomposer, afin de mettre les fibres en liberté, avant de les livrer au filateur. C'est là le but des opérations qui vont suivre.

Le lin égrené est soumis au *rouissage*, qui peut se faire *au pré*, *à l'eau dormante*, ou *à l'eau courante*. Dans ces divers procédés, au bout d'un temps plus ou moins long, il se développe, sous l'influence de l'humidité, une fermentation, qui transforme les matières gommeuses, les rend en partie solubles et détruit l'adhérence qui existait entre l'écorce et le reste de la tige.

Le *rouissage au pré*, que l'on obtient en laissant séjourner les plantes sur des prairies humides, demande en moyenne de trente à quarante jours; lorsque l'humidité est insuffisante, il faut arroser les tiges et les retourner de temps à autre. Par ce mode de rouissage les produits de la décomposition, restant sur les tiges, leur communiquent une teinte foncée; on obtient des *lins gris*.

Le *rouissage à eau dormante* se pratique dans de grandes cuves ou fosses peu profondes, appelées *routoirs;* on y entasse les bottes de lin et l'on surveille l'opération, qui se termine plus rapidement que dans le premier cas; la filasse obtenue est de moins belle qualité que celle fournie par le *rouissage à eau courante*, lequel s'effectue le plus souvent au moyen de caisses à claire-voie appelées *ballons*, qui contiennent de 200 à 250 bottes de lin de 5 kilogrammes. On place ces caisses dans le courant, et au bout de peu de temps on obtient une fermentation complète; ce procédé donne une filasse beaucoup plus blanche. Pour le chanvre, on se sert de gaules, sur lesquelles on enfile plusieurs bottes de chanvre, qu'elles relient ainsi. On superpose plusieurs de ces gaules, et on plonge le tout dans le cours d'eau.

Quelle que soit la méthode employée, il convient, après le

rouissage de faire sécher les tiges soit à l'air, soit dans un *haloir* où l'on élève la température à 30 ou 35°.

Lorsqu'on veut avoir de très belle filasse, on rouit en deux ou plusieurs fois, c'est-à-dire qu'on interrompt le rouissage par un ou plusieurs séchages, qui ont pour but d'empêcher la fermentation d'attaquer la filasse et de la rendre plus ou moins cotonneuse.

Le rouissage terminé, on sépare mécaniquement les fibres ou *filasse* du reste de la tige ou *chènevotte* par le broyage et l'écangage.

Le broyage consiste à casser les tiges en des points très rapprochés, au moyen de la *broie*, formée de deux pièces de bois portant des traverses dans le sens de leur longueur. Ces deux pièces sont réunies à l'une de leurs extrémités par une charnière; la pièce inférieure est fixe, l'autre mobile, et les traverses de celle-ci peuvent se loger dans les intervalles compris entre les traverses de celle-là : de sorte que les tiges placées entre les deux pièces sont facilement broyées. Les cylindres cannelés, dont on fait usage en certaines régions, sont bien préférables au système de broie que nous venons de décrire.

Le *teillage* ou *écangage* est exécuté ensuite dans le but d'enlever la chènevotte retenue entre les fibres. Il se pratique ainsi : une planche de bois placée verticalement porte une entaille horizontale, dans laquelle on place les tiges, qu'on fait dépasser d'un côté de la planche, alors qu'on les tient à la main de l'autre côté. On rabat alors ces tiges le long de la planche en les frottant avec force au moyen d'une sorte de battoir en forme de couteau appelé *écangue*, et on détache ainsi la chènevotte.

On place parfois un certain nombre de ces écangues dans le prolongement des rayons d'une roue, animée d'un mouvement de rotation assez rapide : l'écangage se fait ainsi plus facilement.

On peut admettre que 100 kilogrammes de tiges de lin donnent de 70 à 75 kilogrammes environ de lin roui sec, lesquels fournissent un peu plus d'une douzaine de kilogrammes de filasse.

Avec le chanvre on en obtient seulement 8 kilogrammes par les mêmes procédés.

Ramie. — Il est une plante textile dont on a trop parlé depuis quelques années, et dont l'importance paraît devoir devenir trop considérable, pour que nous la passions sous silence. La *ramie* ou *ortie de Chine* appartient à la famille des Urticées. On en cultive deux espèces : la ramie blanche (*Urtica nivea*) et la ramie verte (*Urtica tenacissima*). Toutes deux réclament des climats chauds et humides; bien qu'on en ait conseillé la culture en France, et que des essais dans ce sens aient été tentés, non sans succès, dans la Vienne, la Gironde et la Provence, cette culture semble surtout devoir prendre de l'extension en Algérie, en Tunisie et dans nos colonies indo-chinoises. Ce qui en a, jusqu'à présent, retardé le développement, c'est la difficulté de décortiquer les tiges pour en extraire les fibres textiles, difficulté que l'industrie n'est pas encore parvenue à vaincre complètement.

La ramie est une plante ligneuse, vivace, buissonnante, que l'on multiplie par fragments du rhizome. On la plante en avril ou en mai sous nos climats, dans des terres légères, perméables, riches en humus. Une bonne méthode consiste à fumer abondamment la terre après chaque coupe. En France, on n'obtient que deux coupes de ramie par année pendant quatre ans. Sous les climats secs, l'irrigation des cultures de ramie est nécessaire.

CHAPITRE XXVIII.

PLANTES OLÉAGINEUSES.

Définition. — Colza. — Navette. — Pavot œillette. — Cameline. — Moutardes.

Définition. — On donne le nom de *plantes oléagineuses* à toutes celles dont la graine fournit une huile comestible ou susceptible d'être employée par l'industrie.

Colza. — Le colza (*Brassica napus oleracea*) est une Crucifère qui présente des caractères botaniques semblables à ceux du chou. La culture de cette plante, jadis très répandue, a perdu de son importance par suite de l'arrivée sur nos marchés de graines oléagineuses exotiques : arachide, sésame, coprah, etc., et de l'extension prise par l'éclairage au gaz et au pétrole.

On distingue le colza d'hiver du colza de printemps. Le premier est le plus productif et le plus généralement cultivé. Il en existe plusieurs variétés : celles à fleurs jaunes sont plus répandues que celles à fleurs blanches. Le *colza parapluie* est une variété à fleurs jaunes, dont les siliques, au lieu d'être dressées, sont inclinées vers la terre.

Les climats humides sont ceux qui conviennent le mieux au colza. Cette plante aime les sols argilo-calcaires, perméables, et les terres riches en humus. Les engrais à lui fournir sont les mêmes que pour le chou. Le sol doit être parfaitement ameubli, avant les semailles, par des labours suivis de hersages.

On sème le colza en place ou en pépinière. Ce dernier mode de semis ne s'applique qu'au colza d'hiver; on l'effectue en juillet ou en août, et l'on transplante les pieds en octobre. En place, on sème à la même époque, en lignes écartées de $0^m,50$ à $0^m,60$. On donne un premier binage en octobre; en même temps on éclaircit les pieds. Au printemps on bine à nouveau.

On coupe le colza dès que les tiges et les siliques sont jaunes. Cette plante s'égrenant avec une très grande facilité, on ne peut attendre que la graine soit parfaitement mûre pour la récolter. La coupe se fait à la faucille. Les tiges sont laissées en javelles pendant 10 ou 12 jours, ou bien on en forme des moyettes qui restent sur le champ jusqu'à dessiccation complète; on les bat ensuite soit au fléau sur des bâches, soit à l'aide de machines spéciales. Le rendement obtenu s'élève de 25 à 35 hectolitres de graines par hectare. Ces graines renferment de 35 à 40 pour 100 d'huile. Les tiges servent de litière et de chauffage; les siliques sont données aux bêtes bovines.

Navette. — La navette (*Brassica rapa oleracea*) appartient à une espèce voisine du colza. Elle diffère de ce dernier en ce que sa taille est moins élevée, ses tiges plus fines, sa couleur d'un vert plus foncé. Les siliques sont, en outre, dressées contre les tiges.

La navette réussit mieux que le colza sous les climats secs; elle exige aussi des terres de fertilité moindre. Les sols calcaires sont ceux qui lui conviennent le mieux.

On cultive la navette de la même façon que le colza. La récolte s'effectue à la fin de juin. Le rendement varie de 18 à 25 hectolitres de graines par hectare. Ces graines, qui renferment de 30 à 35 pour 100 d'huile, ont une valeur un peu inférieure à celle des graines de colza.

La navette de printemps est moins productive que la navette d'automne; mais elle met un temps plus court à accomplir les diverses phases de sa végétation et ne nécessite aucune culture d'entretien. On la récolte dans le courant de septembre.

La navette, de même que le colza, peut être utilisée comme plante fourragère.

Pavot œillette. — Le pavot (*Papaver somniferum*) est cultivé, sous le nom d'*œillette*, pour l'huile blanche qu'on extrait de ses graines. C'est une plante annuelle de la famille des *Papavéracées*. Ses tiges, d'une hauteur de $1^{m},20$ à $1^{m},30$, portent des capsules globuleuses régulières. Dans l'œillette ordinaire, ces capsules sont percées, à la partie supérieure, d'une série de trous ou pores, qui font défaut chez l'*œillette aveugle*. En France, les variétés à graines grises sont cultivées de préférence aux variétés à graines bleues. L'œillette a des fleurs blanches maculées de violet; les fleurs du pavot à opium sont pourpres.

Il faut au pavot des terres de consistance moyenne, plutôt légères, et surtout parfaitement ameublies. Cette plante est exigeante au point de vue de la richesse du sol en éléments fertilisants.

On sème le pavot au printemps, dès que les fortes gelées ne sont plus à craindre. Sa graine, très fine et très légère, ne peut être répandue uniformément que si on la mélange avec des matières inertes : sable, cendres ou sciure. On roule immédiatement après le semis. Lorsqu'on sème en lignes, on espace les lignes de $0^{m},65$ à $0^{m},70$.

En mai, on donne aux cultures de pavot un premier binage, auquel succède l'éclaircissage des jeunes plants. On procède en juin à un nouveau binage, et parfois, à ce moment, on butte les pieds.

Le pavot est mûr à la fin de juillet ou au commencement d'août. On arrache les pieds à la main, et on en forme de petites bottes, que l'on dresse en faisceaux sur le champ. Quand les capsules sont sèches, on procède à la séparation des graines, soit en secouant les plantes sur une toile, soit en les frappant avec une baguette légère. On obtient, par hectare, de 25 à 30 hectolitres de graines, qui renferment de 30 à 40 pour 100 d'une huile comestible de bonne qualité.

Les pailles du pavot servent de litière ou de chauffage. On les emploie aussi dans la fabrication des pâtes à papier.

Cameline. — La cameline (*Camelina sativa*) appartient à la famille des *Crucifères*. C'est une plante annuelle, dont la tige, d'une hauteur de $0^m,40$ à $0^m,50$, porte de petites fleurs jaunes, auxquelles succèdent des siliques ovales, renfermant des graines brunâtres.

La culture de la cameline appartient surtout à nos départements septentrionaux. Cette plante est très rustique et peu exigeante sous le rapport de la fertilité du sol. Les terres légères, sablonneuses, sont celles qui lui conviennent le mieux.

On sème la cameline à la volée, dans le courant de mars ou d'avril. La graine est enterrée par un hersage. Cette plante ne nécessite aucune culture d'entretien. Les siliques sont mûres en juillet ou en août ; on coupe alors les plantes à la faucille, puis on les réunit en bottes. Quand la dessiccation en est complète, on bat doucement les siliques sur un billot, pour en extraire la graine. On prend soin, dans cette opération, de ne pas briser la paille, qui, légère et rigide, sert à faire des balais. La cameline produit, par hectare, de 10 à 20 hectolitres de graines, renfermant de 25 à 30 pour 100 d'huile.

Moutardes. — Les moutardes, Crucifères annuelles qui réussissent surtout en terrain calcaire, sont également au nombre des plantes oléagineuses.

La *moutarde blanche* (*Sinapis alba*) ou *moutardon* se cultive comme la navette de printemps. Elle exige des terres fertiles et bien ameublies. On en obtient, par hectare, de 15 à 20 hectolitres de graines, renfermant environ 30 pour 100 d'huile. Ces graines ont moins de valeur, pour la fabrication de la moutarde de table, que celles de la *moutarde noire* (*Sinapis nigra*). Le rendement en graines de cette dernière plante est à peu près le même que celui de la moutarde blanche; mais ses graines ne renferment que de 15 à 20 pour 100 d'huile.

CHAPITRE XXIX.

Plantes tinctoriales : Gaude. — Safran. — Pastel. — Garance. — Tournesol.
Plantes a parfums : Rosier. — Jasmin. — Tubéreuse. — Menthe. — Lavande. — Violette. — Géranium. — Autres plantes à parfums.
Plantes narcotiques : Tabac. — Pavot à opium.

Plantes tinctoriales.

Gaude. — La gaude (*Reseda luteola*) appartient à la famille des *Résédacées*. C'est une plante annuelle, qui renferme dans toutes ses parties un principe colorant jaune, auquel on a donné le nom de *lutéoline*.

On cultive la gaude sur des terres calcaires, légères, de moyenne fertilité. On sème en août la gaude d'automne, en mars ou avril la gaude de printemps. On enterre la graine, très fine, par un hersage léger. Pendant le cours de la végétation, on donne un binage, si cela est nécessaire.

Les tiges sont arrachées quand les graines de la base de l'inflorescence sont mûres, en juillet généralement, puis séchées et mises en bottes. On obtient, par hectare, de 2 000 à 3 000 kilogrammes de gaude sèche.

La culture de la gaude n'occupe en France que de très faibles surfaces. Elle est possible cependant, eu égard au climat, dans la plupart de nos régions agricoles.

Safran. — Le safran (*Crocus sativus*) est une plante herbacée de la famille des *Iridées*. On extrait des stigmates de ses fleurs une matière colorante jaune.

Les terres argilo-calcaires ou silico-calcaires, meubles et fortement fumées, sont celles qui conviennent le mieux au safran. C'est par la plantation des bulbes que l'on multiplie la plante. Cette plantation s'effectue pendant les mois de juillet et d'août; on espace les lignes de $0^m,15$ à $0^m,20$. Les soins de culture consistent en un ou plusieurs binages.

La récolte des fleurs se fait en septembre; on en sépare les stigmates à la main. Ces stigmates se vendent séchés. On en obtient, la première année, 10 kilogrammes environ par hectare, la seconde année 25 kilogrammes, et la troisième année de 15 à 20 kilogrammes. On défriche ensuite la safranière.

La culture du safran appartient surtout aux régions méridionales de la France.

Pastel. — Des feuilles fermentées du pastel (*Isatis tinctoria*), plante bisannuelle de la famille des *Crucifères*, on retire une substance colorante bleue. La culture de cette plante a beaucoup perdu de son importance depuis que les teintures d'indigo sont connues ; elle n'occupe plus aujourd'hui que de faibles étendues dans quelques-uns de nos départements du midi.

Le pastel se sème à l'automne ou au printemps, dans un sol calcaire, riche en humus, en lignes distantes de $0^{m},25$ à $0^{m},30$. On donne ensuite un binage. La récolte des feuilles doit être exécutée dès que les bords du limbe prennent une teinte violacée. On les laisse sécher, puis on les met en caisses, ou bien, en les triturant, on en fait une pâte dont on forme des pains. Un hectare de pastel produit de 3 000 à 5 000 kilogrammes de feuilles sèches.

Garance. — La culture de la garance (*Rubia tinctorum*), Rubiacée, dont la racine fournit une belle couleur rouge, occupait jadis en France plus de 20 000 hectares. Elle a presque complètement disparu, depuis la découverte de l'alizarine, matière colorante tirée de la houille.

La garance aime les terres argilo-calcaires, meubles. Il lui faut de fortes fumures. On la sème au printemps ou bien on la multiplie par fragments de racines. Plusieurs sarclages sont nécessaires pour maintenir le sol en parfait état de propreté. Les tiges sont coupées en septembre ; on les bat pour en séparer la graine. Elles constituent un excellent fourrage vert.

La garance occupe le sol pendant dix-huit mois ou deux ans et demi. A l'automne de chaque année, on butte les pieds, pour permettre à de nouvelles racines de se former. L'arrachage des racines se fait à la bêche, à la pioche ou à la charrue. On obtient, par hectare, de 3 000 à 5 000 kilogrammes de racines sèches.

Tournesol. — La teinture de tournesol, réactif très usité en chimie pour déceler la présence des acides ou des bases, est extraite des feuilles du *Cryzophora tinctoria*, plante annuelle de la famille des *Euphorbiacées*, qui croît à l'état sauvage dans la région méditerranéenne, et que l'on cultive dans les terres calcaires sèches.

Plantes a parfums.

Rosier. — La culture du rosier pour la parfumerie, jadis très développée dans la banlieue de Paris, ne subsiste guère aujourd'hui qu'aux environs de Cannes et de Grasse.

Les variétés les plus cultivées sont : le *rosier des Quatre Saisons*, le *rosier de Provins*, le *rosier de Damas* et le *rosier musqué*.

Le rosier exige des terres fertiles. Il épuise beaucoup le sol : aussi est-on obligé de le fumer tous les deux ans.

On reproduit le rosier par marcottage ou par bouturage. Un hectare de rosiers produit de 2000 à 3 000 kilogrammes de pétales. On extrait de ces pétales une essence et une eau parfumée très recherchées.

Jasmin. — Le jasmin (*Jasminum officinale*) appartient à la famille des *Oléinées*. C'est une plante ligneuse très rustique, dont les fleurs servent à la préparation d'une huile volatile d'un prix élevé. Le jasmin d'Espagne, à grandes fleurs, est souvent greffé sur le jasmin commun.

En cultures irriguées, le jasmin peut produire jusqu'à 6000 kilogrammes de fleurs.

Tubéreuse. — La tubéreuse (*Polyanthes tuberosa*) est une plante bulbeuse, vivace, de la famille des *Liliacées*. Sa tige, dont la hauteur atteint 1 mètre, est surmontée d'un épi de fleurs d'un blanc légèrement rosé. On en dépose les bulbes au printemps dans une terre fertile et irrigable. Cette plante occupe généralement le sol pendant 3 ans. Chaque année, en août ou en septembre, on en récolte les fleurs, qui fournissent une essence recherchée.

On ne cultive la tubéreuse que dans le Var et les Alpes-Maritimes.

Menthe. — La menthe poivrée (*Mentha piperita*) appartient à la famille des *Labiées*. C'est une plante vivace, dont les feuilles, très aromatiques, donnent une essence employée en parfumerie, en confiserie et pour la fabrication de certaines liqueurs.

Il faut à la menthe un sol riche et frais. On la multiplie par éclats de pieds. Les cultures d'entretien qu'on lui donne consistent en sarclages. On fauche les plantes au début de la floraison. On obtient environ 1 000 kilogrammes de feuilles sèches par hectare.

La menthe occupe généralement le sol pendant 3 ou 4 ans. Chaque année on est obligé de fumer abondamment les cultures.

Lavande. — La lavande (*Lavandula vera*) est une plante vivace de la famille des *Labiées*. Elle exige des terres légères et perméables. On la cultive de la même façon que la menthe. Les tiges sèches sont utilisées par les ménagères pour parfumer le linge; on en extrait une essence odorante et une huile qui sert à diluer les couleurs employées en peinture.

Violette. — La violette (*Viola odorata*) appartient à la famille des *Violariées*. C'est une plante vivace et traçante. On la cultive en grand en Provence pour ses fleurs. On multiplie la violette par éclats de pieds, que l'on met en terre à l'automne, en sol frais et ombragé. La plantation dure plusieurs années, pendant lesquelles on l'entretient propre à l'aide de sarclages. On cueille les fleurs à mesure qu'elles paraissent et on les emploie fraîches ou séchées à l'ombre.

Géranium rosat. — Le géranium rosat (*Geranium capitatum*), de la famille des *Géraniacées*, se multiplie par marcottes ou par boutures. On lui réserve des terres fraîches. Cette plante fournit deux coupes dans une même année; on la fauche une première fois en août, une seconde fois en octobre ou en novembre. L'essence qu'on extrait de ses feuilles sert parfois à falsifier l'essence de rose.

Autres plantes à parfums. — Outre les plantes que nous venons de citer, un grand nombre d'autres sont cultivées pour les essences odorantes qu'on tire de leurs fleurs ou de leurs feuilles. Plusieurs appartiennent à la famille des *Labiées*; ce sont : la mélisse (*Melissa officinalis*), la marjolaine ou origan (*Origanum majorana*), l'hysope (*Hyssopus officinalis*), le thym (*Thymus vulgaris*), le romarin (*Rosmarinus officinalis*), le basilic (*Ocimum Basilicum*). La verveine (*Verbena officinalis*) fait partie d'une famille voisine de celle des Labiées, les *Verbénacées*. Le réséda (*Reseda odorata*) est une Résédacée; la jonquille (*Narcissus jonquilla*), une Amaryllidée; l'iris de Florence (*Iris Florentina*), une Iridée. La plupart de ces plantes appartiennent à la région méditerranéenne, et leur culture se trouve presque exclusivement localisée en Provence et en Algérie.

Plantes narcotiques.

Tabac. — Le tabac (*Nicotiana tabacum*), plante annuelle de la famille des *Solanées*, est cultivé pour ses feuilles, que l'on emploie sous diverses formes. La culture du tabac n'est pas libre en France : elle est soumise à des règlements sévères, qui déterminent le nombre des départements où elle est autorisée, et fixent le nombre de pieds à planter par hectare, celui des feuilles à laisser à chaque pied, etc. Le produit obtenu ne peut, d'ailleurs, être vendu qu'à l'État, s'il n'est pas exporté.

Le tabac réussit sous le climat de nos différentes régions. Il lui faut des terres fertiles et meubles. Les engrais liquides poussent à son développement; mais ce sont surtout les sels de potasse qui influent sur sa qualité.

Le tabac se sème sur couches en janvier ou février. Sa graine est d'une finesse extrême; on doit l'enterrer très légèrement en frottant le sol avec la main. La transplantation s'effectue du 15 mai au 15 juin sur des lignes tracées au cordeau. On arrose la surface plantée. On la sarcle fréquemment ensuite, pour qu'elle ne soit pas envahie par les mauvaises herbes. Quand les pieds ont atteint une hauteur de $0^m,25$ à $0^m,30$, on pratique l'*étêtage*, qui consiste à enlever le sommet de la tige, et l'*ébourgeonnement*, suppression des bourgeons latéraux. On retranche ensuite les feuilles qui touchent terre et celles qui sont en excédent du nombre fixé par les règlements.

Dans le midi, on coupe les pieds lorsque les feuilles ont pris une teinte jaunâtre sur les bords, et on les porte à la ferme, où on les suspend à des perches ou à des traverses fixées dans de grands hangars très aérés. Les pieds doivent être attachés de telle façon qu'ils ne se touchent pas. Dans d'autres régions, on cueille les feuilles à la maturité, et on en forme des guirlandes en passant une ficelle dans le pétiole de chacune d'elles. Au bout de trois semaines ou d'un mois, les feuilles sont devenues complètement brunes; on les dispose alors en *manoques*, paquets formés d'un nombre déterminé d'entre elles. Les manoques sont réunies en tas fortement serrés dans une caisse ou tout autre récipient. Il se produit alors une fermentation qui, selon qu'elle est plus ou moins bien conduite, donne au tabac une qualité plus ou moins élevée, et permet de le classer dans l'une ou l'autre des catégories adoptées par la régie. Le tabac fournit par hectare de 1 000 à 2 000 kilogrammes de feuilles sèches marchandes. En raison des soins constants et de la surveillance qu'elle nécessite, cette plante appartient surtout à la petite culture.

Pavot à opium. — Le pavot à opium, variété à fleurs rouges du *Papaver somniferum*, se cultive de la même façon que le pavot œillette. Au mois de juillet, on incise superficiellement les capsules : il s'en écoule un suc laiteux, que l'on recueille dans de petits vases. Ce suc, connu sous le nom d'*opium*, se vend desséché sous forme de pains.

CHAPITRE XXX.

PLANTES PSEUDO-ALIMENTAIRES : Betterave à sucre. — Chicorée à café.

PLANTES AROMATIQUES : Houblon. — Anis, Coriandre, Cumin. — Angélique, Fenouil. — Absinthe.

PLANTES INDUSTRIELLES DIVERSES : Cardère. — Autres plantes industrielles.

PLANTES PSEUDO-ALIMENTAIRES.

Betterave à sucre. — L'industrie de l'extraction du sucre de betterave date du commencement du dix-neuvième siècle. Ce furent Mathieu de Dombasle et Chaptal qui, lors du blocus continental, fondèrent en France les premières sucreries indigènes. La multiplication de ces sucreries a bientôt fait prendre une extension considérable à la culture de la betterave. Aujourd'hui le sucre de betterave entre pour près de moitié dans la consommation universelle. L'Allemagne et l'Autriche sont au nombre des pays qui en produisent le plus.

Le sucre de betterave est de même nature que le sucre de canne et sert, par conséquent, aux mêmes usages.

Le mode de culture de la betterave à sucre ne diffère de

celui de la betterave fourragère que par quelques points : choix des variétés, fumure, espacement des lignes et des pieds, sélection des porte-graines.

La plupart des variétés sucrières cultivées aujourd'hui dérivent de la betterave *blanche de Silésie;* quelques-unes sont issues de la betterave *disette*. Citons, parmi les meilleures : la betterave *blanche à collet rose*, la betterave *blanche à collet vert*, la betterave de *Magdebourg*, la betterave de *Knauer*, la betterave *Klein Wanzleben*, enfin la betterave à sucre *améliorée de Vilmorin*.

Les terres silico-argileuses un peu calcaires sont celles qui conviennent le mieux à la betterave à sucre. On les prépare comme lorsqu'il s'agit de la betterave fourragère. Les fumures au fumier de ferme seul sont peu recommandables. Il faut, en effet, à la betterave à sucre des engrais parfaitement divisés, rapidement assimilables, et dont la richesse en acide phosphorique soit élevée par rapport aux proportions d'azote et de potasse qu'ils renferment. Le nitrate de soude et le superphosphate de chaux sont les engrais complémentaires que l'on doit employer au printemps, après application à l'automne de 25 000 à 30 000 kilogrammes de fumier.

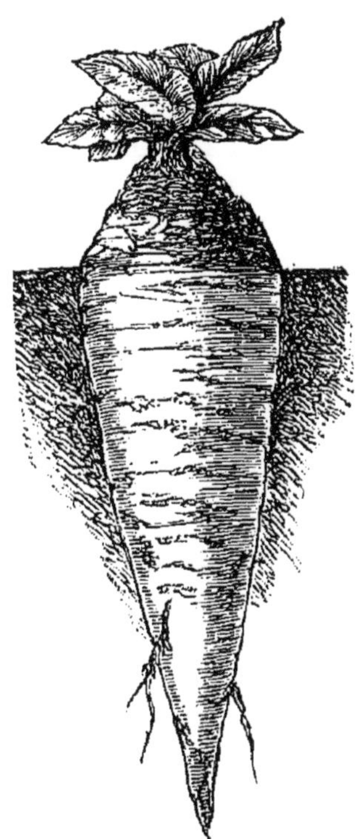

Fig. 40. — Betterave à sucre.

La betterave à sucre est semée en lignes distantes de 0m,30 à 0m,40. Au moment du démariage, on laisse un pied tous les 25 ou 30 centimètres.

Les soins de culture et les procédés de récolte sont les mêmes pour la betterave à sucre que pour la betterave fourragère.

Le type idéal de la betterave à sucre (*fig.* 40) serait une racine fusiforme, parfaitement régulière, d'un poids moyen de 700 à 750 grammes, à collet réduit au minimum. La partie de la racine située hors de terre est, en effet, pauvre en sucre, riche, au contraire, en sels minéraux, qui, dans le traitement industriel, présentent de sérieux inconvénients. La proportion de sucre va croissant dans la racine du collet à la pointe. Ce n'est, d'autre part, qu'au détriment de leur richesse saccharifère que les betteraves atteignent le volume considérable auquel parviennent les variétés fourragères. Bien qu'avec un tel volume le rendement obtenu soit plus élevé, il n'y a pas lieu de le rechercher pour les betteraves sucrières : car l'industrie achète celles-ci non pas au poids brut, mais en raison de leur teneur en sucre. Elle n'a, d'ailleurs, avantage à les employer que lorsqu'elles renferment au moins 10 pour 100 de sucre.

Ce sont les racines dont les caractères se rapprochent le plus de ceux que nous venons d'énumérer que le cultivateur doit conserver, pour les planter comme porte-graines au printemps suivant.

On n'obtient guère, avec les betteraves à sucre, plus de 30 000 à 40 000 kil. de racines par hectare. La quantité de sucre qu'elles renferment varie généralement de 10 à 18 pour 100.

On peut admettre, sans s'écarter beaucoup de la vérité, que la composition moyenne de la betterave à sucre est la suivante :

Eau	81.5
Sucre	12.5
Matières azotées	1.5
Autres matières organiques	3.0
Cellulose	0.8
Matières minérales	0.7
	100.0

Cette composition en fait une matière première précieuse non seulement pour l'industrie sucrière, mais encore pour la distillerie.

Chicorée à café. — La chicorée sauvage (*Cichorium intybus*), plante vivace de la famille des *Composées*, a fourni deux variétés, cultivées pour leurs racines pivotantes et charnues, qui, torréfiées et moulues, sont souvent substituées au café. Cette culture appartient au nord de la France.

Il faut à la chicorée des terres riches, profondes et perméables. On sème cette plante au printemps, en lignes espacées de 0m,25 à 0m,30. Les soins d'entretien consistent en un ou deux binages. A la fin de l'été et en automne on coupe les feuilles, que l'on donne au bétail. Dans le courant d'octobre on procède à l'arrachage des racines. Celles-ci sont nettoyées, divisées en cossettes et desséchées à la température de 50 degrés, avant d'être livrées aux industriels.

On obtient, par hectare, de 15000 à 20000 kilogrammes de racines fraîches, que la dessiccation ramène à 5000 ou 6000 kilogrammes.

Plantes aromatiques.

Houblon. — Le houblon (*Humulus lupulus*) appartient à la famille des *Cannabinées*. C'est une plante dioïque vivace, grimpante. On n'en cultive que les pieds femelles, dont les fleurs, qui affectent la forme de cônes, sécrètent une substance résineuse aromatique et amère, la *lupuline*, à l'aide de laquelle on donne à la bière le goût et le parfum que nous lui connaissons.

C'est d'après leur précocité qu'on classe les différentes variétés de houblon. Cette plante veut des terres meubles et riches. On la multiplie par la plantation des pousses annuelles, que l'on peut élever en pépinière avant de les mettre en place. La mise en place se fait au printemps, dans des fosses ayant 0m,50 en tous sens, que l'on garnit de fumier, puis qu'on achève de remplir de terre meuble en quantité suffisante pour former une butte de 0m,50 de hauteur. Les buttes doivent être espacées de un à deux mètres. La première année on échalasse les jeunes pieds. Au printemps suivant, ceux-ci sont déchaussés, coupés à 0m,07 ou 0m,08 de la souche; on supprime en même temps les pousses trop nombreuses. On reforme les buttes en les couvrant d'engrais. Les échalas sont alors remplacés par des perches. La troisième année, on procède à une nouvelle suppression des pousses, de façon à n'en laisser que deux ou trois par fosse. Des binages et des buttages sont exécutés pendant chacune de ces trois années. Les mêmes opérations se reproduisent ensuite tous les ans tant que dure la houblonnière.

C'est seulement à l'automne de la troisième année que l'on obtient la première récolte. Dès que les feuilles jaunissent, et que les sépales des épis fructifères sécrètent un liquide visqueux et aromatique, on coupe les pieds, on arrache les perches auxquelles ils sont enroulés, et on procède à la cueillette des cônes, lesquels sont séchés dans des greniers ou dans des étuves, puis mis en balles, serrés et vendus le plus tôt possible, car ils perdent rapidement leur parfum.

On obtient annuellement de 1000 à 2000 kilogrammes de

cônes de houblon par hectare. La plantation peut être conservée pendant quinze ou vingt ans.

Anis, coriandre, cumin. — L'anis (*Pimpinella anisum*), la coriandre (*Coriandrum sativum*), le cumin (*Cuminum cyminum*), sont des plantes annuelles de la famille des *Ombellifères*, que l'on cultive pour leurs graines aromatiques.

On les sème en lignes en mars ou en avril sur des terres légères. On donne aux cultures quelques binages dans le cours de l'été. La récolte des ombelles se fait à la main, au fur et à mesure de la maturité; on les fait sécher au soleil, puis on les égrène à la baguette. Le rendement en graines atteint de 600 à 700 kilogrammes par hectare.

Angélique, fenouil. — L'angélique (*Archangelica officinalis*) et le fenouil (*Fœniculum officinale*) appartiennent également à la famille des *Ombellifères*. Ce sont des plantes bisannuelles, que l'on cultive pour leurs tiges, leurs feuilles et leurs graines.

On sème ces plantes à l'automne, en pépinière, puis on les repique au printemps. Les cultures d'entretien consistent en sarclages et en arrosages. La récolte des tiges se fait en juin ou juillet de la seconde année.

L'angélique appartient à la culture septentrionale, le fenouil à la culture méridionale.

Absinthe. — L'absinthe (*Artemisia absinthium*) est une plante vivace de la famille des *Composées*, que l'on cultive surtout dans l'est de la France, notamment en Franche-Comté, pour la fabrication de la liqueur à laquelle elle a donné son nom.

On multiplie l'absinthe par éclats de pieds, que l'on plante à l'automne dans des terrains calcaires pierreux. On sarcle fréquemment les cultures. Chaque année, en juin ou en juillet, on coupe les tiges à la faucille, pour les vendre vertes ou sèches. On obtient annuellement, pendant quatre ou cinq ans, de 6000 à 7000 kilogrammes de tiges vertes.

Plantes industrielles diverses.

Cardère. — La cardère ou chardon à foulon (*Dipsacus fullonum*) appartient à la famille des *Dipsacées*. C'est une plante bisannuelle dont les capitules, hérissés de pointes recourbées, servent à carder le drap. Elle est peu cultivée aujourd'hui.

Il faut à la cardère des terres calcaires légères, peu fumées. On la sème en automne ou au printemps en lignes espacées de 0m,50 à 0m,60. On éclaircit ensuite, de façon à ne laisser qu'un pied tous les 0m,50. On opère quelques binages, puis, au mois d'août ou de septembre de la seconde année, on récolte les têtes, en coupant les tiges à 0m,20 au-dessous de chacune d'elles.

Le rendement par hectare s'élève de 150 000 à 200 000 têtes.

Autres plantes industrielles. — Un grand nombre d'autres végétaux peuvent être classés parmi les plantes industrielles : tels sont ceux qui servent à la préparation de certains produits pharmaceutiques, à la fabrication de poudres insecticides, à la confection de parures ou d'ornements divers; mais leur culture est trop spéciale pour qu'elle puisse trouver place ici.

CHAPITRE XXXI.

INDUSTRIES AGRICOLES.

Sucrerie. — Distillerie. — Brasserie. — Féculerie. — Amidonnerie. — Huilerie. — Extraction des parfums végétaux.

SUCRERIE.

Nous avons déjà fait observer que la composition centésimale des végétaux peut varier avec le sol, le climat, l'époque de la récolte, et surtout avec la variété cultivée.

L'agriculteur ne doit donc pas prendre indifféremment telle ou telle variété de betterave s'il a en vue la production du sucre, de l'alcool; telle ou telle variété de grain, lorsqu'il le destine à l'amidonnerie ou à la distillerie. Il doit également tenir grand compte du moment où il convient d'opérer la récolte.

Parmi les betteraves, il en est qui contiennent seulement 7 pour 100 de sucre; d'autres, dans certaines conditions, en ont jusqu'à 18 pour 100. La moyenne d'une bonne culture française est de 12,50 à 13 pour 100 de sucre. La variété que l'on préfère en sucrerie est la betterave de Silésie améliorée, dont on fait la récolte à la fin de septembre ou au commencement d'octobre.

A ce moment on arrache les racines à la main, au hoyau à deux dents, au louchet ou à l'arracheur de betteraves. La fourche est un mauvais outil pour ce travail. On enlève immédiatement le collet et les feuilles, et on porte la betterave à l'usine, après l'avoir grossièrement débarrassée de la terre. Là les tombereaux sont pesés; on prélève un échantillon sur chaque tombereau; on détermine la quantité de terre dont il est souillé et la quantité de sucre qu'il contient en moyenne. On a ainsi le poids réel et la teneur en sucre des betteraves du tombereau. Comme la fabrication, quoique devant se faire rapidement, ne peut écouler au fur et à mesure toutes les betteraves reçues, on est obligé de les mettre en silos de la même façon que les betteraves fourragères.

Les betteraves sont apportées sous un hangar et jetées dans un entonnoir en maçonnerie, d'où une courroie sans fin, portant des tasseaux de bois, les élève entre deux planches jusqu'au *laveur-épierreur*. Cet appareil est formé d'une cuve en tôle demi-cylindrique, dans laquelle se meut une sorte de grand peigne en spirale, dont les branches sont fixées solidement sur l'axe (voir *Alimentation du bétail, préparation des aliments*). Les betteraves tombent dans la cuve; elles sont frottées les unes contre les autres et contre les parois dans les élévations et les chutes successives que leur fait subir le peigne, qui peu à peu les entraîne vers l'extrémité opposée à celle par laquelle elles sont entrées dans l'appareil. Les pierres et les impuretés descendent au fond et sont retirées par une bonde de décharge.

Les racines sortant du laveur-épierreur passent sur un système de brosses ou sur un grillage animé de secousses, où elles s'égouttent un peu, et tombent dans la banne d'une bascule automatique, qui indique aux employés de la régie le poids des betteraves traitées. C'est sur ce poids qu'est prélevé l'impôt. L'industriel et par conséquent l'agriculteur ont donc tout intérêt à posséder des betteraves riches en sucre, dont l'obtention et l'emploi ne demandent d'ailleurs pas une augmentation très sensible de main-d'œuvre, tout en donnant un rendement beaucoup plus avantageux.

Au sortir de la bascule, la betterave va soit à la *râpe*, soit au *coupe-racines*, suivant que l'on opère par *râpage et pression*

15.

ou par *diffusion*. Il est à prévoir que bientôt la première méthode ne sera plus employée ; nous ne parlerons donc que du procédé par diffusion, généralement suivi. Le *coupe-racines*, dont on fait usage, est à disque horizontal. Ce disque tourne avec une vitesse de 100 à 150 tours à la minute au-dessus d'une trémie, dans laquelle arrivent les betteraves. Il porte 4 lames de couteau de forme spéciale, disposées suivant les rayons et découpant les racines en lamelles ou *cossettes* de section quadrangulaire ou triangulaire. Ces cossettes tombent dans une gouttière mobile, qui les amène à volonté dans l'un ou l'autre des récipients placés au-dessous, qui portent le nom de *diffuseurs*.

Les diffuseurs ont une capacité d'environ 20 à 25 hectolitres; ils sont le plus souvent au nombre de 12, disposés circulairement ; ils peuvent s'ouvrir largement par le haut et par le bas, afin de faciliter le remplissage et la vidange de chacun d'eux. Ils reçoivent 2 tuyaux : l'un qui amène *les eaux* au contact des cossettes, l'autre par lequel on peut les soutirer. Ces tuyaux passent dans des *réchauffeurs*, qui se trouvent respectivement entre les diffuseurs, et qui servent à maintenir les jus à la température convenable. Un système de robinetterie assez compliqué dans son installation, mais d'une manœuvre très simple, permet de faire circuler les jus très rapidement suivant les besoins.

Sur une batterie de 12 diffuseurs, le 1er est en charge, il est ouvert en haut, fermé en bas et reçoit des cossettes; le 2e se vide de cossettes, il est ouvert en haut et en bas; le 3e contient des cossettes presque épuisées, il a déjà reçu les jus des 9 diffuseurs suivants (de 3 à 12), puis de l'eau pure, qui finit de prendre, par osmose, le peu de sucre qui reste dans les cossettes; le 4e diffuseur possède des cossettes n'ayant reçu que les jus de 8 diffuseurs et étant en contact avec de l'eau provenant du n° 3 et par conséquent déjà faiblement sucrée; ainsi de suite jusqu'au 11e, qui a des cossettes presque neuves et du jus déjà très riche; le 12e a des cossettes neuves, puisqu'il vient d'être chargé, et contient le jus le plus riche de la batterie. En résumé, les cossettes les plus riches sont toujours avec les jus les plus riches, et les cossettes les plus pauvres avec les jus les plus pauvres; la température de ces jus va de 45 à 80 degrés; elle est portée à ce point de chaleur à l'aide des réchauffeurs. On laisse les choses en l'état cinq minutes environ, pendant que le 1er diffuseur se charge, et que le 2e se vide; puis on fait avancer les jus d'un diffuseur dans le suivant; le jus du no 3 passe dans le no 4, et ainsi de suite, de telle sorte que le no 1, qui est chargé, reçoit les jus du no 12, lequel les reçoit lui-même du no 11, etc...; le no 3 se vide, et le no 2 se remplit. Tout se retrouve de même qu'auparavant; mais chacun des diffuseurs joue le rôle du précédent. On recommence ainsi de cinq en cinq minutes. Par conséquent, l'eau pure entrée par l'un des diffuseurs sortira une heure après ($5 \times 12 = 60$), sous la forme de jus sucré, par le diffuseur précédent; elle a pris à la cossette presque tout le sucre que celle-ci contenait.

La batterie de diffusion est, en général, disposée circulairement; la pulpe qui s'échappe par l'ouverture inférieure de chaque diffuseur tombe dans un bac dont le fond est en tôle perforée; elle s'y débarrasse d'une partie de son eau. On la place ensuite dans les *presses Klusemann*, faites comme suit : un arbre vertical en forme de deux troncs de cônes juxtaposés par leur petite base (le cône inférieur étant beaucoup plus grand que le supérieur) porte des barres de bois implantées perpendiculairement et en hélice; cet arbre tourne dans un cylindre à claire-voie, où l'on jette la pulpe, que les barres forcent à descendre. Comme l'espace compris entre la surface conique de l'arbre et la surface intérieure du cylindre qui l'enveloppe va en s'amoindrissant, la pulpe s'y trouve pressée et peut, à sa sortie, être mise en silo et donnée au bétail, quoique étant encore très aqueuse et inférieure comme nourriture à la pulpe obtenue par râpage et pression hydraulique.

Revenons au jus sucré qui sort des diffuseurs. Ce n'est autre chose que de l'eau contenant en dissolution ou en suspension, outre le sucre, des matières solubles et des matières insolubles : matières azotées, pectiques, sels minéraux; phosphates, oxalates de potasse et de soude, etc. Il faut se débarrasser de ces matières et isoler le sucre : à cet effet, on emploie la *défécation*, puis la *double carbonatation*. Pour effectuer ces opérations, on introduit dans le jus un lait de chaux dans la proportion de 3 de chaux pour 100 de jus environ; puis on fait arriver de l'acide carbonique au moyen de tubes perforés placés au fond de la cuve en tôle qui contient le jus, en même temps qu'on porte ce dernier à une température voisine de 70° avec de la vapeur surchauffée, qui circule dans un serpentin situé également dans la cuve.

La chaux forme avec les matières organiques des albuminates, des pectates de chaux, en même temps qu'il se produit de l'oxalate, du phosphate de chaux avec les sels minéraux et du carbonate de chaux avec l'acide carbonique, lequel empêche qu'un excès de chaux ne rende difficiles les opérations ultérieures par suite de la formation de sucrate ou saccharate de chaux. On élimine donc par précipitation la plus grande partie des matières solubles; le précipité formé entraîne les matières tenues en suspension. On décante le jus qui se trouve à la partie supérieure de la cuve; on lui fait subir une nouvelle carbonatation; puis on l'amène sur le *filtre à noir animal.* Ce filtre est formé d'une colonne de tôle plus ou moins haute, remplie de noir animal en grains. Le jus traverse cette colonne en y abandonnant les matières qui lui donnaient sa coloration, les composés alcalins et la chaux en excès. Il en sort épuré et prêt à être soumis à l'évaporation. Quant au dépôt qui se forme dans les cuves de carbonatation, il contient encore une certaine quantité de jus sucré; on le passe au *filtre-presse*, pour en séparer les impuretés.

Le filtre-presse est constitué en principe par une série d'alvéoles en toile qui communiquent avec les jus impurs. Les parois de ces sortes de sacs sont maintenues très peu écartées à l'aide de plaques de tôle perforées; le jus amené sous pression passe clair à travers les toiles, sort du filtre et va rejoindre l'autre jus décanté sur le noir animal; les matières solides restent entre les toiles et remplissent bientôt les alvéoles, qu'on nettoie en démontant le filtre, disposé spécialement pour cela.

L'évaporation des jus décantés, auxquels on ajoute ceux provenant du filtre-presse, s'opère dans l'appareil dit *triple-effet*, qui, tout en économisant le calorique, permet, grâce au vide partiel qu'on y produit, de faire bouillir les jus à une température relativement basse, afin d'éviter leur altération sous l'action de la chaleur.

Le triple-effet est composé de trois chaudières absolument closes, dans lesquelles arrivent les jus. Elles sont construites de telle sorte que, la première chaudière étant pleine de jus, on y introduit de la vapeur, qui échauffe ce jus; celui-ci s'évapore et vient dans la surface de chauffe de la seconde chaudière donner sa chaleur au jus qu'elle contient; ce deuxième jus chauffe de la même façon le jus de la troisième chaudière, lequel se trouve ainsi porté à la température d'environ 60°, tandis que les jus précédents étaient à 70 et 80 ou 85°. Pour entraîner l'ébullition du jus de la troisième chaudière à 60°, on se sert du vide atmosphérique, que l'on produit en provoquant, par un jet d'eau froide, la condensation rapide des vapeurs qui s'échappent de l'appareil. C'est le principe du bouillant de Franklin.

Au sortir du triple-effet, les jus repassent parfois sur le noir; puis ils s'en vont à l'*appareil à cuire*, formé d'une grande chaudière, dans laquelle on peut également faire un vide partiel. Quatre serpentins de vapeur, indépendants, sont situés les uns au-dessus des autres et permettent de chauffer convenablement les jus au fur et à mesure qu'ils arrivent et montent dans l'appareil. Lorsque la concentration est suffisante pour que, au moyen d'une sonde spéciale, on puisse voir dans la masse de petits cristaux de sucre, l'ouvrier pousse plus rapidement l'évaporation, jusqu'à ce que les cristaux aient la dimension voulue; puis il laisse tomber le tout dans de grands bacs, en ouvrant la vanne inférieure de la chaudière à cuire.

La *masse cuite* reste dans ces bacs pendant deux ou trois jours. Pour séparer ensuite les grains de sucre du sirop, on emploie la turbine.

C'est une sorte de cylindre en métal ouvert en haut, pouvant tourner sur son axe vertical avec une vitesse de 1 200 à 1 500 tours à la minute, dans lequel on passe la totalité de la masse cuite par charges successives. La force centrifuge applique la matière contre les parois percées de fines ouvertures de ce panier métallique : le sirop s'écoule à travers les trous, et les cristaux de sucre restent à l'intérieur. (Dans la pratique, l'opération est un peu plus complexe.) On obtient alors la poudre blanche ou *sucre de premier jet*, qu'on peut livrer immédiatement en sacs au commerce.

On reprend le sirop provenant d'un premier turbinage; on le réchauffe; on le passe sur le noir; on le soumet de nouveau à la cuite, et on le laisse un mois dans des salles chauffées à 35 ou 40°; on le turbine ensuite pour en retirer des *sucres de deuxième jet*. On fait pour le sirop qu'on obtient de ce turbinage la même opération que pour le précédent :

on laisse reposer la cuite pendant trois mois dans des *emplis*, et on turbine pour obtenir les *sucres de troisième jet*. Il reste les mélasses, qui contiennent encore de 40 à 45 pour 100 de leur poids de sucre. Les sucres de deuxième et troisième jet doivent passer au raffinage. Les mélasses sont utilisées ultérieurement par des procédés plus compliqués : on en extrait le sucre, ou bien on distille l'alcool qui provient de sa transformation.

Distillerie.

En France on retire l'alcool surtout de la betterave et du grain; en Angleterre on ne traite que le grain, dans des distilleries colossales qui se servent d'avoine, de blé ou d'orge, et produisent le gin et le whisky ; en Allemagne c'est à la pomme de terre qu'on s'adresse presque exclusivement; en Belgique on emploie le seigle mélangé avec l'orge.

Nous ne nous occuperons ici que du traitement des betteraves en vue de l'obtention de l'alcool. Jusqu'au coupe-racines, la betterave subit en distillerie les mêmes opérations qu'en sucrerie. Lorsqu'elle arrive à cet appareil, on y ajoute de l'acide sulfurique dilué à 6 pour 100 dans l'eau, de façon à avoir 2 kilogrammes d'acide étendu pour 100 kilogrammes de cossettes. Cette pratique a pour but de faciliter l'osmose. Le tout tombe dans un des *macérateurs*, qui sont placés en dessous, comme les diffuseurs de sucrerie, mais en moins grand nombre : huit, par exemple. La macération se fait d'une façon un peu différente de la diffusion; mais c'est toujours le phénomène osmotique qui en est la base. Au lieu d'employer de l'eau pure sur les cossettes à épuiser, on emploie des *vinasses*, c'est-à-dire des jus contenant plus ou moins de sucre ou venant de la *colonne à distiller*. Ces vinasses laissent à la cossette les matières minérales ou azotées qu'elle abandonne dans la diffusion proprement dite, et en font, par suite, un aliment très riche. Les pulpes de distillerie sont donc bien préférables aux pulpes de sucrerie.

Au sortir des macérateurs, les jus sont envoyés aux *cuves de fermentation*, où on les laisse quelques heures. On en provoque la fermentation par l'addition d'une partie du liquide provenant d'une opération précédente dans lequel la levure est déjà développée. Cependant tous les 15 jours environ on emploie de nouvelle levure.

Lorsque le sucre est transformé en alcool, on a *le vin de betteraves*, qui arrive à la *colonne* à distiller.

Cette colonne se compose, en principe, d'une série de tronçons cylindriques semblables, placés les uns au-dessus des autres et contenant un plateau horizontal percé de deux trous dont l'un au centre; l'autre est muni d'un tube qui surmonte le plateau de quelques centimètres. Au-dessus de ce plateau se trouve enfin une sorte de calotte sphérique reposant sur trois petits pieds.

Les vapeurs du liquide à distiller, chauffé à la partie inférieure de la colonne, montent à travers les plateaux et rencontrent au-dessus de chacun d'eux la calotte qui le surmonte. Celle-ci, étant refroidie par du liquide qui arrive en sens contraire, condense peu à peu la vapeur d'eau, tandis que les vapeurs d'alcool, volatiles à une température plus basse, passent entre les pieds qui soutiennent la calotte et parviennent presque seules à la partie supérieure de l'appareil, nécessairement moins chaude que le bas. Le liquide condensé sur chaque plateau s'échappe par le trou excentrique que porte celui-ci et tombe sur le plateau inférieur, en se débarrassant, dans sa descente, de l'alcool qu'il contient; il arrive sur les derniers plateaux à l'état de *vinasse* n'ayant plus que très peu d'alcool; cette vinasse est à une température de 100 degrés, on la refroidira avant de l'envoyer aux macérateurs, en même temps qu'on échauffera le vin qui doit aller à la colonne. Le vin de betteraves provenant des cuves de fermentation passe donc dans la *bâche* d'un premier serpentin, que parcourent les vapeurs d'alcool sortant de la colonne; il s'échauffe pendant que celles-ci se condensent; puis ce vin descend ensuite dans un serpentin, dont la bâche contient les vinasses, qui, en se refroidissant le portent à une température plus élevée; finalement il arrive à la partie supérieure de la colonne, d'où il tombe peu à peu en abandonnant son alcool pour passer à la partie inférieure à l'état de vinasses.

L'alcool qu'on retire de cette première distillation a une odeur désagréable; il porte le nom de *flegme* et marque de 35 à 60° au maximum. Il est indispensable de le *rectifier*.

L'appareil à rectifier est intermittent; il comprend une chaudière où l'on introduit le flegme, une colonne à distiller un peu différente de la précédente, et enfin un réfrigérant. La chaudière chauffée à la vapeur contient un serpentin, qui permet d'amener le flegme à la température convenable. On chauffe lentement pendant trois heures environ, afin que les produits odorants et l'aldéhyde, qui sont très volatils, passent d'abord : on obtient ainsi les *têtes;* puis on chauffe un peu plus, afin d'avoir l'alcool à peu près pur ou *alcool bon goût;* on amène enfin ce qui reste dans la chaudière à une température relativement élevée, et l'on obtient les *queues* de distillation, à odeur infecte, contenant de l'alcool amylique.

Les têtes et les queues sont employées surtout en peinture, pour la fabrication des vernis, etc. Les alcools bon goût servent à la fabrication des eaux-de-vie et de différentes liqueurs.

Brasserie.

La bière est une boisson légèrement alcoolique, résultant de la transformation en sucre, puis en alcool, de l'amidon que renferment les grains d'orge, et de l'addition au liquide obtenu des principes aromatiques et amers du houblon.

On procède tout d'abord au *mouillage* de l'orge, qui a pour but d'introduire dans la graine la quantité d'eau nécessaire à sa germination. On la laisse macérer dans des cuves en fer ou en ciment pendant deux ou trois jours, en renouvelant l'eau assez fréquemment.

Puis on transporte le grain gonflé d'eau dans une pièce spéciale, généralement une cave, appelée *germoir*, où on l'étale par couches d'une épaisseur de 20 centimètres en été, de 50 centimètres en hiver, à la température uniforme d'environ 15°.

La germination ne tarde pas à se produire; la gemmule et la radicule apparaissent, et, la couche en germination s'échauffant, on la remue en l'étalant peu à peu. La gemmule ayant atteint à peu près les $\frac{2}{3}$ de la longueur du grain au bout d'une dizaine de jours, on porte l'orge dans des séchoirs à l'air libre, puis dans une immense étuve appelée *touraille*, où on la dispose sur des planchers formés d'un grillage métallique, de façon à pouvoir élever successivement la température jusqu'à 60° environ. On est alors certain que la germination s'arrête.

Les grains, une fois débarrassés de leurs radicules, sont laissés à l'air pendant quelques semaines, puis portés sous des meules ou entre des cylindres, qui les réduisent en farine grossière constituant le *malt.*

L'importance de la germination est très grande; car c'est pendant qu'elle s'opère que se forme la *diastase,* ferment qui jouit de la propriété de transformer l'amidon en dextrine et en glucose.

Le malt provenant du touraillage est ensuite soumis à la *saccharification* ou *brassage* dans des *cuves-matières* ayant un double fond, par lequel on introduit d'abord de l'eau à 60°, puis de l'eau à 90°, tout en brassant énergiquement la masse au moyen d'un agitateur à palettes et de grilles mobiles. La température finale est d'environ 70°. On laisse reposer quelques heures; la diastase agit, et la dextrine ainsi que la glucose formées se dissolvent dans l'eau. On soutire alors le liquide, qui prend le nom de *moût.* Comme il en reste encore dans le malt, on fait arriver une seconde fois de l'eau à 90°; on obtient de nouveau du moût, qu'on mélange avec le précédent. Le produit des infusions ultérieures donnera de la bière de qualité médiocre. On peut opérer différemment, selon que l'on veut des bières fortes ou des bières faibles.

Le malt une fois épuisé prend le nom de *drèche;* nous verrons qu'il sert utilement dans l'alimentation du bétail.

Le moût passe de la cuve-matière dans de grandes chaudières de cuivre, où on le fait bouillir avec des fleurs de houblon dans la proportion d'environ $\frac{1}{200}$. Ces fleurs communiquent à la bière un principe amer d'un goût agréable; de plus, elles déterminent la précipitation des matières albumineuses et, par suite, clarifient le moût. Au bout de quatre à cinq heures d'ébullition, le liquide étant continuellement agité (afin d'éviter le dépôt, l'adhérence au fond de la chaudière, et, par suite, la cuisson des matières solides qu'il contient), on le dirige, au moyen de tuyaux de cuivre, dans de grands bacs refroidissoirs, peu profonds, placés dans des greniers très aérés. On peut même activer le refroidissement à l'aide de divers appareils réfrigérants.

On fait alors arriver le moût ainsi houblonné et refroidi dans des cuves nommées *guilloires,* où l'on détermine la fermentation alcoolique en ajoutant par 1 000 kilogrammes de moût de 3 à 4 kilogrammes environ de levure de bière provenant d'une opération précédente. Sous l'influence de cette levure, le sucre se transforme en alcool, et, par suite, le moût en bière. En effet, la levure se multiplie bientôt considérablement dans les guilloires, et l'acide carbonique se dégage à la surface. Le goût et les propriétés de la bière dépendent beaucoup de la nature de la levure alcoolique que l'on a employée pour la fermentation et de la conduite de cette fermentation. On distingue, par exemple, la bière produite par la levure *haute* de celle que donne la levure *basse*. En Angleterre, où la levure haute est préférée, la fermentation a lieu à une température relativement élevée, de 10 à 20°; elle est tumultueuse, dure de 4 à 10 jours et se fait surtout superficiellement, c'est-à-dire que le *chapeau* de levure monte à la surface entraîné par un dégagement assez considérable d'acide carbonique. Au contraire, dans le nord-est de la France et en Allemagne, c'est de levure basse que l'on fait usage. La température varie de 4 à 8°; la fermentation est lente, et la levure, au lieu de monter à la surface, se dépose au fond de la cuve. On soutire avec soin le liquide, qui sera clarifié, puis mis en tonneaux, où la fermentation s'achèvera, et vendu pour une consommation immédiate. La bière ainsi produite n'est pas de la bière de conserve; c'est de la petite bière.

Quant à la levure qui se trouve au fond de la cuve, elle est lavée soigneusement, pressée et livrée au commerce pour la panification, ou bien réservée pour une opération ultérieure. Lorsqu'il s'agit d'obtenir de la bière *de garde*, on fait arriver le produit d'une première fermentation dans des cuves placées dans une cave où la température doit rester constamment très basse. Pour cela, on la refroidit au moyen de glace ou à l'aide de machines à froid. La bière y est abandonnée pendant plusieurs mois, et la fermentation lente qui se produit permet le dépôt des substances nuisibles à sa conservation.

FÉCULERIE.

La fécule se trouve dans tous les organes qui servent à la plante de magasin où elle accumule ses réserves alimentaires : graines, rhizomes, tubercules.

On appelle *fécule* le produit amylacé qu'on extrait des tubercules; on appelle *amidon* ce même produit, s'il provient des graines : riz, blé, maïs, etc.

Il suffit, pour extraire la fécule, de déchirer les parois des cellules de pomme de terre, d'entraîner les grains de fécule par l'eau, puis de récupérer la matière par dépôt et dessiccation.

Il convient que le travail se fasse vite, afin que le tubercule s'altère le moins possible, même dans les silos où l'on a la précaution de le placer. Tout d'abord on prend soin de laver et surtout d'épierrer convenablement les pommes de terre, au moyen d'un laveur ordinaire et d'un épierreur spécial; puis on les passe à la râpe Champonnois, formée d'un tambour cylindrique portant en assez grand nombre, suivant les génératrices, des lames de scie dont les dents font saillie à la surface. Un poussoir applique les tubercules contre ce tambour, qui tourne très vite : on obtient alors la *pulpe* contenant la fécule et divers débris.

La pulpe est amenée à l'intérieur d'un tamis en forme de prisme hexagonal de 3 mètres environ de longueur. Ce prisme est mobile autour d'un axe creux et percé de petits trous, par lesquels on fait arriver de l'eau; celle-ci, projetée sur la fécule à l'intérieur de la toile tamisante, l'entraîne au dehors. On peut soumettre à un nouveau râpage la pulpe restant sur le tamis.

On repasse sur un second tamis plus fin ce qui a été entraîné par l'eau à travers le premier, pour avoir un produit plus riche en grains de fécule; puis on fait arriver dans de grandes cuves le liquide très trouble qui sort de ce deuxième tamis, on agite, et, quand la cuve est pleine, on laisse déposer, en ayant soin que la fécule qui tombe au fond de la cuve ne soit pas mélangée de débris plus fins ou plus légers qu'on appelle *gras*. On agite de temps en temps la partie supérieure du liquide pour éviter ce dépôt. Au bout de quelque temps on décante, et, après plusieurs décantations successives, on obtient un certain nombre de dépôts différents.

Ces dépôts, très aqueux, sont conduits en tête d'une série de planches de sapin mesurant ensemble de 20 à 30 mètres de long et formant un plan un peu incliné. L'eau, contenant beaucoup de fécule et une certaine quantité de gras, s'écoule lentement sur la planche et dépose d'abord la fécule, puis les gras, qu'on retrouve au bas du plan incliné.

La fécule recueillie sur ces planches est portée soit sur des tamis très fins à secousses, où elle s'égoutte, soit sur des tablettes de plâtre, soit dans des turbines, où elle perd une partie de son humidité. On obtient ainsi la *fécule verte*. Pour avoir la fécule sèche, on place la fécule verte dans une pièce formant étuve, où se meuvent une série de toiles sans fin, qui, recevant la fécule à la partie supérieure, la déversent sèche inférieurement. On peut encore se servir de plaques métalliques chauffées par la vapeur.

Amidonnerie.

Actuellement, on retire surtout l'amidon du riz ou du maïs, le blé coûtant trop cher au fabricant, exception faite des grains avariés, économiquement utilisables pour la production de cette matière.

Dans ce dernier cas, on peut employer l'ancien procédé d'extraction, quoiqu'il ne permette pas une obtention avantageuse du gluten. Il est fondé sur ce que l'amidon reste intact dans les conditions où les autres matières organiques du blé s'altèrent rapidement.

On nettoie le grain, on le casse mécaniquement en deux ou trois fragments et on le jette dans de grandes cuves en bois ; on y ajoute de l'eau ordinaire, puis une certaine quantité d'*eaux sures* provenant d'opérations antérieures. Différentes fermentations ne tardent pas à se développer : fermentations alcoolique, acétique, lactique, butyrique ; il se dégage de l'ammoniaque, de l'acide sulfhydrique, de l'acide carbonique, etc. La masse prend une odeur infecte. L'amidon reste inaltéré, tandis que le gluten disparaît. On lave l'amidon en le faisant passer sur des tamis.

Ce procédé ne permet pas d'utiliser les drêches pour l'alimentation du bétail, et, en outre de son insalubrité, il donne des produits inférieurs. Une méthode plus perfectionnée consiste à faire macérer le blé dans l'eau fraîche. Au bout de quelques jours, après avoir renouvelé l'eau de temps en temps, on constate que la substance du grain s'est ramollie et gonflée. On porte alors ce grain sous des meules tournant dans l'eau. Au bout d'une heure environ on fait écouler cette eau, qui entraîne l'amidon des grains broyés. On met de nouveau de l'eau sur ce qui reste, dans l'auge où tournent les meules ; on ouvre la vanne au bout de quelque temps et on continue comme précédemment, une fois les eaux amidonnées obtenues. Ce procédé permet l'emploi des drêches : car il n'est besoin d'aucune fermentation putride dans les cuves.

M. E. Martin a imaginé un appareil appelé *amidonnière*, dans le but de retirer d'une farine de bonne qualité, d'une part, du gluten, qui, dans la pratique, sert à fabriquer le pain de gluten destiné aux diabétiques, et, d'autre part, l'amidon.

Ce sont des cylindres de bois cannelés qui malaxent la farine dans une auge pleine d'eau. L'amidon se trouve entraîné par le liquide.

Qu'on emploie l'un ou l'autre de ces trois procédés, il convient de faire égoutter l'amidon recueilli et de le sécher comme la fécule de pomme de terre. On obtient ainsi, par suite du retrait que provoque la dessiccation, des sortes de prismes irréguliers (amidon en aiguilles).

La fabrication de l'amidon de riz ou de maïs a une importance beaucoup plus grande que celle de l'amidon de blé. Elle ne peut plus être classée dans les industries agricoles. C'est surtout en Angleterre et en Amérique que se trouvent les amidonneries de riz et de maïs.

Les procédés d'extraction ne sont pas les mêmes : on emploie alors les alcalis caustiques, la soude principalement, afin de mettre le gluten en solution.

Huilerie.

Huiles de graines. — La fabrication des huiles de graines porte sur près d'un million de tonnes; elle se fait généralement ainsi qu'il suit. Les graines oléagineuses sont tout d'abord *concassées* entre deux cylindres, afin de subir plus facilement l'action des meules sous lesquelles on les place ensuite. Ces meules, accouplées deux par deux sur un même axe horizontal, pèsent chacune environ 4 000 kilogrammes; elles tournent dans une auge en fonte, chauffée pour que l'huile des graines qu'elles écrasent s'en échappe aisément. Comme dans tous les moulins analogues, derrière les meules, et tournant en même temps qu'elles, se trouvent des pièces courbes en métal, dont le but est de remuer la masse écrasée et de la ramener sous le passage des meules.

Les graines, ainsi réduites en une sorte de pâte huileuse, peuvent être soumises immédiatement à une forte pression : on obtient alors l'*huile vierge*, de très bonne qualité; mais par ce procédé le rendement reste faible, et il est préférable de porter la pâte dans des *chauffoirs*. Au sortir des chauffoirs, elle est placée dans des sacs, qu'on entoure d'un morceau de tissu de crin doublé de cuir appelé *étreindelle*. On glisse les étreindelles, ainsi garnies de sacs, sous des presses hydrauliques, dont l'action fait écouler une certaine quantité d'huile que l'on envoie aux réservoirs d'épuration. Elle est moins appréciée que l'huile vierge, en premier lieu parce qu'elle a été obtenue à chaud, et que la chaleur, tout en facilitant la sortie de l'huile, l'altère toujours un peu, et en second lieu parce que la forte pression qui l'a extraite des graines lui a fait entraîner avec elle certaines matières étrangères.

Cette première pression laisse comme résidu des sortes de gâteaux ou *tourteaux*, qu'on retire des sacs, et auxquels on fait subir un deuxième traitement, car ils contiennent encore de l'huile. On replace donc ces tourteaux sous des meules, qui les concassent. Au sortir de ces petites *meules de rebat*, on les réchauffe et on les remet en sacs, qu'on porte dans des compartiments métalliques spéciaux, chauffés à la vapeur et disposés sur le piston d'une presse hydraulique extrêmement puissante, appelée *presse de rebat*. On a ainsi une huile de deuxième pression, de qualité inférieure, qu'on ne mélange point avec l'huile de première pression.

Les huiles, au sortir des presses, ne peuvent être utilisées qu'après épuration. On les laisse d'abord déposer plusieurs jours; puis on ajoute de 1 $\frac{1}{2}$ à 2 pour 100 d'acide sulfurique. On mélange aussi intimement que possible au moyen d'un agitateur à palettes pendant une heure environ. On ajoute 15 pour 100 d'eau et on laisse reposer. Deux couches se séparent : l'huile purifiée se trouve à la partie supérieure, l'eau acidulée et les impuretés au fond. Aprés décantation, repos et double filtration, on peut livrer au commerce l'huile obtenue.

Les tourteaux sont, comme nous le verrons plus loin, des aliments très précieux pour le bétail.

Huile d'olive. — Quant à l'huile d'olive, on l'obtient en écrasant les olives sous des moulins à une seule meule verticale. La pulpe, au sortir du moulin, est placée dans des sacs tressés ou *escourtins*, et le tout est mis sous une presse horizontale plus ou moins perfectionnée.

Lorsqu'on opère à froid et avec des olives cueillies à la main, et non à la gaule, on retire de cette première pression l'*huile d'olive vierge* pure, qui possède une couleur verte et un fort goût de fruit; elle est très recherchée. Les *grignons* ou *tourteaux* sont ensuite arrosés d'eau bouillante et soumis à une pression énergique. L'huile qui s'en écoule, et qui est de couleur jaune, constitue la qualité ordinaire du commerce; c'est l'huile commune. Du second marc et des olives tombées des arbres on extrait enfin l'*huile de recense*, qui n'est guère employée que pour l'éclairage et la fabrication des savons.

L'huile d'olive qui sort de la presse contient encore des impuretés; elles se déposent peu à peu au fond des jarres ou des cuves dans lesquelles on la place. Après une ou plusieurs décantations on peut la livrer aux consommateurs.

Les huiles de noix et de noisette s'obtiennent par les mêmes procédés.

Extraction des parfums végétaux.

A part quelques parfums animaux (civette, ambre gris, castoreum, musc, etc.), qu'on ne peut avoir qu'en très petite quantité, l'industrie de la parfumerie est alimentée surtout par les essences qu'on extrait des fleurs, des feuilles ou des tiges de certains végétaux.

Suivant le climat, d'une même quantité de fleurs de la même plante on retire un poids plus ou moins élevé de parfum. Les pays chauds donnent des végetaux beaucoup plus parfumés que les pays tempérés.

Pour extraire les essences végétales odorantes, on procède dans la plupart des cas par distillation simple, soit à feu nu, soit à la vapeur. On place les feuilles et les fleurs de la plante à distiller dans un alambic, de conformation très différente suivant les pays; on ajoute une certaine quantité d'eau et on fait évaporer assez lentement. La vapeur d'eau, en s'échappant, entraîne l'essence odorante, quand bien même cette essence ne se volatiliserait pas à 100°. On fait passer le tout dans un serpentin, et le liquide contenant l'essence en sus-

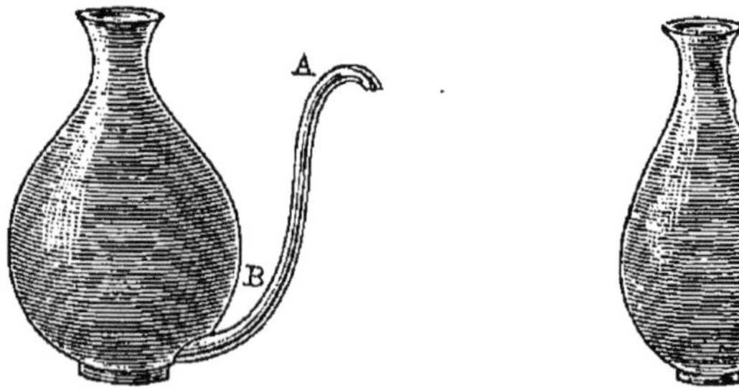

Fig. 41. — Vases florentins

Pour les essences plus légères que l'eau. — Pour les essences plus lourdes que l'eau.

pension tombe dans un petit vase de forme spéciale appelé *récipient florentin*.

Il est, en effet, évident que dans la plupart des cas on tient à recueillir tout d'abord l'essence odorante aussi pure que possible, et, comme celle-ci est tantôt plus lourde, tantôt plus légère que l'eau, on se sert de cette différence de densité pour séparer les deux liquides.

Supposons l'essence plus légère que l'eau : au fur et à mesure que le produit de la distillation tombe dans le vase (*fig.* 41), l'essence vient se placer à la partie supérieure, et l'eau tombe au fond. Quand le niveau supérieur arrive en A, l'eau, qui tombe toujours à la partie inférieure s'écoule, par le tube BA, et peu à peu l'essence arrive en B. A ce moment on enlève le récipient. Si, au contraire, l'essence à recueillir est plus lourde que l'eau, on prend un vase dont la tubulure est placée à la partie supérieure : il s'effectue alors une sorte de décantation continue.

Parfois il est avantageux de recueillir, outre l'essence, l'eau qui a servi à la distillation, et qui est encore très parfumée. C'est le cas pour l'eau de roses. On place alors sous l'alambic, à la place du récipient florentin, de grandes jarres, qu'on décante une fois pleines, et l'on obtient, d'une part, l'essence de roses ou *Neroli*, et, d'autre part, l'eau de roses.

On opère aussi par distillation lorsqu'il s'agit du géranium, de la menthe, de la lavande. Quelquefois cependant les alambics sont chauffés à la vapeur.

Certaines essences, telles que le jasmin, la violette, l'héliotrope, la tubéreuse s'altéreraient à la température de l'eau bouillante. On emploie alors pour les obtenir l'*enfleurage* ou la *macération*.

L'*enfleurage* consiste dans l'emploi de châssis dont le fond est recouvert d'une couche de graisse épurée. On en strie la surface et on garnit le châssis de fleurs. On fait de même pour un second chassis qu'on superpose au premier, et ainsi de suite. Au bout de 2 ou 3 jours, la graisse qu'on obtient est très parfumée.

La *macération* des plantes se fait dans des graisses ou dans des huiles pures chauffées pendant quelques heures au bain-marie.

On retire les essences de toutes ces graisses parfumées ou *pommades* en les divisant en petits fragments, qu'on agite dans l'alcool. L'essence se dissout et donne des *bouquets*.

Un autre procédé consiste à utiliser la solubilité des

essences dans certaines substances, telles que le chlorure de méthyle.

Il n'est pas inutile de faire remarquer qu'actuellement on parvient à fabriquer chimiquement certains parfums, tels que la *vaniline* parmi les parfums végétaux, et le *musc* parmi les parfums animaux. Ces parfums artificiels coûtent beaucoup moins cher.

CHAPITRE XXXII.

ASSOLEMENTS.

Définition. — Nécessité des assolements. — Règles à suivre pour leur établissement. — Principaux types d'assolement. — Cultures non comprises dans les assolements. — Cultures dérobées.

Définition. — On entend par *assolement* la division des terres d'une exploitation en un certain nombre de parcelles appelées *soles*, destinées à porter simultanément des récoltes différentes, qui se succéderont sur chacune d'elles dans un ordre déterminé. Cet ordre de succession porte le nom de *rotation des cultures*. La durée de la rotation est le nombre d'années compris entre deux cultures d'une même plante sur une même sole. Elle dépend du nombre des cultures que l'on fait entrer dans l'assolement et du temps pendant lequel ces cultures occupent le terrain.

L'assolement se qualifie d'après la durée de la rotation des cultures. Il est *biennal* quand la rotation dure 2 ans; *triennal*, 3 ans; *quadriennal*, 4 ans, etc.

Nécessité des assolements. Jachère. — Est-il possible de cultiver constamment une même plante sur un même terrain? La pratique est là qui nous répond par la négative. Assurément, en théorie, rien ne s'oppose à ce que, en procédant ainsi, on conserve au sol, par l'apport d'engrais appropriés, toute sa fertilité primitive; mais une telle méthode, outre les difficultés que présenterait son application, serait onéreuse pour le cultivateur. Une partie des engrais qu'il fournirait au sol resterait inutilisée; pour des végétaux à racines traçantes, ce serait celle que les pluies auraient entraînée dans les profondeurs de la terre; pour des plantes à racine pivotante, ce serait, au contraire, celle qui séjournerait dans la couche arable superficielle. L'agriculteur habile doit se préoccuper de faire bénéficier ses récoltes de la totalité de la fumure qu'il applique au sol. Il en tirera le meilleur parti en faisant se succéder des plantes ayant des besoins différents quant aux éléments fertilisants.

Le fumier est encore presque partout l'engrais par excellence ; pour conserver à sa masse, qui s'accroît chaque jour, une certaine homogénéité, pour éviter la déperdition d'une partie des éléments fertilisants dont il est formé, il faut se garder de le laisser en tas pendant de longues périodes. Or, il n'est possible de l'utiliser au moment propice que si l'on dispose de parcelles libres à des époques différentes.

D'autres raisons importantes militent encore en faveur de l'*alternance* des cultures. Lorsqu'une même culture occupe sans interruption le sol pendant un grand nombre d'années, les plantes adventices ou parasites et les animaux nuisibles, rencontrant constamment les mêmes conditions favorables à leur existence, se multiplient au point d'affaiblir considérablement les récoltes. On ne parvient à détruire économiquement les insectes et les plantes parasites qu'en cultivant pendant un temps suffisant des végétaux impropres à leur nourriture; quant aux plantes salissantes, des soins de culture les font disparaître, ou bien elles périssent étouffées par une végétation qui ne s'accomplit plus aux mêmes époques.

Jadis on croyait à la nécessité de laisser à la terre, épuisée, disait-on, par la culture, une année de repos tous les 3 ou 4 ans. Pendant cette année, le sol, laissé en *jachère nue*, c'est-à-dire ne portant aucune récolte, était cependant labouré et fumé. Non seulement cette jachère supprimait le bénéfice d'une culture, mais encore elle appauvrissait le sol en chaux et en azote nitrique emportés par les pluies, puisqu'aucune plante ne les retenait. On sait aujourd'hui que la jachère nue est rendue parfaitement inutile par l'alternance de cultures fumées d'une façon rationnelle.

La *jachère verte* diffère de la précédente, dont elle n'a pas le second inconvénient, par la culture sur le sol en jachère d'une plante que l'on enfouit en vert. Elle est avantageuse dans les quelques cas que nous avons cités à propos des engrais verts.

Règles à suivre pour l'établissement des assolements. — L'assolement d'un domaine est basé sur la nature des cultures qu'on y poursuit. Le choix de celles-ci est déterminé par les conditions de sol et de climat, par les débouchés offerts aux différents produits, par les besoins de la consommation du bétail et du personnel de l'exploitation, enfin par les nécessités culturales.

C'est le climat qui décide tout d'abord de la possibilité ou de l'impossibilité d'une culture en un lieu déterminé. Toute plante à laquelle les conditions de chaleur et d'humidité du lieu sont défavorables doit être écartée de l'assolement.

Quant au sol, ses propriétés physiques, sa composition chimique, sa profondeur, le rendent plus ou moins apte à la production de chacune des récoltes que nous avons passées en revue. Le cultivateur avisé lui fera porter de préférence les végétaux auxquels il convient le mieux ; dans tous les cas, il ne lui confiera jamais ceux auxquels il est absolument défavorable. Il ne faut pas perdre de vue cependant qu'un assolement immuable ne saurait être constamment appliqué à une même exploitation. Nous avons vu dans tout le cours de cet ouvrage que les efforts de l'agriculteur doivent tendre précisément à l'amélioration du sol qu'il exploite, de façon à en obtenir des récoltes plus rémunératrices, non seulement par l'élévation des rendements, mais encore par la production de végétaux d'une plus grande valeur commerciale. Les différents assolements devront donc, sur un même ensemble de parcelles en culture, être établis et se succéder de telle sorte que chacune de ces parcelles aille en s'améliorant sans cesse, tout en donnant chaque année le maximum de la récolte que le degré de fertilité auquel elle est déjà parvenue permet d'en attendre.

Il est important de s'attacher à n'obtenir que les récoltes dont on est certain de se défaire avantageusement. Tous les produits agricoles ne se vendent pas avec une égale facilité. La betterave à sucre ne peut être cultivée que dans un faible rayon autour des sucreries; la proximité d'une cité populeuse facilite l'écoulement de certains produits : lait, légumes, fruits et primeurs, etc. Enfin, dans chaque région, la nature des marchés change, et les opérations commerciales portent plus particulièrement sur un produit déterminé. Par exemple, il peut être difficile, dans un pays à céréales, de trouver acheteur pour des houblons. Avant d'entreprendre une culture, il faut donc s'assurer que les débouchés ne feront pas défaut, et que les frais de transport des produits au lieu de vente ne restreindront pas les bénéfices dans une mesure trop considérable. Cependant, grâce aux chemins de fer, il n'y a plus lieu aujourd'hui de se renfermer aussi étroitement que par le passé dans le genre de culture adopté dans le pays où l'on exploite, et, s'il n'est pas toujours sage de l'abandonner entièrement, on peut souvent, du moins, y adjoindre avec succès quelques productions spéciales.

Dans les fermes où la nourriture du personnel est fournie par les cultures mêmes, l'étendue consacrée à chacune d'elles doit être calculée de façon à subvenir à tous les besoins. Assurer l'alimentation du bétail par la production de fourrages en quantité suffisante est encore un problème à résoudre. L'*affouragement* de la ferme doit être en rapport avec le nombre de têtes de bétail qu'elle entretient; il en est de même de l'*empaillement*, qui fournit à leur litière. On tiendra compte de cette nécessité pour la détermination des surfaces à consacrer aux céréales, aux prairies et aux racines fourragères. Nous verrons bientôt que les économistes considèrent comme l'objectif à atteindre l'entretien, par hectare de culture arable, d'une tête de gros bétail de 400 kilogr. ou de son équivalent en petit bétail. Ce desideratum est encore aujourd'hui rarement réalisé; mais il se trouve dépassé dans certains cas.

L'époque des semailles, des cultures d'entretien, de la récolte, varie avec les espèces cultivées. Certaines plantes se sèment à l'automne, d'autres au printemps; il faut des binages aux unes, tandis qu'ils sont inutiles aux autres; il en est qui fournissent annuellement plusieurs récoltes; d'autres n'en produisent qu'une seule, tantôt hâtive, tantôt tardive. Le cultivateur doit combiner ses cultures de telle sorte que les travaux nécessaires à chacune d'elles puissent être effectués successivement avec ordre et toujours à l'époque la plus favorable. On ne peut, d'ailleurs, tirer du personnel et des attelages dont on dispose le maximum d'effet utile qu'à la condition de leur faire produire un effort soutenu, sans alternatives de fatigues excessives et de repos trop prolongés.

Les fumures ne peuvent être appliquées de la même façon à toutes les plantes. Les céréales semées sur un sol abondamment fumé sont exposées à la verse, par suite du développement considérable de la végétation herbacée, sous l'influence d'un excès d'engrais azotés. Aussi a-t-on coutume de placer en tête de l'assolement, sur la sole fumée, une racine fourragère, la betterave généralement, ou une culture industrielle à laquelle cet excès ne peut nuire. La céréale ne vient qu'ensuite et bénéficie de la matière fertilisante laissée par la précédente récolte. On lui fournit, si besoin est, un complément d'engrais sous forme de sels minéraux.

Pour utiliser complètement les fumures, il est de bonne administration de faire se succéder sur une même sole des plantes à racines pivotantes et des plantes à racines traçantes, d'espèces différentes et n'ayant pas les mêmes besoins. Cette diversité dans les cultures est également nécessaire pour la destruction des insectes et des plantes parasites. En faisant alterner les cultures dites *salissantes* et les cultures *sarclées* ou *nettoyantes*, on évitera, d'autre part, la multiplication des végétaux adventices.

Principaux types d'assolements. — L'assolement biennal est le premier que l'on ait mis en pratique. Les Romains employèrent d'abord le suivant :

1re année : Jachère.
2e — Céréale d'hiver.

Cet assolement, par trop rudimentaire, avait l'inconvénient de laisser le sol improductif une année sur deux. Il fut bientôt remplacé par cet autre :

1re année : Légumineuses,
2e — Céréale d'hiver.

auquel on substitua plus tard l'assolement triennal. Celui de Charlemagne, ainsi compris :

1re année : Jachère, 3e année : Avoine,
2e — Froment,

resta longtemps en honneur. Quoique fort défectueux, il est encore en usage dans certaines parties de la France. La jachère y tient une trop grande place, et, de plus, deux céréales se succèdent immédiatement sur la même sole.

L'assolement triennal flamand :

1re année : Plante sarclée fumée,	3e année : Trèfle ou autre plante fourragère,
2e année : Céréale,	

est bien supérieur au précédent.

Voici d'autres types d'assolements, choisis parmi les plus célèbres.

Assolement de 4 ans, dit *de Norfolk :*

1re année : Turneps,	3e année : Trèfle,
2e — Orge ou avoine,	4e — Froment.

Assolements de 5 ans.

De Mathieu de Dombasle :	*De Boussingault :*
1re année : Jachère,	1re année : Betterave ou pomme de terre,
2e — Froment,	2e année : Froment,
3e — Trèfle,	3e — Trèfle,
4e — Froment,	4e — Froment et navets en culture dérobée.
5e — Avoine de printemps.	5e année : Avoine.

Ancien assolement de 7 ans *de la ferme de Grignon :*

1re année : Plante sarclée fumée,	4e année : Froment,
	5e — Fourrage vert,
2e — Céréale,	6e — Colza fumé,
3e — Trèfle,	7e — Froment.

Ancien assolement de 8 ans, *de Lille*, aujourd'hui modifié :

1re année : Tabac,	5e année : Froment,
2e — Colza,	6e — Lin,
3e — Froment,	7e — Froment,
4e — Trèfle,	8e — Avoine.

Les prairies temporaires peuvent entrer dans les assolements pour une période de 2, 3 ou 4 ans, parfois davantage; il arrive même qu'on y intercale la culture de certaines essences forestières, le pin maritime, par exemple. On obtient ainsi des assolements d'une durée de 10, 12, 15, 20 ou 25 ans. Cette durée n'est nécessairement pas illimitée. Il faut que le cultivateur puisse raisonnablement espérer poursuivre lui-même jusqu'au bout l'assolement qu'il établit. Les longs assolements ne sauraient convenir aux fermiers dont les baux sont peu étendus.

Les combinaisons applicables aux assolements sont extrêmement nombreuses ; elles varient avec les conditions culturales et économiques, et l'on ne saurait recommander d'une façon générale tel assolement plutôt que tel autre. C'est au cultivateur à choisir, en se basant sur les principes que nous avons précédemment établis, celui qui convient le mieux à l'exploitation qu'il dirige.

L'emploi des engrais chimiques, l'utilisation des résidus d'industrie, tant pour l'alimentation du bétail que pour la fumure des terres, la facilité de se procurer au dehors les fourrages nécessaires, ont considérablement élargi le cadre des assolements possibles, en même temps qu'ils mettaient l'agriculteur à même d'en user plus librement avec les règles étroites auxquelles il était jadis obligé de se conformer.

Cultures non comprises dans les assolements. — En raison du temps pendant lequel elles occupent le sol, un certain nombre de cultures sont généralement laissées en dehors des assolements. C'est ainsi qu'on n'y fait pas figurer les prairies permanentes, les forêts, les vergers, la vigne. Les prairies temporaires de quelque durée, les luzernières, ne sont souvent pas comprises non plus dans la rotation ; les fourrages qu'on en obtient suppléant à l'insuffisance de ceux que produisent les différentes soles, on dit que ces prairies *appuient* l'assolement. Les cultures maraîchères ne sont pas soumises à un véritable assolement : c'est une des raisons pour lesquelles elles nécessitent des soins d'entretien constants, en même temps que de fortes fumures.

Cultures dérobées. — Les *cultures dérobées* ou *cultures intercalaires* sont celles que l'on poursuit dans le court laps de temps qui sépare deux récoltes principales. Il faut choisir, pour ces cultures, des plantes à végétation rapide. Ce sont presque toujours des plantes fourragères qui en font l'objet. Le maïs-fourrage, par exemple, s'intercale très bien entre un seigle coupé en vert au printemps et une plante à semer à l'automne. Il en est de même du sarrasin, de la vesce de printemps, de la spergule, etc. Le navet peut succéder à une céréale et être récolté avant l'hiver. La récolte supplémentaire que l'on obtient ainsi est une ressource précieuse pour l'alimentation du bétail.

CHAPITRE XXXIII.

VITICULTURE.

LA VIGNE.

Caractères botaniques de la vigne. — Historique de la culture de la vigne. — Importance du vignoble français. — Conditions climatériques favorables à la vigne. — Choix et préparation du sol pour l'établissement d'un vignoble. — Choix des cépages. — Multiplication de la vigne. — Greffage. — Plantation. — Taille et ébourgeonnement. — Travaux d'entretien. — Accidents, maladies et ennemis de la vigne.

Caractères botaniques de la vigne. — La vigne appartient à la famille des *Ampélidées*. On en connaît plusieurs espèces, originaires les unes d'Europe ou d'Asie, les autres d'Amérique. Depuis quelques années, on a introduit chez nous un grand nombre de variétés américaines dérivées des *Vitis labrusca*, *V. æstivalis*, *V. cinerea*, *V. Rupestris*, etc., qui résistent mieux aux ravages du phylloxera que nos vignes indigènes. Ces dernières appartiennent toutes à la même espèce, le *Vitis vinifera*.

La vigne est un arbuste sarmenteux que l'on cultive pour son fruit, baie blanche, rouge ou d'un noir violacé, très aqueuse, à l'intérieur de laquelle se trouvent les graines ou pépins. Ce fruit, le *raisin*, est disposé en grappe sur une *rafle* ligneuse. Les feuilles de la vigne sont simples, lobées; en regard de chacune d'elles se trouve une vrille, qui permet à la plante de grimper en s'attachant aux objets voisins.

La vigne peut vivre plusieurs siècles; sa souche, appelée *cep*, atteint parfois un assez grand diamètre.

Historique de la culture de la vigne. — L'origine de la culture de la vigne se perd dans la nuit des temps. Les Égyptiens, sous les Pharaons, les Hébreux, dès les débuts de leur histoire, la connaissaient déjà. Les Grecs et les Romains la mentionnent fréquemment dans leurs écrits les plus anciens. Certains auteurs prétendent qu'elle a été introduite en Provence par les Phocéens, et qu'elle s'est répandue de là dans toute la Gaule; d'autres, au contraire, la croient indigène en France. Sous la domination romaine, puis sous Charlemagne, elle prit dans notre pays une extension considérable.

Importance du vignoble français. — Malgré l'invasion du phylloxera, malgré les maladies variées qui sont venues fondre sur notre vignoble, la France est restée supérieure à tous les pays du monde par l'importance et la qualité de sa production viticole.

La statistique agricole de 1882 accuse une superficie plantée en vigne de près de 2 200 000 hectares, donnant 33 600 000 hectolitres de vin, d'une valeur de plus d'un milliard de francs.

On ne compte guère, en France, que 14 départements où la culture de la vigne soit nulle ou tout au moins insignifiante; ces départements forment une zone qui s'étend du Morbihan à la frontière de Belgique, en longeant la Manche.

Nos principales régions viticoles sont : la Champagne, la Bourgogne, le Beaujolais, les côtes du Rhône, la partie méridionale du Languedoc (Aude, Hérault, etc.), le Médoc et le Saumurois. Le vignoble charentais, qui produisait jadis en grande quantité les eaux-de-vie renommées de Cognac, a été ruiné presque en totalité par le phylloxera. Ce redoutable fléau, apparu en 1865, avait réduit de moitié notre production en vin. Mais fort heureusement, depuis quelques années, grâce aux efforts énergiques de nos viticulteurs, cette production tend à regagner le chiffre qu'elle atteignait primitivement.

Conditions climatériques favorables à la vigne. — Au delà du 50e degré de latitude, le raisin mûrit mal; il reste acide et impropre à la fabrication du vin. En Bretagne, par suite de l'humidité du climat, la limite de culture de la vigne (*Voir* la *Carte des climats de la France*) ne dépasse guère le 47e degré de latitude; cette limite se relève brusquement entre Orléans et Paris, passe au nord de cette dernière ville, traverse les Ardennes et pénètre en Belgique.

En altitude, la culture de la vigne, qui atteint sur l'Etna jusqu'à 1 300 mètres au-dessus du niveau de la mer, s'arrête à 650 mètres sur le versant méridional des Alpes et ne dépasse pas 500 mètres dans le nord de la Suisse. Le plateau central ne possède pas de vigne. Les grands crus de France sont à une altitude moyenne de 50 mètres; cependant il y a d'excellents vins produits à 150 mètres, et l'altitude du Médoc ne dépasse guère 20 à 25 mètres.

Les vignes cultivées en coteaux sont celles qui donnent les meilleurs vins; l'exposition qui leur convient le mieux varie naturellement avec les climats; celles de l'est, du sud-est et du sud sont presque toujours les plus favorables. Les vins de plaine sont assez généralement plats. Les vallons étroits et les plateaux élevés sont peu propres à la culture de la vigne. Le voisinage des cours d'eau ou des forêts exerce également une influence sur la qualité des produits qu'on en obtient.

On admet généralement qu'il faut, pour que le raisin parvienne à complète maturité, une somme annuelle d'environ 3 000 degrés de chaleur.

Choix et préparation du sol pour l'établissement d'un vignoble. — La vigne pousse dans les sols les plus divers, à la condition qu'ils soient perméables et sans excès d'humidité. Elle vient mal dans les argiles compactes, dans les terrains marécageux ou peu profonds. Les sols riches, ferrugineux, sont ceux qu'elle préfère. La présence de cailloux de faible volume lui est favorable. La vigne permet d'utiliser des terres sableuses où d'autres cultures ne réussiraient pas.

Les travaux préparatoires pour l'établissement d'un vignoble consistent dans le défrichement et l'ameublissement du sol. On défonce celui-ci à une profondeur de $0^m,30$ à $0^m,50$ dans le nord, de $0^m,40$ à $0^m,60$, parfois même 1 mètre, dans le midi. Ce défoncement se fait soit à bras d'homme, soit à l'aide de charrues spéciales; dans certains cas, on l'opère plusieurs mois avant la plantation, afin que les terres du fond, ramenées intentionnellement à la surface, aient le temps de s'amender; souvent aussi la plantation suit immédiatement le défoncement, mais on fume alors avec du fumier et des engrais chimiques. Dans les terrains en pente rapide, on construit parfois, avec de grosses pierres arrachées au sol, de petits murs destinés à maintenir les terres; quant aux pierres de peu de volume, on les casse et on les répand uniformément sur toute la surface.

L'assainissement des terres par un drainage plus ou moins profond, suivant les cas, est nécessaire toutes les fois qu'on se trouve en présence d'un excès d'humidité.

L'emploi des amendements calcaires, argileux ou siliceux est avantageux dans certains vignobles; on applique ces amendements avant la plantation.

Les racines des jeunes plants souffrent d'un excès d'engrais; généralement donc la première fumure s'applique seulement en hiver ou au printemps qui suit la mise en place de ces plants.

Il faut éviter de replanter immédiatement une vigne sur un sol qui vient d'en porter une autre. Une bonne méthode consiste à établir tout d'abord une luzernière, que l'on défriche au bout de quatre ou cinq ans, en enfouissant la dernière coupe en vert. On peut également faire usage d'un assolement de sept ou huit ans : blé, luzerne, avoine, par exemple, dans lequel la luzerne occupe le sol pendant 5 ou 6 ans. Il est important de faire précéder la vigne de cultures nettoyantes, surtout lorsqu'elle doit occuper un terrain récemment défriché.

Pour les vignobles de quelque importance, l'établissement de bons chemins d'accès facilite considérablement les travaux ultérieurs.

Choix des cépages. — On donne le noms de *cépages* aux différentes variétés de la vigne; l'*ampélographie* est la description de ces variétés.

Chaque région viticole a des cépages qui sont plus spécialement adaptés à ses conditions de sol et de climat, ainsi qu'à la nature de la production qu'on leur demande.

Nous trouvons : en Champagne, le *Pineau* ou *Pinot noir;* en Bourgogne et dans le Beaujolais, le *Pineau noir*, le *Pineau blanc*, le *Gamay noir*, le *Gamay gris*, le *Teinturier*, le *Tressot;* dans le Jura, le *Pulsart*, le *Trousseau;* en Savoie, la *Mondeuse*, le *Persan;* dans le Centre, le *Chenin;* dans la Drôme, la *Syrah*, la *Roussanne*, la *Marsanne;* en Provence, le *Brun Fourca*, l'*Ugni blanc:* dans le bas Languedoc, l'*Aramon*, la *Carignane*, les *Terrets*, le *Grenache*, l'*Œillade* ou *Ulliade*, le *Cinsaut*, le *Mourrastel*, la *Clairette*, le *Muscat blanc*, le *Petit Bouschet;* dans la Gironde, le *Cabernet franc*, le *Cabernet Sauvignon*, le *Merlot*, le *Verdot*, le *Côt* ou *Malbeck*, le *Sémillon*, le *Sauvignon;* dans la Charente, la *Folle blanche*, le *Balzac*, le *Saint-Rabier*.

Chacun de ces cépages est caractérisé par la forme de ses feuilles, la forme et la couleur de sa grappe et de ses grains, l'époque à laquelle le raisin arrive à maturité. D'après cette dernière donnée, M. Pulliat a classé tous les cépages français en cinq catégories, qu'il fait correspondre aux cinq climats suivants, où ils murissent convenablement :

1° Climat du cerisier à gros fruit (Bigarreautier),
2° — de l'abricotier et du pêcher en plein vent,
3° — de l'amandier et du figuier,
4° — de l'olivier,
5° — de l'oranger.

Plus l'on avance vers le nord, plus s'impose la nécessité de cultiver des cépages précoces, pour que le raisin puisse atteindre sa complète maturité. La nature du sol, le produit visé (vin blanc, vin rouge, raisin de table, etc.), la résistance à la coulure, aux maladies cryptogamiques, interviennent ensuite pour déterminer le choix du cépage.

Dans le midi de la France, de très grandes étendues, ravagées par le phylloxera, ont été replantées en vignes américaines, qui, ainsi que nous l'avons dit, résistent mieux à cet insecte que nos vignes indigènes. Mais comme, d'autre part, le vin produit par la plupart des cépages américains est de qualité très médiocre, on a greffé sur ceux-ci nos variétés françaises. Une nouvelle considération intervient donc dans le choix de ces cépages : s'agit-il d'un *porte-greffe*, c'est-à-dire d'un sujet destiné à être greffé, ou d'un *producteur direct*, qui devra fournir des fruits propres à la fabrication d'un vin marchand? Dans le premier cas, il faudra tenir compte encore de la nature de la variété française à lui faire porter.

Le nombre des cépages américains connus, déjà considérable, s'accroît encore chaque jour. Les plus estimés d'entre eux sont actuellement : comme producteurs directs, le *Jacquez*, l'*Othello*, l'*Herbemont;* comme porte-greffes, le *Riparia*, le *Solonis*, le *Taylor*, le *Jacquez*, le *Vialla*, le *Rupestris*, le *Cordifolia*, le *Cinerea*, etc.

Multiplication de la vigne. — La vigne se multiplie par graines, par boutures ou par marcottes.

Semis. — Le semis n'est employé en viticulture que pour l'obtention de nouveaux cépages ou la production de porte-greffes résistants. La création de variétés nouvelles est longue et difficile; il convient généralement de la laisser aux spécialistes,

On choisit, pour les semis, des graines de l'année précédente ayant été récoltées à parfaite maturité. Celles qui ont fermenté avec le moût donnent d'aussi bons résultats que les autres; il n'y a donc pas lieu de les rejeter. Ces graines, après avoir été *stratifiées* durant l'hiver dans du sable légèrement humide ou trempées dans de l'eau pure pendant trois ou quatre jours, sont semées en avril sur une plate-bande convenablement fumée, en lignes espacées de $0^m,30$ à $0^m,40$. On les recouvre de quelques centimètres de terreau. La plate-bande est arrosée tous les deux ou trois jours et soigneusement sarclée. Après la levée, qui se produit généralement au bout d'un mois, des arrosages fréquents sont encore nécessaires. Il convient, dans la plupart des cas, de repiquer à demeure les plants obtenus, à la fin de l'hiver qui suit le semis.

Bouturage. — Le bouturage est le procédé le plus simple et le plus généralement employé pour la multiplication de la vigne. On choisit, pour en faire des boutures, des sarments d'un an, bien *aoûtés*, c'est-à-dire parfaitement lignifiés, d'un développement moyen, pris sur des ceps vigoureux produisant des fruits abondants. Il est préférable, quand cela est possible, de ne tailler les boutures qu'au moment de leur emploi; mais on est, le plus souvent, obligé de les conserver pendant l'hiver dans du sable légèrement humide, pour ne les planter qu'au printemps.

Fig. 42.

La *bouture par crossette* (*fig.* 42), formée de la partie inférieure d'un sarment portant un fragment de bois de deux ans, s'enracine bien, par suite de la présence de nombreux bourgeons au point de liaison des deux rameaux; mais il n'est pas toujours facile d'obtenir un nombre suffisant de ces boutures, et l'on est souvent obligé d'avoir recours à la *bouture simple* ou *par rameau ordinaire* (*fig.* 43), constituée par un fragment de sarment de longueur variable. On emploie également la bouture *avec empattement,* intermédiaire entre les deux précédentes.

Fig. 43.

La longueur à donner aux boutures varie entre $0^m,15$ et $0^m,35$; elle doit être d'autant plus considérable que les terres sont plus sèches.

Les boutures que nous venons de citer portent chacune

plusieurs bourgeons ou *yeux*. On a imaginé de se servir de *boutures à un œil*, dites *boutures semées* (*fig.* 44), qui développent une grande quantité de racines.

Le bouturage se fait en place ou en pépinière. La plantation immédiate en place ne convient guère que dans des terres perméables, fraîches et fertiles.

Fig. 44.

La pépinière doit être établie dans une terre légère, chaude, saine et fraîche, parfaitement ameublie et fumée. Les boutures placées debout, dans de petits fossés distants de 0m,50, sont recouvertes, à la base, d'une certaine quantité de terre meuble. Le fossé est ensuite comblé avec la terre restante. Quand le sol est sujet à se dessécher, on en recouvre la surface avec du paillis. Les soins d'entretien consistent en sarclages et en arrosages.

La culture en pépinière dure un an ou deux ans; les *plants enracinés* qu'on obtient sont mis en place à demeure au bout de ce temps.

Marcottage. — Le *marcottage* de la vigne est généralement connu sous le nom de *provignage*. Il consiste à coucher en terre, dans le but de lui faire produire des racines, un sarment encore fixé à la souche mère. On sépare le sarment de la souche lorsqu'il est devenu apte à se nourrir par ses propres racines. Le provignage est destiné, soit à remplacer une souche manquante, — le provin est alors laissé à la place où il s'est développé, — soit à fournir un plant enraciné que l'on transportera en un autre endroit.

Le provignage *par marcotte simple* (*fig.* 45) se fait en couchant dans une tranchée un sarment de longueur suffisante, que l'on relève à l'extrémité en l'attachant à un piquet. On coupe cette extrémité de façon à ce que la partie hors de terre ne porte que deux yeux, et l'on *éborgne*, c'est-à-dire que l'on supprime, les bourgeons qui se trouvent sur le sarment entre la souche et le point où il pénètre en terre. Les provins sont *sevrés*, c'est-à-dire séparés de la souche au bout de deux ans.

Fig. 45.

Le *provignage chinois* et le *marcottage en serpenteaux* (*fig.* 46) permettent de faire produire au même sarment plusieurs plants enracinés. Le *provignage par couchage de la souche* consiste, ainsi que son nom l'indique, à coucher la souche mère, privée de quelques-unes de ses racines, dans une fosse préparée à cet effet ; on en dirige ensuite les sarments vers les points où il y a des pieds à remplacer. Quant au provignage *par versadi*, il diffère du provignage par marcotte simple, en ce que le sarment, au lieu d'être couché, est simplement planté en terre par son extrémité.

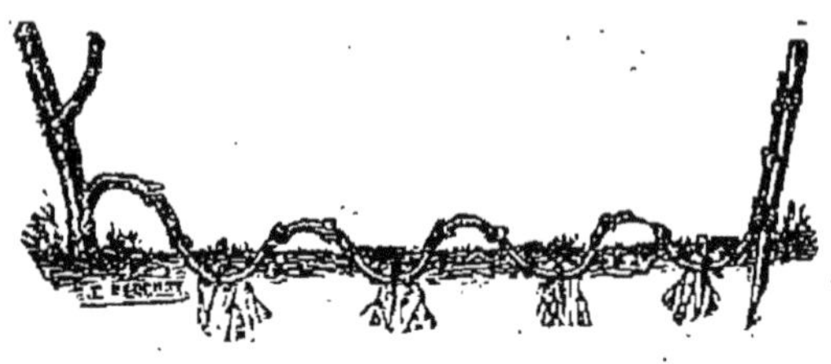

Fig. 46.

Les fosses ouvertes pour y placer les provins doivent être remplies de terre fraîche, meuble et convenablement fumée. L'époque la plus favorable au provignage est celle qui suit immédiatement la chute des feuilles de la vigne.

Greffage. — Depuis l'introduction des vignes américaines en France, le greffage a pris une très grande importance. Cette opération a pour but de remplacer, en tant que producteur de raisin, un cépage dit *porte-greffe* par un autre qui lui est préférable.

On peut greffer sur boutures, sur jeunes plants en pépinière ou sur plants enracinés en place. La reprise est plus assurée dans ces deux derniers cas, mais la greffe sur bouture fait souvent gagner un an sur la mise à fruit de la vigne.

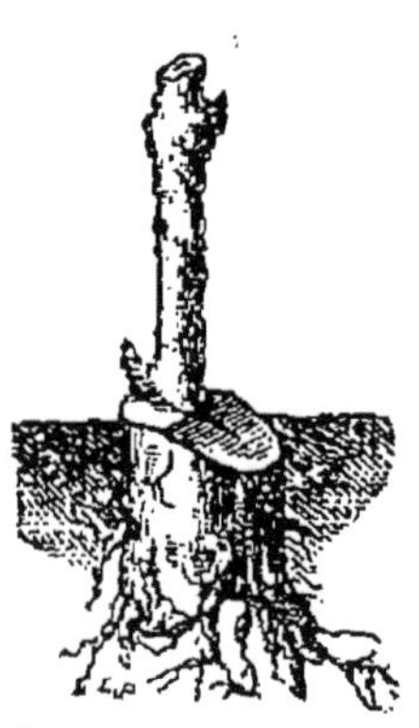

Fig. 47.

On greffe en mars, avril ou mai, par un temps doux, mais sans pluie. Les sarments destinés à servir de *greffons* doivent avoir été récoltés avant la reprise de la végétation, en février par exemple, et conservés dans du sable jusqu'au moment de leur emploi.

On a imaginé un grand nombre de systèmes de greffes. Les deux plus usités pour la vigne sont ceux dits *en fente ordinaire* (*fig.* 47) et *en fente anglaise*. Dans le premier système, on fend le *sujet*, c'est-à-dire la souche destinée à être greffée, à l'aide d'un ciseau ou d'une serpette, et l'on introduit dans la fente un greffon taillé à son extrémité en forme de lame de couteau. Le greffon, de plus faible diamètre que la souche, se place sur le côté de celle-ci, de façon à ce que *les couches génératrices de bois coïncident sur la plus grande surface possible.* On laisse généralement deux yeux au greffon.

Fig. 48.

La greffe en fente anglaise (*fig.* 48) diffère de la précédente, en ce que le greffon est taillé de façon à présenter deux languettes, dont l'une se fixe dans une fente du sujet, et dont l'autre recouvre une languette de ce même sujet.

Nous ne parlerons que pour mémoire des greffes *à cheval, Champin, à talon, Fermaud, de Cadillac, Aliés*, etc. Nous reviendrons, d'ailleurs, sur la greffe dans le second volume de cet ouvrage, consacré a l'*Horticulture*.

On a imaginé, pour le greffage des boutures, des machines à greffer, dont quelques-unes donnent d'excellents résultats.

La greffe étant faite, on l'assujettit par une ligature de ficelle goudronnée, de caoutchouc ou de raphia, que l'on englue souvent d'argile pétrie. Les mastics résineux employés par les arboriculteurs sont peu recommandables pour cet engluement. Les greffes faites avant plantation doivent être conservées en les stratifiant avec du sable.

Le greffage de la vigne ne réussit bien que sous terre. Il est nécessaire, pour cette raison, de butter fortement les greffes avec de la terre meuble ou du sable. On ne laisse émerger que le dernier œil du greffon. Si des racines naissent sur le greffon ou des drageons sur le sujet, il faut avoir soin de les supprimer.

Plantation. — On plante la vigne soit *à plein*, c'est-à-dire en lui consacrant uniquement l'étendue de la parcelle qu'elle occupe, soit avec cultures intercalaires. Ce dernier mode de plantation, dans lequel les végétaux en présence se nuisent mutuellement, est peu en rapport avec l'état actuel de notre viticulture qui doit viser aux rendements maxima; chaque jour il perd du terrain. Il oblige à espacer de plusieurs mètres les lignes de plantation.

Les plantations à plein affectent diverses dispositions. Les ceps peuvent être plantés : *en lignes*, ils sont alors plus rapprochés dans les lignes que celles-ci ne le sont entre elles; *en carré*, leur espacement est le même dans tous les sens; *en quinconce*, les souches forment, considérées par groupes de trois, des triangles équilatéraux, et par groupes de quatre, des losanges. Ces deux dernières dispositions sont les plus favorables au développement des souches et à la bonne exécution des travaux de culture. La plantation *confuse* qui résulte de provignages mal exécutés, présente, à cet égard, de graves inconvénients.

Dans le midi, on laisse en moyenne entre les ceps une distance de $1^m,50$; dans le nord, elle se réduit parfois à $0^m,40$ ou $0^m,50$. Un rapprochement exagéré des ceps nuit à leur développement et rend la culture difficile et coûteuse; les travaux à la charrue deviennent impossibles dans les vignobles où les souches sont trop serrées. Un écartement trop considérable, au contraire, diminue le produit obtenu par hectare et augmente la vigueur des souches au point de nuire, dans le nord, à la maturation des raisins. Un intervalle d'au moins 1 mètre entre les lignes est nécessaire pour le passage de la charrue. L'écartement des souches dans les lignes pourra varier en raison de la vigueur du cépage.

Avant de planter, on trace au cordeau des lignes dont les intersections indiquent le futur emplacement des souches. Les boutures sont alors déposées dans des trous ouverts en ces points avec un pal en fer. Pour les plants enracinés, on creuse de petites fosses. On les recouvre d'abord d'un peu de terre meuble, puis on achève de combler les ouvertures avec les déblais.

Des labours nombreux, à bras ou à la houe vigneronne, doivent être donnés à la jeune plantation pendant l'été qui suit son établissement. L'hiver suivant, on supprime les drageons qui ont pu se développer au pied des ceps, et l'on remplace les pieds manquants à l'aide de plants enracinés. On procède ensuite à la taille.

Taille et ébourgeonnement. — La vigne abandonnée à elle-même produit de longs rameaux sarmenteux qui rampent à la surface du sol ou s'élèvent dans les arbres à leur portée. L'enchevêtrement de ces rameaux rend toute culture impossible. D'autre part, les grappes obtenues restent petites, chétives et mûrissent mal; la récolte en est d'ailleurs des plus difficiles. Pour obvier à ces inconvénients, on a imaginé de donner à la vigne une forme régulière qui permet à chaque cep de recevoir également de toutes parts l'air, la chaleur et la lumière nécessaires au développement et à la maturité du raisin, en même temps qu'elle laisse le sol en état d'être soumis, à toute époque de l'année, aux façons culturales appropriées. C'est par la *taille* qu'on obtient ce résultat.

La vigne porte ses fruits sur des rameaux de l'année, nés des yeux ou bourgeons des sarments de l'année précédente. Il est donc nécessaire de conserver sur chaque cep, au moment de la taille, un ou plusieurs de ces sarments, dont on supprime l'extrémité, de façon à leur laisser, soit deux ou trois bourgeons, — c'est le cas de la taille *courte;* soit un plus grand nombre d'yeux, — on obtient alors la taille *longue*. On donne le nom de *courson* au fragment laissé par la taille courte; on appelle *long bois* celui qui subsiste après la taille longue. La taille Guyot est un système mixte. Le système de taille à employer dépend du climat et de la nature du cépage auquel il s'applique. La disposition des bourgeons fructifères diffère, en effet, avec les variétés. Aussi, s'il est vrai que la taille de la vigne exerce une grande influence sur sa vigueur et sa productivité, faut-il bien se rappeler qu'il n'est pas logique de préconiser en toutes circonstances un système unique, à l'exclusion de tous les autres.

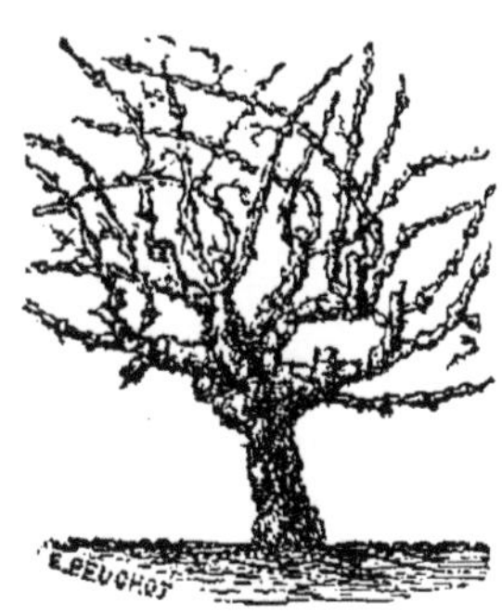

Fig. 49.

Lorsqu'on a choisi, d'après la forme à donner à la souche, le sarment destiné à devenir courson ou long bois, on le *rabat*, c'est-à-dire qu'on le réduit à la longueur voulue; puis on supprime tous les autres. La serpe, la serpette, le sécateur et la scie à main sont employés pour cette opération.

Les formes que l'on peut imposer à la vigne sont excessivement nombreuses; celles que l'on adopte généralement se rapportent aux trois types suivants : *gobelet*, *espalier* et *cordon*. Le gobelet (*fig*. 49) est composé d'un pied dont les bras divergent de manière à former une sorte de coupe. Dans la forme en espalier, les bras, placés dans un même plan, sont symétriques. La forme en cordon (*fig*. 50) diffère de la précédente en ce que le cep suit une direction unique. Nous retrouverons ces formes en arboriculture. La vigne *en chaintre*, que l'on rencontre surtout en Touraine, est constituée par un cep dont les bras symétriques sont étendus horizontalement et maintenus à une certaine distance du sol à l'aide de petites fourches en bois plantées en terre.

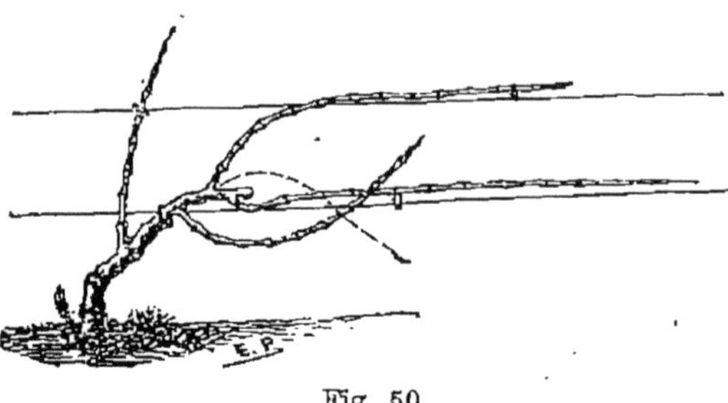

Fig. 50.

Selon la hauteur qu'elles atteignent, les vignes sont classées en *vignes basses*, *vignes moyennes* et *vignes hautes*. Les vignes basses ne dépassent pas $0^m,50$ de hauteur, et les vignes moyennes $1^m,50$ à 2^m. Les vignes hautes s'élèvent parfois jusqu'à 3 mètres. On soutient les sarments de la vigne à l'aide d'échalas, de supports en fil de fer ou d'arbres morts ou vivants. L'échalassement est le mode de support de beaucoup le plus employé.

La taille de la vigne se fait tous les ans, soit à l'automne, soit au printemps. Il convient de tailler de décembre à février dans les localités à hivers doux ; pendant le mois de mars et la première moitié d'avril, dans les régions où les gelées tardives sont à redouter.

L'*ébourgeonnement* est le complément de la taille. Il consiste dans la suppression des jeunes pousses dont le développement nuirait à celui des sarments conservés à dessein. Cette opération se pratique quand les pousses ont quelques centimètres.

Travaux d'entretien du vignoble. — On donne généralement chaque année deux ou trois labours aux vignobles. Le premier est destiné à l'ameublissement du sol ; sa profondeur doit atteindre de $0^m,10$ à $0^m,20$; il porte le nom de labour *de déchaussement*. C'est à la fin de l'hiver qu'il convient de le pratiquer. On l'exécute à la pioche ou à la charrue vigneronne. Le second labour, dit *de rechaussement*, que l'on effectue à la fin du printemps, a pour but de niveler le sol en rechaussant les ceps et de détruire les mauvaises herbes. La charrue, le bisoc ou le scarificateur à vignes sont les instruments que l'on emploie surtout pour ce travail. Le troisième labour n'est, en réalité, qu'un binage superficiel, que l'on exécute soit à bras, soit à la houe vigneronne (*fig.* 51). Un nouveau labour est quelquefois donné au vignoble après la récolte, à l'entrée de l'hiver.

C'est de janvier à mars que l'on a coutume d'appliquer

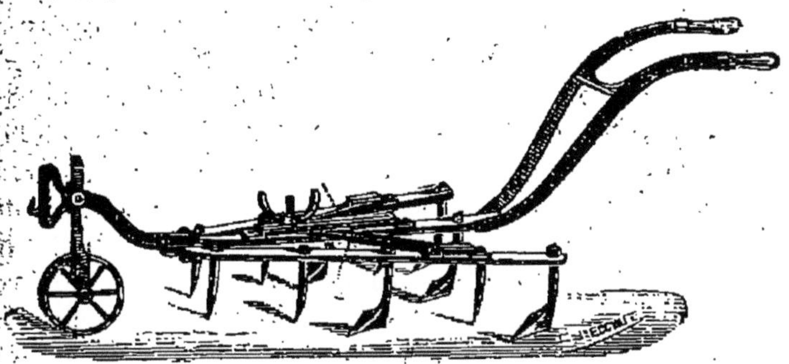

Fig. 51. — Houe à expansion.

aux vignobles les engrais et les amendements. La vigne doit trouver à la fois, dans le sol, de l'azote, de l'acide phosphorique, de la potasse et de la chaux. Ce dernier élément agit surtout, dit-on, sur la qualité du fruit; les trois premiers poussent au développement général de la plante. Le plâtre exerce sur la vigne une action remarquable. Les fumiers, les tourteaux, les déchets de laine et de corne, les marcs de raisin, les plantes marines, la suie, les engrais minéraux, employés dans des proportions convenables, sont favorables à cette culture. On dépose ces engrais soit dans de petites fosses creusées autour des ceps, soit dans des fossés ouverts entre les lignes, soit enfin sur toute la surface du vignoble. Dans le dernier cas, on les enterre par un labour : c'est le procédé le plus recommandable, car il permet de répartir plus uniformément les matières fertilisantes.

Dans les vignes situées sur des pentes, on procède, en automne ou en hiver, au remontage des terres entraînées par les pluies ou déplacées par les façons culturales.

Accidents, maladies et ennemis de la vigne. — L'action des gelées sur la vigne se traduit, suivant les cas, par la perte d'une partie de la souche, la destruction des jeunes rameaux ou l'arrêt de la végétation. Quand la souche est atteinte, on a recours au greffage ou au recépage pour la reformer. Les soins de culture peuvent réparer dans une certaine mesure les ravages occasionnés par des accidents moins graves.

Pour préserver les vignes des gelées blanches, nous avons indiqué déjà l'emploi des nuages artificiels, produits par la combustion de matières donnant une flamme fuligineuse : goudron, mauvaises herbes, etc.

La *coulure* est l'avortement des fleurs de la vigne. Sous l'influence d'un refroidissement subit de la température, d'une humidité prolongée ou de vents desséchants, et peut-être d'autres causes encore, ces fleurs tombent sans produire de fruits. Le *pincement*, c'est-à-dire la suppression des bourgeons situés au-dessus de la grappe la plus élevée, l'*incision annulaire*, qui consiste à enlever un anneau d'écorce sur le jeune rameau qui porte la grappe au-dessous du point d'insertion de celle-ci, ont été employés avec succès contre la coulure; mais ces opérations sont longues et délicates à exécuter. On a cru reconnaître depuis quelques années que les soufrages, dont nous allons parler au sujet de l'oïdium, préservent efficacement et économiquement la vigne de la coulure quand on les pratique assez tôt.

L'*échaudage* est le flétrissement des raisins à la suite des chocs subis pendant les opérations culturales ou d'un changement brusque dans les conditions d'humidité atmosphérique. Il suffit, pour supprimer la première de ces causes, de prendre quelques précautions au moment de l'exécution des travaux; contre la seconde, les abris seuls peuvent avoir quelque efficacité.

Contre la *pourriture* du raisin, résultant d'un excès d'humidité dans les terrains bas, on recommande le drainage du sol et la formation de souches élevées. L'*effeuillage*, qui consiste à supprimer une certaine quantité de feuilles, quelques jours avant la vendange, permet au raisin d'achever sa maturation dans des conditions normales et met ainsi obstacle à la pourriture.

Nous ne citerons que les plus importantes des nombreuses maladies cryptogamiques qui attaquent la vigne.

L'*oïdium* est dû au développement d'un champignon microscopique, l'*Erysiphe Tuckeri*, sur l'épiderme des rameaux, sur les feuilles et les jeunes grappes de raisin, qu'il couvre d'une poussière d'aspect grisâtre. Cette maladie se propage surtout au commencement de l'été, par les temps humides et chauds ; elle entraîne la chute des feuilles et le desséchement des raisins. On la combat par le *soufrage*. A l'aide de soufflets spéciaux, on projette du soufre finement pulvérisé sur les feuilles et sur les grappes. Cette opération, qu'il convient d'effectuer par un temps sec et calme, doit être renouvelée plusieurs fois : 1° quand les sarments ont de 10 à 15 centimètres de longueur ; 2° à la floraison ; 3° à la *véraison*.

Le *mildew* ou *mildiou*, dû au *Peronospora viticola*, apparaît sur les organes verts et surtout sur les feuilles de la vigne sous forme d'efflorescences blanchâtres. A ces efflorescences, que l'on rencontre à la face inférieure des feuilles, correspondent, à la face supérieure de celles-ci, des taches d'abord jaunes, puis brunes. L'arrêt de la végétation, la chute des feuilles, la non-maturation du raisin sont la conséquence de cette maladie, qui se développe surtout par les temps humides. On la prévient par l'emploi du cuivre sous diverses formes : solutions aqueuses de sulfate, *eau céleste*, *bouillie bordelaise*, etc. La bouillie bordelaise, qui est le plus employé de ces remèdes, peut être préparée de la façon suivante : dans 10 litres d'eau chaude on fait dissoudre de 2 à 3 kilogrammes de sulfate de cuivre ; après refroidissement, on ajoute à cette solution la chaux obtenue par l'extinction de 2 kilogrammes de chaux vive, et, par l'addition d'eau, l'on porte à 100 litres le volume du liquide.

Les traitements contre le mildiou doivent être préventifs ; on les applique à la vigne, au nombre de trois généralement, du mois de mai au mois de septembre. Le dernier de ces traitements doit précéder d'au moins 15 jours l'époque de la vendange. Les solutions sont répandues en pluie très fine sur toutes les parties vertes de la vigne, à l'aide d'appareils appelés *pulvérisateurs*, portés à dos d'homme, de cheval ou de mulet, ou montés sur roues.

L'*anthracnose* est causée par le *Sphaceloma ampelinum* ou *Glœosporium ampelophagum*. Il en existe trois formes, dont une seule est grave. Cette dernière donne naissance à des chancres sur les sarments ; sur les grains, elle se manifeste sous forme de points noirs. Sous son influence, le raisin se dessèche et tombe. On recommande contre cette maladie le badigeonnage, au pinceau, des souches et des bourgeons, quinze jours avant le *débourrage*, avec une solution de sulfate de fer à 50 pour 100 additionnée d'acide sulfurique.

Le *black-rot*, dû au *Phoma uvicola*, produit sur les feuilles et sur les grains des taches brunâtres parsemées de pustules noires. Sous l'influence de cette maladie, les raisins se dessèchent et noircissent. Le *rot blanc*, produit par le *Conio-*

thyrium diplodiella, attaque surtout le raisin, qu'il dessèche. Il se manifeste sous forme de pustules grises. On applique à ces deux genres de rot les mêmes traitements que pour le mildiou.

Le *pourridié*, occasionné par la *Dematophora necatrix*, fait pourrir les racines de la vigne, dont la végétation cesse au bout de peu d'années. Ce champignon se développe dans les sols humides. Le seul moyen d'en empêcher la propagation est d'arracher les ceps atteints et de les brûler sur place. Il convient ensuite de drainer le sol et d'y interrompre pendant quelques années la culture de la vigne.

Pour l'étude des insectes, malheureusement nombreux et redoutables, qui attaquent la vigne, nous renverrons au chapitre consacré, à la fin de ce volume, aux animaux nuisibles à l'agriculture.

CHAPITRE XXXIV.

VENDANGE ET VINIFICATION.

Vendange. — Composition du grain de raisin. — Foulage et égrappage. — Fermentation en cuve. — Fermentation en tonneau. — Soutirages. — Collage. — Vins de marcs et piquettes. — Sucrage et vinage. — Plâtrage. — Composition moyenne et densité des vins. — Maladies du vin.

Vendange. — On donne le nom de *vendange* à la récolte du raisin de cuve. L'époque à laquelle il convient de vendanger varie avec les climats, les cépages et la nature du vin que l'on veut obtenir. Dans le midi, pour assurer la conservation des vins ordinaires, il est bon de vendanger avant la maturité complète du raisin ; en Bourgogne et dans le Bordelais, il faut attendre la fin de la maturation. Les raisins destinés à la production des vins fins sont cueillis à mesure qu'ils mûrissent. Quant à ceux qui doivent fournir des vins de liqueur, on ne les récolte que lorsqu'ils ont atteint une maturité excessive ; souvent même on les fait *blettir* ensuite sur un lit de paille ou sur des claies. En France, c'est, suivant les régions, dans le courant des mois de septembre ou d'octobre que l'on procède à la vendange. On choisit pour cette opération un temps sec et chaud.

La maturité du raisin se reconnaît aux caractères suivants : grains mous, translucides, sucrés, se détachant facilement de la rafle.

La coupe des grappes se fait au moyen de serpettes, de sécateurs ou de ciseaux. On réserve généralement ce travail aux femmes, aux enfants, aux vieillards. Les *coupeurs* placent les grappes dans des paniers que d'autres ouvriers vident à mesure dans les *portoirs*, hottes ou cuves, à l'aide desquelles on transporte à la cuve de fermentation ou au pressoir le produit de la vendange.

Composition du grain de raisin. — Le jus de raisin est composé de 15 à 40 pour 100 de sucre, de 2 à 3 pour 100 de matières gommeuses, de matières grasses, de matières azotées, d'acides tartrique et malique, etc. ; — les pépins renferment du tanin, des matières amylacées et une huile grasse facilement altérable ; — dans les pellicules on trouve du tanin, de la crème de tartre, une matière colorante. La rafle, partie ligneuse de la grappe, contient du tanin, différents acides et une matière mucilagineuse.

La plupart de ces substances jouent un rôle dans la vinification, par laquelle on transforme en vin le jus du raisin.

Foulage et égrappage. — Le *foulage* consiste à écraser les raisins dans le but d'en extraire le jus, qui, au contact des pellicules et des rafles, se charge de matière colorante en même temps que des ferments nécessaires à sa transformation en vin. Cette opération se fait quelquefois dans les récipients qui servent au transport de la vendange. Le foulage à pieds d'hommes, soit directement dans les cuves à fermentation, soit sur le parquet de pressoirs disposés de façon à ce que le jus puisse s'écouler aisément, est encore très répandu. Cependant l'emploi des fouloirs mécaniques commence à se généraliser. Ces fouloirs se composent, en principe, de deux cylindres, lisses ou cannelés. Le raisin, jeté dans la trémie qui les surmonte, glisse entre les cylindres, où il est écrasé, et tombe dans un récipient placé sous l'instrument.

Il importe, dans le foulage, de ne pas broyer le pépin du raisin ; car il contient une huile essentielle qui communique au vin un goût désagréable. Pour éviter cet inconvénient, on construit aujourd'hui des fouloirs dont les cylindres sont revêtus d'une enveloppe de caoutchouc.

Les pressoirs, que nous retrouverons tout à l'heure, peuvent être également employés au foulage de la vendange. On les applique surtout à cet usage lorsqu'il s'agit de la fabrication des vins blancs. On ne recueille alors, généralement, pour le mettre en fermentation, que le jus seul, débarrassé des pellicules et des rafles. Cette séparation est nécessaire quand on veut obtenir un vin blanc avec un raisin rouge ou noir, toute la matière colorante se trouvant renfermée dans la pellicule. Dans la fabrication des vins rouges, au contraire, il est indispensable de mettre cette pellicule en contact intime et prolongé avec le jus. Les raisins blancs sont légèrement foulés avant d'être portés au pressoir.

La rafle apporte au vin du tanin; elle en assure la conservation; mais, d'autre part, elle lui communique un goût acide et surtout de l'âpreté. *L'égrappage* consiste à séparer les rafles des grains ou du jus. Il est à conseiller lorsqu'il s'agit de produire des vins fins; car il en augmente la couleur, la finesse et l'arome. Tout au contraire, pour conserver les vins ordinaires obtenus dans le midi, il convient de ne pas égrapper; cette opération est, d'ailleurs, peu nécessaire chaque fois que les grappes sont parvenues à complète maturité. L'égrappage se fait parfois au moyen de claies d'osier sur lesquelles on promène les grappes; les grains passent à travers les trous de la claie, les rafles restent à la surface. L'emploi des fouloirs-égrappoirs, à l'aide desquels on peut traiter de 30 à 40 hectolitres de raisins par heure, est beaucoup plus recommandable.

Dans les jus, l'enlèvement des rafles se fait avec des fourches ou des râteaux.

Après foulage du raisin, le jus obtenu est porté soit seul, soit accompagné des pellicules et des rafles, à la cuve à fermentation.

Fermentation en cuve. — La fermentation, travail chimique qui s'opère sous l'influence de végétaux microscopiques appelés *ferments* ou *levures*, a pour effet de transformer en vin, liquide alcoolique, le *moût* ou jus sucré du raisin. De la conduite de la fermentation dépend surtout la qualité du vin produit.

Les cuves à fermentation sont en bois ou en maçonnerie. Celles en bois de chêne, de châtaignier et de hêtre, sont les plus employées; le vin s'y fait bien. Les cuves en ciment neuves donnent au vin un goût plat et lui font perdre une partie de sa coloration lorsqu'on n'a pas soin d'en enduire les parois de silicate de potasse. Toutes ces cuves sont généralement cylindriques ou en forme de tronc de cône reposant sur sa plus grande base; elles ont une contenance très variable suivant les régions.

Les températures les plus favorables à la fermentation sont comprises entre 18 et 28 degrés. Quand les vendanges sont froides, il est bon de chauffer une partie du jus avant la mise en cuve ou d'apporter, sur les cuves, du jus en pleine fermentation, préparé dans un local chaud.

Une bonne fermentation est prompte et régulière; elle s'accomplit avec une même activité en tous les points de la masse. Pour ne pas l'entraver, en même temps que pour assurer au jus tout entier une fermentation simultanée, il faut, autant que possible, remplir les cuves en une seule journée. Jusqu'à ces derniers temps on s'était peu occupé, dans la pratique, de l'introduction des ferments dans les cuves, qui se fait, pour ainsi dire, sans y songer; la nature de ces ferments influe cependant beaucoup sur la qualité du vin, et l'on sait aujourd'hui que chaque espèce de levure est susceptible de donner un goût propre au liquide qu'elle fait fermenter. Les producteurs de vins commencent à attacher une grande importance à l'apport dans les cuves de *levures pures*, c'est-à-dire isolées les unes des autres, en même temps que des germes étrangers, par des cultures de laboratoire qui nécessitent des soins spéciaux.

Le moût entre en fermentation au bout de peu de temps. Elle se produit tumultueusement au début, quand les conditions sont favorables : la masse bouillonne par suite du dégagement d'une multitude de bulles d'acide carbonique; les pellicules, les rafles, soulevées par ces bulles, montent à la surface et se réunissent en une masse épaisse, à laquelle on a donné le nom de *chapeau*. Les cuves déborderaient à ce moment si l'on n'avait eu soin de ne pas les remplir jusqu'au bord.

Le fermentation se ralentit peu à peu, puis s'arrête au bout de quelques jours, lorsqu'on ne refoule pas le chapeau dans le liquide. Exécuté à intervalles trop éloignés, le foulage est défectueux, parce que, le chapeau s'étant acidifié au contact de l'air, le vin ainsi obtenu a, par la suite, tendance à s'aigrir. Pour cette opération, on se sert de fouloirs en bois, ou bien des hommes nus descendent dans les cuves et enfoncent le chapeau en s'aidant des pieds et des mains. Cette dernière façon de procéder non seulement est répugnante, mais elle fait encore courir aux ouvriers chargés de ce travail de sérieux dangers d'asphyxie par l'acide carbonique, s'ils n'ont pas soin de prendre de grandes précautions. En vue d'éviter la nécessité de ce foulage, on a imaginé de se servir de *cuves à étages*, qui, divisées dans le sens de la hauteur en plusieurs compartiments, répartissent la masse des rafles, des pellicules et des pépins en plusieurs chapeaux situés à différents niveaux dans le liquide. Ces cuves sont d'un bon emploi.

Souvent les foulages sont répétés journellement, dans le but d'éviter l'altération du chapeau; après chacune de ces opérations, la fermentation repart.

Elle se poursuit en cuve, de 4 à 8 jours en Bourgogne, de 6 à 12 jours dans le Midi et de 10 à 15 jours dans le Médoc. On reconnaît qu'elle est terminée lorsqu'il ne se produit plus de dégagement d'acide carbonique, que le chapeau s'affaisse, que la température du jus diminue, et que sa densité se rapproche de 1. On procède alors au décuvage et l'on transvase le vin dans des tonneaux. Il faut éviter une fermentation trop prolongée, qui favorise la transformation de l'alcool en acide acétique et donne au vin un *goût de cuve.*

Quand, durant le séjour du moût dans les cuves, le chapeau se trouve trop exposé à l'action de l'air, il s'y développe fréquemment une fermentation acétique qui se propage dans le liquide et communique au vin une acidité de mauvais aloi. Pour parer à ce danger, vers la fin de la fermentation on recouvre les cuves à l'aide de couvercles en bois. L'acétification ne peut que difficilement se produire avec les cuves à étages. Les cuves fermées présentent, d'ailleurs, l'avantage de permettre une transformation plus complète du vin en alcool.

Fermentation en tonneau. — Le vin extrait des cuves est introduit dans des tonneaux, qui doivent être d'une rigoureuse propreté. Ces tonneaux se font en chêne ou en châtaignier; lorsqu'ils sont neufs, on y fait séjourner durant 24 heures de l'eau chaude légèrement salée, puis on les rince à grande eau. S'il s'agit de vieux fûts, il faut les nettoyer avec soin à la brosse ou à la chaîne, y brûler une mèche soufrée, et s'assurer qu'ils ne conservent aucune odeur de moisi.

Les tonneaux, remplis aux quatre cinquièmes du vin de cuve, restent débouchés; on y adapte parfois une bonde hydraulique qui permet l'échappement de l'acide carbonique tout en empêchant l'accès de l'air.

Une nouvelle fermentation se produit, qui achève de transformer en alcool la faible quantité de sucre qui se trouvait encore dans le liquide; en même temps des acides et des éthers prennent naissance. Ce sont surtout ces éthers qui donnent au vin son bouquet particulier. Quant aux acides, ils se combinent avec la potasse, avec la soude, avec la chaux contenues dans le liquide, etc., pour former des sels, dont le plus important est le tartrate acide de potasse, vulgairement appelé *crème de tartre*.

Le dégagement d'acide carbonique a pour effet de laisser un vide dans le tonneau. Ce vide doit être rempli à mesure qu'il se produit, tous les jours au début, et ensuite à de plus longs intervalles. On donne à cette opération le nom d'*ouillage;* elle a pour but d'éviter le contact prolongé de l'air avec le liquide.

Soutirages. — Le vin nouveau dépose, au bout de quelques jours, une couche épaisse de lie dans les tonneaux où il se trouve placé. Une faible partie de celle-ci vient former écume à la surface du liquide. Les *soutirages* ont pour but de séparer le vin de la lie; ils consistent à le transvaser d'un tonneau dans un autre. On exécute deux, trois ou quatre soutirages. Le premier se fait en décembre généralement; il débarrasse le vin de la grosse lie. On procède au second dans le courant de mars; quant aux autres, on ne les emploie guère que pour les vins fins, et c'est durant les mois de juillet et d'août qu'on les exécute.

On n'obtient des liquides parfaitement limpides qu'à la condition de soutirer par un temps sec et froid, quand souffle le vent du nord et que la pression barométrique est élevée. Les époques qui correspondent à la pousse des bourgeons et à la floraison des vignes ne semblent pas convenir aux soutirages.

On procède de différentes manières. Le moyen le plus simple consiste à adapter au tonneau, un peu au-dessus de la couche inférieure de lie, une cannelle, que l'on ouvre, et qui déverse le vin dans des baquets. Ces baquets sont vidés à bras d'hommes dans les tonneaux à remplir. Cette opération est longue, et partant peu économique. Dans les caves d'une certaine importance, on lui substitue presque toujours aujourd'hui le soutirage au siphon ou le soutirage à la pompe.

Le premier de ces procédés consiste à introduire la petite branche d'un siphon dans le tonneau à vider et la grande branche dans le fût à remplir. En aspirant fortement à l'extrémité d'un petit tube latéral, on provoque l'écoulement du liquide. Le siphon doit plonger dans le premier tonneau jusqu'à une faible distance de la couche de dépôt.

Le soutirage à la pompe s'obtient en faisant agir une pompe dont le tuyau d'aspiration pénètre par la bonde dans le tonneau à vider, et dont l'autre tuyau descend à l'intérieur du tonneau à remplir. Divers genres de pompes peuvent servir à cet usage; mais les pompes rotatives sont préférées presque partout aux pompes à piston. Ce mode opératoire présente l'avantage d'éviter la mise au contact de l'air du vin que l'on transvase.

Collage. — Le *collage* a pour but de débarrasser le vin des matières qui s'y trouvent en suspension et qui le rendent trouble et désagréable au goût. On obtient ce résultat en mélangeant au vin une substance albuminoïde : blanc d'œuf, colle de poisson, sang, crème, etc., qui forme en quelque sorte un réseau à la surface du liquide, puis se précipite peu à peu, entraînant avec elle toutes les matières en suspension.

On procède au collage après le premier soutirage et peu de temps avant le second.

Vins de marcs et piquettes. — Le vin obtenu de la façon que nous venons d'indiquer est ce que l'on nomme le vin de *goutte;* c'est le meilleur. On admet que 1 000 kilogrammes de vendange donnent 700 litres de vin de goutte.

Dans les résidus restés au fond des cuves après le décuvage, résidus auxquels on donne le nom de *marcs*, il se trouve encore un liquide renfermant des matières extractives, des matières colorantes et différents sels en dissolution, que souvent il est nécessaire d'ajouter au vin de goutte pour lui donner de la *tenue*. On utilise les marcs en en extrayant par la pression, après addition d'eau sucrée, un vin de seconde cuvée. Les pressoirs employés dans ce but sont de modèles très différents. Les uns, fixés à demeure, se composent d'une *maie*, bassin en pierre, en fonte ou en bois, qui reçoit le marc maintenu sur les bords par des claies verticales, et d'une vis, sur laquelle descend, à l'aide d'un levier mû par des hommes ou des animaux, un plateau qui comprime la masse et en exprime tout le liquide; celui-ci s'écoule dans des récipients disposés pour le recevoir. On tend à substituer de plus en plus aujourd'hui à ces pressoirs encombrants et incommodes de petits pressoirs mobiles basés sur le même principe, c'est-à-dire dans lesquels la pression s'exerce au moyen d'un plateau descendant sur une vis. Ces pressoirs à vis sont *discontinus;* on est obligé d'interrompre le travail pour chaque nouvelle quantité de marc dont on charge la maie. Au contraire, les pressoirs à cylindres, construits de la même façon que les fouloirs dont nous avons parlé, sont *continus*. Le mouvement de rotation des cylindres se poursuit pendant qu'on place la vendange dans la trémie qui les surmonte.

Le marc, additionné. d'eau, abandonné à lui-même et pressé à nouveau, fournit encore un troisième liquide, la *piquette;* puis on l'utilise pour la nourriture du bétail ou comme engrais.

Sucrage et vinage. — Le *sucrage* consiste à ajouter au moût, pour augmenter la richesse alcoolique du vin, une certaine quantité de sucre cristallisé, que la fermentation transforme en alcool. On emploie le sucre à raison de 1 kil. 700 par hectolitre et par degré d'alcool à obtenir. On fait usage de sucre raffiné, que l'on dissout préalablement dans du jus de raisin chaud s'il s'agit d'un vin de goutte, et dans de l'eau s'il est question d'un vin de marcs. C'est surtout pour la fabrication de ces derniers vins que le sucrage est nécessaire; on y a également recours pour l'utilisation de raisins incomplètement mûrs.

On entend par *vinage* l'addition directe au vin d'un certain volume d'alcool. Il faut avoir soin d'éviter l'emploi d'alcools de mauvaise qualité, dont la consommation offre certains dangers.

Plâtrage. — Le mélange de plâtre au vin a pour effet d'en augmenter la coloration et l'acidité et d'en faciliter la conservation. Il est surtout en usage dans le Midi. Le sulfate de chaux ainsi introduit se transforme en sulfate de potasse, que certains hygiénistes considèrent comme nuisible à la santé. Tantôt toléré, tantôt interdit, le plâtrage, dans tous les cas, n'a plus été admis, depuis longtemps déjà, que jusqu'à concurrence de 2 grammes de sulfate de potasse par litre.

Composition moyenne et densité des vins. — On admet que 1 000 grammes de vin ordinaire renferment en moyenne 891 grammes d'eau et 79 grammes d'alcool de vin. Les 30 grammes restants représentent le poids de différentes substances : alcools et éthers divers, huiles essentielles, sucre de raisin, gomme et dextrine, matières colorantes, matières grasses, glycérine, matières azotées, sels végétaux et minéraux divers, acides carbonique, acétique, lactique, succinique, etc.

La densité du vin n'est guère inférieure à celle de l'eau que de quelques millièmes.

Maladies du vin. — Les vins sont sujets à plusieurs maladies, qui les atteignent pendant leur conservation en fûts ou en bouteilles. C'est à M. Pasteur que revient l'honneur d'avoir, le premier, étudié scientifiquement ces maladies.

L'*acescence* est due au développement du ferment acétique qui transforme le vin en vinaigre. Ce ferment, *aérobie*, c'est-à-dire vivant au contact de l'air, se développe surtout dans les vins faibles et dans les tonneaux en vidange. On évite cette maladie en tenant les tonneaux pleins et en y empêchant l'accès de l'air. On réussit difficilement à guérir un vin *piqué;* le meilleur traitement que l'on puisse lui faire subir est de le chauffer à une température voisine de 50 à 60 degrés, pour détruire les germes qui s'y trouvent, et de lui donner un *méchage*, c'est-à-dire de faire brûler dans les tonneaux des mèches soufrées.

Les *fleurs de vin*, produites à la surface du liquide par un petit champignon blanchâtre, font généralement leur apparition au début de l'acescence. Elles communiquent au vin un goût d'*évent*. Elles ne se développent pas dans les tonneaux pleins et bouchés.

La *tourne*, due à un ferment *anaérobie*, c'est-à-dire vivant sans air, décolore le vin et lui donne un goût désagréable. Elle provient généralement de vendanges altérées. Le chauffage et l'addition d'acide tartrique sont les remèdes à lui appliquer.

La *pousse*, produite par un ferment anaérobie, qui se développe surtout sous l'action des fortes chaleurs, se distingue de la tourne en ce qu'elle donne naissance à un dégagement d'acide carbonique. On recommande d'additionner d'acide tartrique les vins atteints de cette maladie, de les chauffer et de les coller.

L'*amertume* est le résultat d'une mauvaise vinification ou tient à la pauvreté du vin en alcool et en acides. Le vinage, l'addition d'acide tartrique et de tanin, exécutés dès que l'on constate que le vin prend un goût fade, suffisent souvent à couper court à cette maladie.

La *graisse* est due au manque de tanin dans les vins; les vins blancs y sont particulièrement sujets. Il se forme, à la surface, des matières huileuses, qui disparaissent par l'agitation, mais pour reparaître ensuite. On guérit les vins atteints de la graisse en y ajoutant un certaine quantité de tanin dissous dans de l'alcool.

Les vins chauffés à 55° environ quelques jours après le soutirage et conservés en vases clos (Méthode Pasteur) ne sont pas sujets aux maladies que nous venons de signaler.

CHAPITRE XXXV.

Olivier. — Noyer. — Mûrier. — Arbres à fruits divers.

Olivier. — L'olivier (*Olea Europæa*) appartient à la famille des *Oléacées*. C'est un arbre à feuilles persistantes, que l'on cultive pour son fruit oléagineux et comestible. On ne le rencontre, en France, que dans la région méditerranéenne.

L'olivier est peu exigeant au point de vue du sol. Il se développe bien dans tous les terrains, à la condition qu'ils ne soient pas trop humides. Toutefois on n'en obtient des produits abondants que dans les terres fertiles, profondes et suffisamment ameublies. L'exposition de l'est et celle du sud lui sont surtout favorables.

On connaît un très grand nombre de variétés d'olivier, que l'on distingue par la forme des fruits et l'usage auquel ils conviennent. Les olives dites *Cayenne*, *Caillet blanc*, *Figanière*, *Pruneau de Cotignac*, *Olivière*, etc., sont au nombre de celles que l'on préfère pour l'extraction de l'huile; l'*Amel-*

lenque, la *Verdale*, sont au contraire des variétés à confire. Le choix de ces variétés doit être basé non seulement sur l'abondance et la qualité des produits, mais encore sur la nature du sol et du climat.

L'olivier se prête aux divers modes de multiplication : boutures par rameaux ou branches, boutures par racines, marcottes, semis. Les semis se font en pépinière, et les jeunes plants ne sont mis en place que lorsqu'ils ont formé leur tige. Les oliviers obtenus de semis doivent être greffés ; les greffes les plus usitées sont celles *en écusson*, *en flûte* et *en couronne*.

Dans les terres sèches ou caillouteuses, les oliviers sont plantés en massifs, auxquels on donne le nom d'*olivettes;* dans les sols plus fertiles on les dispose en bordures ou en lignes ; entre ces dernières on cultive de la vigne ou des céréales. Les soins d'entretien qu'il convient de leur donner consistent en labours et en binages.

Les fumiers, les guanos, les tourteaux, les déchets animaux, les chiffons de laine, les marcs d'olive et de raisin sont appliqués avec succès à l'olivier. Dans les terres légères, perméables, les irrigations modérées lui sont très favorables.

La taille de l'olivier est une opération importante. Elle a pour but de diminuer la hauteur de la tête pour faciliter la récolte des fruits, de donner à cette tête une forme régulière (en gobelet), et de supprimer chaque année un certain nombre de rameaux à fruits, afin de pousser au développement et à la fructification de ceux qui restent. Ce sont les rameaux de deux ans qui portent les fruits. La suppression des bourgeons gourmands et des ramifications desséchées est le complément de la taille.

L'olivier ne commence à produire quelques fruits que vers l'âge de 10 ou 12 ans ; la récolte qu'il fournit s'élève ensuite chaque année jusqu'à l'âge de 40 à 50 ans. Cet arbre peut vivre plusieurs siècles.

Les olives destinées à la production de l'huile fine sont récoltées dans le courant de novembre ; les autres, en décembre, janvier ou février. La cueillette à la main doit être préférée à la coutume qui consiste à détacher les fruits en frappant les branches avec une gaule, et dont le résultat est de mutiler les rameaux fructifères. Les olives, étendues en couches minces dans des greniers, sont retournées de temps à autre avec des pelles en bois. Elles se ramollissent, et, au bout d'une dizaine de jours, on les broie, puis on les presse pour en extraire l'huile. On conserve dans des cuves ou dans des tonneaux les olives qui ne doivent être traitées que plusieurs mois après la récolte.

L'olive rend environ 20 pour 100 d'huile.

Les olives à confire en vert sont récoltées en septembre, plongées dans une bassine contenant une solution de potasse, lavées, puis placées dans une saumure préparée avec du sel blanc et des substances aromatiques : coriandre, girofle, cannelle, etc. Les olives noires, c'est-à-dire complètement mûres, sont confites dans l'huile.

Noyer. — Le noyer (*Juglans regia*) appartient à la famille des *Juglandées*. On le cultive pour son fruit oléagineux et pour son bois, très estimé en ébénisterie. L'huile de noix entre pour une forte proportion dans la consommation des huiles de table. La culture du noyer est surtout développée dans le centre et le sud de la France.

Il existe un grand nombre de variétés de noyer, que l'on distingue à leurs fruits. La *noix Chaberte* et la *noix commune* sont celles que l'on emploie pour la production de l'huile. Comme noix de dessert, les plus recherchées sont: la *Mayette*, la *Parisienne*, la *Franquette*, la *Mésange*, la *Noix à coque tendre*.

Le noyer a besoin de chaleur. Il réclame un sol calcaire. On le plante en bordures ou en avenues ; il faut éviter de le placer dans les champs, car son ombrage est funeste aux plantes cultivées.

On multiplie le noyer par semis ou par greffe. Tous les arbres destinés à la production des fruits doivent être greffés ; le greffage se fait généralement après la plantation à demeure. On élague le noyer tous les deux ou trois ans, et on le rajeunit après vingt-cinq ou trente ans, en supprimant la moitié des branches de charpente.

Le noyer fournit sa première récolte à l'âge de quinze ou vingt ans ; c'est seulement à cinquante ans qu'on en obtient la récolte maxima. On reconnaît que les fruits sont mûrs à ce que le *brou*, enveloppe verte et charnue de la noix, se crevasse et se sépare de la coque ligneuse. On les fait alors tomber en battant les arbres avec des gaules, puis on les transporte dans des greniers où on les dispose en couches de faible épaisseur. On a soin de les remuer une ou deux fois par jour, jusqu'à complète dessiccation.

L'huile de noix est obtenue par la pression des amandes extraites des coques. On tire de celles-ci, comme de l'olive, une huile vierge, une huile commune et une huile à brûler.

Les noix de table se consomment fraîches ou sèches. On donne le nom de *cerneaux* aux noix fendues et tirées de leurs coques avant maturité. On fabrique avec le brou de noix une liqueur de dessert et une teinture.

Mûrier. — Le mûrier blanc (*Morus alba*) est un arbre de taille moyenne, de la famille des *Morées*, que l'on cultive dans la région méditerranéenne. Ses feuilles servent à la nourriture des vers à soie. On connaît plusieurs variétés de mûrier, les unes à fruits blancs, les autres à fruits colorés.

Le mûrier est fort peu exigeant sous le rapport du sol. Les seules terres qui ne lui conviennent pas sont les terres marécageuses et les calcaires presque purs.

On multiplie le mûrier par semis, par marcottes ou par boutures. Les sauvageons, jeunes plants rustiques résultant des semis, produisent peu de feuilles et ne se développent que lentement; il est avantageux de fixer sur eux, au moyen du greffage, des variétés productives à croissance rapide.

Par la taille, on donne au mûrier différentes formes : on le cultive en *haute tige* (il atteint alors de 2^m à $2^m,50$), en *mi-tige* (il ne dépasse pas 1 mètre), ou sous forme de plante naine. On le dispose aussi en haies ou en taillis.

Les plantations de mûriers doivent recevoir au moins deux labours tous les ans. On les fume copieusement à des intervalles déterminés par l'espacement des récoltes : annuellement, quand la récolte des feuilles est annuelle; tous les deux ans, quand elle est bisannuelle, etc.

Chaque année, ou tous les deux ou trois ans, on fait subir au mûrier une taille d'entretien. L'effeuillage annuel est de beaucoup le plus répandu. C'est à l'état frais que les feuilles sont données aux vers à soie; on n'en dépouille donc les arbres qu'au fur et à mesure des besoins.

Arbres à fruits divers. — Pour l'étude des arbres à fruits, tels que le poirier, le pommier, le prunier, etc., qui, bien que n'appartenant pas exclusivement au verger, y tiennent cependant la première place, nous renverrons le lecteur au second volume de cet ouvrage, l'*Horticulture*.

CHAPITRE XXXVI.

SYLVICULTURE.

Définition. — Principales essences forestières; leur répartition. — Création et régénération des forêts. — Signification de quelques termes forestiers. — Exploitation des forêts. — Produits forestiers. — Rôle des forêts; nécessité d'assurer leur conservation. — Importance des forêts en France.

Définition. — La *sylviculture* est la science de l'exploitation, de la régénération et de l'amélioration des forêts.

On entend par *forêt* la réunion en masse, sur une surface quelconque, de plantes ligneuses qui peuvent différer par leur nature, leurs dimensions et leurs formes. Dans le langage vulgaire, le mot *bois* désigne une forêt de peu d'étendue ; le terme de *forêt* est le seul employé dans le langage administratif.

On donne le nom générique d'*essences* aux arbres, arbustes et arbrisseaux qui composent les forêts.

Principales essences forestières; leur répartition. — Les essences forestières sont divisées en deux groupes très distincts : les *feuillus* et les *résineux*. Les feuillus, qui entrent pour plus des 4/5 dans la composition de nos forêts, possèdent de véritables feuilles, à limbe plan, d'une largeur proportionnée à la longueur. Ces feuilles sont caduques. Les feuillus ont une ramification diffuse ; ils donnent des rejets quand on les coupe par le pied.

Les résineux n'ont que des feuilles linéaires, raides : des *aiguilles*. Ces feuilles sont persistantes, sauf chez le mélèze, le cyprès chauve, etc., c'est-à-dire à de rares exceptions près. La ramification de ces arbres est régulière ; leur tissu se trouve chargé de résine ; leur fruit est un cône formé d'écailles, d'où le nom de *conifères*. Les résineux n'émettent pas de rejets.

Les principales essences feuillues sont, parmi les bois *durs :* le chêne (dont huit espèces sont indigènes en France), le hêtre, le charme, le châtaignier, le noyer, le frêne, l'orme, le platane, l'érable ; — parmi les bois *tendres :* le bouleau, le peuplier, l'aune, le tilleul, le saule.

Les essences résineuses, moins nombreuses, comprennent. les pins, le sapin, l'épicéa, le mélèze, l'if.

On désigne sous le nom de *morts bois* les arbrisseaux, tels que le coudrier, l'aubépine, le sureau, le buis, la bourdaine, etc., dont le produit est accessoire.

On compte, en France, à l'état spontané, 66 arbres, dont 18 espèces *dominantes* et 48 *subordonnées ;* 83 arbustes et arbrisseaux, et près de 180 sous-arbrisseaux et espèces sarmenteuses. En outre, près de 20 espèces exotiques sont aujourd'hui naturalisées chez nous. Chacune de ces essences a des exigences particulières ; on comprendra donc que la composition des forêts soit très variable, selon les conditions de sol et de climat propres à chaque région. En ce qui concerne l'altitude par exemple, le chêne et le charme dépassent rarement 1 000 mètres; le hêtre atteint 1 400 à 1 600 mètres ; les résineux montent beaucoup plus haut : le sapin jusqu'à 1 500 mètres, l'épicéa jusqu'à 1 800 mètres, le mélèze jusqu'à 2 500 mètres au-dessus du niveau de la mer. Le chêne-liège redoute le froid, le chêne rouvre y résiste bien ; le pin maritime prospère surtout dans les climats méridionaux, le pin sylvestre s'avance, au contraire, assez loin vers le nord. L'orme et le frêne réclament des climats humides; le bouleau craint peu la sécheresse.

Presque toutes les natures de sol conviennent aux forêts ; peu d'essences cependant se développent bien dans les terres argileuses compactes. L'épicéa, l'aune, le frêne, sont les espèces qui viennent le mieux dans ces dernières terres. Le charme réussit dans les terres argilo-siliceuses ; le châtaignier redoute les sols calcaires ; l'aune veut des sols humides ; le bouleau prospère dans les terrains les plus différents. En raison des préférences que manifeste chaque essence, sa réussite est plus ou moins parfaite dans telle ou telle station.

Quoi qu'il en soit des conditions de sol et de climat, une forêt est presque toujours composée d'un certain nombre d'espèces ligneuses, qui y entrent dans une proportion déterminée par ces conditions mêmes. Les massifs forestiers formés d'une seule essence sont rares et toujours de faible étendue.

Les espèces ligneuses capables de vivre en massifs serrés sont les seules qui peuvent former des forêts. Parmi celles-ci, il en est qui supportent bien le *couvert*, c'est-à-dire l'ombrage fourni par les arbres de haute taille; tels sont le hêtre, le charme, le sapin, l'épicéa ; d'autres, au contraire, le chêne, le frêne, le pin sylvestre, le bouleau veulent de la lumière lorsqu'ils ont atteint une certaine taille.

Les essences à ramifications nombreuses, à feuillage abondant, forment un couvert épais ; les autres ne donnent naissance qu'à un couvert léger.

Création et régénération des forêts. — La multiplication des essences forestières se fait par semis, par rejets de la souche, ou par *drageons*, tiges nées de la racine des arbres et pouvant vivre de leur vie propre lorsqu'elles sont enracinées. Cette multiplication est naturelle ou artificielle, selon qu'elle a lieu avec ou sans l'intervention de l'homme.

Le semis se fait soit en place, soit en pépinière, mais toujours sur un sol préalablement ameubli. Il donne naissance à des *brins*. Les plants obtenus par le semis en pépinière sont mis en place à un âge qui varie avec les essences.

On donne le nom de *repeuplement* à un ensemble de brins de semis. Le semis est le seul mode de multiplication applicable aux résineux.

Le *recépage*, c'est-à-dire la coupe près terre de jeunes tiges, a pour effet de leur faire produire des rejets. On donne le nom de *cépée* à la réunion des rejets d'une même souche, celui de *recru* à un ensemble de rejets et de drageons.

Signification de quelques termes forestiers. — On entend par *clairière* une portion de forêt à peu près dégarnie de bois.

Le *peuplement* d'une forêt est l'ensemble des végétaux forestiers qui en couvrent la surface. Un peuplement *en massif* est celui dans lequel les cimes des arbres se touchent normalement. Le massif peut être *serré*, *clair* ou *interrompu*.

Un *fourré* comprend des massifs formés de jeunes tiges garnies de branches dès la base ; une *futaie* est composée d'arbres ayant atteint toute leur hauteur. Le *gaulis*, le *bas perchis* et le *haut perchis* sont intermédiaires entre le fourré et la futaie.

Exploitation des forêts. — L'exploitation des forêts a pour but d'en tirer toute la somme de produits qu'elles sont susceptibles de fournir. Elle doit être basée sur des principes parfaitement déterminés, en rapport avec la nature des essences et les conditions économiques dans lesquelles se trouve placé le cultivateur, surtout en ce qui concerne les débouchés ouverts à ses produits.

Une *coupe* est l'exploitation ou l'abatage des bois sur une surface donnée. *Asseoir une coupe*, c'est déterminer l'emplacement sur lequel elle doit s'effectuer.

On entend par *révolution* le nombre d'années au bout duquel la coupe revient sur une même surface. La durée de la révolution correspond à l'âge d'exploitation des bois. Cette durée doit être calculée de telle façon, et porter sur des étendues telles, que la surface soumise à la première coupe soit redevenue exploitable dès que la dernière est terminée.

C'est par l'*aménagement* qu'on règle l'ordre de succession des coupes, en même temps que la nature de l'exploitation et le mode de traitement des forêts.

Les arbres laissés sur pied dans une coupe pour produire des semences ou des bois d'un âge avancé sont les *réserves*. Selon leur âge, les réserves se classent en *baliveaux*, *modernes*, *anciens* et *vieilles écorces*. Une *coupe rase* ou *à blanc étoc* est celle que l'on exécute sans laisser de réserves.

En dehors des coupes d'exploitation proprement dites, on effectue dans les forêts des *coupes d'amélioration*, *nettoiements* et *éclaircies périodiques*, qui consistent dans l'enlèvement d'une partie des bois trop serrés.

Les forêts sont exploitées en *futaie* ou en *taillis*. Une forêt en futaie se régénère par la semence, et donne des bois âgés et de fortes dimensions. Les forêts à l'état de nature sont des futaies naturelles. Le *jardinage* ou *furetage*, qui tend à disparaître, est un mode irrégulier et en quelque sorte empirique d'exploitation de la futaie, par la coupe d'arbres choisis sans ordre. Il donne souvent de mauvais résultats. Cependant, lorsqu'on ne peut sans inconvénient dégarnir des parties de massif, en montagne par exemple, le jardinage s'impose. Le traitement en *futaie régulière* assure, au contraire, le réensemencement naturel et complet, et l'amélioration du peuplement jusqu'à son exploitation. Les chênes rouvre et pédonculé, le charme, le hêtre, l'orme et le frêne sont les essences les plus propres à la futaie. Ce régime est celui qui convient exclusivement aux résineux.

On appelle *taillis* la forêt destinée à se régénérer par les rejets des souches et des racines. Le taillis ne produit que des bois de faibles dimensions. Le taillis est dit *simple*, quand on l'exploite sans réserves, ou quand les réserves qu'on y laisse ne sont pas maintenues au delà de deux révolutions. Le *taillis composé* ou *taillis sous futaie* est obtenu par la conservation d'un certain nombre de réserves pendant trois révolutions et plus. Ces réserves forment, en effet, une véritable futaie, sous le couvert de laquelle se trouve le taillis.

Produits forestiers. — Les produits principaux fournis par les terrains plantés d'arbres sont les *bois d'œuvre*, qui servent aux usages industriels, et les bois de chauffage. Les bois d'œuvre, selon le mode d'emploi auquel on les destine, sont débités en madriers, en planches de différentes dimensions, en merrains, etc. Les bois de chauffage sont des *bois de corde*, façonnés sous forme de bûches, ou des fagots. On désigne sous le nom de *charbonnette* les bois à transformer en charbon.

Les écorces des chênes, de l'épicéa, du bouleau, du saule, servent au tannage des cuirs. L'enveloppe du chêne-liège qui se forme après un premier écorçage, fournit le liège, que l'on exploite surtout dans la région méditerranéenne.

Le *gemmage* des pins consiste à pratiquer des entailles dans l'écorce de ces arbres lorsqu'ils ont atteint l'âge de 25 ans. On recueille dans des vases le liquide qui s'écoule de ces blessures, et l'on obtient ainsi une résine de laquelle on tire de la poix, de la térébenthine, du goudron, etc. L'épicéa, le mélèze, le sapin fournissent des produits analogues.

Le fruit du hêtre, auquel on donne le nom de *faîne*, fournit, par la pression à froid, une huile comestible excellente, et, par la pression à chaud, une bonne huile d'éclairage. Le gland est recherché des porcs, et convient également, mélangé à d'autres aliments, à la nourriture des chevaux et des bêtes bovines. La merise, la corme, la myrtille servent à la fabrication d'une eau-de-vie estimée.

Les graines forestières sont d'une vente facile et rémunératrice. Enfin, les feuilles des arbres peuvent être employées comme fourrage ou comme litière. On les récolte, pour ces usages, à l'état vert ou à l'état sec. Toutefois, l'enlèvement des feuilles mortes est presque toujours une mauvaise opération; il appauvrit en humus le sol de la forêt, et en favorise la dessiccation. Ces inconvénients ne sont pas compensés par le bénéfice qu'on tire de ces feuilles, car elles constituent, en réalité, une litière et un engrais de peu de valeur.

Rôle des forêts ; nécessité d'assurer leur conservation. — Les forêts exercent une grande influence sur le climat local ; elles régularisent le régime des eaux et empêchent la formation des torrents. Des inondations désastreuses ont souvent été la conséquence de déboisements inconsidérés. C'est au déboisement qu'il faut attribuer les débordements périodiques de la Loire, de la Garonne, du Rhône, etc. Le ravinement des pentes, la suppression des sources sont autant d'inconvénients qu'il entraîne à sa suite. Des contrées jadis fertiles ont été réduites à la stérilité par la disparition des forêts qui les protégeaient contre les sécheresses. La Grèce, la Sicile, aujourd'hui dépouillées des magnifiques forêts qu'elles portaient autrefois, ont beaucoup perdu de leur antique fertilité ; les steppes de la Russie sont devenus arides et incultes pour une cause analogue.

Non seulement les forêts retiennent l'humidité à la surface du sol, empêchant à la fois ainsi les sécheresses excessives et l'accumulation des eaux en certains points ; mais elles exercent encore une influence directe sur la répartition des pluies, dont elles régularisent la fréquence et l'abondance.

Les forêts forment contre les vents un abri souvent précieux. La vigne, qui jadis réussissait admirablement en plusieurs points des bords du Rhin où on ne la rencontre plus aujourd'hui, en a disparu en même temps que les bois qui lui servaient d'abri protecteur. Avant le déboisement des Cévennes par les Romains, la vallée du Rhône était beaucoup moins exposée qu'aujourd'hui aux ravages qu'exerce le mistral.

L'État, préoccupé des dangers résultant de la disparition progressive des forêts, est intervenu pour y mettre obstacle. Depuis une trentaine d'années, des lois, assurant le reboisement de nos principales montagnes, ont été promulguées à différentes reprises. Ces reboisements, qui portent sur des milliers d'hectares, sont des opérations longues, difficiles et coûteuses, dont l'accomplissement fait honneur aux gouvernements et aux administrations qui les poursuivent. Les résultats merveilleux obtenus jusqu'à ce jour dans les Alpes, les Pyrénées et les Cévennes sont de puissants encouragements à persévérer dans cette voie.

D'autre part, des mesures ont été prises qui protègent les forêts contre la dent des animaux, des moutons et des chèvres principalement, dont le pâturage y cause souvent des dégâts difficilement réparables. Enfin, le défrichement des bois appartenant aux particuliers n'est autorisé que dans certains cas et sous certaines conditions. Quant aux forêts de l'Etat, divisées en circonscriptions qui portent le nom de *conservations*, elles sont placées sous la surveillance d'un corps d'agents instruits et zélés ; une exploitation bien conduite en assure la régénération.

Le boisement est souvent, pour l'agriculteur, le meilleur moyen de tirer parti des terres de faible valeur. Il lui permet généralement d'en obtenir un produit supérieur à celui qu'il peut espérer de leur mise immédiate en cultures arables ; l'accumulation des débris végétaux sur le sol de la forêt en élève peu à peu la richesse et l'amène, en fin de compte, à un degré de fertilité tel que sa transformation en terre arable peut devenir avantageuse.

Importance des forêts en France. — Les forêts occupent, en France, une superficie d'environ neuf millions et demi d'hectares, soit près de 18 pour 100 de notre territoire. Le produit annuel que l'on en tire atteint 335 millions de francs. Depuis quelques années, la surface qui leur est consacrée va constamment en croissant.

DEUXIÈME PARTIE

ZOOTECHNIE

CHAPITRE XXXVII.

Définition de la ZOOTECHNIE. — Historique. — Importance de la zootechnie. — Du rôle de l'animal dans la ferme. — Divisions de la zootechnie. Industries qui s'y rattachent.

Définition de la zootechnie. — La *zootechnie* (de ζῶον, animal, τέχνη, art industriel) est la science de la production et de l'exploitation des animaux, dans le but d'en tirer le plus grand profit possible.

Elle se base, d'une part, sur l'étude de la zoologie et, d'autre part, sur celle de la physiologie ; c'est pour cela qu'on a pu désigner encore cette partie des sciences agricoles sous les noms de zoologie expérimentale et de physiologie industrielle.

Dans son ensemble, la zootechnie s'applique non seulement au bétail proprement dit, mais encore à tous les animaux qui peuvent être l'objet d'une exploitation lucrative ; cependant son étude se limite généralement aux animaux de la ferme.

Historique. — Il n'y a pas un demi-siècle, on désignait sous le nom d'*économie du bétail* l'exposé des règles suivant lesquelles on élevait les animaux domestiques.

La physiologie était encore assez peu avancée ; et la doctrine suivie, presque entièrement du domaine de l'économie rurale, ne pouvait être conçue d'après les bases scientifiques indispensables.

Le but cherché était simplement la production du travail moteur et surtout l'obtention du fumier au plus bas prix. Le bétail, disait-on, est *un mal nécessaire;* il ne peut donner de profit. S'il avait été possible de se passer de fumier et d'employer uniquement les chevaux, on eût volontiers laissé de côté les autres animaux domestiques.

Baudement, créateur de la zootechnie scientifique, conçut le rôle du bétail d'une façon tout opposée. Il montra que la production du fumier ne devait être qu'accessoire, qu'il fallait considérer le bétail, non pas comme un mal nécessaire, mais comme une source de très grands profits pour l'agriculteur éclairé. Il fit voir que l'animal en exploitation doit être utilisé comme une machine industrielle, donnant, en échange des aliments qu'il reçoit, de la viande, du lait, du travail, absolument comme une autre machine donne, en échange d'un produit brut, une denrée pouvant servir à la consommation.

De cette notion nouvelle naquit la science zootechnique actuelle.

Importance de la zootechnie. — L'étude de la zootechnie présente une importance de premier ordre. On compte en France, y compris les espèces chevaline et asine, environ 49 millions de têtes tant de gros que de petit bétail, représentant au total une valeur de 5 milliards 775 millions de francs.

Si, à ce chiffre, on ajoute la valeur des animaux de basse-cour, estimée à 161 500 000 francs, on trouve que la totalité du *cheptel* vivant de l'agriculture française est représentée par une somme de près de six milliards de francs.

On peut dire, d'une manière générale, qu'actuellement le bétail bien entretenu paye les productions végétales plus cher qu'aucun autre acheteur, que c'est lui qui donne à l'agriculteur les plus sûrs bénéfices.

D'ailleurs, chaque jour la consommation des produits animaux, et particulièrement de la viande, tend à se développer. La production animale suit nécessairement la demande du consommateur; elle prend une prédominance de plus en plus marquée, et qui ne fera que s'accentuer, le manque de débouchés n'étant pas à craindre de longtemps.

Du rôle de l'animal dans la ferme. — L'animal fabrique de la viande, du lait, de la laine, etc.; il donne du travail; c'est une machine qui s'alimente de fourrages, de graines, qui transforme les matières végétales que produit le sol en matières animales directement utilisables. Il faut, dans toute exploitation agricole, l'envisager à ce point de vue.

La production animale et la production végétale sont, par suite, solidaires : tel mode de culture convient à tels animaux et non point à tels autres, l'ensemble étant subordonné aux conditions économiques de l'exploitation.

En dehors du point de vue économique, il est clair que le mode de fonctionnement de la machine animale diffère essentiellement, par sa complexité, de celui de la machine industrielle, et le plus souvent, dans la pratique, il faut se garder d'appliquer à celle-là les lois simples qui régissent celle-ci.

Divisions de la zootechnie. Industries qui s'y rattachent. — On comprend sous le nom de *zootechnie générale* l'étude des faits et des lois applicables à tous les animaux de la ferme. A cette partie se rattache l'*hygiène du bétail*, dont le but est de conserver l'animal en état de santé, d'obtenir le fonctionnement régulier des appareils essentiels.

La *zootechnie spéciale*, au contraire, s'applique à l'étude particulière des différentes espèces et des différentes races d'animaux domestiques.

A la zootechnie proprement dite viennent s'adjoindre quelques industries moins importantes :

L'*Aquiculture*, qui a pour objet de faire rendre aux eaux douces, saumâtres ou salées, la plus grande quantité possible d'animaux comestibles, ou fournissant des produits marchands ; elle se divise en *Pisciculture*, *Ostréiculture*, *Mytiliculture*, *Hirudiniculture*, etc..., suivant que les animaux dont il s'agit sont les poissons, les huîtres, les moules, les sangsues, etc... ;

La *Séricículture*, qui s'occupe de l'éducation du ver à soie ;

L'*Apiculture*, qui comprend l'élevage des abeilles en vue de l'obtention du miel et de la cire, etc.

L'étude des animaux nuisibles et de leurs ennemis terminera cette partie de l'ouvrage.

CHAPITRE XXXVIII.

ALIMENTATION DU BÉTAIL.

Définition. — Ration d'entretien. Ration de production.

Composition chimique du corps des animaux : Eau ; Substances minérales ; Matières ternaires : corps gras, hydrocarbonés autres que les graisses ; Substances quaternaires ou azotées.

Composition chimique des fourrages : Eau ; Matières minérales ; Matières ternaires : corps gras, glycosides ; Matières quaternaires ou azotées. — Autres principes contenus dans les aliments.

Définition. — Les manifestations de la vie sont liées à une destruction organique, à une usure des éléments, des tissus ; l'être organisé a besoin, pour vivre, de réparer cette usure par l'assimilation de matériaux solides, liquides et gazeux, qui sont des *aliments.* L'action de lui fournir ces matériaux constitue son *alimentation.*

Dans l'état de nature, la plante et l'animal ont une alimentation variée : ils prennent, parmi les matières à leur portée, ce qui leur convient le mieux ; mais le cultivateur, ayant uniquement en vue le bénéfice, doit faire un choix des aliments afin d'obtenir au plus bas prix possible la plus grande somme de produits.

Il ne saurait dès lors livrer ce choix au hasard ; l'expérience et le raisonnement peuvent seuls le guider dans cette opération, dont l'importance pratique est telle qu'elle domine toutes les autres.

L'alimentation de l'animal offre, dans son étude, des difficultés considérables ; aussi l'éleveur, tout en se servant des données bien acquises à la science, doit-il encore compter beaucoup sur son habileté personnelle.

Ration d'entretien. Ration de production. — Tout animal adulte au repos, recevant une quantité d'aliments suffisante pour former ce qu'on nomme sa *ration d'entretien,* reste très sensiblement dans le même état ; il n'augmente ni ne diminue de poids. C'est dire que les matériaux qu'il ingère se transforment de telle sorte qu'ils réparent l'usure des organes, qu'ils remplacent finalement les parties éliminées d'autre part. Il y a donc nécessairement une corrélation intime entre la composition chimique d'un organisme et celle des aliments qui lui conviennent.

Si l'animal s'accroît, ses organes se développant, la corrélation subsiste *a fortiori;* mais alors les entrées doivent être en excès sur les dépenses; cet excès constitue la *ration d'accroissement* ou *de production*, laquelle garde ce nom, lorsque, au lieu de demander de la viande à l'animal, on lui demande du lait ou du travail moteur.

La ration d'entretien d'une machine industrielle serait la quantité de charbon nécessaire pour permettre à cette machine de vaincre seulement les résistances dues au frottement de ses organes et constituant le *travail passif*, sans profit pour l'homme ; la ration de production, au contraire, serait la quantité de combustible nécessaire pour que cette machine fournît un travail utile déterminé en sus du travail de frottement.

On comprend que jamais on ne doit s'en tenir à la ration d'entretien, avec laquelle on ne produit rien d'utilisable ; il y a toujours avantage à la réduire au minimum, par rapport à la ration de production, et, dans ces conditions, plus la partie utilisée de la ration totale est élevée, plus le *rendement* de la machine est avantageux, plus cette machine est perfectionnée.

Nous verrons, particulièrement dans l'étude des races bovines destinées à la boucherie ou à la production laitière, des exemples répondant à ces indications.

Quel que soit le rationnement adopté, l'alimentation doit compenser les pertes de l'organisme comme quantité et comme qualité, de telle sorte que les matières azotées et non azotées, les principes minéraux et l'eau soient, ainsi qu'on l'a vu plus haut, assimilés dans des proportions au moins égales à celles qu'atteint la désassimilation.

La composition chimique qualitative des aliments doit donc être analogue à celle du corps de l'animal qui les ingère, puisqu'ils en remplacent chaque jour une petite fraction.

L'animal carnivore trouve cette analogie de composition dans la chair des autres animaux. Quant aux herbivores, ils ne sauraient s'alimenter avec d'autres matières que les substances végétales, ce qui implique une certaine ressemblance dans la constitution chimique des végétaux et celle des animaux.

En effet, sauf une petite quantité de quelques matières minérales qui lui sont indispensables, et dont les fourrages sont parfois insuffisamment riches, l'animal peut trouver dans le règne végétal tous les éléments nécessaires à son alimentation.

Composition chimique du corps des animaux. — Le corps de l'animal peut être considéré comme composé de 15 éléments répartis en quatre groupes de substances : 1° eau; 2° principes minéraux; 3° matières ternaires, constituées par les graisses et les hydrocarbonés ; 4° matières quaternaires ou azotées.

Eau. — L'eau forme la masse principale des liquides de l'organisme, environ les deux tiers du poids du corps; elle sert de dissolvant et de véhicule aux autres substances; elle régularise la température du corps par son évaporation à la surface de la peau. Elle est éliminée par les reins, l'intestin, la peau, les poumons.

Substances minérales. — Les substances minérales se rencontrent dans tous les tissus, à l'état de dissolution ou de combinaison avec les substances organiques. Si nous supprimons ces substances de l'alimentation, nous les trouverons quand même dans les excrétions de l'animal; elles sont alors fournies par l'organisme, qui se *déminéralise*, ce qui entraîne immédiatement des troubles du système nerveux.

L'acide phosphorique et la chaux constituent environ les trois quarts des substances minérales du corps. Les phosphates de chaux et de magnésie, le carbonate de chaux, quelques autres éléments, parmi lesquels le fluor, forment la plus grande partie de la substance osseuse. Le tissu osseux, lorsqu'il est dense, serré, contient moins de matières organiques et jusqu'à quatre fois plus de carbonate de chaux que lorsqu'il est spongieux. (Voir *Précocité*.)

Les substances minérales agissent en activant les phénomènes de nutrition et en facilitant l'*osmose* à travers les membranes cellulaires ; mais, en outre, chacune de ces substances a un rôle particulier à remplir.

Il faut s'attacher, dans l'alimentation, à fournir à l'animal la quantité de matières minérales qui lui est nécessaire et qu'il pourrait ne pas trouver dans certains fourrages. Du chlorure de sodium ou sel marin doit être constamment à sa portée, et, dans le jeune âge, une proportion relativement élevée de sels phosphatés est indispensable à son accroissement.

Matières ternaires. — Les autres corps non azotés entrant

dans la composition de l'organisme peuvent se diviser en *corps gras* et en *corps hydrocarbonés*.

La plus importante de ces matières non azotées est sans contredit la *graisse*, qui se rencontre dans tous les tissus, tous les organes et tous les liquides du corps, sauf peut-être dans l'urine.

La graisse, n'étant pas *miscible* à l'eau, se trouve en suspension dans les liquides, comme le sang, la lymphe, le lait, à l'état de fines gouttelettes.

Dans les tissus, elle se montre également sous forme de gouttelettes plus ou moins grosses, dans les cellules adipeuses, les cellules du foie, de la moelle des os, et entre les fibres musculaires.

Elle affecte des lieux d'élection tels que le tissu conjonctif sous-cutané, les organes digestifs (épiploon, mésentère, gros intestin et péritoine); elle forme alors des sortes de pelotes qu'on appelle *maniements*, et qui servent à apprécier le degré d'engraissement de l'animal.

Certains organes malades subissent parfois la *dégénérescence graisseuse*, c'est-à-dire que la graisse s'infiltre dans leurs tissus. Tel est le cas des *foies gras*.

La graisse n'a pas partout la même consistance, le même aspect, le même goût; elle renferme plus ou moins de principes volatils et de matières colorantes; mais les différentes graisses présentent à l'analyse une composition très voisine, en moyenne, de 76,5 *de carbone*, 12 *d'hydrogène* et 11,5 *d'oxygène*.

La graisse de l'organisme, par sa combustion, sert probablement à la production de la chaleur et du mouvement; elle joue aussi le rôle de substance de remplissage et de protection pour les divers organes, et s'oppose aux déperditions de calorique, en tant que corps mauvais conducteur.

Il est donc nécessaire que tout animal en bonne santé possède une certaine quantité de graisse et la trouve dans son alimentation. Chez les animaux maigres il n'y a guère que 20 pour 100 de graisse, tandis que la proportion peut aller jusqu'à 46 pour 100 chez les animaux fin gras.

Les hydrocarbonés autres que les graisses sont étroitement liés entre eux physiologiquement et chimiquement. Ce sont: — parmi les sucres: la *glucose ordinaire*, dont le rôle est surtout de fournir par sa combustion de la chaleur et du travail musculaire; l'*inosite*, que l'on trouve dans les muscles·

le *sucre de lait*, qui, par fermentation, donne de l'acide lactique ; — parmi les hydrocarbonés proprement dits : la *substance glycogène*, qui se rencontre principalement dans le foie et, en plus faible proportion, dans un grand nombre d'organes (c'est une matière de réserve pouvant s'accumuler, pour se transformer ensuite plus ou moins facilement en glucose) ; la *dextrine*, qui existe surtout dans le tissu musculaire et se transforme également en glucose.

Substances quaternaires ou azotées. — Les substances azotées de l'organisme vivant renferment souvent un peu de soufre, en outre des quatre éléments principaux : azote, oxygène, hydrogène, carbone. Leur constitution intime et les conditions qui déterminent les différences qu'on remarque entre elles sont mal connues.

Les substances *albuminoïdes* se rencontrent, en général, dans tous les points de l'organisme, mais sous des formes distinctes : à l'état de dissolution, dans le sang et les liquides ; à l'état demi-solide, dans le protoplasma et les muscles ; à l'état solide, dans le cartilage, les os, les membranes cellulaires ; à l'état cristallisé, dans les plaques vitellines.

Les substances albuminoïdes contenues dans les aliments, une fois introduites dans l'organisme, sont transformées en *peptones* dans le tube digestif ; à cet état, elles sont absorbées et passent dans le sang. Puis, en totalité ou en partie, elles retournent à l'état d'*albumine*, qui se répand dans les tissus et, par des modifications inconnues, constitue les différentes substances albuminoïdes et leurs dérivés. La destruction des albuminoïdes donne une série de produits, qui aboutissent finalement à l'urée et à l'acide carbonique.

Quoi qu'il en soit de ces diverses transformations, les éléments constituants des albuminoïdes se montrent toujours sensiblement dans les mêmes proportions à l'analyse chimique ; on ne distingue ces substances entre elles que par leurs propriétés, et, d'ailleurs, un même corps albuminoïde peut ne pas avoir exactement la même composition en tous les points de l'organisme.

On admet habituellement que la teneur en *azote* des albuminoïdes est de 16 pour 100, en *carbone* de 54 pour 100, en *hydrogène* de 7 pour 100, en *oxygène* de 22 pour 100 et en *soufre* d'environ 1 pour 100. La richesse en azote d'une de ces substances étant connue, on obtient immédiatement la quantité totale d'albumine qu'elle renferme en multipliant le nombre représentant cette richesse par le coefficient 6,25, qui provient de la division de 100 par 16.

Les principales substances albuminoïdes[1] sont : l'albumine, la fibrine, la caséine.

L'*albumine* constitue le blanc d'œuf; elle se trouve en abondance dans les fluides animaux : sang, lymphe, chyle, lait, ainsi que dans les muscles, les reins, etc.

La *fibrine* ne préexiste pas dans le sang pendant la vie; elle se forme une fois le sang et la lymphe sortis des vaisseaux qui les contiennent; elle provient de la substance *fibrinogène* et se trouve en longs filaments dans les caillots sanguins battus sous l'eau.

La *caséine* peut s'extraire facilement du lait; elle prend naissance dans la glande mammaire, aux dépens de l'albumine du sang : c'est l'élément constituant des fromages.

Toutes ces matières portent souvent, en alimentation du bétail, le nom générique de *matières protéiques*, parce qu'on les a considérées comme formées par l'union de combinaisons sulfurées avec un radical organique : la *protéine*.

Composition chimique des fourrages. — Les fourrages sont constitués, comme les animaux qui les consomment, par quatre groupes de substances : eau, matières minérales, matières ternaires, matières quaternaires ou azotées.

Eau. — Comme nous l'avons vu déjà, l'eau entre pour la plus grande part dans la composition du végétal ; elle joue un rôle physiologique prépondérant ; certains végétaux en contiennent jusqu'à 92 pour 100. Il est évident que plus un fourrage est aqueux, moins il renferme de principes immédiats alimentaires.

Matières minérales. — Les matières minérales que l'on rencontre le plus fréquemment dans les plantes sont : la chaux, la magnésie, la potasse, la soude, l'oxyde de fer, l'acide phosphorique, l'acide sulfurique et le chlore. Tous ces corps, sauf l'acide phosphorique, la chaux et quelquefois la

1. On peut classer les substances albuminoïdes ainsi qu'il suit :

1° Substances albuminoïdes proprement dites, qui comprennent les albumines, les globulines, la fibrine, les protéines ou albuminates, parmi lesquels la caséine ;

2° Substances dérivées des albumines, telles que gélatine, chondrine, kératine, élastine, mucine ;

3° Les peptones.

soude, se trouvent en quantité suffisante dans la plupart des fourrages. La soude, lorsqu'elle est rare dans les végétaux, est fournie aux animaux sous forme de chlorure de sodium; les bons effets de la chaux s'observent facilement sur le jeune bétail conduit des contrées siliceuses sur les terrains calcaires d'origine jurassique ou triasique. Quant à l'acide phosphorique, il existe en proportion d'autant plus forte dans le fourrage que celui-ci est plus riche en azote.

En général les foins et les pailles des légumineuses sont riches en chaux; les racines et tubercules (betteraves, pommes de terre, etc.), riches en alcalis.

Plus les corps simples sont nombreux dans un aliment, plus cet aliment est approprié à la composition des tissus animaux.

Matières ternaires. — Les principes ternaires ou hydrocarbonés contenus dans les fourrages sont : les *corps gras* et les principes immédiats ternaires neutres, connus sous le nom de *glycosides* ou *glycosites*.

Les corps gras, huiles et graisses, existent normalement, mais en quantités très variables, dans tous les aliments des herbivores; ils sont insolubles dans l'eau, mais, émulsionnés par les différents sucs digestifs (suc pancréatique, bile), ils sont absorbés et distribués avec le sang. Cette absorption est subordonnée aux proportions dans lesquelles ils sont associés aux autres principes des aliments et particulièrement aux principes azotés; ils facilitent, d'ailleurs, en même temps, l'assimilation de ces derniers. Par *graisse brute* on comprend tout ce que l'on peut enlever à la substance sèche des fourrages au moyen de l'éther ordinaire. La composition des corps gras, huiles ou graisses, est en moyenne de 76,5 de *carbone* pour 12 d'*hydrogène* et 11,5 d'*oxygène*.

Les glycosides comprennent : l'*amidon* ou *fécule*, la *dextrine*, la *cellulose*, la *glucose* et le *sucre*. Ces hydrates de carbone, généralement abondants dans les végétaux, ne sont absorbés qu'après avoir été transformés en glucose dans le tube digestif. Comme les graisses, ils sont en partie solidaires des matières azotées dans les phénomènes d'absorption.

L'*amidon* ou *fécule* est contenu dans les cellules végétales et diffère beaucoup, par l'aspect qu'il présente au microscope, suivant les végétaux dont il provient; on le trouve dans la pomme de terre, l'orge, le seigle, le riz (cette céréale en contient jusqu'à 85 pour 100). Nous savons qu'on donne plus spécialement le nom d'*amidon* aux matières amylacées contenues dans les grains et celui de *fécule* à celles que renferment les tubercules.

L'*inuline*, voisine de l'amidon, se rencontre surtout dans les racines et les tubercules, particulièrement dans ceux du topinambour.

La *dextrine* est tenue en dissolution dans la sève des végétaux, et cet état la rend plus apte que l'amidon à subir les modifications utiles à son absorption.

La *cellulose* est presque toujours associée au ligneux, dans les aliments végétaux. A l'état jeune, récemment formée, elle jouit des propriétés alimentaires de l'amidon, mais le ligneux qui l'incruste la laisse difficilement attaquer par les sucs digestifs. La proportion dans laquelle elle est utilisée est très variable suivant l'espèce de l'animal, l'individu auquel on a affaire, et même la nature de l'alimentation et le genre d'aliment qui la contient. Néanmoins la cellulose et le ligneux concourent largement à donner aux aliments des herbivores le volume nécessaire à la bonne utilisation de la ration; ils servent de *lest* à la masse nutritive.

Le sucre et la glucose sont le plus ordinairement dissous dans l'eau de végétation des plantes fourragères. En raison de leur solubilité, ils sont facilement absorbés. Ils donnent en outre aux aliments une saveur agréable. On les trouve en forte proportion dans la canne à sucre, la betterave, les topinambours, les carottes, les jeunes pousses des végétaux, les tiges de maïs, d'orge, etc.

Matières quaternaires ou azotées. — Les principes azotés, comme les graisses d'ailleurs, ont la même composition chimique, qu'ils proviennent du règne animal ou du règne végétal; la proportion de carbone oscille en moyenne dans ces corps de 50,2 à 54,3 pour 100; celle de l'azote de 14,7 à 18,4 pour 100; celle du soufre de 0,4 à 1,6 pour 100.

Les corps protéiques d'origine végétale se présentent sous des modifications qui ont une remarquable analogie avec celles des mêmes éléments originaires du règne animal. On les divise en plusieurs groupes :

1° L'*albumine végétale* se trouve dans toutes les parties de la plante; elle est éminemment nutritive et de facile digestion;

2° La *caséine végétale*, légumine ou amandine, également très nourrissante, existe en grande quantité dans les graines des Légumineuses et dans les amandes de certaines Rosacées. Elle ressemble absolument à la caséine animale : à tel point que les Chinois fabriquent un véritable fromage avec la caséine des pois;

3° La *fibrine végétale* n'est pas d'une digestion très facile ; mais elle jouit d'une grande puissance nutritive.

Le *gluten* est un corps hétérogène, composé pour la plus grande partie de fibrine végétale, puis de caséine, d'albumine, de glutine. Il existe surtout, uni à l'amidon, dans le grain de blé, ainsi que dans les autres graines de céréales.

L'*aleurone* est une matière complexe existant sous forme de cristalloïde dans les cellules végétales (elle est soluble dans l'eau, insoluble dans l'huile, l'alcool, l'éther) ; on considère les granulations d'aleurone comme formées de matière grasse et de protéine.

Ces éléments albuminoïdes des fourrages étant la source exclusive des matières protéiques du corps des animaux sont donc d'une grande valeur ; ils méritent d'autant plus de fixer l'attention qu'ils se trouvent proportionnellement en petite quantité dans la plupart des plantes et que le besoin qu'en ont les animaux est considérable.

Autres principes contenus dans les aliments. — Indépendamment des principes essentiellement nutritifs que nous venons d'étudier, on trouve encore, dans les plantes, des gommes, du mucilage, des résines, des huiles essentielles, des acides organiques, des alcaloïdes, etc.

Nous reproduisons, aux pages suivantes, un tableau qui donne la composition moyenne de quelques-uns des aliments principaux servant à la nourriture du bétail.

COMPOSITION CHIMIQUE MOYENNE DES ALIMENTS

DÉSIGNATION DES ALIMENTS.	Eau.	Matière sèche totale.	Éléments protéiques.	Matières grasses.	Extractifs non azotés.	Ligneux.	Cendres totales.
1° SEMENCES.							
Féverole	14.1	85.9	25.1	1.6	44.5	11.7	3.00
Sarrasin	13.2	86.8	7.8	1.5	58.0	17.6	1.37
Pois	13.2	86.8	22.4	3.0	52.6	6.4	2.73
Orge de printemps	14.3	85.7	10.0	2.3	64.1	7.1	2.60
Avoine	13.7	86.3	12.0	6.0	56.6	9.0	3.14
Maïs	12.7	87.3	10.6	6.8	61.0	7.6	1.51
Seigle	14.3	85.7	11.0	2.0	67.2	3.7	2.09
Froment	14.3	85.7	13.2	1.6	66.2	3.0	1.97
Vesce	13.6	86.4	27.5	1.9	49.1	5.6	3.10
2° RACINES ET TUBERCULES.							
Pomme de terre	75.0	25.0	2.0	0.3	20.7	1.1	3.77
Chou-rave	86.7	13.3	2.7	»	8.6	0.8	7.26
Carotte	85.9	14.1	1.3	0.3	9.6	1.4	5.58
Panais	88.3	11.7	1.6	0.2	8.2	1.0	0.70
Betterave champêtre	88.0	12.0	1.1	0.1	9.0	1.0	6.44
Topinambour	80.0	20.0	2.0	0.5	14.9	1.6	4.88
Turneps	92.0	8.0	1.1	0.1	5.0	1.0	8.01
3° FEUILLES DE PLANTES ALIMENTAIRES.							
Chou-fourrage	89.1	10.9	1.7	0.4	6.0	1.6	1.20
4° PAILLES.							
Orge	14.3	85.7	3.0	1.4	31.3	45.6	4.80
Avoine	14.3	85.7	2.5	2.0	35.6	41.2	4.70
Trèfle battu	15.0	85.0	9.0	2.0	20.0	48.0	6.00
Seigle d'hiver	14.3	85.7	2.0	1.4	35.0	42.0	4.79
Froment d'hiver	14.3	85.7	2.0	1.5	35.0	49.2	5.37
Vesce	14.3	85.7	7.0	2.0	26.7	44.0	5.25
5° BALLES DE CÉRÉALES.							
Balles d'avoine	14.3	85.7	4.0	1.5	28.2	34.0	8.31
Balles de froment	14.3	85.7	4.5	1.5	42.1	30.7	10.73

COMPOSITION CHIMIQUE MOYENNE DES ALIMENTS (suite).

DÉSIGNATION DES ALIMENTS.	Eau.	Matière sèche totale.	Éléments protéiques.	Matières grasses.	Extractifs non azotés.	Ligneux.	Cendres totales.
6° Fourrages verts.							
Esparcette (sainfoin)....	78.5	21.5	3.5	0.7	8.5	7.6	5.50
Avoine...........	81.8	18.2	2.4	0.6	7.0	6.5	8.12
Seigle............	76.0	24.0	3.3	0.8	10.4	7.9	1.60
Vesce............	82.0	18.0	3.7	0.6	6.1	6.0	10.50
Maïs............	82.2	17.8	1.5	0.6	10.3	4.7	6.00
Trèfle incarnat.......	82.0	18.0	2.8	0.7	6.7	6.2	6.08
Trèfle rouge........	79.3	20.7	3.7	0.8	8.3	6.5	6.83
Trèfle blanc........	80.2	19.8	4.0	0.9	8.0	5.6	7.16
Luzerne..........	75.3	24.7	4.5	0.7	8.4	9.3	7.46
7° Foins.							
Foin d'esparcette.....	16.4	83.6	13.5	2.5	34.5	27.1	5.50
— de seigle-fourrage..	9.5	90.5	9.8	2.9	30.1	40.3	7.40
— de trèfle incarnat..	16.7	83.3	12.2	3.0	27.1	33.8	6.08
— de luzerne......	16.4	83.6	14.4	2.8	25.7	34.7	7.46
— de trèfle rouge....	16.0	84.0	13.4	3.2	28.5	33.3	6.83
— de trèfle blanc....	16.7	83.3	14.9	3.5	33.9	25.0	7.16
— de prairie naturelle.	14.3	85.7	8.5	3.0	38.3	29.3	6.02
8° Produits et résidus d'industrie.							
Tourteau de coton.....	10.0	90.0	23.5	6.6	32.0	21.1	6.60
Drèche...........	76.7	23.3	4.8	1.6	9.5	6.2	5.03
Farine de sarrasin.....	15.3	84.7	9.2	4.8	61.3	10.0	0.94
Tranches de diffusion aigries en fosse......	90.2	9.8	0.6	0.3	5.2	2.2	1.70
Tourteau d'arachide...	7.8	92.2	29.2	11.2	25.7	21.1	5.00
Farine d'orge blutée...	14.5	85.5	13.0	2.2	67.0	»	2.33
Farine d'avoine......	12.0	88.0	17.7	6.0	63.9	»	»
Farine de maïs......	10.0	90.0	15.2	3.8	70.5	»	0.68
Petit lait..........	93.0	7.0	0.7	0.7	5.0	»	0.60
Tourteau de colza.....	15.0	85.0	28.3	9.5	24.3	15.8	6.42
Farine de seigle......	14.2	85.8	11.7	2.0	48.6	15.0	8.22
Pulpe pressée fraîche...	70.3	29.7	1.9	0.2	18.3	6.3	3.70
Farine de froment.....	13.6	86.4	12.0	1.1	72.3	0.5	0.47
Son de froment......	13.4	86.6	14.0	3.8	45.0	18.3	6.19

CHAPITRE XXXIX.

RATIONNEMENT.

Énoncé théorique du problème du rationnement. — Digestibilité. — Coefficient de digestibilité. — Relation nutritive. — Équivalents en foin. — Du rôle des aliments dans la production du travail, de la viande et du lait. — Composition des rations. — Conditions auxquelles doit satisfaire une bonne ration. — Substitutions alimentaires.

Enoncé théorique du problème du rationnement. — Supposons connues la nature et la quantité des pertes subies par un animal déterminé, pendant une journée; il semble très facile de former la *ration* de cet animal, en remplaçant les matériaux perdus par des quantités correspondantes et respectivement égales des différents principes nutritifs, lesquelles seraient données sous la forme de fourrages de composition connue.

En réalité, le problème est beaucoup plus complexe: d'une part, nous ne savons pas évaluer les pertes éprouvées par l'animal; d'autre part, tout ce qu'il mange ne passe pas dans son organisme; une certaine partie des aliments reste inutilisée par lui, et la proportion dans laquelle chaque principe se trouve absorbé et demeure dans les tissus est, en outre, extrêmement variable et très difficile à apprécier.

Digestibilité. — La composition chimique d'un aliment ne suffit donc pas seule à donner une idée de sa valeur nutritive; il faut encore tenir compte de la *digestibilité* de chacun des principes que cet aliment renferme, c'est-à-dire de la facilité plus ou moins grande avec laquelle ces principes seront attaqués par les liquides digestifs et absorbés par les veines et les vaisseaux chylifères.

La digestibilité d'un même principe alimentaire varie avec le genre, l'espèce, la race de l'animal que l'on considère; elle varie encore avec le sexe, l'individu, et, chez le même individu, suivant les diverses périodes de son existence : c'est ainsi que plus un animal est jeune, plus il digère facilement les matières protéiques.

La nature de l'aliment a aussi une influence incontestable.

La digestibilité diffère avec chaque fourrage, avec la constitution physique, la structure de chaque plante. Les aliments solides, durs, secs, formant empois sont peu digestibles; les aliments mous, tendres, aqueux, très divisés, le sont, au contraire, aisément; la farine de grains est ainsi plus digestible que les grains eux-mêmes; le pain frais, qui se prend en masse dans l'estomac, est moins assimilable que le pain rassis; les jeunes pousses d'herbe sont beaucoup plus digestibles que les herbes âgées.

Plus prompte est la transformation en liquide dans l'estomac, mieux se digère l'aliment : c'est ainsi que le sucre de glucose se digère plus facilement que l'amidon qui se transforme tout d'abord en sucre; l'amidon, à son tour, se digère mieux que la cellulose. Pour les matières protéiques, au point de vue de la digestibilité, l'albumine du blanc d'œuf occupe le premier rang; viennent ensuite la fibrine, le gluten, la caséine, et enfin la légumine.

En outre de la constitution physique, de la nature des principes nutritifs et de la part respective qu'ils prennent dans la ration, d'autres causes peuvent encore faire varier la digestibilité; tels sont : l'arome plus ou moins agréable que possède l'aliment, les conditions extérieures, la propreté des étables, la façon dont les repas sont donnés et l'addition de certains condiments.

Coefficient de digestibilité. — Malgré ces causes multiples de variation, on a cherché à obtenir, pour chaque principe, ce que l'on appelle son *coefficient de digestibilité*, c'est-à-dire le nombre qui exprime, pour cent, la proportion de substance susceptible d'être absorbée. Ainsi, quand on dit que le coefficient de digestibilité des matières protéiques est de 70 pour le cheval, cela signifie qu'en moyenne, et quand les aliments sont présentés avec une relation digestive favorable, le cheval peut leur emprunter 70 pour 100 de la protéine qu'ils renferment.

Quand on dit également que le coefficient de digestibilité de la protéine, dans le foin de luzerne par exemple, est de 76, cela indique qu'il y a 76 de protéine digérée pour 100 de protéine contenue dans le poids correspondant d'aliment.

Voici, d'après Dietrich, le tableau (tel que le donne M. Sanson) des coefficients de digestibilité des principales substances alimentaires en centièmes des éléments nutritifs :

SUBSTANCES ALIMENTAIRES.	Substance organique.	Protéine. (Matières azotées.)	Matières solubles dans l'éther. (Matières grasses.)	Extractifs non azotés.	Cellulose brute.
Herbe de prairies. . .	70	78	64	78	67
Sorgho vert.	»	62	85	78	59
Maïs vert.	»	63	75	67	72
Trèfle des prés avant la floraison.	71	75	66	79	56
Trèfle des prés en fleur.	64	69	61	72	50
Trèfle des prés à la fin de la floraison. . . .	58	58	44	71	39
Luzerne verte.	62	80	45	72	39
Foin de pré.	64	59	50	66	62
Regain de pré.	64	60	47	66	64
Foin de trèfle des prés.	60	59	59	66	46
Foin de luzerne. . . .	58	76	37	70	38
Foin de lupin.	»	74	30	62	73
Paille de seigle. . . .	51	24	32	38	62
Paille de froment. . .	45	26	27	40	52
Paille d'avoine. . . .	52	42	48	47	59
Paille de fève.	51	45	60	67	36
Paille de lupin. . . .	»	38	30	65	51
Avoine.	69	75	78	74	20
Orge.	»	79	68	90	»
Maïs.	»	84	76	93	»
Fèves.	85	83	76	91	»
Pois.	»	85	67	95	»
Pommes de terre. . .	89	66	»	95	»
Betteraves.	90	77	»	98	»
Son de froment. . . .	67	75	50	70	37
Son de seigle.	66.7	66	57	74	9
Tourteau de lin. . . .	81	86	90	80	»
— de colza. . .	74	86	88	76	»
— de coton. . .	50	74	91	46	»
— de palmiste.	89	100	100	92	»
— de coco. . .	»	73	83	88	»
— d'arachide. .	84.95	91	85.66	93	15.85
— de sésame. .	77.37	90.30	89.76	56.45	30.68
— de soleil. . .	75.92	89.68	87.89	71.23	30.47

Après de nombreuses expériences, les auteurs allemands

en particulier ont déterminé, pour nos principaux herbivores domestiques, un *coefficient moyen* de digestibilité de chacun de ces principes immédiats. Mais, nous le répétons, ce coefficient est susceptible de varier dans des limites très étendues, et nous ne pouvons entrer ici dans le détail de son calcul.

COEFFICIENT DE DIGESTIBILITÉ DES PRINCIPES IMMÉDIATS.

	Cheval.	Bœuf.	Vache.	Mouton.	Chèvre.
Matières protéiques.	0.69	0.65	0.57	0.57	0.60
Matières grasses	0.59	0.64	0.65	0.61	0.44
Glycosides.	0.68	0.66	0.70	0.72	0.64
Ligneux et cellulose. . . .	0.33	0.60	0.61	0.58	0.62

Ces chiffres montrent que le mouton et la vache sont les moins bons utilisateurs de la protéine, tandis qu'ils digèrent fort bien les glycosides; que les Équidés digèrent beaucoup moins facilement le ligneux que les Ruminants.

Relation nutritive. — L'expression des conditions plus ou moins favorables de digestibilité est donnée, en partie du moins, par la *relation nutritive*, c'est-à-dire par le rapport qui existe, dans la ration, entre les matières azotées et les matières non azotées.

On peut l'exprimer ainsi :

$$\frac{\text{matières azotées}}{\text{matières non azotées}} \text{ ou } \frac{\text{MA}}{\text{MNA}} = \text{relation nutritive.}$$

Ce rapport a été établi empiriquement d'abord, puis expérimentalement, en se basant sur la composition de fourrages, ou de mélanges d'aliments reconnus équivalents au foin de bonne qualité, avec lequel les herbivores s'entretiennent très bien dans la grande majorité des cas.

Dans cette hypothèse d'équivalence, l'analyse de ce foin, aliment type, donne le rapport $\frac{\text{MA}}{\text{MNA}} = \frac{1}{5}$, sa teneur moyenne en cellulose brute étant d'environ 30 pour 100 de la substance sèche totale de la ration, lorsqu'il s'agit de ruminants.

Pour obtenir la relation nutritive d'un aliment, il importe d'abord de rechercher sa composition aussi approchée que possible, dans les tables d'analyse chimique. Il ne faut pas oublier qu'il y a, à cet égard, pour chaque fourrage, des extrêmes assez éloignés : c'est ainsi que certaines avoines contiennent trois fois plus de matières protéiques que d'autres. On doit donc se servir des chiffres qui se rapportent au fourrage présentant le plus d'analogie avec celui que l'on considère. Des tables très détaillées ont été dressées à cet effet.

On remplace ensuite MA par le nombre qui indique la quantité de matière azotée, et MNA par la somme des nombres qui représentent d'une part la matière grasse et de l'autre les glycosides. On ne tient pas compte de la cellulose imprégnée de ligneux. On simplifie ensuite la fraction, en prenant comme numérateur l'unité.

Soit la composition moyenne d'une avoine :

Eau	11.99
Matières azotées	9.58
Matières grasses	4.89
Glycosides	58.71
Cellulose	11.44
Matières minérales	3.39
	100.00

La relation nutritive d'un tel aliment est :

$$\frac{9,58}{4,89+58,71}=\frac{9,58}{63,60}=\frac{1}{6,64}.$$

Il est utile de connaître le rapport ainsi obtenu, parce que, comme nous l'avons dit, toutes choses égales d'ailleurs, les principes *alibiles* sont d'autant mieux utilisés par l'économie animale qu'ils sont associés entre eux suivant une relation plus favorable. Cette relation nutritive doit varier suivant la nature des services qu'on demande à l'animal, suivant son genre, son espèce, sa race et son âge.

Plus un animal est jeune, plus il demande une relation nutritive élevée, c'est-à-dire un aliment contenant une forte proportion de matières azotées, afin de pouvoir former ses tissus d'accroissement : c'est ainsi que l'aliment essentiel du jeune animal, le lait, a une relation nutritive d'environ $\frac{1}{2}$.

On appelle *relation adipo-protéique* le rapport obtenu en divisant le nombre qui indique la quantité de matières grasses par celui qui indique la quantité de matières azotées ;

on l'exprime ainsi : $\frac{\text{Graisse}}{\text{Protéine}}$ ou $\frac{GR}{P}$ = relation adipo-protéique.

Dans l'exemple précédent on aurait comme relation adipo-protéique : $\frac{4,89}{9,58} = \frac{1}{1,95}$. On l'écrit aussi parfois $\frac{\text{Protéine}}{\text{Graisse}}$ ou $\frac{P}{GR}$.

Lorsque, dans une ration, la relation nutritive et le rapport adipo-protéique sont à la fois favorables, on se trouve dans de bonnes conditions pour assurer l'assimilation la plus parfaite des aliments.

Équivalents en foin. — Il n'y a pas encore bien longtemps, on prenait comme base de l'alimentation le principe des équivalents en foin.

Étant donné un certain poids de foin de prairie naturelle, on croyait pouvoir déterminer les quantités respectives de betteraves, de paille, de pommes de terre, etc., qui, dans la ration, remplaceraient la quantité de foin considérée, et, par conséquent, seraient équivalentes à celle-ci.

Mais cette théorie manque elle-même de base certaine, la composition des foins, comme celle des autres végétaux, pouvant varier dans des limites très étendues; c'est ainsi que divers agronomes ont donné pour équivalents en foin d'une même substance des chiffres très différents : par exemple, pour 100 kilog. de foin, tantôt 666 kilog. de paille de froment, tantôt seulement 175 kilog.

Les équivalents étaient généralement pris par rapport aux matières azotées, abstraction faite des autres principes nutritifs et, par suite, de leur influence propre et de l'action qu'ils peuvent avoir sur la digestibilité des premiers.

On n'avait finalement, dans les deux cas, que la même quantité de matières azotées, en supposant bien entendu une certaine concordance entre les analyses.

Boussingault ajoutait un certain poids de paille quand la substance remplaçante n'était pas suffisamment riche en hydrocarbonés, afin de remédier en partie à l'imperfection de la méthode; mais ce système, qui tend à se rapprocher de l'emploi de la relation nutritive, lui reste bien inférieur. En somme, les équivalents en foin ne répondent pas aux exigences rigoureuses d'une bonne alimentation.

Du rôle des aliments dans la production du travail, de la viande et du lait. — Nous avons dit que les principes protéiques introduits dans l'estomac s'y transforment en peptones et sont absorbés plus loin. Portés par la circulation dans les différents points de l'économie, ils servent à la reconstitution des tissus azotés qui entrent dans la composition des organes, et qui se trouvent sans cesse éliminés. Les principes azotés peuvent, lorsqu'ils sont donnés en très forte proportion, entretenir la chaleur animale en transformant une partie de leur carbone et de leur hydrogène en acide carbonique et en eau; mais ce n'est pas là leur rôle habituel, et, pour que cela soit, il en faut une quantité considérable; les déchets fournis par leur combustion sont, par suite, très abondants et souvent incomplètement rejetés, ce qui amène des troubles dans l'économie.

La protéine, qui, du reste, forme la base du tissu musculaire, est surtout utile lorsqu'il s'agit de la production de la force, et l'on a été jusqu'à dire que, dans une ration normalement constituée, la puissance motrice de l'animal reste proportionnelle à la quantité de protéine que lui fournit cette ration.

En effet, sous l'influence d'une contraction musculaire active et longtemps soutenue, l'élimination de l'urée et de l'acide urique, qui sont les produits ultimes des transformations que les albuminoïdes subissent dans l'organisme, est plus grande dans un temps donné. La combustion de ces corps paraît liée, dans une certaine mesure, à la transformation de la chaleur en force, et nous verrons l'application de ce fait dans l'établissement des rations destinées aux animaux de travail.

On désigne encore, ainsi que le faisait Liebig, les substances protéiques sous le nom d'*aliments plastiques*, non seulement parce qu'ils entrent dans la composition du sang et des tissus, mais encore parce qu'ils sont absolument nécessaires à leur formation.

Les corps hydrocarbonés ont pour rôle essentiel d'entretenir la combustion : ce sont des *aliments respiratoires* par excellence.

Parmi ces corps, les glycosides, par suite de leur composition, n'apportent que leur carbone pour la production de la chaleur animale, tandis que les corps gras fournissent, en outre de cet élément, une certaine quantité d'hydrogène qui, par sa combustion propre, produit environ trois fois plus de chaleur que le carbone.

Lorsque les graisses sont prises en grande quantité, elles

peuvent se déposer au sein de certains tissus, ainsi qu'il a été dit plus haut; mais il y a néanmoins, dans d'autres cas plus fréquents, formation de graisse aux dépens des autres principes ternaires : sucre, amidon, etc., il est cependant avantageux de donner la graisse toute formée à l'animal soumis à l'engraissement.

De tout ce qui précède il résulte que nous n'avons pas, à beaucoup près, les données nécessaires pour établir tout à fait scientifiquement une ration. Les quelques notions sur lesquelles nous nous sommes étendus ne peuvent que nous servir de guide; elles n'en seront pas moins très utiles si l'on considère la façon dont on alimente habituellement le bétail chez la majorité des cultivateurs.

Composition des rations. Conditions auxquelles doit satisfaire une bonne ration. — Toute ration bien établie doit satisfaire aux conditions suivantes :

1° Volume de la ration en rapport avec le tube digestif de l'animal. — Une ration est assez volumineuse quand, après chaque repas, le flanc de l'animal est bien tendu, bien plein. On se sert, pour atteindre le volume convenable, d'un aliment ou d'un mélange d'aliments appelés *adjuvants*, contenant peu de protéine, mais beaucoup de cellulose brute, qui, après la digestion, laisse un résidu suffisant pour pourvoir les intestins du lest nécessaire à leur bon fonctionnement;

2° Proportion convenable de substances azotées, grasses, hydrocarbonées, déterminée approximativement par la relation nutritive; celle-ci varie beaucoup, comme nous l'avons vu, avec l'animal et le but qu'on cherche à atteindre;

3° Quantité suffisante de matières minérales et particulièrement de chaux, d'acide phosphorique, de sel marin. Dans la majorité des cas, il n'y a pas lieu de s'en préoccuper, les aliments les fournissant en assez grande abondance. Nous indiquerons comment on peut forcer cette quantité, surtout dans le jeune âge, où plusieurs de ces matériaux sont essentiels à un bon développement;

4° Quantité suffisante de principes nutritifs; cette dernière condition est forcément remplie quand on donne à l'animal les aliments à discrétion; mais quelques auteurs ont déterminé ces quantités expérimentalement, et les chiffres qu'ils ont ainsi obtenus peuvent être, en certains cas, d'utiles points de repère.

Le problème d'une bonne composition des rations exige « non seulement que les fourrages disponibles soient distribués de telle façon et en telle proportion que les rations correspondent aux besoins de l'animal et au but de son entretien, mais encore que l'alimentation convienne et corresponde à ce qu'il y a de préférable au point de vue de la culture et de plus avantageux au point de vue du bénéfice ». (JULIUS KUHN.)

Pour arriver à la solution de ce problème, il est évidemment nécessaire que nous sachions remplacer, dans une ration, une quantité déterminée d'un aliment par une certaine quantité d'un autre aliment *économiquement préférable*, que l'on a lieu de croire en état de produire dans la nutrition les mêmes effets, c'est-à-dire qui satisfera également bien aux conditions énumérées ci-dessus.

Substitutions alimentaires. — Cette pratique porte le nom de *substitution alimentaire;* nous allons en donner, en le raisonnant, l'exemple suivant emprunté à MM. Magne et Baillet, afin de bien fixer les idées et de résumer en partie les notions précédemment acquises.

Il s'agit de la substitution du tourteau de colza au son de froment, dans une ration de vache laitière, composée ainsi qu'il suit :

ALIMENTS.		Eau.	Protéine.	Matières grasses.	Glycosides.	Ligneux.	Sels.
		gr.	gr.	gr.	gr.	gr.	gr.
Betteraves fourragères.	40 k.	35.200	440	40	3.600	400	320
Paille d'avoine. . .	5 k.	665	125	100	1.780	2.060	220
Son de froment. . .	5 k.	670	700	190	2.250	915	275
Foin de luzerne. .	3 k.	492	432	84	771	1.141	180
Sel marin.	50 gr	»	»	»	»	»	50
TOTAUX.		37.027	1.697	414	8.401	4.516	1.045

$$\text{Relation nutritive : } \frac{1697}{414 + 8401} = \frac{1697}{8815} = \frac{1}{5,2}.$$

Le rapport entre les matières grasses et la protéine, ou rapport adipo-protéique, est $\frac{414}{1697} = \frac{1}{4,1}$.

Si l'on voulait, dans cette ration, remplacer les 5 kilog. de son entièrement par du tourteau, il faudrait 2 020 grammes de tourteau; car 100 de tourteau de colza contiennent 28,3 de protéine, qui, multipliés par le coefficient de digestibilité de la protéine dans le tourteau de colza, 85,70 (d'après Grandeau), donnent 24,25 de protéine digérée.

100 de son de froment contiennent 14 de protéine, qui, multipliés par le coefficient de digestibilité 70, donnent 9,80 de protéine digérée; d'où il résulte qu'il faut $\frac{9,80 \times 100}{24,25} = 40,4$ de tourteau pour remplacer 100 de son, et que, par conséquent, il en faut 2 020 grammes pour remplacer 5 000 grammes de son.

Mais cette substitution de 2 020 grammes de tourteau à 5 kilog. de son apporterait une grave modification à la relation nutritive; au lieu de 1 697 gr. de protéine, 414 gr. de corps gras et 8 401 gr. de glycosides, on aurait 1 569 gr. de protéine, 416 gr. de corps gras et 6 642 gr. de glycosides.

La relation nutritive deviendrait $\frac{1569}{416 + 6642} = \frac{1}{4,5}$, et il serait urgent de l'abaisser en augmentant, dans la ration, la proportion de paille et la proportion de luzerne.

Il est donc plus raisonnable de ne pas faire disparaître entièrement le son, d'en conserver 1 500 gr. par exemple, et d'en remplacer 3 500 gr. en partie par de la paille et de la luzerne, en partie par du tourteau de colza. Dans cet ordre d'idées, la paille d'avoine renfermant, d'après les tableaux de Kuhn, 2,5 pour 100 et la luzerne 14,4 pour 100 de matière azotée, et de plus, les coefficients de digestibilité de la protéine dans ces deux denrées étant, pour la première 42,47, et pour la seconde 76,47, on pourrait ajouter à la ration, diminuée de 3 500 gr. de son :

1 500 gr. de paille d'avoine en remplacement de.	162 gr. de son.
1 000 gr. de foin de luzerne en remplacement de.	1 124 gr. —
900 gr. de tourteau de colza en remplacement de.	2 227 gr. —
Et le tout correspondrait à. . . .	3 513 gr. de son.

De cette manière la ration modifiée pourrait être ainsi établie :

ALIMENTS.		Eau.	Protéine.	Matières grasses.	Glycosides.	Ligneux.	Sels.
Betteraves fourragères.	40 k.	gr. 35.200	gr. 440	gr. 40	gr. 3.600	gr. 400	gr. 320
Paille d'avoine. .	6 k.,5	864	162	130	2.304	2.678	286
Son de froment. .	1 k.,5	201	210	57	675	274	82
Foin de luzerne. .	4 k.	656	576	112	1.028	1.388	240
Tourteau de colza.	0 k.,9	135	255	85	219	142	64
Sel.	50 gr	»	»	»	»	»	50
Totaux.		37.056	1.643	424	7.826	4.882	1.042

Avec cette composition, la relation nutritive devient $\frac{1}{5}$; les conditions sont meilleures, et l'on peut espérer voir la bête tirer un parti plus avantageux de sa ration.

Telle est la marche que l'on peut suivre pour faire des substitutions alimentaires, en tenant compte tout à la fois de la composition des aliments et de la digestibilité des principes qu'ils renferment.

Les coefficients de digestibilité employés ici s'éloignent un peu de ceux que nous avons donnés d'après M. Sanson ; nous les avons indiqués en vue de montrer les écarts notables qui peuvent exister entre les nombres obtenus ou cités par deux auteurs différents.

Remarque. — Nous croyons, à ce sujet, devoir répéter que tous les chiffres relatifs à l'alimentation du bétail n'ont *rien d'absolu ;* qu'ils doivent presque toujours être corrigés par le sens pratique de l'éleveur dans la mesure voulue, en se basant sur les résultats de pesées aussi nombreuses que possible, sur l'examen des signes qui indiquent une bonne ou une mauvaise digestion chez les animaux et sur l'état plus ou moins satisfaisant dans lequel les place la ration qui leur est donnée. Mais l'étude de l'alimentation n'en est pas moins *très utile,* en ce qu'elle met à l'abri des grosses erreurs, si communes encore aujourd'hui dans le rationnement.

CHAPITRE XL.

PRÉPARATION DES ALIMENTS.

But de la préparation des aliments. — Cuisson. Appareils employés pour la cuisson. — Fermentation. Ensilage. — Macération. — Division mécanique des aliments. — Laveur. — Coupe-racines. — Hache-paille. — Broyeur d'ajoncs. — Brise-tourteaux. — Aplatisseurs et concasseurs.

But de la préparation des aliments. — La préparation des aliments prend une importance plus considérable à mesure que l'agriculture progresse et que l'on cherche à mieux utiliser les produits du sol. Elle a pour objet de faire subir aux substances alimentaires une modification plus ou moins profonde, dans le but de les rendre plus facilement digestibles et plus agréables au goût; elle leur donne, par conséquent, une valeur réelle plus grande. On pourrait même comparer l'apprêt culinaire des aliments à une sorte de *digestion artificielle préparatoire* précédant et facilitant la digestion naturelle définitive.

Les agents employés pour obtenir ce résultat sont :

La *cuisson*, la *fermentation*, la *division mécanique*, les *assaisonnements* et les *condiments*.

Cuisson. — La cuisson peut se faire dans l'eau ou sous l'action de la vapeur. L'eau agit en ramollissant les substances insolubles et en dissolvant les principes solubles; elle est le véhicule de la plupart des assaisonnements. L'action de la chaleur s'y ajoute : les tissus se dilatent, les essences, les principes irritants se dégagent, et beaucoup de végétaux excitants, non alimentaires, deviennent doux et même fades sous cette action. L'*insalubrité* des foins durs, vieux ou poudreux est également diminuée par la cuisson. Les orties, les chardons, les laiches, certaines plantes aromatiques, les Labiées, les Ombellifères, certaines Crucifères, les pommes, les poires sauvages, peuvent, une fois cuits, fournir des aliments favorables aux animaux. La cuisson à l'eau et à la vapeur produit de bons effets sur tous les fourrages secs : elle les ramollit et les rend plus facilement attaquables et digestibles.

Ce mode de préparation permet aux différentes substances d'absorber plusieurs fois leur volume d'eau, et celle-ci, qui imprègne les fourrages, traverse moins rapidement les muqueuses digestives que l'eau des boissons ; elle entraîne les substances assimilables et aide à la désagrégation des aliments.

La cuisson des pommes de terre favorise beaucoup la transformation de la fécule qu'elles contiennent; cuites, elles poussent à la graisse. Les grains crus sont parfois incomplètement digérés ; on en retrouve dans les déjections ; par la cuisson, au contraire, leur écorce s'amollit, la mastication en est facilitée, et leur attaque par les sucs digestifs devient plus complète. Souvent on réunit plusieurs substances qu'on fait cuire ensemble : on obtient ainsi des mélanges très intimes, et l'on communique à certains aliments une partie des propriétés de ceux qu'on leur adjoint.

Appareils employés pour la cuisson. — Les appareils employés à la cuisson des aliments peuvent être chauffés soit à feu nu, soit à la vapeur.

Dans les deux cas, on emploie une chaudière ou marmite d'une contenance de 1 à 5 hectolitres, qu'il est toujours avantageux de rendre mobile autour de 2 tourillons, afin de la faire basculer et de verser la matière dans les véhicules qui l'emportent aux étables. A la partie inférieure de cette marmite se trouve une claie, sur laquelle se placent les aliments, et, au-dessous, un robinet, qui permet de faire écouler l'eau, afin que les substances ne perdent pas de leurs propriétés en se refroidissant dans le liquide où la cuisson a eu lieu.

Les appareils cuisant à la vapeur comportent souvent l'emploi de deux chaudières analogues, dans lesquelles on fait arriver alternativement la vapeur produite par un petit générateur muni d'une soupape de sûreté. L'appareil peut ainsi travailler d'une façon continue.

Fermentation. Ensilage. — La fermentation, bien conduite, beaucoup plus économique que la cuisson, procure généralement les mêmes avantages. Presque tous les aliments que l'on emploie pour nourrir les herbivores peuvent éprouver la fermentation. Certains principes, particulièrement les matières ternaires, subissent, sous son influence, des transformations chimiques favorables à l'action digestive. Les pailles dures, le seigle, le maïs, les foins de prairies marécageuses, les siliques des Crucifères, sont mêlées à des produits facilement fermentescibles : herbes vertes, pulpes, tubercules cuits, etc. On divise et on mélange intimement le tout ; puis la masse est placée dans des tonneaux ou simplement mise en tas. Dans les circonstances ordinaires, trois jours sont nécessaires pour une bonne préparation.

Tous les animaux s'accommodent des aliments fermentés ; les ruminants les préfèrent aux autres à cause de leur saveur spéciale.

Ensilage. — L'ensilage est un mode de fermentation qui tend chaque jour à se répandre davantage, non seulement en raison de la bonne préparation des aliments qui en résulte, mais surtout parce qu'il permet la récolte des fourrages par tous les temps et leur conservation pendant une période suffisante pour qu'on puisse les utiliser rationnellement.

Bien que l'ensilage soit surtout employé pour le maïs-fourrage, on peut l'appliquer néanmoins à tous les fourrages verts mélangés en plus ou moins grande proportion de paille hachée, de balles de céréales, de cosses, de siliques ou de foin mal récolté. La dernière coupe de luzerne ou de trèfle, les regains de pré qui se font pendant le mauvais temps, subissent avantageusement l'ensilage ; il en est de même des feuilles de betterave.

La conservation des racines, des tubercules, de leurs résidus (pulpes pressées, pulpes de sucrerie, de distillerie, drêches), se fait très bien par cette méthode, dont l'application accroît même leur valeur nutritive.

Pour pratiquer l'ensilage *en fosse*, on commence par ouvrir une tranchée ou *silo* ayant 1m ou 1m,50 environ de profondeur sur 2m ou 2m,50 de largeur et une longueur proportionnée à la quantité de fourrage qu'on veut ensiler. Les angles de cette fosse doivent être arrondis. Il vaut mieux faire plusieurs silos côte à côte qu'un seul silo d'une trop grande longueur. On rend étanches les parois du silo au moyen de ciment ou de briques, et l'on peut au besoin surélever ces parois de 1 ou 2 mètres au-dessus du niveau du sol ; il est avantageux d'abriter le silo par un toit économiquement construit. La disposition des silos est d'ailleurs très variable.

On récolte généralement le maïs à ensiler vers la fin de septembre ou au commencement d'octobre, quand le grain commence à prendre une consistance laiteuse. On divise les tiges en fragments très petits au moyen du hache-maïs, et on les mélange alors avec de menues pailles, avec des balles, ou avec des fourrages hachés. Au fur et à mesure qu'on introduit ce mélange dans le silo, il est important de le tasser bien également et avec grand soin, en faisant en sorte de chasser, aussi complètement que possible, l'air emprisonné dans la masse.

Bien que le sel marin ne soit pas indispensable, on le répand souvent par couches sur la masse ensilée à la dose de 1500 à 3000 grammes pour 1000 kilogr. de maïs haché : le produit obtenu est ainsi plus appétissant.

Quand la matière s'élève à la hauteur voulue, on la revêt de menue paille, que l'on recouvre d'une couche de terre argileuse de 40 à 60 centimètres d'épaisseur ; il faut avoir soin de boucher les fissures qui se produisent ultérieurement par suite du tassement de la masse. Il convient de charger la partie supérieure du silo, par exemple au moyen de planches sur lesquelles on met des pierres.

Peu après l'ensilage, le maïs haché devient le siège d'une véritable fermentation alcoolique. Il est important qu'elle ne marche pas avec trop de rapidité ; car à cette fermentation, qui ajoute aux propriétés alimentaires du produit, succède la fermentation acétique, qui lui donne un goût acide, et à celle-ci, la fermentation putride, qui altère la substance et la rend impropre à nourrir le bétail. C'est pour maintenir la fermentation dans de justes limites qu'il est urgent d'empêcher, dans la mesure du possible, le contact de l'air avec les matières ensilées.

M. Grandeau a constaté que, dans du maïs additionné d'un tiers de menues pailles et de balles provenant des silos de M. Lecouteux, à Cerçay, il y avait près de cinq fois autant de sucre que dans le même poids du mélange primitif, un tiers en plus de matière azotée, près de trois fois plus de graisse ; en revanche, un quart environ de la matière amylacée et plus du tiers de la cellulose avaient disparu.

Évidemment la matière ensilée n'acquiert rien par la fermentation alcoolique ; elle perd, au contraire, une partie de son poids, et cependant elle s'enrichit, en ce sens que, les produits qui se transforment étant au nombre des moins importants pour la nutrition, sa relation digestive s'élève en raison de l'état d'intégrité dans lequel demeurent les matières azotées.

L'ensilage en fosse exige une certaine mise de fonds, eu égard à l'établissement des silos en maçonnerie; on peut éviter ce débours en pratiquant l'ensilage en plein air. Sur un terrain plat on dispose le fourrage à ensiler par couches horizontales, qu'on tasse fortement; on donne à la masse les mêmes dimensions que dans le cas précédent, afin de pouvoir débiter également le tas par tranches. Lorsqu'on arrive à la hauteur voulue, on construit une sorte de toit horizontal assez solide, et on charge peu à peu ce toit de façon à faire subir au fourrage une pression, variable avec la hauteur du tas, de 1000 à 1200 kilogr. par mètre superficiel. Il faut avoir soin de comprimer surtout les bords du tas et d'isoler la base de celui-ci au moyen d'un petit caniveau empêchant les eaux de s'y accumuler.

Fig. 52. — Ensilage à l'air libre.

On peut employer, pour établir une pression convenable sur le tas de fourrage, divers systèmes mécaniques, tels que celui qui est représenté par la figure 52. La masse est placée sur des madriers, qui portent à chaque extrémité un petit treuil à déclic. On manœuvre ces treuils au moyen d'un levier, de telle façon que des câbles, en s'enroulant sur chacun d'eux, compriment le fourrage avec l'intensité voulue.

Macération. — La macération consiste à faire tremper les substances alimentaires dans l'eau. Elle est mise en pratique dans les *buvées*, les *boitures*, les *soupes*, les *barbotages*. On fait macérer à froid ou à chaud, dans l'eau ordinaire, dans l'eau salée ou dans des vinasses, les substances fibreuses ou les fourrages secs hachés menu; on y mêle quelquefois de la farine, du son ou du tourteau. Les fourrages macérés sont préférables, lorsqu'il s'agit, par exemple, de vaches laitières, de chèvres, de jeunes animaux ou de bêtes âgées ou convalescentes.

On délaye encore, dans l'eau ou dans le lait, des farines, des grains concassés, des racines cuites, et l'on utilise ces bouillies soit au moment du sevrage, soit pour l'engraissement.

Division mécanique des aliments. — La division est la préparation la plus simple et la plus généralement pratiquée. C'est parfois une manipulation préparatoire de fourrages qui seront ensuite soumis à la cuisson, à la fermentation, etc.; mais elle est souvent aussi employée seule, pour faciliter la préhension, la mastication et l'insalivation des aliments grossiers ou piquants, comme l'ajonc, ou des racines et des substances fibreuses. La division facilite les mélanges et évite le gaspillage des foins et des pailles. L'égrugeage des grains, le concassage des tourteaux, aident beaucoup à l'utilisation de ces aliments.

Laveur. — Afin de donner aux animaux des racines et des tubercules débarrassés des impuretés, terre, graviers, etc., qui, d'ailleurs, pourraient altérer les lames ou couteaux au moyen desquels les aliments seront divisés, on se sert de *laveurs-épierreurs*.

Ces instruments se composent d'un tambour à claire-voie, tournant, dans une cuve pleine d'eau, autour d'un axe qui porte des tiges de bois ou de fer placées perpendiculairement à cet axe et disposées en hélice, de sorte que les racines cheminent d'une extrémité à l'autre de ce tambour, en se frottant mutuellement et en subissant une série de chutes, pendant lesquelles elles se nettoient. Les impuretés tombent au fond de la caisse.

Fig. 53. — Coupe-racines.

Dans les grands laveurs, la cuve est en tôle et de la forme d'un demi-cylindre; elle est fixe, et l'axe, analogue à celui du modèle précédent, peut tourner en agitant la masse.

Coupe-racines. — Pour débiter les racines en *tranches* ou en *cossettes*, il est avantageux d'avoir recours aux instruments spéciaux, qu'on trouve actuellement à des prix abordables même pour la petite culture. Suivant la quantité de racines à diviser, on peut se servir d'un *coupe-racines* à disque vertical, à disque horizontal, à cylindre ou à cône. Ils sont ainsi nommés parce que les lames tranchantes se trouvent disposées suivant les rayons d'un disque ou les génératrices d'un cylindre ou d'un cône. Le *coupe-racines à disque vertical* (*fig.* 53) est de beaucoup le plus employé.

Tous ces instruments sont formés en principe d'une trémie, qui reçoit les racines et qui porte à sa partie inférieure une ouverture, devant laquelle tourne le disque ou le cylindre. Au fur et à mesure que les racines se présentent aux lames, celles-ci les découpent en *cossettes* plus ou moins épaisses.

Hache-paille. — La division des pailles, des foins, des tiges de maïs, d'ajoncs, se fait à l'aide des *hache-paille* (*fig.* 54), *hache-maïs*, *hache-ajoncs*, etc.

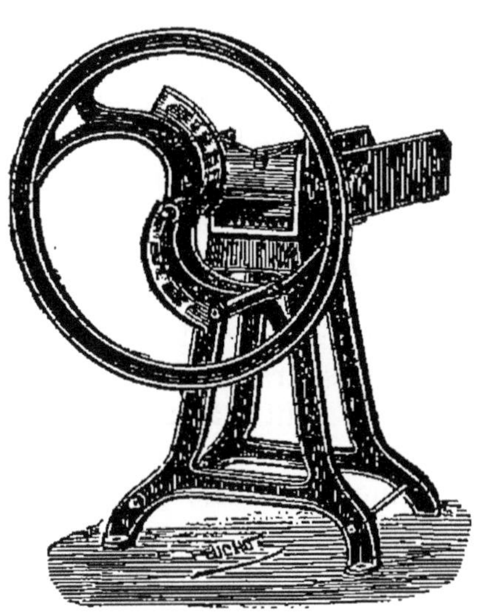

Fig. 54. — Hache-paille.

Ces instruments sont tous analogues : ils comprennent essentiellement une sorte de gouttière, qui reçoit le fourrage fibreux, et à l'extrémité antérieure de laquelle se trouvent deux rouleaux cannelés (cylindres entraîneurs) tournant en sens contraire, qui prennent et poussent la paille sous des couteaux à lame courbe, fixés sur les rayons d'un volant mû par une manivelle.

Souvent les cylindres entraîneurs peuvent tourner d'une façon discontinue, les tiges à couper restant immobiles pendant que la section s'effectue ; cet arrêt facilite le jeu des couteaux. Avec ce système, on peut aussi régler la coupe des fourrages à la dimension voulue.

En général, l'un des cylindres entraîneurs peut s'éloigner momentanément de l'autre, près duquel il n'est maintenu que par un contrepoids. Cette disposition, empêchant le *bourrage*, rend le travail plus facile et moins dangereux.

Broyeur d'ajoncs. — L'ajonc et certaines autres plantes ont besoin, pour être utilisés, non seulement d'un hachage, mais surtout d'un pilonnage, d'un broyage, qui ne laisse aucune épine.

Dans le *broyeur d'ajoncs*, les deux opérations, broyage et hachage se font en même temps. Le broyage s'accomplit entre deux cylindres, l'un à surface lisse, l'autre à surface cannelée ou dentée, qui ne tournent pas avec la même vitesse; l'ajonc, en passant entre ces cylindres, est dépouillé de ses épines; il est ensuite haché par des couteaux disposés en hélice sur un tambour.

Brise-tourteaux. — Le concassage des tourteaux, toujours utile lorsqu'on les emploie à l'alimentation du bétail, s'effectue au moyen du *brise-tourteaux*, formé d'une trémie, à la partie inférieure de laquelle se trouvent deux cylindres portant sur leur surface de petites pyramides quadrangulaires; ils tournent en sens contraire avec la même vitesse et peuvent s'écarter plus ou moins l'un de l'autre.

Si cependant l'on dispose, par exemple, d'une meule à huile, il est préférable de s'en servir pour réduire les tourteaux en poudre : les mélanges ultérieurs sont ainsi plus intimes.

Aplatisseurs et concasseurs. — Les *aplatisseurs* et les *concasseurs de grains* sont également constitués par deux cylindres lisses ou cannelés, de diamètre différent ou d'égal diamètre, suivant qu'il s'agit d'aplatisseurs ou de concasseurs, et qui peuvent s'éloigner l'un de l'autre à la distance voulue. Le grain arrive en quantité convenable entre ces deux cylindres, grâce à un petit rouleau cannelé placé à la partie inférieure de la trémie qui le reçoit.

Certains concasseurs disposés différemment sont dits *à plateaux* : les deux cylindres y sont remplacés par deux plateaux d'acier, dont l'une des faces est striée. Ils sont montés suivant un même axe, les deux faces striées se trouvant en regard l'une de l'autre. Un seul de ces plateaux est mobile.

L'*aplatissage*, comme on peut le voir en examinant les instruments qui l'effectuent, diffère du *concassage* en ce qu'il ne divise pas le grain en fragments, mais le fait éclater et sert simplement à mettre l'amande farineuse à découvert, la rendant ainsi plus facilement attaquable.

CHAPITRE XLI.

DISTRIBUTION DES ALIMENTS. CONDIMENTS. ABREUVEMENT.

DISTRIBUTION DES ALIMENTS : Régularité des repas. — Nombre de repas. — Ordre des aliments dans chaque repas. — Changements de régime.
CONDIMENTS : Condiments acidulés, toniques, excitants. — Sel.
ABREUVEMENT : Eau potable. — Origine des eaux potables. — Amélioration des eaux. — Température des boissons. — Quantité d'eau nécessaire.

DISTRIBUTION DES ALIMENTS.

Régularité des repas. — Ce qu'il importe surtout d'observer dans la distribution des aliments aux animaux domestiques, c'est une *régularité* absolue, non pas seulement quant à l'heure des repas, mais même quant à l'ordre dans lequel sont donnés les différents aliments qui composent chacun de ces repas.

L'herbivore souffre beaucoup plus de la faim que l'homme, qui se base souvent,en pareille circonstance,sur son appréciation personnelle. L'animal affamé s'agite, gratte le sol; dès qu'on lui présente la nourriture, il se jette avidement dessus, la laisse à peine sous ses dents et, par suite, digère mal. L'influence exercée sur la santé par une distribution régulière des repas est beaucoup plus grande qu'on ne le croit généralement dans les campagnes.

Nombre de repas. — Le nombre des repas peut varier suivant que l'on a affaire à un animal monogastrique, comme le cheval (c'est-à-dire n'ayant qu'une seule poche stomacale) ou à un ruminant (polygastrique, c'est-à-dire ayant plusieurs poches stomacales). Les chevaux doivent recevoir quatre ou cinq repas, toutes les fois que cela est compatible avec le genre de travail qu'ils fournissent; on leur en donne quelquefois trois seulement; certaines compagnies de transports, au contraire, vont jusqu'à six distributions; les chevaux de l'armée reçoivent leur ration en cinq repas.

Les bœufs de travail absorbent leur nourriture journalière le plus souvent en trois fois : un repas leur est donné le matin avant le travail, un autre vers le milieu de la journée (on leur laisse suffisamment de temps pour qu'ils puissent commencer à ruminer); enfin, le soir, au retour des champs, ils font leur troisième repas. On les conduit, en outre, avantageusement au pâturage pendant la belle saison.

Ordre des aliments dans chaque repas. — Quant à l'ordre respectif des aliments dans chaque repas, il varie suivant les circonstances. Tout d'abord il peut arriver que les différents aliments soient mélangés un certain temps à l'avance. Les trois repas sont alors évidemment uniformes comme composition. Cette pratique, usitée surtout dans le Nord, facilite la distribution des aliments ; mais elle offre quelques inconvénients, en ce sens que les animaux qu'on engraisse sont plus facilement rassasiés.

Lorsqu'on a affaire à plusieurs aliments, et qu'il s'agit d'animaux à l'engrais, on doit toujours donner, en premier lieu, l'aliment qui est le moins goûté de l'animal, afin qu'il l'utilise complètement; c'est ensuite seulement qu'on lui sert l'aliment qu'il apprécie le plus, afin de l'engager à manger toute sa ration avec appétit. D'ailleurs, on doit procéder ainsi pour les différentes périodes de l'engraissement : au début, on donne également les aliments les moins riches, puis peu à peu les aliments à relation nutritive plus élevée.

Les animaux de trait reçoivent souvent l'aliment de force dans les repas qui précèdent le travail. Les chevaux, par exemple, prennent l'avoine, l'orge, etc., à ces repas; ils ne sont pas alors troublés dans leurs divers mouvements et dans la respiration par un aliment de gros volume et de digestion lente ou difficile; de plus, ils trouvent dans ces aliments concentrés les éléments nécessaires à leur activité. On réserve le foin pour le repas du matin, qui doit être ingéré assez tôt pour que la digestion soit en partie faite avant le départ, au moment où on donne l'avoine; on distribue les racines (carottes, navets, etc.) et la paille le soir au retour, car les solipèdes dorment peu et prolongent leur repas dans la nuit aussi longtemps qu'il est désirable. Il est bon de ne pas perdre de vue qu'il convient d'augmenter la ration la veille d'une journée de surmenage.

Il importe de laisser les animaux tranquilles lorsqu'ils

mangent; dans quelques régions cette quiétude est poussée à l'extrême, et l'on s'en trouve bien.

Changements de régime. — Dans certaines circonstances, les ressources fourragères peuvent être brusquement plus abondantes ou plus rares; on a parfois intérêt à remplacer un ou plusieurs aliments par d'autres.

Lorsqu'il prévoit une pénurie de fourrages pendant un temps assez long, il est de l'avantage du cultivateur de se défaire, au moment propice, de quelques animaux, plutôt que de faire souffrir de la disette l'ensemble de son bétail.

Dans tous les cas, qu'il s'agisse d'une simple substitution alimentaire qui conserve à la nouvelle ration la relation nutritive déjà établie pour la précédente, ou qu'il soit nécessaire de donner plus abondamment la nourriture, il convient de procéder à ces changements avec beaucoup de prudence, sous peine de voir, même dans la dernière hypothèse, les animaux perdre de leur poids ou rester stationnaires pendant une certaine période avant de profiter du gain alimentaire qui peut leur être fourni.

Le temps est un des facteurs indispensables de tout changement de régime, de toute substitution alimentaire qu'on veut rendre économique dans les circonstances ordinaires. C'est à l'agriculteur de juger des ressources fourragères dont il pourra disposer, et de faire graduellement, en s'y prenant assez tôt, les modifications qu'il croit nécessaires.

Condiments.

Le mot *condiment,* dans son acception habituelle, s'entend d'une substance qui, donnée en faible quantité, agit favorablement sur la nutrition de l'animal et augmente dans une certaine mesure la digestibilité des fourrages qu'il absorbe.

Grâce aux condiments, les fourrages insipides ou de mauvais goût peuvent être acceptés par le bétail; certains aliments s'améliorent; enfin il est possible, avec leur aide, d'augmenter, lorsque cela est nécessaire, la quantité de nourriture qu'un animal absorbe en moyenne; car les muqueuses digestives sécrètent plus abondamment lorsqu'elles sont stimulées par ces substances.

Dans certains cas, par conséquent, les condiments aident à faire fonctionner la machine animale ou quelques-unes de ses parties plus activement que ne le comporte son organisation (en quelque sorte, sous une pression trop élevée) : leur action peut donc être nuisible au point de vue de la durée de l'existence et de l'état physiologique de l'animal; mais elle est éminemment utile au point de vue économique, et c'est ce qui justifie l'emploi des condiments dans ces cas particuliers.

A côté des substances condimentaires agissant directement sur l'organisme, il existe des condiments d'un ordre différent, mais qui influent également sur la digestion de l'animal, quoique d'une façon détournée. Ce sont, on pourrait dire, des condiments d'ordre moral, tels que la tranquillité laissée à l'animal pendant ses repas, les bons soins qui lui sont donnés, la propreté des écuries et des étables, etc.

Condiments acidulés, toniques, excitants. — On divise les condiments en acidulés ou rafraîchissants, en amers ou toniques, en aromatiques ou excitants. En dehors de cette division se placent des condiments tels que le chlorure de sodium ou sel marin, les sels alcalins, etc.

Parmi les *condiments acidulés* ou *rafraîchissants*, ainsi appelés parce qu'ils semblent diminuer l'énergie vitale, on peut citer les différentes espèces d'oseille, les jeunes pousses de vigne, le vinaigre ou l'acide sulfurique, qui, très étendu d'eau (à 2 pour 1 000), peut en tenir lieu.

Les *toniques* augmentent la contractilité des tissus ainsi que les forces de l'économie; nuisibles aux animaux déjà vigoureux, ils conviennent aux reproducteurs et aux bêtes affaiblies; les plus employés sont le gland, le marron d'Inde, les baies de genièvre, les écorces de chêne, de saule, le lierre grimpant, les potentilles, les benoîtes, la piloselle, qui améliorent la qualité des fourrages à ce point de vue. Parmi les minéraux, on peut, par exemple, donner le sulfate de fer en solution, à la dose maxima de 5 à 6 grammes pour 10 litres d'eau.

Les *excitants* activent les fonctions de nutrition; mais il ne faut en faire usage que quand l'alimentation est abondante; on peut également les employer pour stimuler la digestion des tubercules, des racines cuites, des farineux.

Les plantes excitantes que renferment les pâturages font surtout partie des familles des Ombellifères, des Labiées, des Crucifères.

Les liqueurs alcooliques étendues d'eau : le vin, la bière, le cidre, le poiré, les alcools et leurs dérivés, qui se trouvent dans les aliments fermentés, peuvent encore à bon droit être classés parmi ces condiments.

Sel. — Le *sel* a un rôle évidemment complexe; ce qu'il nous importe de faire observer, c'est qu'il est indispensable à tout animal qui n'en trouve pas suffisamment dans les fourrages. Il peut être envisagé comme *aliment* véritable, puisqu'il concourt à la formation des tissus; c'est un agent *conservateur* des matières organiques en général; c'est aussi un condiment *excitant* de premier ordre; les animaux en sont le plus souvent très friands, et l'on peut s'en servir pour les rendre dociles.

Il est important de ne pas donner le sel à trop haute dose. Quand on l'emploie de telle façon que les animaux l'aient à discrétion, ils en absorbent rarement en surabondance; au contraire, s'ils lèchent les murs, s'ils boivent peu, il faut augmenter la dose de sel, car ce sont autant de preuves qu'on le leur mesure alors avec trop de parcimonie.

Abreuvement.

Eau potable. — Il existe toujours dans l'organisme une quantité d'eau qui ne peut varier dans des limites bien étendues sans amener des troubles graves. Il faut donc subvenir journellement aux pertes qui résultent des diverses sécrétions et excrétions. Or, l'eau contenue dans les aliments ne répare, dans la plupart des cas, qu'une partie de ces pertes : il est nécessaire de lui adjoindre en nature une certaine quantité d'eau, qui constitue la *boisson* de l'animal domestique. Toute eau considérée comme *potable*, c'est-à-dire pouvant être prise avantageusement en boisson, présente généralement les caractères suivants : elle est limpide, sans odeur, d'une saveur agréable et très faible, ne se trouble pas par l'ébullition; elle renferme de l'air en dissolution (de 30 à 50 centimètres cubes par litre), dissout le savon sans former de grumeaux et ne contient qu'une petite quantité de matières minérales (moins de 50 centigrammes par litre); elle cuit facilement les légumes, et la proportion des matières organiques n'y dépasse pas un milligramme par litre. On doit, bien entendu, rejeter les eaux suspectes de contenir des germes de maladies.

Origine des eaux potables. — Le plus souvent les *eaux de pluie* peuvent être absorbées sans aucun danger, surtout si on laisse de côté celles qui tombent au commencement de chaque pluie et recueillent les impuretés en suspension dans l'atmosphère. Il en est de même des *eaux de ruisseaux*, de *rivières* ou de *fleuves*, pourvu qu'elles ne soient pas stagnantes et ne se trouvent pas souillées par les résidus d'usines ou bien par des égouts de villes.

Les *puits* fournissent des eaux dont la qualité dépend surtout du terrain dans lequel ils sont creusés. C'est ainsi qu'en certains endroits de Paris, les puits contiennent près de 1 gramme 50 de plâtre par litre; en outre, des matières organiques parfois infectieuses pénètrent dans ces puits par infiltration; ce peut être une cause d'épidémie.

Les *mares*, les *étangs*, donnent de l'eau toujours chargée d'impuretés, même lorsqu'elle ne provient que de la pluie. Cependant, en automne et en hiver, le bétail la boit volontiers, sans qu'elle détermine d'accidents; en été, il n'en est pas toujours de même, l'évaporation réduisant le volume de l'eau, qui s'échauffe et se charge de matières putrescibles.

En outre, certains parasites, quelquefois très petits, à l'état larvaire, peuvent s'introduire dans l'organisme des animaux qui absorbent de ces eaux.

Il y a donc avantage à creuser assez profondément les mares, afin d'augmenter le volume de l'eau proportionnellement à la surface d'évaporation. Il est bon également de les curer de temps à autre.

Les *eaux de sources* passent à tort pour les meilleures de toutes; il en est qui sont impropres à la boisson, parce qu'elles contiennent trop de substances minérales. Leur composition varie suivant les matières qu'elles dissolvent en traversant le sol. Elles sont meilleures à quelque distance de leur point d'émergence; car elles ont eu le temps de se saturer d'air et de déposer l'excès des substances minérales qu'elles renfermaient.

Amélioration des eaux. — On peut corriger les défauts de certaines eaux. Celles qui contiennent, par exemple, des bicarbonates de chaux et de magnésie abandonnent ces sels à l'état de carbonates lorsqu'on les fait passer sur de la chaux éteinte; celles qui renferment du plâtre le laissent se déposer à l'état de carbonate insoluble quand on y jette une petite quantité de carbonate de soude. Il ne faut pas abuser de ce moyen; car le sulfate de soude formé, qui reste dans l'eau, pourrait devenir nuisible.

Enfin, les eaux limoneuses se purifient bien par le repos suivi de la *filtration*.

Toutes les fois que cela est utile, on doit filtrer les eaux destinées à la boisson des animaux. Lorsqu'elles ne contiennent pas de matières organiques, cette opération peut s'effectuer sur des filtres en grès. Dans le cas contraire, on emploierait avantageusement le *filtre à charbon de bois*. On place dans un tonneau à double fond des couches superposées de sable, de charbon de bois et de gravier; les eaux qui s'écoulent à la partie inférieure ont abandonné en grande partie les gaz odorants et les matières organiques qu'elles possédaient. Le filtre en terre poreuse (filtre Pasteur), excellent pour les usages domestiques, est difficilement utilisable ici à cause de son faible débit.

Température des boissons. — La température de l'eau donnée comme boisson ne doit être ni trop élevée ni trop basse; il est bon qu'elle se trouve comprise entre 10 et 15° centigrades; les boissons froides, de même que les boissons trop chaudes, sont d'un mauvais effet sur le tube digestif, et, par conséquent, ne permettent pas l'utilisation complète des aliments; en outre, les boissons froides empruntent à l'organisme une certaine quantité de chaleur, pour s'élever elles-mêmes à la température du corps.

L'usage des *boissons tièdes*, accusant une température de 25 à 35°, a été préconisé : il est surtout avantageux pour les vaches laitières, et d'autant plus que la saison est plus froide. Différentes expériences, très concluantes, ont montré que le rendement en lait pouvait, dans ce cas, s'élever d'un tiers en plus de ce qu'il aurait été si les animaux avaient bu des liquides froids.

C'est donc une bonne pratique que de faire séjourner l'eau froide dans les étables un certain temps avant de l'utiliser comme boisson.

Quantité d'eau nécessaire. — La quantité d'eau à donner journellement à chaque animal varie beaucoup. Sauf dans des cas particuliers, — lorsqu'il s'agit de vaches laitières par exemple, — il convient d'accoutumer les animaux à boire relativement peu; car ceux qui boivent trop sont mous; l'eau qu'ils prennent en grande abondance s'élimine en partie par la peau et provoque des sueurs, qui entraînent au dehors des matières salines, azotées ou carbonées.

Les chevaux de forte taille doivent recevoir en moyenne de 20 à 24 litres d'eau par jour; quelques-uns en absorbent jusqu'à 45 litres. Les chevaux de petite taille, appartenant aux races du Midi, n'en demandent que de 14 à 18 litres.

La nature plus ou moins aqueuse des aliments, la température, le climat, font varier la quantité d'eau qu'il importe de mettre à la disposition des animaux. On peut cependant prendre comme guide, sans y voir rien d'absolu, cette règle formulée par M. Colin : « Il faut, avec chaque kilogramme d'aliment supposé sec, de deux à trois kilogrammes d'eau au mouton et au cheval, de quatre à cinq au bœuf, de cinq à six à la vache, et de sept à huit au porc. » On obtient ainsi facilement la quantité totale d'eau qu'il est nécessaire de retrouver dans les aliments et dans les boissons.

Dans la pratique, on fait boire les animaux régulièrement à des heures déterminées, deux fois par jour en hiver, trois fois en été. Il faut se rappeler que les boissons doivent, autant que possible, être prises souvent et en petite quantité. On évite de faire boire immédiatement après la distribution des grains, afin que ceux-ci ne se trouvent pas entraînés en partie hors de l'estomac avant d'avoir été attaqués par le suc digestif de cet organe.

Dans certaines bonnes fermes, les animaux, surtout les vaches laitières et les bêtes à l'engrais, ont toujours de l'eau à leur disposition.

CHAPITRE XLII.

Stabulation. — Pâturage. — Estivage. Hivernage. — Transhumance. — Vaine pâture. Parcours.

Stabulation. — On dit que des animaux sont en *stabulation permanente* lorsqu'on les maintient constamment à l'étable.

Ce régime, qu'on peut leur faire suivre avec profit à certaines époques de l'année, ou lorsqu'on a en vue un but spécial, tel que l'engraissement, ne doit pas être généralisé. Outre qu'il est plus dispendieux que le régime du pâturage, il diminue la rusticité, la vigueur physiologique des animaux qu'on y soumet : c'est ainsi que partout où les herbages font défaut, il ne serait pas rationnel de se livrer à la production et à l'élevage des jeunes.

On associe donc presque toujours la stabulation et le pâturage dans l'entretien du bétail. En hiver, par exemple, les animaux sont maintenus à l'étable, tandis que du printemps à l'automne, on les met *au vert*. La méthode d'entretien peut, du reste, varier beaucoup avec le but que l'on poursuit, la nature des services qu'on demande aux animaux, le climat et l'étendue des pâturages dont on dispose.

Pâturage. — Les termes de *pâture*, *pâturage*, *herbage*, s'appliquent à des prés ou prairies naturelles qui, au lieu d'être fauchés, sont soumis à la *dépaissance*. Celui de *pacage* est réservé aux surfaces engazonnées, plus pauvres que les précédentes, situées à des altitudes variables, et qui prennent, suivant les régions, les noms d'*alpages*, de *montagnes*, de *causses*, etc.

Tous les herbages ne conviennent pas à tous les animaux et ne répondent pas à tous les buts.

On calcule qu'en moyenne il faut de 5 à 6 kilogrammes d'herbe verte par jour pour chaque quintal de poids vif; mais ce n'est là qu'une donnée approximative.

Si l'on fait pâturer les animaux librement, ce qui est parfois nécessaire, ils peuvent prendre de l'exercice et s'en trouvent généralement mieux; mais il importe de régler, autant que possible, la consommation des herbes, de façon que les différentes parties du pâturage soient tondues uniformément, qu'elles ne se trouvent pas toutes à la fois piétinées, et qu'enfin certaines plantes laissées de côté ne puissent durcir et s'épuiser par la production de graines.

De là, deux modes de procéder : dans le premier, on divise le pâturage en un certain nombre d'enclos, au moyen de haies ou de *clôtures mobiles*, et l'on fait séjourner le bétail successivement dans chacun d'eux. On peut encore, pour le gros bétail, employer le système du pâturage *au piquet*, dans lequel l'animal, attaché à un fort piquet planté dans le sol, tond la surface du cercle qu'il peut décrire avec sa longe. Il est facile, par ce moyen, de se rendre compte de ce qu'il mange et aussi de limiter la quantité de nourriture qu'il doit absorber. Pour éviter qu'il ne s'embarrasse dans la corde qui le retient, on attache, au milieu de celle-ci, un fort bâton de 1 mètre environ de longueur.

Les Équidés et les Ovidés coupent l'herbe plus près de terre que les Bovidés : aussi peut-on faire pâturer à ceux-là des herbes que ceux-ci ont déjà coupées ou des pacages sur lesquels ils ne trouveraient rien; les moutons, sous ce rapport, se montrent très peu exigeants. Lorsqu'on met ensemble les diverses espèces d'animaux domestiques, chevaux, bœufs et moutons, il convient de ne placer qu'un cheval et deux ou trois moutons pour une quinzaine de têtes bovines, si l'on veut que tous profitent : les premiers tondent ce que les autres laissent. C'est la pratique suivie en Normandie.

Nous reparlerons des pâturages suivant leur destination aux chapitres de l'engraissement et de la production du lait.

Estivage. Hivernage. — Dans le centre, l'est et le midi de la France se trouvent des montagnes dont la partie située au-dessous des neiges est couverte de pâtures. Dès que l'herbe pousse sur ces *alpages* ou *montagnes*, on y mène le bétail, qui vient de passer l'hiver dans la plaine. C'est vers le mois de mai, en général, que se fait la *montée*. On enferme les animaux en nombre et en espèce déterminés dans des parcs entourés de barrières solides, et où l'on établit des abris. Ces parcs sont déplacés suivant les besoins, afin de fertiliser les places sur lesquelles on veut obtenir de meilleurs fourrages. Ils peuvent se trouver à des altitudes différentes, et, dans ce cas, on échelonne le bétail de la manière suivante : dans les parties les plus basses on met les vaches et les juments; les poulains et les bouvillons viennent ensuite; enfin les moutons et les chèvres occupent les endroits les moins accessibles. On monte au fur et à mesure de la fonte des neiges. Généralement, au milieu de ces pâturages se trouvent, en Auvergne, des *burons*, simples huttes en terre, où se fait le fromage du Cantal, et où s'abritent les vachers; en Suisse, des *chalets,* mieux aménagés, plus propres et composés le plus souvent d'une fromagerie de Gruyère, d'une étable, du logement des pâtres et de toits pour les porcs, qui consomment les résidus.

Les vaches de la montagne ont presque toujours pendue au cou une clochette, dont le son signale leur présence : l'une d'elles sert de conductrice.

Dès que les mauvais jours apparaissent, vers les mois de septembre, octobre, le bétail redescend et reste dans les étables pendant les froids, pour remonter au mois de mai suivant.

Transhumance. — On entend par *transhumance* l'émigration des troupeaux de moutons, qui se fait, pour l'été, de la plaine vers la montagne, et, dès la mauvaise saison, de la montagne vers la plaine. Elle est en usage surtout dans le sud de la France, en Espagne, en Italie. Le voyage qu'accomplissent les moutons ainsi déplacés peut durer plusieurs semaines ; ils trouvent à la montagne un régime relativement abondant, eu égard aux plaines desséchées qu'ils viennent de quitter. Le pâturage y coûte tant par tête pour toute la saison d'été. Les plaines de la Camargue et de la Crau envoient leurs moutons sur les Alpes. En Languedoc et en Provence, on rencontre même des troupeaux complètement nomades, pour lesquels les bergers louent alternativement les pâturages de plaine et de montagne qu'ils trouvent à leur convenance.

Vaine pâture. Parcours. — Le droit de *vaine pâture* consacre encore, pour certaines communes et sous certaines conditions déterminées par la loi du 9 juillet 1889, la possibilité de faire paître en commun les animaux du village sur les champs ouverts et non ensemencés, sur les landes communales.

En ce qui concerne les prairies naturelles ou artificielles, la suppression de ce droit est absolue.

La loi antérieure du 28 septembre-6 octobre 1791 donnait une latitude beaucoup plus grande à la vaine pâture. La lo du 9 juillet réclame une entente préalable entre les propriétaires.

Le gros bétail, toujours conduit trop nombreux aux champs, lorsqu'on le fait jouir de ce privilège, n'y trouve qu'une nourriture insuffisante; la vaine pâture est, d'ailleurs, un obstacle au progrès agricole, et elle ne saurait subsister longtemps.

Le droit de *parcours*, qui permettait aux cultivateurs d'une commune donnée de conduire leurs animaux sur les terres incultes des communes voisines, a été aboli par la même loi du 9 juillet 1889.

CHAPITRE XLIII.

PRODUCTION DU LAIT.

DU LAIT. — Sécrétion du lait. Glandes mammaires. — Influence de l'alimentation sur la sécrétion du lait. — Composition du lait. — Altérations du lait.

CHOIX DES BÊTES LAITIÈRES. — Influence de la race. — Caractères généraux de la bête laitière. — Caractères laitiers proprement dits; mamelle ou pis. — Écusson. Epis. Système Guénon. — Veines mammaires.

Signes beurriers.

ALIMENTATION DE LA BÊTE LAITIÈRE. — Entretien au pâturage. — Entretien en stabulation. — Boissons.

DU LAIT.

Secrétion du lait. Glandes mammaires. — On sait que les glandes mammaires, rudimentaires pendant le jeune âge, se développent à l'époque où l'animal devient apte à la reproduction, qu'elles sécrètent du lait pour la nourriture des jeunes, lors de la mise bas, et qu'elles sont particulièrement soumises à l'influence de l'exercice. (Voir, ch. XLVII, le paragraphe *Gymnastique de la lactation.*)

La jument, l'ânesse, la vache, la brebis, la chèvre, ont des mamelles dites *inguinales*, c'est-à-dire placées dans les aines; la truie, la chienne, la lapine, en ont d'inguinales, de *ventrales* ou *abdominales*, et parfois de *pectorales*. Dans le premier groupe, les mamelles se composent de deux masses semi-globuleuses, portant au centre un prolongement appelé *mamelon*, *trayon* ou *tétine*, par lequel s'écoule le lait.

Chez la vache, ces deux masses primitives se dédoublent par une cloison transversale et forment quatre quartiers, munis chacun, en général, d'un seul trayon.

Le nombre des mamelles de la truie peut varier de 10 à 15; la chienne en possède 10, et la chatte 8.

Les éléments constitutifs des glandes mammaires consistent en petites vésicules sphériques dites *vésicules lactifères*, qui sont le siège de l'élaboration du lait. Ces vésicules, agglomérées par masses en lobules, enveloppent les ramifications des vaisseaux excréteurs, lesquels prennent leur origine dans les cavités des vésicules. Les lobules sont, à leur tour, réunis en lobes, qui communiquent avec une sorte de réservoir appelé *sinus galactophore* ou *citerne du lait*, situé à la partie supérieure de chaque trayon.

Chez la jument, la disposition est un peu différente; il existe plusieurs citernes du lait, et le trayon est percé de deux ou trois ouvertures. Chez la truie et la chienne, on ne rencontre pas ces réservoirs; il y a de 5 à 10 ouvertures à l'extrémité de chaque trayon; chez la brebis et la chèvre, on n'en trouve qu'une seule, comme chez la vache.

Le mécanisme de la sécrétion laitière est encore mal connu; on admet que le lait se forme par une sorte d'exsudation du sang, ou bien qu'il est le produit de la décomposition des glandes lactifères avec dégénérescence graisseuse. Quoi qu'il en soit, pendant la période de la lactation, cette sécrétion est continue; mais c'est surtout au moment de la traite ou *mulsion* qu'elle acquiert son maximum d'énergie.

Influence de l'alimentation sur la sécrétion du lait. — De toutes les expériences qui ont été tentées en vue de modifier par l'alimentation la composition chimique du lait, on peut conclure que celle-ci est assez difficilement influencée, et que la qualité d'un lait dépend, avant tout, de l'individualité et de la race de la femelle laitière. Cependant, la teneur et surtout la composition de la matière grasse du lait sont, en partie, soumises à l'action des aliments.

La mamelle sert de voie d'élimination à certaines substances, qui donnent au lait une odeur ou une saveur spéciale, quelquefois très appréciée; on obtient des laits médicamenteux en faisant absorber aux bêtes des iodures, des chlorures ou des bromures, par exemple.

Si la qualité du lait, au point de vue de sa composition chimique, varie peu avec le rationnement, il n'en est pas de même de la quantité, sur laquelle l'action de l'homme est puissante. Elle peut être considérablement élevée : 1° en agissant directement sur la mamelle par un exercice convenablement réglé; 2° en dirigeant judicieusement l'alimentation.

Composition du lait. — Le lait est un liquide opalin, blanc, de saveur douceâtre, qui possède, dans la série animale, un ensemble de caractères physiques et chimiques assez uniformes.

Le lait de vache a pour densité moyenne de 1,029 à 1,033; celui de brebis de 1,035 à 1,041.

A sa sortie du pis, le lait est neutre, il rougit le papier bleu et bleuit le papier rouge de tournesol; il est constitué par de l'eau, de la caséine, du beurre, du lactose ou sucre de lait et des matières minérales. Le beurre, les phosphates et quelque peu de caséine se trouvent en suspension dans le lait; les autres substances sont en solution dans l'eau qui forme la masse de ce liquide.

Voici la composition moyenne de différents laits :

ORIGINE.	Eau.	Caséine.	Beurre.	Lactose.	Albumine.	Matières minérales.
	Pour 100	Pour 100	Pour 100	Pour 100	Pour 100	Pour 100
Vache	87.75	3	3.30	4.80	0.4	0.75
Chèvre. . . .	85.5	3.8	4.8	4	1.2	0.7
Brebis	83	4.6	5.3	4.6	1.7	0.8
Jument. . . .	92.3	1.2	0.6	4.8	0.7	0.4

Il y a dans le lait, suivant les races et les individus, des écarts de constitution, qui, pour la vache, par exemple, donnent :

	Minima.			Maxima.	
	—			—	
Eau.	86.00	pour 100	à	90.00	pour 100
Caséine.	1.90	—		4.3	—
Beurre.	1.50	—		5.50	—
Lactose.	3.	—		5.50	—
Matières minérales.	0.65	—		1.	—

Le lait obtenu aux divers moments de la traite n'a pas une composition identique; la proportion de matières grasses et la quantité totale de substances solides croissent du commencement à la fin; il y a donc nécessité de traire toujours les vaches *à fond*, afin d'augmenter non seulement la quantité, mais surtout la qualité du lait. Les différentes traites d'une même journée ne sont pas également riches en beurre.

Altérations du lait. — Le lait, par sa composition complexe et sa richesse en matières fermentescibles, constitue un liquide éminemment altérable. Il sert d'excellent milieu de culture à de nombreux êtres microscopiques d'ordre inférieur, qui parfois le modifient profondément.

Les altérations du lait peuvent s'effectuer dans l'organisme de la bête laitière : c'est ainsi qu'on a des laits odorants, médicamenteux, sanguinolents, caillebotés, graveleux, colorés, virulents. Elles peuvent encore se produire indifféremment dans l'organisme ou au dehors, et donner les laits visqueux, amers, acides, incoagulables, inbarattables. Enfin les laits putrides, bleus, rouges, jaunes, proviennent d'altérations toujours postérieures à la sortie du lait de la mamelle.

Il y a lieu, pour éviter ces accidents préjudiciables, d'apporter dans toutes les manipulations la plus extrême propreté, de mettre à part tout lait suspect, d'écarter les animaux malades, et de ne pas donner aux bêtes un fourrage renfermant des plantes qui peuvent nuire à la qualité du lait, telles que l'ail des ours (*Allium ursinum*), la buglosse (*Anchusa Italica*), la grassette (*Pinguicula vulgaris*), etc.

Choix des bêtes laitières.

Influence de la race. — Nous avons vu que la sécrétion lactée est surtout sous la dépendance de la race et de l'individualité. Il y a certes de bonnes et de mauvaises laitières dans toutes les races; mais il est des races franchement laitières et d'autres qui le sont peu, comme le montre le tableau suivant, que nous empruntons à M. Ch. Cornevin, et qui donne les rendements annuels moyens d'un certain nombre d'entre elles :

Race Hollandaise.	3 400	litres.	Race Jersiaise. . .	2 200	litres.
— Flamande. .	3 100	—	— Auvergnate.	2 000	—
— Schwitz. . .	2 800	—	— Tarentaise. .	1 900	—
— Cotentine. .	2 700	—	— Bretonne. . .	1 600	—
— Fribourg[se]. .	2 400	—	— Limousine. .	1 500	—

Ces chiffres ont été parfois de beaucoup dépassés; dans bien des cas, au contraire, on en observe de très inférieurs.

Il est souvent avantageux, lorsqu'on a des ressources fourragères abondantes, de prendre, dans une même race, à égalité d'aptitude individuelle, les sujets de plus grande taille; mais c'est, avant tout, une affaire de milieu.

Les races qui donnent la quantité de lait maxima ne sont pas également beurrières; parmi celles qui le sont le plus, il convient de placer, en premier lieu, la race jersiaise, qui, avec 15-17 litres de lait, fournit 1 kilog. de beurre; puis la race bretonne, la race cotentine, la race flamande. Avec certaines races, telles que la hollandaise, il faut environ 40 litres de lait pour faire un kilog. de beurre.

La coloration, la saveur, la fermeté du beurre, la proportion du sucre de lait varient avec la race considérée.

La durée de la lactation peut s'étendre beaucoup ou bien, au contraire, rester très courte : c'est ainsi que certaines vaches donnent une proportion élevée de lait aussitôt après la mise bas, mais elles tarissent au bout de six mois. Les vaches normandes conservent leur lait jusqu'à un nouveau vêlage, si l'on juge à propos de les maintenir en lactation.

On peut diviser la durée de la lactation en trois ou en quatre périodes, suivant qu'on a affaire à une vache tarissant assez rapidement ou bien à une bête dont la lactation se prolonge. La décroissance ne se fait pas régulièrement; il y a des baisses relativement brusques dans le rendement, qui délimitent ces périodes.

Caractères généraux de la bête laitière. — Dans l'appréciation des caractères laitiers, nous examinerons : l'apparence extérieure et l'état physiologique général de l'animal, — la conformation des organes lactifères, — enfin les signes qui permettent de préjuger de l'intensité fonctionnelle de ces organes.

L'aspect d'un animal laitier doit être essentiellement féminin, l'ossature aussi fine que possible, la tête légère, sèche et déliée, tendant plutôt à s'allonger en s'amincissant qu'à s'élargir, surtout dans la région des cornes. La peau, par rapport à celle des autres animaux de la même race, sera d'une texture serrée et assez ferme, mais souple, couverte de poils fins, sans apparence de poils grossiers, sur toute sa surface; les cornes effilées, les oreilles plutôt grandes que petites, transparentes et bien garnies de cérumen avec des poils intérieurs très abondants et soyeux. La physionomie, très douce, aura l'œil ouvert et calme. L'encolure, mince, paraîtra longue; la poitrine sera arrondie, à côtes arquées; la colonne vertébrale, droite, longue, large (elle est quelquefois un peu *ensellée*, c'est-à-dire déprimée, chez les bêtes qui ont eu plusieurs petits); le bassin aussi développé que possible : la longueur et la largeur des hanches et de la croupe donnent plus d'espace pour loger le pis. La queue, mince et terminée par un toupillon de poils fins et souples, descendra très bas. Il est utile de faire observer qu'une bête grasse peut avoir été ou peut redevenir bonne laitière; mais qu'elle ne l'est généralement pas au moment actuel.

L'état de santé se décèle par l'humidité du mufle, la souplesse ou l'onctuosité de la peau, le lustré du poil, la vivacité de l'œil, le rosé des muqueuses lorsqu'elles sont blondes, la régularité dans la respiration et la circulation, l'absence de toux, et enfin un large appétit. La période de rendement maximum pour une vache va de quatre à neuf ans; il sera bon d'en tenir compte.

La généalogie de la bête considérée est importante à connaître, la faculté laitière semblant au plus haut point héréditaire.

Caractères laitiers proprement dits. — Le pis doit être formé de quartiers amples et régulièrement placés, pendants, mais sans exagération. Plus il est volumineux, mieux cela vaut, parce que, plus il y a d'éléments glandulaires, plus la sécrétion est abondante, pourvu toutefois qu'on ne se trouve pas en présence d'un *pis charnu* (c'est-à-dire dans lequel le tissu cellulaire prédomine sur le tissu glandulaire proprement dit); d'un *pis gras*, qui se rencontre chez les femelles à embonpoint prononcé; d'un pis grossi momentanément par le vendeur, qui ne trait point la vache la veille et laisse s'amasser le lait, ou qui flagelle la mamelle de façon à attirer le sang à l'organe; enfin, d'un pis atteint de *mammite* (inflammation de la mamelle), se montrant alors douloureux à la pression.

Le meilleur indice du volume réel des éléments glandulaires du pis se tire de l'observation directe avant et après la traite. Avant, il devra être résistant à la pression et un peu distendu; puis mou, flasque et d'autant plus petit après.

La peau de la mamelle sera fine et souple, onctueuse au toucher et légèrement jaunâtre.

La grosseur des trayons n'est pas un signe certain; il

faut qu'ils soient réguliers, bien disposés et parallèles. Les trayons supplémentaires, au nombre de deux, de trois ou de quatre, sont d'un bon augure.

Écusson. Épis. Système Guénon. — On entend par *écusson* ou *gravure* la surface de la région comprise entre la vulve, les mamelles et les fesses, qui est recouverte d'un poil court, fin et clairsemé, dirigé de bas en haut et à contresens de celui des autres parties, formant, par suite, une sorte de crête là où il se rencontre avec le poil des régions voisines.

Cette surface ainsi délimitée se compose, en général, de deux parties, l'une inférieure dite *mammaire*, l'autre supérieure, pouvant manquer partiellement ou totalement, dite *périnéale*.

Un agriculteur et marchand de bétail des environs de Bordeaux, F. Guénon, a essayé de ranger les bêtes en classes, puis en ordres très nombreux, et d'indiquer le rendement en lait, à un demi-litre près, d'après la forme que possède l'écusson.

Suivant la figure de l'écusson, Guénon distinguait les *flandrines* (*fig.* 55), les *flandrines à gauche*, les *lisières*, les *courbelignes*, les *bicornes*, les *doubles lisières*, les *poitevines*,

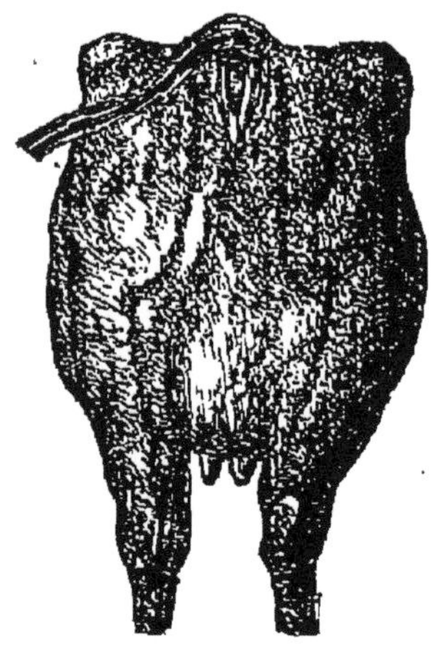

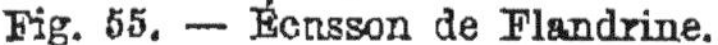

Fig. 55. — Écusson de Flandrine. Fig. 56. — Écusson de Carrésine.

les *équerrines*, les *limousines* et les *carrésines* (*fig.* 56), chacune de ces classes étant subdivisée en huit ordres.

D'une façon générale l'écusson est utile à examiner, parce

que son développement semble corrélatif de l'évolution mammaire, et que son étendue paraît dépendre de la surface même occupée intérieurement par les glandes; mais il ne suffit pas, à beaucoup près, pour juger une vache laitière, ainsi que les erreurs commises par Guénon lui-même l'ont démontré (152 erreurs notables sur 171 vaches, d'après Baudement). La forme de l'écusson a donc peu d'importance. S'il est très étendu sur la partie mammaire à défaut de la partie périnéale, qui peut manquer, on doit le considérer comme satisfaisant. En un mot, le développement de sa surface a seul de l'intérêt au point de vue qui nous occupe. Au reste, on rencontre des exceptions à cette règle : s'il est vrai qu'en général un écusson très étendu, un bel écusson, soit un signe laitier, il est également vrai que des vaches peu écussonnées peuvent être très bonnes laitières.

Les *épis* sont formés par de petits bouquets de poils couchés dans une direction différente de celle des poils avoisinants. Ils peuvent se trouver en divers points de la surface de l'écusson, mais ne semblent pas devoir attirer l'attention. Les vaches qui en portent sur la partie périnéale ont été classées par Guénon dans les *bâtardes* et considérées par lui comme mauvaises laitières.

Veines mammaires. — L'importance et l'activité physiologiques d'un organe sont liées dans une certaine mesure à son activité circulatoire, laquelle est décelée par le volume relatif que prennent les vaisseaux sanguins afférents à cet organe. Le volume des artères qui aboutissent à la mamelle ne peut s'apprécier, parce qu'elles sont situées trop profondément; mais les veines superficielles, abdominales ou mammaires, épimammaires et périnéales, fournissent de bons renseignements.

Les veines mammaires émergent du pis à droite et à gauche et serpentent sous le ventre, plongeant dans le tronc de l'animal, en arrière du sternum, par deux ou quatre ouvertures dites *fontaines du lait de dessous*. Il est important que toutes ces veines soient flexueuses, grosses, variqueuses même; qu'elles se voient aisément sur la mamelle. On peut estimer le diamètre des veines abdominales en introduisant le doigt dans l'une des fontaines du lait; — cela interrompt, d'ailleurs, la circulation dans la veine correspondante et en rend les ramifications plus apparentes.

Signes beurriers. — Il est presque toujours facile de rechercher directement le beurre dans le lait d'une bête soumise à un examen prolongé; mais, lorsqu'il s'agit d'acheter, sur un champ de foire par exemple, certains signes peuvent guider dans l'appréciation des qualités beurrières d'une vache.

Les glandes mammaires ne sont autre chose que d'énormes glandes sébacées; et, par suite, le fonctionnement des unes et des autres doit s'effectuer dans des conditions analogues, de sorte qu'une femelle saine dont les glandes sébacées seront développées, dont la peau, sur les parties peu ou point couvertes de poils, présentera une teinte jaunâtre (qualifiée d'*indienne* par Guénon), dont l'intérieur des oreilles sera bien garni de cerumen, et le pourtour des orifices naturels, ainsi que la surface du pis chargés de matières grasses, se montrera très probablement bonne beurrière. M. Renoult Lizot a reconnu que les vaches dont les papilles buccales situées à la face interne des joues sont grosses et aplaties donnent beaucoup de beurre, que celles à papilles rondes en donnent moins, et que les papilles pointues sont d'un mauvais augure.

Alimentation de la bête laitière.

Lorsqu'on exploite une femelle en vue de la production du lait, il y a toujours avantage à la nourrir très abondamment. Il faut qu'à chaque repas la bête soit rassasiée; il est très important de ne jamais diminuer la ration et de la conserver aussi uniforme que possible.

Entretien au pâturage. — Dans tous les pays de production laitière, beurrière ou fromagère, la vache est entretenue dans des herbages de plaine ou sur des pâturages de montagne. Les vaches cotentines, par exemple, restent presque constamment dans les prés; en hiver seulement, on leur donne une ration supplémentaire de foin. On les trait trois fois par jour; elles se montrent plus exigeantes que les bœufs : tandis que deux hectares de pré suffisent en moyenne à quatre bœufs, ils nourrissent seulement trois vaches.

Dans les régions montagneuses, on admet qu'un hectare d'alpe suffit à une vache laitière, mais cela est très variable.

La flore n'est pas sans influence sur le rendement et sur la qualité du lait ou du beurre qu'on obtient.

Lorsque le climat est rude, ou que les intempéries sont à craindre, on installe des abris pour les mauvais temps (hangars, chalets alpestres, burons auvergnats).

Il faut, autant que possible, éviter la fatigue aux bêtes laitières, et ne pas leur faire parcourir trop de chemin, lorsqu'on les ramène chaque soir à l'étable.

Entretien en stabulation. — La nature des fourrages, cultivés dans le but de compléter la ration des bêtes laitières qu'on entretient au pâturage, ou de former celle des vaches qu'on exploite en stabulation, est fort variable et dépend des localités, des terrains et aussi des coutumes.

Les céréales d'hiver, le seigle surtout, sont données seules ou mélangées avec la vesce. Le trèfle incarnat, assez peu estimé pour la production laitière, se montre précoce et n'occupe la terre que peu de temps; le trèfle ordinaire, la luzerne, le sainfoin, les choux, le maïs semé dru, le millet, le sorgho, le sarrasin, viennent ensuite.

Les choux fourragers et les panais sont fréquemment utilisés dans l'Ouest, les betteraves dans le Nord et dans l'Est, les choux-raves et les raves dans le Centre, les fruits des Cucurbitacées dans le Sud-Ouest et le Midi. Les feuilles des betteraves, de la vigne, du mûrier, de l'orme, du frêne, du chêne, de l'acacia, du tilleul, etc., sont également employées.

En Angleterre, dans les fermes laitières, on cultive simultanément les betteraves, les choux fourragers, les turneps, l'orge et l'avoine. Avec ces aliments et l'herbe ou le foin des prairies naturelles, on donne généralement des tourteaux de coton décortiqué, quelquefois de la farine de maïs.

Parmi les fourrages secs, on a l'habitude de préférer le regain pour les vaches laitières. Il est très important qu'elles ingèrent une forte proportion d'eau : aussi les drèches et les pulpes leur sont-elles favorables. Des deux sortes de fermentation, douce et acide, qui se produisent avec les fourrages ensilés, la fermentation douce seule semble fournir de bons aliments aux bêtes à lait.

Les tourteaux sont donnés surtout en *buvées*. Ceux de lin, d'œillette, sont recommandables; ceux des Crucifères le sont moins; les tourteaux de coton et de palmiste s'emploient fréquemment avec succès.

Parmi les racines et les tubercules, on apprécie la carotte, les betteraves, la pomme de terre cuite et associée au foin haché.

Les étables devront être maintenues en tout temps à une température voisine de 12-15 degrés.

Boissons. — Il faut s'ingénier à faire entrer, de diverses façons, le plus d'eau possible dans l'organisme de la bête laitière, si l'on veut obtenir une grande quantité de lait.

Nous insisterons de nouveau sur ce fait, que l'abreuvement doit se faire avec de l'eau tiède dans la saison froide : on obtient ainsi un rendement plus avantageux.

CHAPITRE XLIV.

INDUSTRIE LAITIÈRE.

Conditions économiques favorables à la production du lait.
Traite ou mulsion. — Transport et conservation du lait. — Établissement de la laiterie.
FABRICATION DU BEURRE. — Procédés divers d'écrémage. — Barattage. — Délaitage et malaxage. — Colorants. — Conservation du beurre : salaison et fusion.
Beurres artificiels.
FABRICATION DU FROMAGE. — Coagulation du caséum, présure. — Affinage. — Classification des fromages. — Fabrication du fromage double-crème, du fromage de Brie, du fromage de Roquefort, du fromage de Gruyère. — Associations fruitières. — Sous-produits dérivés du lait.

Conditions économiques favorables à la production du lait. — Tous les milieux culturaux et économiques ne conviennent évidemment pas à la production du lait. Les femelles exploitées dans ce but sont, en Europe : la vache, la chèvre, la brebis et l'ânesse. La chèvre et la brebis rendent de grands services dans les pays pauvres ou très secs. Les populations de certaines régions montagneuses et des contrées méridionales tirent profit de l'aptitude laitière très marquée de la chèvre, qui donne annuellement jusqu'à 13 fois son poids de lait, tandis que la vache n'en donne en moyenne que 5 fois 1/2 son poids, et la brebis laitière 4 fois environ. Le lait fourni par cette dernière est, en France, employé surtout à la fabrication de certains fromages, tels que le fromage renommé de Roquefort. L'ânesse donne un lait qu'on réserve presque exclusivement pour les enfants et les malades. La jument est quelquefois entretenue uniquement pour son lait dans certaines parties de l'Asie; mais, en Europe, elle nourrit seulement son poulain. Quant à la vache, son exploitation comme laitière reste de beaucoup prédominante, et c'est d'elle qu'il convient de s'occuper particulièrement.

Le lait de vache est un aliment qui fournit l'azote à très bas prix : aussi sa consommation prend-elle de jour en jour plus d'importance.

Lorsqu'on vend le lait en nature, il importe de choisir les vaches qui donnent les plus forts rendements en quantité, le lait ayant néanmoins la qualité requise.

Actuellement, grâce aux moyens dont on dispose pour prévenir l'altération si facile du lait pendant le transport, on peut l'expédier frais dans les grands centres, à Paris par exemple, de fermes éloignées de plus de 200 kilomètres. Mais ce sont là des cas spéciaux exigeant des capitaux parfois considérables, et, en général, il n'y a bénéfice à vendre le lait pour la consommation directe que si l'on en trouve le débit dans le voisinage.

La création de laiteries industrielles permet, dans certaines régions, aux petits cultivateurs de vendre leur lait en nature à un prix relativement élevé : des quantités considérables de lait peuvent être utilisées à la fois, et par suite plus économiquement. Il en est ainsi pour les associations laitières, les fromageries et fruitières, les fabriques de lait condensé, etc.

Le climat et les productions du sol doivent entrer pour une grande part en ligne de compte toutes les fois qu'il s'agit d'établir une exploitation laitière. Dans les climats secs, les bonnes vaches laitières perdent au bout d'un certain temps une partie de leur aptitude; dans les herbages humides situés sous un climat uniforme, sans variations brusques de température, la faculté laitière se développe bien; mais, ici, la nature de l'herbage est à considérer : c'est ainsi que le lait des vaches normandes fournit un beurre très renommé pour sa saveur et son parfum, dus à la qualité particulière des prairies de cette région.

Lorsqu'on entretient les vaches en stabulation, on est en droit d'en attendre plus de lait ; mais c'est souvent au détriment de la qualité et de l'économie, quant au prix de revient de la ration. Néanmoins, dans bien des circonstances, il est avantageux de le faire ; mais les laitiers nourrisseurs des villes, par exemple, qui exploitent leur étable avec profit, ont toujours soin de ne garder que des vaches à très haut rendement et en pleine période de lactation, quitte à les renouveler fréquemment.

Traite ou mulsion. — La traite doit être faite dans des conditions de propreté toutes particulières, après lavage à fond des seaux à lait, des mains et du pis, afin d'éviter l'altération rapide du liquide. On trait en diagonale sur le trayon antérieur d'un côté et le trayon postérieur du côté opposé, puis sur les deux autres. Il faut traire complètement, car les dernières parties sont les plus riches, nous l'avons dit : on augmente ainsi la quantité et la qualité. Il y a avantage à faire trois traites par jour, quand la chose est possible ; car on obtient plus de lait qu'avec deux traites seulement ; il ne faudrait pas en faire plus : on dérangerait alors trop souvent les animaux.

Certaines vaches, généralement mauvaises laitières, se refusent parfois à donner leur lait ; on emploie à leur égard divers artifices, dont le plus commun est la présence du veau, auquel on fait commencer la traite, puis qu'on écarte au bout de peu de temps, pour continuer soi-même la mulsion. C'est un procédé fréquemment usité.

Transport et conservation du lait. — Malgré les soins que l'on peut prendre lors de la traite, le lait est souillé par des poils, des fragments de fourrage, etc. ; on le filtre d'abord sur un tamis ou sur des linges de toile. S'il est destiné au transport, il convient de le faire passer sur un *réfrigérant*, le froid retardant l'action des ferments. Cet appareil est construit de telle façon que le lait coule sur une surface métallique, pendant que de l'autre côté de cette surface circule de l'eau glacée ou simplement froide.

On a établi sur ce principe de nombreux modèles. Il faut qu'un réfrigérant soit très facile à nettoyer, solide, d'un prix peu élevé, et, s'il est possible, que le lait s'y trouve à l'abri du contact de l'air.

On peut aussi, dans le but d'une conservation plus prolongée, *pasteuriser* le lait, c'est-à-dire lui faire subir, dans des appareils spéciaux appelés *pasteurisateurs*, un chauffage *rapide* à 65°-70°. On peut enfin le *stériliser*, en le portant à une température plus élevée encore, qui anéantit les ferments, dans des vases qu'on bouche hermétiquement à l'abri du contact de l'air. Le lait stérilisé peut se conserver plusieurs mois et son emploi est assez répandu. Le lait destiné à la vente en nature doit rester très peu de temps à une température élevée, dans la crainte qu'il ne prenne le goût de cuit, ce qui lui ferait perdre de sa valeur : c'est pourquoi on le refroidit à sa sortie du pasteurisateur.

Lorsqu'on transporte le lait soit pour la vente immédiate, soit pour le mener aux laiteries ou aux fromageries, il faut éviter de l'agiter, et, par conséquent, effectuer ces transports sur des voitures bien suspendues.

Le *lait condensé*, qui constitue un article de commerce important, se prépare en évaporant du lait ordinaire dans le vide, après addition de sucre.

Établissement de la Laiterie. — Le lait et le beurre absorbant très facilement les odeurs, il convient d'éloigner la laiterie des tas de fumier, des étables, des composts, etc. La cave à lait doit être aérée et fraîche, sans humidité; il faut éviter, dans tous les cas, l'exposition au sud et choisir des locaux aussi grands que possible. Le pavage se fait en dalles de pierre, en ciment coulé ou en asphalte; on munit les fenêtres d'une toile métallique, pour éviter les mouches. La température s'y maintiendra uniforme et ne dépassera pas 12 à 15°; on peut refroidir la laiterie au moyen de glace ou simplement d'eau courante.

Fabrication du beurre.

Procédés divers d'écrémage. — Le lait s'écrème plus rapidement et plus parfaitement lorsqu'on le met dans les vases d'écrémage aussitôt après la traite.

Ces vases sont, suivant les pays, des pots ou des terrines en pâte imperméable et très cuite; on en fait également de diverses formes en verre, en porcelaine, en grès, en bois. Les bassines ou *crémeuses* en tôle bien étamée présentent parfois certains avantages; on les trouve avec des dispositions différentes plus ou moins pratiques. La montée de la crème s'effectue en vertu de la *différence de densité* qui existe entre les globules de beurre et le sérum qui les entoure. On la retire alors avec des sortes de cuillers, des puisoirs en fer-blanc ou en bois, ou par simple décantation.

Aujourd'hui le vieux préjugé qui consiste à chauffer les laiteries en hiver doit être complètement abandonné; il faut, au contraire, écrémer à froid. Plus le refroidissement est intense, plus l'ascension des globules butyreux est facilitée. En 12 heures, à la température de la glace fondante, on

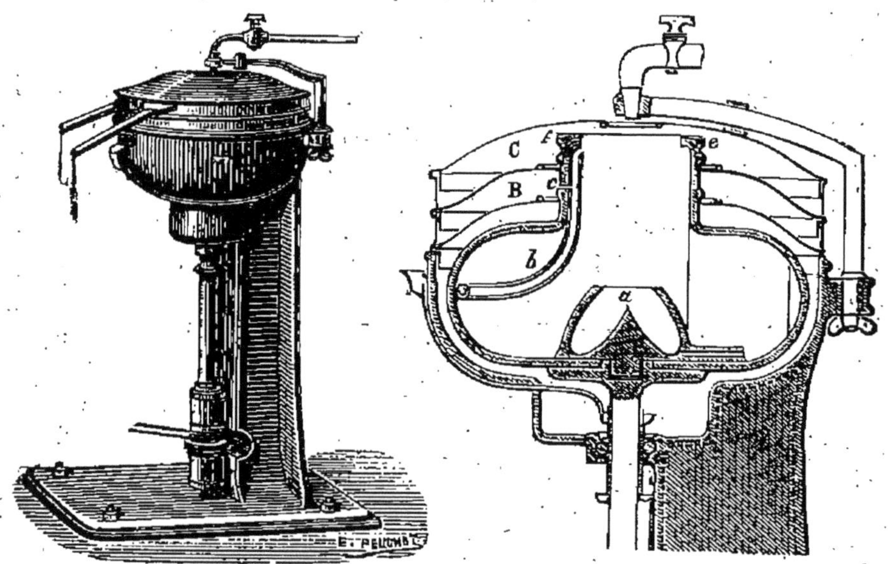

Fig. 57. — Écrémeuse centrifuge.

a, arrivée du lait par le robinet d'alimentation situé à la partie supérieure de la figure. Il gagne la paroi en s'échappant par la tubulure inférieure.

b, *c*, tube d'écoulement du petit-lait, qui se réunit à la périphérie du vase mobile et va en B.

e, *f*, anneau supérieur du même vase; une fente permet l'écoulement de la crème. Elle passe dans la partie C, puis est déversée par un ajutage analogue à celui par lequel sort le petit-lait de l'espace B.

obtient toute la crème contenue dans le lait. C'est la base du système Swartz qui a marqué le premier progrès réel en industrie laitière, parce qu'il permet tout à la fois d'économiser la place et la main-d'œuvre, et qu'il donne aux produits une uniformité plus grande et une meilleure qualité. De plus, la quantité de crème ainsi recueillie est notablement plus élevée ; il n'en reste que très peu dans le liquide après l'écrémage. C'est aux travaux et aux expériences de M. Tisserand que l'on doit la vulgarisation en France du procédé Swartz. Il est évident que, si le prix de revient de la glace est trop élevé, on peut se contenter d'employer de l'eau froide ; dans ce cas, on se sert de vases spéciaux en métal (comme pour la méthode Swartz à la glace), afin que le lait prenne rapidement la température du milieu environnant, et l'on immerge complètement ces vases dans l'eau.

Lorsqu'on doit opérer l'écrémage de quantités importantes de lait, il y a avantage à se servir des écrémeuses mécaniques (*fig.* 57), appelées encore *écrémeuses centrifuges*, parce qu'elles sont basées sur le principe suivant : lorsqu'on fait arriver dans un vase, tournant très rapidement autour de son axe, un mélange de deux liquides d'inégale densité, ces deux liquides, en tournant avec le vase, se superposent l'un à l'autre sous l'action de la force centrifuge, le plus léger étant placé le plus près de l'axe. On les sépare alors avec une grande facilité.

Ces appareils, qui, aujourd'hui, rendent de très grands services, permettent d'écrémer le lait immédiatement après la traite. La crème est aussitôt refroidie, afin d'assurer sa conservation. La quantité de crème extraite avec les écrémeuses centrifuges est un peu supérieure à celle que l'on obtient par les autres procédés.

Barattage. — Le barattage s'effectue sur de la crème amenée à une température variant de 10° à 15°, suivant qu'elle est plus ou moins acidulée. On compte de très nombreux systèmes de barattes, que l'on peut diviser en quatre groupes :

1° Les *barattes à ribot*, vases dans lesquels se meut un disque percé de trous et fixé à un manche qui passe à travers le couvercle du récipient ;

2° *Barattes rotatives* ou *tournantes;* ce sont celles qui jouissent de la plus grande faveur : elles consistent en un tonneau reposant sur deux tourillons et pouvant tourner à l'aide d'une manivelle ; à l'intérieur se trouvent des palettes ou batteurs disposées en forme de grilles. La *baratte normande* se place dans cette catégorie ;

3° *Barattes à batteurs*, à axe horizontal ou vertical ; les tonneaux qui peuvent, ici comme précédemment, avoir une forme prismatique, sont immobiles ; à l'intérieur se meuvent des battoirs fixés sur un axe ; la disposition à axe vertical étant la meilleure des deux, les barattes des grandes laiteries sont généralement montées ainsi (barattes du Holstein);

4° *Barattes à berceau* ou *oscillantes;* elles sont formées d'un vase plat ou d'une sorte de tonneau à bases elliptiques suspendu par des cordes. On fait osciller le tout, et la crème, en frappant alternativement sur les parois, est ainsi barattée sans fatigue, mais l'opération nécessite un certain temps.

Les barattes en bois, lorsqu'elles sont bien entretenues, nettoyées chaque fois à l'eau chaude, puis à l'eau froide, donnent un beurre de meilleur goût que les barattes métalliques. Il convient que l'ouverture de la baratte soit assez grande et se ferme commodément ; le nettoyage complet des battoirs et du tonneau doit pouvoir se pratiquer en peu de temps.

Lorsque la crème est à une température inférieure à la température normale, on la réchauffe ou on baratte en tournant plus vite. Dans le cas où elle possède une température supérieure à celle qui convient, on se sert d'eau froide ou de glace pour l'y ramener. Quelle qu'en soit la rapidité, le mouvement doit toujours demeurer uniforme. La durée du barattage est très variable, en moyenne, de 30 à 50 minutes. Pendant l'opération, les globules gras sont lancés les uns contre les autres ; comme ils ne possèdent pas d'enveloppe, ils se soudent peu à peu et se prennent en grumeaux, qu'on peut réunir lentement.

Quand les grumeaux sont de la grosseur voulue, on cesse le travail. Il faut ensuite enlever, autant que possible, le *lait de beurre* ou *babeurre*, qui est resté dans la masse, parce que ce babeurre, par la caséine et le sucre de lait qu'il contient, donnerait la première impulsion au *rancissement.* C'est le délaitage.

Délaitage et malaxage. — Le *délaitage* peut s'effectuer dans la baratte elle-même, en laissant écouler le babeurre et en ajoutant la même quantité d'eau ; après avoir tourné une dizaine de fois, on soutire le liquide et on le remplace par de l'eau propre ; on tourne à nouveau, et l'on répète l'opération jusqu'à ce que ce liquide sorte clair. Pour *délaiter à sec* sans la délaiteuse centrifuge, on pétrit la masse des grumeaux dans une *auge* ou sous des *malaxeurs*.

Autant que possible, il faut toujours éviter de toucher le beurre avec les mains, si l'on veut lui conserver sa finesse; il est préférable de se servir de spatules, avec lesquelles on travaille la matière dans des auges elliptiques en bois, ou bien de *planches à malaxer*, d'un prix peu élevé, formées d'une tablette à rebords, sur laquelle peut s'appuyer, en se déplaçant, un cylindre cannelé, ou enfin de machines à malaxer. Parmi ces dernières se trouvent les *malaxeurs rotatifs* (*fig.* 58), composés d'une table circulaire à surface un peu conique, pouvant tourner autour d'un axe vertical, et contre laquelle vient s'appliquer, en tournant également, un tronc de cône cannelé, de telle sorte que le beurre, mis sur la table, passe entre elle et le tronc de cône, et subit ainsi un pétrissage énergique. Un beurre bien délaité ne doit, quand on le coupe, laisser suinter aucune goutte de liquide.

Fig. 58. — Malaxeur rotatif.

Les beurres contiennent de 80 à 90 pour 100 de matières grasses, de 1,87 à 2,80 de caséine, de 6,10 à 15,70 d'eau et de 1 à 1,85 de sels et de cendres; leur point de fusion est compris entre 33° et 36°.

Colorants. — Il est souvent utile, surtout en hiver, de colorer le beurre pour le rendre marchand. On emploie dans ce but les sucs de certaines plantes, telles que la carotte, le safran, le rocou, qu'on trouve tout préparés dans le commerce; on y rencontre aussi d'autres colorants moins inoffensifs, et dont il faut se garder de faire usage.

Conservation du beurre : salaison et fusion. — Dans beaucoup de régions de l'Europe produisant de grandes quantités de beurre, on sale en même temps qu'on pétrit, afin de pouvoir conserver et exporter le beurre ainsi préparé. Le sel joue un double rôle : il absorbe le lait de beurre resté dans la masse, et il empêche l'altération de celle-ci. On emploie de 30 à 100 gr. de sel par kilogr., et on l'incorpore en découpant le beurre en gâteaux, à la surface desquels on le répand ; on malaxe ensuite et on réunit le tout. Finalement on obtient des *beurres demi-sel*, qui contiennent de 3 à 4 pour 100 au plus de sel ; des *beurres salés*, dans lesquels cette proportion atteint 5 pour 100 et va même quelquefois jusqu'à 10 pour 100.

Une autre méthode de conservation consiste dans la fusion au bain-marie. On fait passer le beurre fondu et liquide à travers un tamis ; on le coule dans des pots et on le recouvre d'une couche de sel ; on ferme ensuite hermétiquement. Les qualités inférieures seules sont fondues.

En France, l'exportation des beurres frais et salés dépasse 30 millions de kilogr. La Normandie, avec ses beurres d'Isigny et de Bayeux, si renommés, et la Bretagne, dont on apprécie surtout les beurres salés, en fournissent la plus grande partie.

Beurres artificiels. — A côté du beurre *naturel* existent des beurres *factices* obtenus avec les graisses des animaux ; celles-ci donnent un produit auquel on fait acquérir artificiellement un goût agréable de beurre ordinaire. La *margarine* ressemble ainsi beaucoup au beurre, et, si on ne la vendait que sous son véritable nom, elle serait d'un bon usage dans les ménages pauvres. Mais, comme on devait s'y attendre, elle sert à falsifier le beurre, avec assez de succès pour qu'une loi récente ait spécialement pour but de réprimer les fraudes ainsi commises.

Fabrication du fromage.

Le *fromage* résulte de la coagulation du caséum, qui emprisonne tous les globules gras, ou seulement la partie restante des globules gras du lait, suivant que celui-ci n'a pas été ou a été écrémé. On a, dans le premier cas, les *fromages gras*, dans le second les *fromages maigres*. Lorsqu'on ajoute de la crème au lait pur, on obtient des fromages de choix *surgras*.

Coagulation du caséum. Présure. — La coagulation est produite par la fermentation du sucre de lait et la formation d'acide lactique. Elle s'effectue naturellement dans le quatrième estomac du veau, appelé *caillette*, sous l'influence d'une *diastase* ou *présure* qu'il sécrète. On prépare la présure liquide, généralement employée pour fabriquer les fromages, en vidant et nettoyant convenablement les caillettes; on les fait sécher, on les coupe en morceaux et on les met à infuser pendant 36 à 48 heures dans de l'eau pure, de l'eau salée ou vinaigrée, du vin blanc, etc.

L'emploi de cette présure offre des inconvénients : son altération et son affaiblissement rapides ne permettent pas de connaître exactement la quantité qu'il convient d'ajouter pour produire la coagulation dans des conditions données. Les extraits de présure bien fabriqués, dont 1 partie peut coaguler 10 000 parties de lait, sont plus fixes et d'une pratique plus commode.

L'action de la présure est, en général, aidée par l'acidité du lait, et nettement contrariée par son alcalinité. Elle est plus grande en été qu'en hiver, parce que le lait se caille plus facilement; la température la plus favorable à la coagulation semble se tenir entre 25° et 33° pour la fabrication des fromages à pâte molle; au-dessous de 25° le *caillé* est trop tendre, au-dessus de 33° il est trop dur; le maximum d'action de la présure est à 41° environ; elle n'agit qu'entre + 15° et + 65°.

Affinage. — Quand les fromages sont récents, on les dit *frais;* en vieillissant, ils *s'affinent* ou *se passent*, ce qui en modifie tout à fait les caractères. M. Duclaux, à qui l'on doit des travaux très remarquables sur le lait et ses produits dérivés, a fait observer que le phénomène capital de la maturation d'un fromage consiste dans les modifications que subit la caséine sous l'influence des ferments : en agissant sur elle, ils sécrètent des *diastases*, qui pénètrent peu à peu la masse, parallèlement aux surfaces exposées à l'air, et en changent la coloration. Ce qui diffère d'un fromage à l'autre, c'est la nature des êtres chargés de sécréter ces diastases et d'accomplir la maturation. Sous l'influence de la fermentation, des modifications notables ont lieu dans la composition d'un même fromage, ainsi que le montrent les analyses suivantes, dues à M. Duclaux.

	Masse initiale.	Masse fermentée. Intérieur.	Masse fermentée. Surface.
	—	—	—
Matière grasse.	46.7	44.6	71.0
Caséine.	50.7	42.8	6.7
Albumine.	0.7	3.2	2.3
Matière soluble dans l'eau bouillante.	1.9	9.4	20.0
	100.0	100.0	100.0

Il y a autant de procédés de fabrication que de sortes de fromages. Nous ne pouvons les énumérer tous, et nous en donnerons seulement quelques exemples pris dans les principales catégories du tableau, reproduit à la page 352, que nous empruntons à M. Pouriau.

1° Fromage double crème dit suisse. — *Mise en présure.* — Dans un baquet de bois ou de fer étamé, d'environ 40 litres, on introduit 5 litres de crème fraîche, 32 litres de lait pur ; on mélange à la température de 15°-18°, puis on *met en présure,* c'est-à-dire qu'on ajoute un centimètre cube de présure concentrée, dilué préalablement dans une dizaine de fois son poids d'eau. Le temps nécessaire à la coagulation est de 20 à 24 heures ; on obtient alors un caillé onctueux.

Égouttage du caillé. — On dépose le caillé sur des toiles, qu'on replie ensuite de façon à l'emprisonner ; ces toiles sont placées entre des planches, dans une caisse à claire-voie ; quelque temps après, on charge de poids la planche supérieure, et l'égouttage s'effectue ainsi dans l'espace de 15 à 18 heures. La pâte est enlevée des toiles et malaxée avec plus ou moins de crème, de façon à lui donner la consistance voulue ; puis on la laisse se ressuyer ; enfin on la moule, à la main ou à la machine, en petits cylindres.

2° Fromage de Brie. — *Mise en présure.* — Le lait, passé à travers un tamis immédiatement après la traite, est réparti dans des récipients d'une vingtaine de litres. On met en présure à 30° environ, en employant de la présure faible ou bien encore, mais à tort, la caillette elle-même.

Dressage ; égouttage. — La durée de la coagulation est de 3 à 4 heures, et celle de l'égouttage de 48 à 50 heures, dans un *atelier* dont la température ne doit pas descendre, autant que possible, au-dessous de 17°.

Salaison. — On sale avec du sel blanc fin, et, dans certaines localités, avec du sel gris mêlé de charbon pilé, auquel on attribue sans aucune raison apparente la propriété d'éloigner les vers du fromage.

Affinage. — Au bout de deux jours, on porte au séchoir, et, dès que les fromages commencent à prendre le *bleu* à la surface (ils ont alors quinze jours environ), on les expédie aux détaillants, qui les affinent, et, suivant leur nature, ne les livrent à la consommation qu'entre un mois et demi et trois mois d'âge.

Il faut en moyenne de 18 à 19 litres de lait de vache pour fabriquer un fromage grand moule, pesant à peu près 2 kilog. 800.

3° **Fromage de Roquefort**. — On mélange le lait *de brebis* des traites du soir et du matin; on tamise; on met en présure; on laisse cailler. Le caillé est mélangé de pain moisi, puis ressuyé, criblé de petits trous et porté dans les caves. On entend par *cave* un local pratiqué dans les anfractuosités de la montagne et comprenant les trois pièces nécessaires à l'achèvement des fromages. Ces caves, heureusement disposées quant aux courants d'air et à l'humidité, sont constamment, été comme hiver, à une température d'environ + 5°.

La moisissure qu'on mêle au caillé est constituée par un champignon, le *Penicillium glaucum*, qui donne au Roquefort ses veines bleues, en même temps qu'il hâte la maturation du fromage. Les caillés ensemencés de cette moisissure sont laissés trois jours dans des moules; on les retourne plusieurs fois, puis on les sèche; quand ils sont portés aux caves, ils pèsent environ 3 kilog. Dans le saloir, on répartit sur leurs faces environ 2 kilog. de sel pour 50 kilog. de fromage; on les retourne pendant une huitaine de jours, afin que ce sel pénètre bien. On les soumet au râclage, puis on les trie en trois catégories, suivant la qualité; on les laisse encore une semaine par piles de trois; ils sont ensuite placés de champ sans qu'ils se touchent; on les râcle à nouveau, si besoin est, et ils sont vendus après un séjour d'un mois au moins dans les caves. Ceux de l'arrière-saison, plus estimés, entrent en cave en mai-juin et en sortent de septembre à décembre.

On peut évaluer à plus de 20 millions de francs le mouvement de fonds auquel donne lieu l'industrie fromagère de

Roquefort. On estime que 100 litres de lait font 22 kilog. de fromage, et qu'une brebis peut en fournir annuellement une quinzaine de kilogrammes.

4° **Fromage de Gruyère.** — Dans une chaudière d'une capacité de 250 à 300 litres, accrochée à une potence mobile, on verse du lait de vache au tiers écrémé ou un mélange de lait écrémé et de lait non écrémé dans la proportion de $\frac{1}{2}$. On chauffe entre 25 et 30°, suivant les saisons, puis, faisant tourner la potence, on éloigne la chaudière du foyer. On y ajoute la présure, qu'on a préalablement essayée dans une grande cuiller de bois. Au bout d'un quart d'heure environ, le *caillé* est formé. Au moyen d'une latte ou de la *poche* ou *cuiller*, le fromager partage le caillé en tranches; puis, avec un *brassoir*, qui affecte diverses formes, et qu'il remue dans tous les sens, il *débat* ou *décaille*, jusqu'à ce que l'état de division soit satisfaisant. Au bout de quelques minutes de repos, il tourne de nouveau la potence, ramène la chaudière sur le feu, sans cesser d'agiter la masse, et fait en sorte qu'en une demi-heure la température de celle-ci atteigne de 45 à 65° suivant les cas. Il retire la chaudière du feu, tout en continuant de remuer, jusqu'à ce que le *grain* du fromage lui paraisse convenable. A ce moment, le fromager, avec son *moussoir*, réunit tous les grains de caillé au centre et au fond de la chaudière; il les ramasse dans une toile, qu'il replie et qu'il met dans un moule cylindrique en bois. Il recouvre le tout d'un plateau, sur lequel s'exerce une pression déterminée au moyen d'une presse à fromage d'un des nombreux systèmes existants, par exemple une presse à poids variable. On laisse le fromage ainsi 24 heures, pendant lesquelles on change six ou sept fois la toile enveloppante, afin de ne lui conserver que la dose d'humidité convenable. Dans les chalets de plaine, on le transporte ensuite à la cave; dans les chalets de montagne, où l'on ne fabrique qu'en été, on le met au grenier, et l'on jette tous les jours une pincée de sel alternativement sur l'une et l'autre face, jusqu'à ce que la meule de fromage en ait absorbé de 2 à 4 p. 100 de son poids, suivant les régions. On la frotte enfin de temps en temps avec un tampon de drap imbibé d'eau salée. La fermentation donne à la pâte, primitivement insipide, une saveur et une odeur caractéristiques; les gaz qui s'échappent de la masse intérieure forment des trous ou yeux, dont la grosseur a une grande importance au point de vue commercial. On estime que 100 litres de lait donnent de 8 à 10 kilog. de fromage gras, demi-gras ou maigre, suivant que le lait employé est plus ou moins écrémé.

Associations fruitières. — Certains fromages, comme le gruyère, n'ont de valeur qu'en pains ou meules de 25 à 40 kilog. ; pour leur confection, il est nécessaire de disposer d'une quantité de lait que de petits propriétaires ne peuvent obtenir séparément. Mais, en s'associant, ils se trouvent en mesure d'utiliser fructueusement les traites des quelques vaches que possède chacun d'eux.

Dans ces associations ou *fruitières*, chaque sociétaire verse journellement le lait de ses vaches, sauf ce qui est nécessaire pour les besoins de son ménage et l'allaitement des veaux. Le *fruitier*, appointé par la société et intéressé quelquefois dans ses bénéfices, reçoit et marque les quantités apportées respectivement, et répartit les produits en argent ou en nature, au prorata de ces quantités. Le système des fruitières s'est introduit de Suisse en Franche-Comté, dans le Jura, puis dans les Alpes; celles des Pyrénées sont de création récente.

Depuis quelques années, il s'est formé un assez grand nombre d'associations coopératives pour la fabrication du beurre par la méthode centrifuge. Il est clair que, dans les campagnes, l'esprit d'association ne peut qu'être très favorable à la réalisation de bénéfices plus élevés.

Actuellement les ustensiles et les appareils employés dans les fromageries et les beurreries perfectionnées leur donnent un caractère tout à fait industriel. Ils nécessitent, il est vrai, une mise de fonds plus ou moins considérable; mais, en revanche, ils permettent, dans la plupart des cas, de fabriquer rationnellement et à bon compte des produits de meilleure qualité.

Sous-produits dérivés du lait. — Parmi les sous-produits dérivés du lait se trouve le *babeurre*, *baratté* ou *lait de beurre*, qui provient du barattage et sert, ainsi que le *lait écrémé*, surtout à l'alimentation des veaux et des porcelets, et le *petit-lait*, lequel venant de la fabrication du fromage, présente des caractères différents suivant la nature de cette fabrication. Comme le lait de beurre, le petit-lait est, le plus souvent, distribué aux porcs. On l'utilise parfois en médecine pour les cures dites de petit-lait.

TABLEAU DE LA CLASSIFICATION DES FROMAGES.

Fromages	Sous-classe	Variétés
Fromages de consistance molle.	1° Fromages frais.	Maigres, mous, à la pie. A la crème, double crème (dits *suisses*), Neufchâtel, Bondons, de Rouen, Malakoff, etc. Coulommiers, Gournay, Mont-d'Or frais.
	2° Fromages affinés.	Marolles, Rollot, Macquelines, Compiègne, Neufchâtel. Camembert, Livarot, Pont-l'Évêque, Mignot. Brie, Coulommiers, Troyes, Ervy, Barberey, Chaource. Saint-Florentin, Ollivet, Époisse, Langres. Mont-d'Or, Saint-Marcellin. Saint-Nectaire, Gérardmer ou Géromé. Fromages étrangers { Herve, Reaumatour, Limbourg. Gorgonzole, Stracchino.
Fromages de consistance solide ou à pâte ferme.	1° Fromages pressés et salés.	Hollande français, fromage de Bergues. Fromage du Cantal ou d'Auvergne. Septmoncel, Gex, Mont-Cenis. Sassenage, Roquefort et façon Roquefort. Fromages étrangers { Hollande divers (tête de Maure, Gouda, Leyden, Hollande étuvé). Chester, Stilton, Cheddar. Schabzieger, Provole.
	2° Fromages cuits, pressés et salés, ou fromages de chaudière.	Gruyère français, Port du Salut. Fromages étrangers { Gruyères suisses (Emmenthal et divers). Parmesan, Cacciocavallo.

CHAPITRE XLV.

PRODUCTION DE LA VIANDE DE BOUCHERIE.

Définitions. — Type des animaux de boucherie. — Engraissement au pâturage. — Engraissement en stabulation. — Engraissement en mode mixte. — Gavage des volailles. — Appréciation de l'animal à l'engrais ou engraissé. — Maniements. — Pesage et mensuration. — Rendement en viande nette; catégories de viande.

Définitions. — L'*engraissement* a pour but l'accumulation du tissu adipeux chez les animaux et, par suite, l'augmentation de leur poids et de leur valeur marchande.

L'animal engraissé passe par des périodes successives : il est d'abord *demi-gras*, ensuite *gras*, puis *fin-gras*, ou en *haute-graisse*.

D'après les analyses de Lawes et Gilbert, on peut admettre que c'est surtout du tissu adipeux qui se forme pendant l'engraissement; mais on n'est pas fixé sur le mode d'élaboration de la graisse. Deux hypothèses se trouvent en présence : selon l'une, elle proviendrait des cellules du tissu adipeux qui joueraient le rôle de glandes ; suivant l'autre, certaines cellules spéciales emprunteraient directement la graisse aux aliments et l'apporteraient ainsi toute formée aux tissus dans lesquels elle s'amasse. Quoi qu'il en soit, la pratique montre que l'emploi des aliments riches en matières grasses fournit de très heureux résultats.

Nous avons dit que la graisse contenue dans l'organisme a une composition et des propriétés différentes, suivant le lieu, l'âge, l'état de l'animal, etc.

Type des animaux de boucherie. — Le but poursuivi dans la production des animaux destinés à la boucherie est d'obtenir, le plus économiquement et en aussi grande abondance que possible, la viande la meilleure.

La valeur de l'animal de boucherie dépend de l'âge, du sexe, des antécédents, du tempérament, de la race. Dans leur effet final, ces conditions se traduisent par une conformation indiquant : la quantité, par la prédominance des fibres musculaires sur les autres tissus et le développement correspondant du tissu adipeux; la qualité, par la prédominance de toutes les parties du corps où la viande est la plus délicate; l'économie, par la prédominance des facultés d'assimilation.

Pour Baudement, le trait distinctif de la bête d'engrais est une ample, une immense poitrine, ainsi développée par une alimentation soutenue dès le jeune âge. « Les animaux les plus disposés à prendre la graisse, dit-il, sont ceux dont le développement thoracique est le plus grand », ce qui n'implique pas nécessairement des poumons volumineux et une grande activité respiratoire, la graisse s'accumulant très facilement sur les viscères contenus dans la poitrine.

Certaines races s'engraissent mieux que d'autres; telles sont, parmi les Bovidés, les races Durham, Normande, Charolaise, Limousine; parmi les Ovidés, la race de Dishley; parmi les Suidés, la race de Yorkshire.

Les bœufs sont préférés aux taureaux et aux vaches, parce qu'ils utilisent mieux leur ration, l'instinct génésique étant éteint chez eux.

La bête à engraisser ne doit être ni trop, ni trop peu âgée. Les jeunes animaux fournissent une viande non *faite;* les vieux sont d'une préparation lente et souvent ne donnent rien de bon. Dans les races précoces de bovins, on peut mettre les sujets à l'engrais dès l'âge de deux ans.

L'examen individuel a beaucoup d'importance.

La peau et ses appendices donnent les renseignements les plus utiles sur le tempérament de l'animal. Elle doit se détacher du tissu sous-jacent, rouler entre les doigts, être onctueuse, aussi fine que la race le permet. On recherche les poils frisés, fins et souples. Il convient que le système osseux soit aussi réduit que possible, le cou court, la tête petite, les cornes fines et déliées, l'encolure peu chargée, le fanon nul autant qu'il se peut, le garrot large, les épaules puissantes et éloignées l'une de l'autre. L'animal doit être bien ouvert du devant et avoir le sternum très descendu, les côtes voûtées s'unissant sans dépression aux épaules (la poitrine sanglée est ici un grave défaut), les extrémités courtes et d'un petit diamètre, le dos et les reins larges, les flancs bien remplis. Le dessus doit se rapprocher d'une surface plane, former *table;* l'arrière-main prend les dimensions les plus grandes dans tous les sens. La hanche est haute et bien couverte, la culotte descendue, pleine et peu fendue, de telle sorte que la bête d'engrais tend vers un parallélépipède, dans la mesure compatible avec la forme de son corps.

Alimentation des animaux à l'engrais. Engraissement au pâturage. — L'engraissement peut se faire soit au pâturage, soit en stabulation.

Les bêtes bovines s'engraissent bien dans les herbages; mais ce mode, souvent préférable à la stabulation, ne peut être employé partout. L'herbe jeune vaut mieux que l'herbe avancée. Le trèfle blanc est très apprécié et se rencontre en abondance dans les bons pays d'*embouche;* on trouve dans les prairies de la vallée d'Auge, de Saône-et-Loire, etc., environ 5/10 de graminées, de 4 à 5/10 de légumineuses et quelques autres plantes. Si l'on fait pâturer des prairies artificielles de légumineuses, il faut prendre garde aux météorisations.

Il y a avantage à ce que les animaux jouissent de la plus grande tranquillité. Ils se trouvent bien, d'autre part, d'avoir une eau saine à leur portée.

Dans les bonnes embouches du Charolais, on met 2 têtes de gros bétail par hectare. En Normandie, on va parfois jusqu'à 3. En Auvergne, il faut plus d'un hectare pour une vache. Il n'y a donc là rien d'absolu, et, d'ailleurs, le choix de l'animal à engraisser doit être subordonné à la nature du pâturage.

Pour l'engraissement des bêtes ovines, il convient d'éviter les pâturages marécageux, dans lesquels elles contractent la *cachexie aqueuse.* Le voisinage de la mer, dit-on, donne à la viande un arome spécial, qui fait désigner les moutons des côtes sous le nom de *prés-salés;* les plus estimés sont ceux du Calvados, de la Manche et de la côte bretonne.

Engraissement en stabulation. — L'engraissement en stabulation ne peut être pratiqué avantageusement que dans certaines conditions, quand les aliments coûtent peu : c'est pourquoi l'on y emploie fréquemment les résidus des industries agricoles (distillerie, sucrerie, brasserie, etc.), ou des déchets d'industries alimentaires. Il convient de donner abondamment les matières grasses dans la ration : les tourteaux de lin, de colza, de coprah, de palme, de sésame, d'arachide, de coton, sont à recommander. Il faut veiller à ce qu'ils ne soient pas rances, afin que la qualité de la viande n'en souffre pas.

Les grains et les graines, surtout celles de légumineuses (vesces, fèves, féveroles, pois gris, lentilles), sont également indiqués, sans abus cependant, à cause des irritations intestinales qui se produiraient. Les tubercules et les racines fourragères, crus ou cuits, s'emploient en mélange avec du foin haché, des balles de céréales, etc.

On donnera toujours, autant que possible, une quantité suffisante de foin, ou mieux de regain.

Le porc peut être engraissé avec les matières les plus diverses. On termine le plus souvent son engraissement avec des pommes de terre et des graines cuites.

Pour le bœuf, l'engraissement à l'étable doit durer, au plus, de trois mois et demi à quatre mois ; pour le mouton et le porc, trois mois seulement environ. Plus il se fait vite, plus il est lucratif. Il devient de plus en plus difficile à mesure qu'il approche de son terme, les animaux se rassasiant plus facilement ; il faut s'ingénier alors de toutes façons à les faire manger : on varie leur alimentation, on leur donne des condiments ; on tient leurs auges dans le plus grand état de propreté. Le tondage et le pansage produisent aussi de bons effets. La température des étables doit être d'environ 15° ; il convient qu'il y règne une certaine obscurité. Il faut trois ou quatre repas bien réglés par jour.

L'engraissement des veaux dits *blancs*, en raison de la couleur de leur chair, s'effectue en loges étroites et obscures jusqu'à l'âge de deux mois. On leur donne, trois fois par jour, du lait pur, du lait contenant des œufs, des échaudés ou de la farine de maïs, jamais de fourrages fibreux, qui communiqueraient une teinte rougeâtre à la viande. Pour éviter qu'ils ne mangent leur litière, on leur met une muselière en osier.

Gavage des volailles. — L'engraissement des volailles se fait dans des *épinettes*, sortes de caisses de bois séparées en compartiments, dans lesquels on place les animaux à engraisser, et où ils peuvent à peine remuer. A heures fixes, on dépose la nourriture dans des augettes.

On gave avec des pâtées délayées dans du lait ou dans de l'huile et disposées en boulettes ou *pâtons*, qu'on met de force et qu'on pousse dans le bec de l'oiseau ; on peut se servir aussi de *gaveuses mécaniques*, qui, actionnées par une pédale, permettent, au moyen d'une canule qu'on enfonce jusque dans le jabot de l'animal, d'introduire une quantité déterminée de nourriture semi-fluide dans leur estomac. (Voir *Animaux de basse-cour.*)

Mode mixte d'engraissement. — D'autres modes d'engraissement sont encore en usage pour le gros bétail : on peut, par exemple, tenir les animaux constamment dehors, et déposer dans les pâturages des aliments supplémentaires, ou bien, ce qui est plus général en France, laisser la première partie de l'engraissement se faire à l'herbage, puis le parachever à l'étable.

Appréciation de l'animal à l'engrais ou engraissé. Maniements. Pesage. Mensuration. — On estime une bête par le toucher, par la balance, ou en prenant certaines mesures, qui permettent d'apprécier plus ou moins exactement son volume. On appelle *maniements* les différents points du corps que l'on palpe, afin d'en déduire l'état de l'animal ; le phénomène de l'engraissement se traduit, en effet, par l'accumulation de la graisse dans le tissu externe, puis dans l'épaisseur des muscles, et enfin dans l'intérieur du corps, sur les viscères, où elle constitue le suif.

En combinant les maniements et en les étudiant successivement, on pourra se faire une idée assez nette du degré d'engraissement de l'animal. Pour bien apprécier un maniement, il faut le prendre dans la main en le détachant du corps, de manière à se rendre compte de son épaisseur : quand il est ferme, c'est un signe de bonne qualité pour la graisse qu'il contient.

Les maniements qui indiquent les dépôts de graisse intérieure sont : la *sous-machelière* ou *dessous de langue*, située sous le cou, près de l'os sous-maxillaire ; le *travers*, placé derrière la hanche ; la *braie* ou *entre-fesson*, dans la région périnéale ; ceux qui marquent le développement de la graisse sous-cutanée sont : le *paleron*, situé au tiers supérieur de l'épaule, ayant au-dessous le *contre-cœur* et derrière celui-ci le *cœur ;* la *côte*, qui se trouve sur les deux dernières côtes. Le maniement de la *hanche* donne une idée du *persillement* de la viande, c'est-à-dire de l'abondance de la graisse mélangée aux fibres musculaires. Le *couard*, *cimier* ou *abords*, placé près de la base de la queue, suivant qu'il apparaît l'un des premiers, comme cela arrive dans certaines races, ou l'un des derniers, ainsi qu'il en est dans les races tardives, se rattache respectivement à la *graisse de couverture* ou à l'état avancé de l'engraissement.

Le *pesage* des animaux devrait être plus fréquemment adopté comme base des transactions auxquelles ils donnent lieu; malheureusement, les marchands, par le grand nombre d'animaux qu'ils peuvent comparer, acquièrent un coup d'œil qui manque généralement au vendeur, de telle sorte qu'il n'est pas de leur intérêt de peser les bêtes. Le poids des aliments et des boissons contenus dans la panse et l'intestin est d'ailleurs une cause d'erreur notable.

Plusieurs méthodes ont été imaginées en vue d'apprécier le poids d'un animal de boucherie sans avoir recours à la pesée; elles sont basées sur la comparaison du corps à un solide géométrique, dont on obtient facilement le volume; on multiplie ensuite celui-ci par un coefficient moyen de densité, pour en avoir le poids. Pour exécuter les mensurations, on emploie des rubans métriques, tels que celui de Mathieu de Dombasle, qui, partant du garrot, doit passer entre les jambes antérieures de la bête et remonter de l'autre côté à son point de départ; on répète l'opération dans les deux sens afin de corriger les erreurs dues à la position de l'animal. Beaucoup de systèmes analogues ont été proposés (Quételet, David Low, Anderson, Crevat, Baron); quelques-uns donnent le *poids vif;* d'autres, le *poids net*, c'est-à-dire la quantité de viande que l'animal fournira à la boucherie; mais toutes ces méthodes exposent à des erreurs et sont subordonnées aux aptitudes personnelles de ceux qui les emploient.

Rendement en viande nette; catégories de viande. — Lorsque les animaux sont abattus, on sépare les *quatre quartiers*, constituant le poids net, du *cinquième quartier*, variable suivant les lieux, qui comprend généralement le tube digestif et les poumons, les glandes annexes, le cœur, le suif, la peau et les extrémités inférieures des membres.

Selon son état, sa conformation, sa structure physiologique, un bœuf engraissé rend de 45 à 70 kilog. de viande nette pour 100 kilog. de poids vif. Voici un exemple de rendement tiré d'un bœuf charolais de 32 mois, qui était à l'état *gras* :

Poids vif.	1 037 kilog.
Poids des quatre quartiers.	549 —

Rendement net.	52,9	pour 100.
Peau.	8,2	—
Suif.	3,46	—
Langue.	0,69	—
Poumons et cœur	1,00	—
Foie et rate.	1,27	—
Cerveau.	0,09	—
Tête.	2,25	—

La chair n'a pas la même valeur alimentaire ; elle est plus ou moins appréciée par le consommateur, suivant qu'on la prend dans telle ou telle région du corps : de là l'établissement de catégories, qui varient d'après les habitudes locales. A Paris, le corps du bœuf est divisé en trois catégories : la première se trouve surtout dans les masses de chair formant l'arrière-train de l'animal (culotte, gîte à la noix, aloyau, filet, etc.) ; la deuxième sur l'épaule, la partie médiane du corps et le dos (paleron, plats de côtes découverts et couverts, bavette d'aloyau et côtes) ; la troisième sous le ventre et la poitrine, au cou et sur les membres au-dessus du genou et du jarret.

Un bœuf rend en moyenne 0,35 de son *poids net* en viande de première catégorie ; 0,31 en viande de seconde, et 0,34 en viande de troisième choix ; en chiffres ronds, $\frac{1}{3}$ de chaque environ.

CHAPITRE XLVI.

PRODUCTION DU TRAVAIL, DE LA LAINE, DU FUMIER.

Production du travail. — Conditions d'emploi des divers animaux propres au travail. — Caractères et conformation du cheval. — Cheval de selle, de trait léger, de gros trait. — Caractères du bœuf de travail. — Ferrure. — Harnachement. — Attelages. — Alimentation des animaux de travail. Exemples de rationnement.

Production de la laine.

Production du fumier.

Production du travail.

Conditions d'emploi des divers animaux propres au travail. — La comparaison économique des quantités de travail fournies par le bœuf et par le cheval a fait l'objet de nombreuses discussions. Pour les uns, le bœuf doit être préféré au cheval dans les travaux de la ferme; pour d'autres, l'emploi du cheval est plus avantageux. A notre sens, une question de cette nature ne peut être résolue que par des chiffres : ce sont les milieux culturaux et économiques et la nature des travaux à effectuer qui déterminent le choix des moteurs. L'agriculteur doit faire lui-même, avec toute l'approximation possible, le compte de la journée de travail des animaux dont il s'agit et s'arrêter à ceux qui, dans les conditions particulières de son exploitation, paraissent d'un meilleur rendement. La vache est employée avec raison au travail par les petits cultivateurs de certaines régions de la France, et les bœufs sont utilisés avantageusement dans des pays où cependant la culture est intensive, par les distillateurs ou les agriculteurs qui disposent d'une grande quantité de pulpe, avec laquelle ils les engraissent économiquement après les charrois. Au contraire, dans les régions où l'on produit habituellement le cheval, où cet animal trouve une nourriture appropriée, c'est à lui qu'on s'adresse de préférence.

Comme nous le dirons en parlant de la spécialisation des races, il ne faut pas demander aux mêmes animaux une trop grande diversité de produits, afin de les obtenir meilleurs ou avec un rendement plus élevé, but vers lequel on tend nécessairement. Un bœuf bien bâti pour la production de la viande l'est mal pour la production de la force, et inversement.

Caractères et conformation du cheval. — Les qualités ou les beautés d'un cheval peuvent être absolues ou relatives, suivant qu'elles sont indispensables à tous les chevaux, quel que soit le genre de service qu'on leur demande, ou qu'elles consistent en certaines dispositions particulières qui rendent l'animal plus propre à tel genre de travail qu'à tel autre. Le cheval bien constitué réunit les caractères suivants : naseaux et chanfrein larges; — mandibule ou mâchoire inférieure écartée vers ses points d'attache, afin que les voies respiratoires soient bien ouvertes; — pas de suintement visqueux dans les narines, ni d'engorgement dans l'*auge* située entre les deux parties de la mandibule; — yeux ouverts, limpides, vifs, égaux, ovales, sans suintement; — paupières fines et clignotant à la moindre approche de la main; — regard vif, mais n'indiquant pas un caractère difficile; — *salières* (cavités qui se trouvent immédiatement au-dessus des yeux) peu enfoncées, si l'animal n'est pas âgé; — oreilles fines, souples, droites, mobiles sans excès, et non pas épaisses ou molles et tombant de côté, ou rejetées en arrière; — *barres* (partie de la mâchoire qui sépare les dents canines des molaires) sans plaie ni cicatrice; — pas de grosseur sous la joue, indiquant que l'animal *fait magasin*, c'est-à-dire qu'il conserve là des aliments; — dents saines, bien placées, régulièrement usées; — tête inclinée, ni verticale, ni horizontale : lorsque la tête est verticale, le cheval peut *s'encapuchonner*, c'est-à-dire placer l'extrémité de la mâchoire inférieure contre le poitrail, position dans laquelle le mors n'a plus d'action, et lorsque la tête est horizontale, l'animal se dérobe encore à la pression du mors, en mettant *le nez au vent* et laissant ce mors porter contre les premières dents molaires; — tête bien attachée, nettement distincte au sommet de l'encolure; — poitrail, croupe, reins larges, avec le ventre bien soutenu, cylindrique; — flanc court, sans battement visible au repos; — garrot (formé par les apophyses épineuses des premières vertèbres dorsales, qui servent de point d'attache à de forts ligaments) élevé, et non empâté; — avant-bras bien vertical; — genou sain, net, large et solide; — canon droit, large, avec son tendon bien détaché; — boulets (articulations inférieures des canons) à contours nets, bien développés par rapport au poids du corps; — paturon (premier phalangien) plutôt court, gros, se rapprochant d'une inclinaison de 45°; — couronne large, épaisse, nette; — pied proportionné à la taille du cheval; — corne lisse, vernissée, sans fissures, cercles ou éclats, d'une obliquité d'à peu près 45° à la partie antérieure du sabot (*pince*), mais diminuant graduellement d'inclinaison jusqu'à la partie postérieure (*talons*); — le dessous du pied (*sole*) concave, avec les talons assez hauts et écartés (*fig.* 61); — la *fourchette* (saillie postérieure de la surface plantaire en forme de V allongé) bien développée; — muscles serrés et durs, se dessinant sous la peau sans se fondre les uns avec les autres; — veines saillantes; — membres secs, solides, sans *tares* ou *tumeurs molles* ou *osseuses;* — aplombs aussi réguliers que possible, c'est-à-dire membre antérieur se rapprochant de la direction d'une verticale abaissée de la pointe de l'épaule; cette ligne doit tomber à environ $0^{m},10$ en avant de la pince; vu de face, le membre se trouve partagé en deux par cette verticale; membre postérieur conformé de façon qu'une ligne verticale, passant par la pointe de la fesse, longe la face postérieure du canon, en partageant ce membre en deux parties, l'externe un peu plus forte que l'interne; — des aplombs tout à fait réguliers se voient très rarement; les animaux sont le plus souvent *cagneux* ou *panards*, c'est-à-dire que leurs membres se trouvent en dedans ou en dehors des lignes indiquées ci-dessus.

Voyons maintenant quelques-unes des qualités ou beautés relatives qu'on doit rechercher, lorsqu'il s'agit plus spécialement de chevaux de selle ou de chevaux de trait.

Cheval de selle. — Le cheval de selle aura la tête légère, l'encolure longue, le garrot élevé, l'avant-bras long; le poitrail pourra se montrer relativement étroit, si la poitrine est haute et profonde. Pour le cheval destiné à la chasse, au saut, on recherchera de la légèreté dans l'avant-main et beaucoup de force dans l'arrière-main. Il faut ajouter à ces qualités l'élégance, la distinction des formes et la douceur du caractère.

Cheval de trait léger et cheval de gros trait. — Le cheval de trait léger, type essentiellement français, a évidemment plus de poids, une charpente osseuse plus développée, plus de force dans l'avant-main et dans l'encolure que le cheval de selle; il possède la conformation du cheval de gros trait

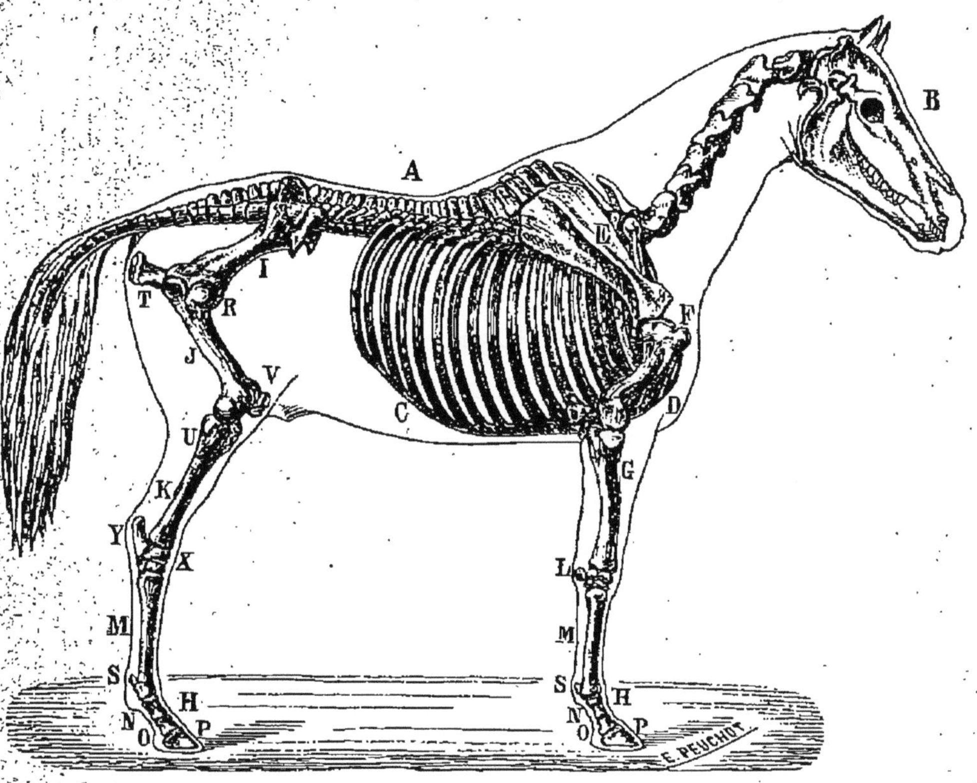

Fig. 59. — Squelette d'Equidé.

A. Colonne vertébrale.	L. Genou.	R. Os du pubis.
B. Chanfrein.	M. Canon.	T. Ischium.
C. Côtes.	S. Grands sésamoïdes.	J. Fémur, os de la cuisse.
D. Sternum.	N. Os du paturon.	V. Rotule.
E. Omoplate, épaule.	O. Os de la couronne.	U. K. Os de la jambe.
F. Humérus, os du bras.	P. Os du pied.	X. Tarse, jarret.
G. Avant-bras.	I. Ilium, os de la hanche.	Y. Calcanéum.

supposé réduit et doué de bonnes allures. Ce dernier doit avoir l'encolure courte, forte, le poitrail ouvert, le rein large, chargé de muscles puissants, les côtes arrondies et le flanc étroit, la queue attachée bas, la croupe massive, double, les membres athlétiques et les pieds solides. Les chevaux de gros trait ont une peau plus épaisse, des crins moins souples et d'une moindre finesse, beaucoup plus abondants;

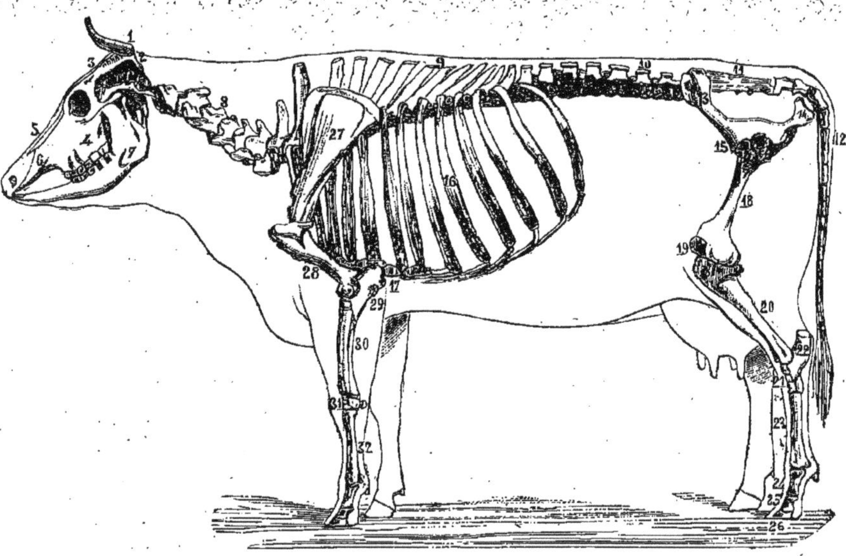

Fig. 60. — Squelette de Bovidé (d'après Kræmer).

1. Pariétal. — 2. Occiput. — 3. Frontal. — 4. Maxillaire supérieur. — 5. Os nasal. — 6. Intermaxillaire. — 7. Maxillaire inférieur. — 8. Vertèbres cervicales. — 9. V. dorsales. — 10. V. Lombaires. — 11. V. sacrées. — 12. V. caudales. — 13. Ilion ou os coxal. — 14. Ischion. — 15. Pubis. — 16. Côtes. — 17. Sternum. — 18. Fémur. — 19. Rotule. — 20. Tibia. — 21. Tarse — 22. Calcanéum. — 23. Métatarse. — 24. Paturon. — 25. Couronne. — 26. Sabots. — 27. Omoplate. — 28. Humérus. — 29. Coude. — 30. Cubitus. — 31. Carpe ou genou. — 32. Métacarpe ou os du canon.

ils sont plus rustiques : c'est pourquoi on les désigne parfois sous le nom de *chevaux de race commune*.

Caractères du bœuf de travail. — Le véritable bœuf de travail, dont on ne se rapproche qu'incomplètement, parce qu'il convient mal pour la boucherie, doit avoir les os denses et résistants, les membres relativement développés, avec des rayons inférieurs plutôt courts que longs; le pied bien conformé; le garrot évidemment moins prononcé que chez le cheval, mais non pas noyé entre les épaules; les aplombs réguliers; les articulations bien agencées, nettes et larges, surtout celle du jarret; les masses musculaires facilement visibles, fermes et distinctes les unes des autres.

Ferrure. — *Pied du cheval. Ferrure des Équidés.* — Le sabot du cheval se compose (*fig.* 61) : de la *muraille* ou *paroi*, du *périople*, de la *sole* et de la *fourchette*.

On donne le nom de *muraille* ou *paroi* à la partie qui reste visible lorsque le pied pose sur le sol. Elle se divise en *pince* (en avant), *mamelles* et *quartiers* (sur les côtés), *talons* et *arcs-boutants* ou *barres* (en arrière).

Le *périople* est une bande mince et étroite située sur le bord supérieur de la paroi, mais plus molle que cette dernière ; cette bande se confond en arrière avec le tissu de la fourchette.

La *sole* est constituée par la concavité de la surface plantaire, limitée elle-même par le pourtour de la paroi, sur lequel a principalement lieu l'appui du pied.

La *fourchette* se remarque en arrière : c'est une saillie angulaire en forme de V allongé ; elle recouvre un tissu élastique, destiné à amortir les chocs du pied sur le sol, et appelé *coussinet plantaire*.

La *ferrure* consiste dans l'application méthodique d'une lame de fer percée de trous appelés *étampures*, contournée suivant la forme du pied auquel on la destine, et maintenue par des clous implantés dans la paroi et rivés sur sa face externe.

On devra veiller à ce que les maréchaux ne retranchent de la paroi que la hauteur de ce qui a poussé depuis la dernière ferrure, qu'ils n'enlèvent de la sole que les lames cornées qui tendent à se détacher d'elles-mêmes, qu'ils respectent les arcs-boutants et la fourchette. Le fer doit porter partout sur le bord inférieur de la paroi, et ne pas appuyer sur la sole, qu'il comprimerait; son pourtour débordera un peu en dehors, constituant ainsi la *garniture*. Les clous seront implantés solidement dans la paroi, mais de manière à ne pas blesser les tissus vivants; les rivets bien écrasés et incrustés dans la corne. On ne tolérera l'usage de la râpe que sur la portion de corne située entre les rivets des clous et le fer.

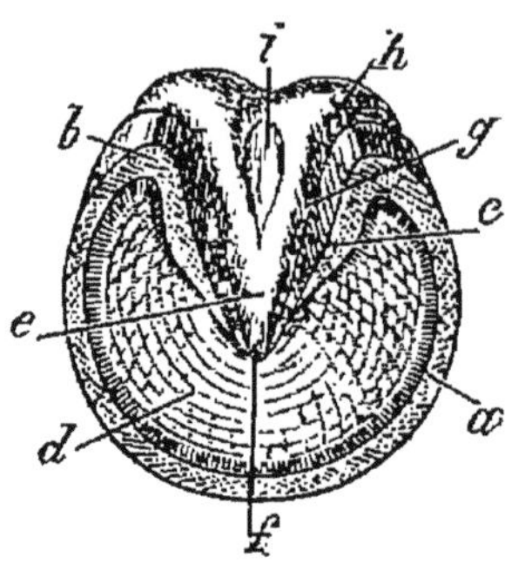

Fig. 61.

a. Bord inférieur de la paroi.
b. Arcs-boutants.
c. Barres.
d. Sole.
e. Fourchette.
f. Pointe de la fourchette.
g. Lacunes latérales de la fourchette.
h. Glômes.
i. Lacune médiane de la fourchette.

Il faut entrenir avec soin les pieds ferrés, ne pas s'occuper seulement, pour renouveler la ferrure, de l'usure ou de la solidité du fer, mais bien plutôt de l'état de pousse et de la longueur du pied, qui, protégé par le fer, peut acquérir des dimensions trop grandes. C'est tous les mois, en moyenne, que l'opération doit être effectuée pour des chevaux de culture.

L'observation des principes que nous venons de développer est d'une utilité rigoureuse, et l'on peut certainement dire que la grande majorité des boiteries chez les chevaux est due à une mauvaise ferrure; les maréchaux capables, non seulement ne les provoquent pas, mais encore remédient souvent aux imperfections du pied.

Ferrure des Bovidés. — On ne ferre pas les Bovidés de la même façon que les Équidés; souvent même on ne les ferre pas du tout; cette pratique est cependant très bonne à suivre toutes les fois que la corne des onglons est molle, ou que les chemins sur lesquels travaillent les animaux sont pierreux. La ferrure du bœuf consiste dans l'application d'une plaque de métal, qu'on cloue au bord extérieur de chaque onglon, et qu'on fixe au bord interne par une languette flexible, repliée par-dessus l'onglon.

Harnachement. — *Harnachement du cheval.* — Les principales pièces de harnachement du cheval de trait sont : la *bride*, qui maintient le mors sur les barres; les *rênes*, attachées à la partie supérieure du collier; les *guides*, au moyen desquelles on dirige le cheval; les *œillères*, placées sur les brides, empêchent, prétend-on, l'animal de voir de côté et d'être ainsi sujet à s'effrayer plus facilement. On tend avec raison à les supprimer.

Le *collier*, possédant une forme exactement en rapport avec celle de l'encolure, doit être léger et solide et avoir des coussins bien bourrés. Il peut se trouver, dans certains cas, remplacé par la *bricole*, qu'on adapte sur le poitrail. Le choix d'un bon collier est difficile, malgré le grand nombre des systèmes employés. Actuellement on fabrique des colliers entièrement métalliques.

Les *traits*, constitués par des cordes, des lanières de cuir, des chaînes de fer, doivent s'attacher sur le collier en un point déterminé, dont dépend l'inclinaison de la ligne de tirage.

La *dossière* soutient les brancards, en passant sur une *sellette* que porte l'animal, et qui est maintenue par une *croupière;* la *sous-ventrière* empêche le renversement de la voiture en arrière; le *reculoir* ou *reculement*, formé d'une bande de cuir (*avaloire*) retenue par deux autres lanières à la partie inférieure de la croupe, et dont les extrémités s'attachent aux brancards, permet au cheval de reculer, d'arrêter, et de retenir le véhicule dans les descentes.

Les conditions qu'il faut toujours observer dans le harnachement des chevaux sont relatives à la solidité et à la légèreté des différentes pièces, qui doit être aussi grande que possible, à leur parfait ajustement, qu'on néglige bien souvent à tort, car les blessures provoquées par le frottement des courroies, la pression des surfaces, sont fréquentes, parfois longues à guérir, et mettent le cheval hors de service pendant ce temps; en outre, un harnais mal ajusté ne permet pas d'utiliser tout l'effort du cheval et souvent entrave son action. Enfin il est également important de veiller à ce que les harnais soient toujours propres et en bon état d'entretien, afin d'en prolonger la durée et la souplesse, d'être certain de leur bon emploi au moment voulu, et surtout en vue de l'hygiène de l'animal qui les porte.

Harnachement du bœuf. — Le mode d'attelage généralement usité pour les bœufs consiste à réunir deux de ces animaux sous un joug formé d'une pièce de bois, qu'on place en arrière des cornes, et qu'on attache au front par une courroie. Dans la partie médiane, cette pièce est percée d'un trou ou munie d'un anneau de fer, au moyen duquel on relie le joug à la masse qu'il s'agit de déplacer. Un joug bien établi doit s'emboîter sur la tête de manière à ne pas vaciller; la courroie, très large, fait plusieurs fois le tour du front et presse seulement le haut de la tête.

Ce mode d'attelage au joug est quelquefois remplacé par l'attelage au collier. Celui-ci est formé de deux pièces de bois arquées et munies de coussins, qui s'appliquent sur les omoplates; les traits sont maintenus par deux courroies : dossière et sous-ventrière.

Munis de bons colliers, l'effort que les bœufs peuvent rendre est plus élevé qu'au joug; mais on s'en sert peu communément, à cause du prix de revient de ce harnachement.

Attelages. — Il est inutile d'insister sur la nécessité qu'il y a d'approprier parfaitement les animaux de travail par leur âge, leur conformation, leur taille, leurs allures et leur tempérament, au service qu'ils ont à faire. Lorsqu'on les attelle par paires, il faut, autant que possible, les prendre de même force et de même allure, secondairement de même taille; dans les attelages multiples, les bêtes courageuses se fatiguent beaucoup plus que les autres; il est nécessaire d'y veiller.

Les services que l'on peut retirer des animaux de trait sont subordonnés en partie au savoir-faire de celui qui les conduit : un bon charretier, un bon bouvier, augmentent considérablement la valeur et la durée des bêtes qui leur sont confiées.

Alimentation des animaux de travail. Exemples de rationnement. — La ration de l'animal de travail doit contenir une proportion toujours élevée de matières azotées; il lui faut des aliments concentrés. Le cheval s'entretient sur toute espèce de pâturage, quand il est rustique; mais, pour un travail soutenu, le régime de l'écurie, avec lequel il trouve sa nourriture et sa litière aussitôt après la besogne, est préférable. Les fourrages verts, le panais, la carotte, les pommes de terre, joints à de la paille et à du foin, peuvent convenir aux chevaux de gros trait. Comme fourrage sec, il faut choisir un foin cassant sans l'être trop, plutôt que mou; pas de regain, mais du trèfle, de la luzerne, de la lupuline, du sainfoin, du lentillon; des pailles saines; de l'avoine, d'autant meilleure qu'elle est plus lourde, que les grains glissent plus facilement les uns sur les autres, qu'elle est plus exempte de poussières et de graines étrangères. L'orge, qui remplace l'avoine dans le Midi et en Algérie, convient bien aux chevaux qui y sont habitués, surtout en mélange avec le seigle. Le son frais, blanchissant l'eau et les mains, entre aussi dans les rations, ainsi que le maïs, qui prend sous ce rapport de plus en plus d'importance, la fève, la féverole, etc. Nous donnons ici quatre rations différentes pour le cheval et une pour le bœuf :

Cheval de gros trait d'un poids de 700 kilog., travaillant au pas, à Paris, 12 heures par jour en moyenne : foin, 7 kilog. ; avoine, suivant le travail, de 18 à 23 litres, environ 10 kilog. ; son, 2 kilog. ; paille, 2 kilog.

Cheval de trait léger : rations de la cavalerie des Omnibus de Paris :

Ancienne ration sans maïs :

Aliments.	
Foin. . . .	3 k. 750
Paille . . .	2 k. 350
Son	1 k. »
Avoine. . .	8 k. »

Relation nutritive d'après les tables.

$$= \frac{1466}{665 + 7088} = \frac{1}{5,3}.$$

Rapport adipo-protéique.

$$= \frac{665}{1466} = \frac{1}{2,2}.$$

Ration nouvelle avec maïs :

Aliments.	
Foin. . . .	3 k. 750
Paille . . .	2 k. 350
Son	1 k. »
Avoine. . .	5 k. »
Maïs. . . .	3 k. »

Relation nutritive.

$$= \frac{1424}{689 + 7220} = \frac{1}{5,5}.$$

Rapport adipo-protéique.

$$= \frac{689}{1424} = \frac{1}{2}.$$

Cette dernière ration, à cause du prix relativement peu élevé du maïs, a permis à la Compagnie des Omnibus de réaliser de notables économies sur la nourriture des chevaux.

Cheval de selle. Cavalerie légère : ration sur le pied de paix : foin, 4 kilog., paille, 5 kilog., avoine, 3 kilog. ; sur le pied de guerre : foin, 5 kilog., paille, 4 kilog., avoine, 3 kilog. 80.

Étalon pur sang de haras en temps ordinaire : foin, 7 kilog., paille, 5 kilog., avoine, 4 kilog.

Bœuf de travail : il faut donner aux bœufs de travail peu

de résidus très humides, joindre du fourrage sec au fourrage vert, ou laisser celui-ci se faner avant de le leur présenter; une ration de grain ou de tourteaux augmente leur énergie. La relation nutritive utilisée dans ce cas peut se tenir entre les rapports $\frac{1}{9}$ et $\frac{1}{11}$.

Production de la laine.

La laine est achetée au poids et estimée suivant sa qualité : le propriétaire d'un troupeau *producteur de laine* doit donc s'efforcer d'exploiter des bêtes qui, dans leur groupe, donnent individuellement les toisons les plus lourdes et les meilleures.

Dans un brin de laine il y a à considérer : la longueur, le diamètre, la résistance, la douceur ou le moelleux et la couleur. Une toison est dite *fermée*, quand elle est constituée par des mèches carrées, qui se touchent et s'appuient les unes contre les autres; elle est dite *ouverte* ou *mécheuse*, lorsqu'elle se compose de mèches pointues.

Pour apprécier judicieusement une toison, il faut étudier son étendue, son état de tassement, son homogénéité, enfin sa pureté par rapport aux poils raides interposés entre les brins et qui prennent le nom de *jarre*.

Tonte. — La récolte de la laine se fait généralement au moyen de *ciseaux*, de *forces* ou de *tondeuses*. Dans certains pays, on lave la laine sur le dos des moutons avant la tonte : c'est le *lavage à dos;* dans d'autres, on vend la laine *en suint*, c'est-à-dire telle qu'elle est recueillie, avec la matière grasse et les impuretés. Il serait avantageux, pour éviter les fraudes de part et d'autre, que chaque propriétaire pratiquât le lavage des laines avant la vente des toisons.

La *tonte annuelle* est la plus commune; elle s'effectue à la fin du printemps ou au début de l'été, par un temps chaud; la *tonte bisannuelle* doit être rejetée, bien qu'elle donne souvent des brins d'une longueur double, parce qu'au bout de douze ou quatorze mois de pousse la laine est *mûre*, et qu'il se détache facilement des mèches de la toison; d'ailleurs, pendant la saison chaude, entre deux tontes, les moutons souffriraient beaucoup et dépériraient.

La toison, une fois coupée, est enroulée, l'extérieur en dedans, liée fortement, et déposée dans un endroit obscur.

Production du fumier.

Nous venons d'envisager successivement les différents produits : lait, viande, travail, laine, etc., que donnent les animaux de la ferme; les déchets de ces diverses fabrications constituent le fumier et n'offrent pas une moindre importance pour l'agriculteur. On exploitait même anciennement le bétail proprement dit surtout dans le but d'en obtenir ces résidus. L'étude de l'alimentation et du coefficient de digestibilité nous a fait voir que le fumier recueilli est d'autant plus riche en principes fertilisants que les rations alimentaires sont plus abondantes et mieux composées. C'est dire qu'en somme, pour obtenir économiquement de bon fumier, il n'y a qu'à produire rationnellement de la viande, du lait, etc. ; les deux résultats sont corrélatifs, et le cultivateur qui nourrit mal ses bêtes n'obtient ni l'un ni l'autre : faire petit, mais faire bien, est un principe à appliquer particulièrement dans ce cas, et, s'il est vrai que *bien nourrir coûte cher*, *mal nourrir coûte certainement plus encore*. Une vache convenablement entretenue laisse toujours un bénéfice plus élevé que deux vaches mal soignées.

CHAPITRE XLVII.

MÉTHODES DE GYMNASTIQUE.

Gymnastique de la digestion. — Précocité. — Pratique de la gymnastique de la digestion.
Gymnastique de la lactation.
Spécialisation des races.

On sait à quels résultats surprenants parvient l'homme qui soumet à une gymnastique bien entendue l'un quelconque de ses organes. Ceux que l'on observe chez les animaux sont également remarquables.

Il convient de rappeler que le mot *gymnastique* a ici un sens beaucoup plus large que celui qu'on lui attribue communément : il signifie *exercice physiologique*, *rationnel*, *méthodique*, d'un organe ou d'un appareil quelconque, appartenant ou n'appartenant pas à la vie de relation. C'est ainsi que nous allons étudier les méthodes de gymnastique, qui, appliquées aux organes digestifs et mammaires, permettent d'en accroître considérablement le rendement.

Gymnastique de la digestion. — L'action d'une nourriture appropriée et abondante a pour effet de produire dans l'organisme des modifications nombreuses et très importantes. L'animal ayant subi l'influence de la gymnastique appliquée aux organes d'alimentation et d'assimilation présente, par rapport à ses congénères, des formes plus massives, un poids plus élevé, une plus grande ampleur du tronc, relativement au volume du squelette, qui se trouve réduit.

Précocité. — La conséquence première de la gymnastique digestive est la précocité des animaux qui la subissent. L'animal précoce arrive à l'état adulte avant le temps normalement fixé pour son espèce. Il y a chez lui formation plus active des tissus; son entier développement, caractérisé par une évolution dentaire complète et par la soudure des os longs, indiquant que l'individu a atteint son maximum de taille, s'accomplit plus rapidement.

Le temps moyen nécessaire à cet achèvement chez les Bovidés est de 5 ans ; on peut, grâce à la précocité, le réduire à 3 années seulement; les Ovidés précoces sont adultes 12 mois au moins avant les autres.

Il est bon de dire immédiatement que la précocité n'est point l'apanage de quelques races; elle peut se montrer à ses divers degrés chez les races, chez les espèces les plus différentes; il suffit que les conditions qu'elle réclame soient remplies : c'est ainsi qu'on l'observe même chez les poissons, les mollusques (moule, huître), et les insectes (ver à soie).

L'évolution des dents des mammifères précoces ne s'accomplit pas dans le même laps de temps que celle des autres individus de même espèce : le remplacement des dents de lait, par exemple, ne s'effectue pas aux époques habituelles. Il y a fréquemment suppression d'une phase dentaire, c'est-à-dire qu'on voit pousser deux paires de dents au lieu d'une seule paire. L'activité de croissance de l'organisme se manifeste ainsi clairement.

La peau et les poils des animaux précoces sont plus fins et plus souples.

Les cornes des Ruminants, Bovidés et Ovidés, bien que de formation essentiellement différente dans ces deux groupes, semblent diminuer à mesure que la précocité augmente.

L'ossature des animaux améliorés est souvent qualifiée de *légère* : cette expression est exacte relativement au volume des os et au poids vif du corps ; mais elle est fausse, prise dans un sens absolu ; pour M. Sanson, les os provenant de bêtes précoces ont une densité supérieure à celle des os d'animaux communs. Cela tient à la plus grande proportion de matières minérales qu'ils contiennent ; de plus, l'os venu hâtivement est moins spongieux, et son canal médullaire reste relativement petit.

On sait que, lors de sa formation, tout os long est composé de trois parties : deux extrêmes, qu'on nomme *épiphyses*, et une médiane, la *diaphyse*. Au bout d'un certain temps, les deux épiphyses se soudent à la diaphyse, et l'os long est constitué. On a reconnu que cette soudure se faisait à un âge moins avancé chez l'animal précoce que chez les autres.

Le crâne, d'après les recherches de M. Cornevin, se trouve modifié quant à sa forme. Tout ce qui pousse à la précocité développe l'appareil masticateur : avec elle, la capacité crânienne et le poids du cerveau diminuent. La tête des animaux qu'on améliore se transforme peu à peu et tend vers un raccourcissement de la face.

Le rendement, à la boucherie, des bovidés précoces atteint, en viande nette, de 60 à 65 pour 100 du poids vif, tandis que celui des autres animaux du même groupe ne dépasse pas, le plus souvent, 55 pour 100.

N'y aurait-il dans la précocité que l'avantage de produire en un temps plus court un poids égal de viande, même avec des frais généraux aussi élevés, que ce serait déjà beaucoup ; mais il y a plus : l'animal qu'on développe hâtivement assimile mieux et en plus forte proportion que les autres. Chez lui, le coefficient de digestibilité est augmenté ; il fait plus de chair et de graisse avec la même quantité d'aliments, que tout autre individu commun de même espèce.

En revanche, devant trouver, comme le dit Baudement, « le repos au sein de l'abondance », il est clair que cet animal précoce prendra un tempérament lymphatique, peu vif et peu résistant à la fatigue. Ses organes génitaux sembleront diminuer de fécondité et céder le pas aux organes digestifs; vraisemblablement, une précocité exagérée conduirait à la stérilité : aussi est-il bon, pour ces diverses raisons, de ne jamais laisser les animaux qu'on veut rendre précoces complètement immobiles; un peu d'exercice est loin de leur être nuisible.

Pratique de la gymnastique de la digestion. — Lorsqu'on veut mettre en pratique la gymnastique digestive, il faut prendre l'animal dès sa naissance et lui fournir autant de lait qu'il peut en boire sans inconvénient.

On s'assure que la mère, après chaque repas du jeune, garde encore du lait dans sa mamelle : c'est un signe qu'elle suffit à le nourrir. Dans le cas contraire, on lui adjoint une autre nourrice, ou bien on allaite artificiellement, mode qui peut également conduire à la précocité.

S'il s'agit d'un veau, par exemple, on lui donne d'abord du lait pur, non écrémé; on en augmente peu à peu la quantité; puis on remplace successivement une certaine partie de ce lait par de la farine de lin ou d'orge, du son ou du riz cuit, enfin par du tourteau pulvérisé. On arrive ainsi, vers cinq mois, à l'alimenter moitié avec du lait et moitié avec d'autres substances en mélange. La température de cette bouillie est toujours maintenue à peu près égale à celle qu'a le lait au sortir du pis.

Il est important de prolonger l'allaitement aussi longtemps que possible; on le continue jusqu'à huit et même neuf mois pour les Bovidés de choix.

Le sevrage doit être obtenu très lentement et avec beaucoup de soins; dans la suite, l'animal ne subira jamais d'à-coup dans l'alimentation : nous avons déjà fait observer qu'il y aurait, dans ce cas, ralentissement, arrêt et quelquefois rétrogradation dans son développement. Il est également indispensable que les aliments lui soient fournis abondamment, en quantité et en qualité, la relation nutritive oscillant autour de 1/3, pour les Bovidés et les Ovidés, et de 1/4, pour les Équidés et les Suidés. La ration doit contenir des grains et, parmi les éléments minéraux, suffisamment de phosphates pour que le développement du squelette se fasse convenablement.

Les conditions que nous venons d'énumérer ne peuvent être partout réalisées; s'il importe de tendre toujours vers l'obtention de bêtes précoces, il n'est pas moins vrai que le cultivateur intelligent doit savoir mesurer la précocité des animaux qu'il utilise aux ressources fourragères dont il dispose, afin d'en obtenir le rendement maximum. Il en est de la précocité comme de la spécialisation des races, dont nous allons parler.

Gymnastique de la lactation. — D'ordinaire, c'est sous l'influence de la gestation que l'appareil mammaire fonctionne; mais telle est la puissance de la gymnastique sur cet organe, que le pis d'une jeune femelle non encore mère peut fournir une quantité très appréciable de lait, lorsqu'il a subi des mulsions répétées.

Il est clair, d'après cela, que l'aptitude laitière doit pouvoir se développer considérablement par la gymnastique : c'est ainsi que le pis, agrandi chez les races exploitées en vue de cette aptitude, reste petit chez celles qui ne le sont pas.

On doit donc suivre, surtout pour l'organe mammaire, les méthodes de gymnastique rationnelle appliquées dans les précédents cas. C'est dire qu'il convient de demander à la femelle, dès son jeune âge et progressivement, la plus grande quantité de lait compatible avec son tempérament et le milieu dans lequel elle vit. Le meilleur procédé est, semble-t-il, de lui faire produire son premier fruit le plus tôt possible : l'appareil mammaire se développe dès ce moment, et le jeune, en tétant fréquemment sa mère, conduit au but cherché. Cependant la femelle ayant à pourvoir, dans le cas de gestation précoce, à son accroissement et à celui du fœtus qu'elle porte, il est indispensable de l'alimenter copieusement, sous peine de la voir bientôt péricliter.

Dans la pratique, lorsqu'il s'agit de races exploitées en vue de la lactation, on fait souvent saillir la génisse vers l'âge de 12 à 15 mois; mais nous avons déjà fait observer que cette méthode n'est pas goûtée de tous les éleveurs.

En raison de l'excitation produite par les manœuvres de la mulsion sur la sécrétion mammaire, deux ou trois traites par jour donnent plus de lait qu'une seule. L'influence de cette excitation persiste assez longtemps. C'est surtout pendant la traite que la mamelle sécrète; immédiatement après, elle continue à fonctionner activement, puis son activité s'atténue avec le temps. En laissant un intervalle de douze heures entre deux traites, on a moins de lait que si l'on avait trait de six heures en six heures. Un excédent de 22 pour 100 de lait a été obtenu en effectuant trois traites par jour, au lieu de deux; en moyenne, la plus-value ainsi acquise se maintient entre 4 et 8 pour 100.

Spécialisation des races. — La spécialisation des races, c'est « l'appropriation de chacune d'elles à un genre unique d'emploi; spécialiser une race, c'est développer l'une quelconque de ses aptitudes, à l'exclusion de toutes les autres ».

Baudement présentait la spécialisation des races comme synonyme de la perfection zootechnique. Il n'admettait pas, comme on le dit quelquefois, qu'elle puisse être appliquée partout et dans tous les milieux économiques; mais il la montrait comme le but à atteindre.

Cette doctrine a ses partisans et ses adversaires; ces derniers cherchent à utiliser à la fois toutes les aptitudes que possède un même animal. Sans entrer dans la discussion de cette question, très complexe et très importante, nous croyons que la tendance de la spécialisation, en zootechnie, comme dans toute autre industrie, marche avec le progrès et en est inséparable. Il ne faut donc pas spécialiser à outrance; certains milieux, où la culture est peu avancée, comportent très bien, par exemple, l'utilisation rationnelle de la vache comme moteur, comme mère, comme productrice de lait et comme bête de boucherie; mais il faut spécialiser davantage à mesure que le système cultural s'améliore.

Dans ce cas, d'ailleurs, la spécialisation des aptitudes vient d'elle-même prendre sa place, lentement mais naturellement aussi, conformément aux lois biologiques et économiques. Elle s'impose lorsqu'on soumet à une gymnastique plus complète les différents organes des animaux; car il est impossible de les développer tous à un degré égal, en vertu de la loi du balancement des forces organiques, qui veut « qu'un organe normal ou pathologique ne puisse acquérir une prospérité extraordinaire, sans qu'un autre de son système ou de ses relations en souffre dans une même raison ».

Il y a des limites naturelles à la trop grande spécialisation, limites qu'on ne peut dépasser, si l'on tient à conserver la santé à l'animal et à en obtenir toujours des produits de bonne qualité.

CHAPITRE XLVIII.

DE L'HÉRÉDITÉ.

Définitions. — Hérédité prépondérante. — Hérédité bilatérale. — Hérédité atavique ou atavisme.— Infection de la mère.— Autres modes d'hérédité.

Définitions. — Sous l'influence de diverses causes, dont les unes sont indépendantes de l'homme, telles que le climat, la nature du sol, etc., et dont d'autres, la gymnastique, par exemple, dépendent de ses soins et de ses efforts, l'animal se modifie plus ou moins profondément. Il acquiert des formes et des aptitudes nouvelles et les transmet, avec les caractères qu'il tient de ses ancêtres, suivant les *phénomènes d'hérédité*.

L'étude de l'hérédité présente, au point de vue biologique, une importance de premier ordre ; et la connaissance de ses lois fournirait à la pratique de puissants moyens d'action. Malheureusement, dans cette voie, nous n'avons jusqu'ici point de base certaine : c'est pourquoi nous énumérerons simplement les divers groupes de phénomènes héréditaires qu'on peut observer en zootechnie.

Dans la production sexuelle, chacun des procréateurs peut être considéré, en définitive, comme fournissant au nouvel être deux sortes de germes évolutifs : ceux qu'il tient de ses ascendants et qui se sont accumulés en lui, et, en second lieu, ceux des caractères qu'il a acquis en subissant les modifications dont nous avons parlé. On peut supposer que l'acte de la fécondation met en présence un certain nombre d'éléments ayant des tendances diverses, et parmi lesquels, dans un même groupe, les plus nombreux ou les plus puissants prennent le dessus.

On distingue tout d'abord le mode d'*hérédité individuelle*, qui veut que les caractères propres au reproducteur direct considéré se remarquent dans ses descendants, du mode qu'on appelle *atavisme*, et suivant lequel les caractères d'ascendants plus ou moins éloignés sont visibles chez le produit.

Hérédité prépondérante. — Certains reproducteurs, dénommés *bons raceurs*, ont une puissance héréditaire telle, qu'elle prime complètement celle du reproducteur de sexe opposé.

L'animal qualifié *bon raceur* semble agir dans la procréation comme s'il était seul. Il est à rechercher toutes les fois qu'il possède les qualités qu'on désire, car il les reproduit, au moins pendant quelque temps, avec une quasi-certitude, dans ses descendants.

Hérédité bilatérale. — Le plus souvent, le jeune tient à la fois de son père et de sa mère, mais dans une mesure très variable. Son sexe ne peut être déterminé *a priori* par la considération de ses ascendants directs; car, parmi les nombreuses hypothèses émises à cet égard, celle qui trouve le plus facilement créance est uniquement basée sur l'appréciation de la puissance physiologique de chacun des parents; celui des deux chez lequel elle est plus élevée donnerait son sexe au produit. Or, cette puissance physiologique, d'ailleurs non définie, outre qu'elle n'est pas en rapport avec la puissance génésique, reste surtout impossible à mesurer.

Tantôt le produit nous paraît tenir autant du père que de la mère : il semble intermédiaire entre les deux; tantôt, au contraire, on remarque chez lui une prédominance des caractères du mâle ou bien de ceux de la femelle. On a souvent attribué à chacun des deux reproducteurs un rôle spécial qui lui ferait transmettre plus sûrement, soit l'extérieur de l'animal, soit ses organes internes. On a voulu également donner, tantôt à la mère, tantôt au père, la plus grande part dans les caractères du produit; mais les faits contradictoires sont trop nombreux pour permettre d'en rien conclure. Il convient néanmoins d'apporter toujours plus de soin dans le choix du mâle, parce qu'il féconde un nombre relativement élevé de femelles.

Hérédité atavique ou atavisme. — Même dans le cas d'hérédité prépondérante, et à plus forte raison dans celui d'hérédité bilatérale, les caractères des parents, que nous n'apercevons plus chez les produits, semblent néanmoins se transmettre d'une manière qu'on peut appeler *virtuelle*, puisque, après être restés plusieurs générations sans nous apparaître, ils peuvent se montrer de nouveau, avec une grande netteté. Ce phénomène, non contestable, de la réapparition, chez les descendants, de caractères appartenant seulement à des ascendants parfois très anciens, est appelé *atavisme, hérédité en retour* : c'est le *coup en arrière* (Rückschlag) des Allemands et la *retrogradation* des Anglais.

L'hérédité atavique constitue, comme nous le verrons, un obstacle contre lequel il faut souvent lutter dans les opérations de croisement et de métissage. Elle donne à quelques-uns des animaux obtenus par ces méthodes de reproduction les caractères, en partie ou complètement disparus, d'ancêtres fort éloignés du type cherché.

Infection de la mère. — Un ensemble de faits généralement accepté ne permet pas de passer sous silence ce qu'on entend par *atavisme indirect, mésalliance initiale, infection de la mère*, c'est-à-dire l'influence que peut avoir une première fécondation sur celles qui suivent. Bien que peu explicable, comme d'ailleurs tous les phénomènes d'hérédité, cette influence ne paraît pas devoir être toujours niée.

Beaucoup d'éleveurs admettent, en effet, qu'une femelle fécondée une première fois par un mâle de peu de valeur donnera, dans les gestations ultérieures, des produits qui tiendront toujours plus ou moins de celui-ci, quels que soient les autres reproducteurs mâles employés.

Autres modes d'hérédité. — Il y a lieu, dans la pratique, de ne pas oublier que les mêmes particularités se reproduisent le plus souvent aux mêmes âges et dans le même ordre chez les descendants. Il en est ainsi pour certaines maladies héréditaires : la pousse, le cornage, les tares ; certains vices de caractère peuvent n'apparaître qu'à une époque déterminée de l'existence de l'animal. Il semble rationnel d'admettre que ce n'est pas la maladie elle-même, ou la tare au sens général du mot, qui se transmet, mais qu'il y a simplement, chez le jeune, une prédisposition, un terrain tout préparé, qui en permet l'évolution sous l'influence de circonstances extérieures déterminantes.

Parmi les maladies transmissibles héréditairement, celles qui ont trait au système nerveux passent plus fidèlement que toutes les autres dans les produits.

Les blessures, les mutilations accidentelles ou voulues, ne se reproduisent point ; cependant les lésions du système nerveux, résultant d'un accident ou provoquées expérimentalement (comme on peut le faire pour l'épilepsie), se retrouvent le plus souvent dans la descendance.

CHAPITRE XLIX.

Formation des groupes. — Variété. — Race. — Espèce. — Genre.

Formation des groupes. — Ce que nous savons des différenciations qui se produisent chez les êtres vivants et de la possibilité de leur fixation dans la descendance de ces mêmes êtres, nous conduit à penser qu'il s'est formé des groupes d'individus se rapprochant plus ou moins entre eux et s'éloignant plus ou moins des autres. Ce sont ces groupes, qu'on ne définit pas toujours de la même manière, que nous allons examiner en ce qui concerne les animaux qui nous intéressent.

Nous nous en tiendrons, pour l'établissement de ces groupes, aux définitions suivantes.

Variété. — La variété est une collection d'individus de même souche, se distinguant de leurs congénères par un ou plusieurs caractères communs, qu'ils ne transmettent pas à leurs descendants. Il faut donc au moins deux individus pour constituer la variété. Les variétés animales peuvent provenir de croisements, être la conséquence d'un changement de milieu, ou apparaître sans causes distinctes.

Race. — La race n'est autre chose qu'une variété fixée; elle se distingue de la variété proprement dite en ce qu'elle possède la fixité, la puissance héréditaire. C'est « le groupe des individus semblables appartenant à une même espèce, ayant reçu et transmettant par voie de génération sexuelle les caractères d'une variété primitive ».

La race n'existe que par une collectivité dotée d'un ou de plusieurs caractères propres et héréditaires.

Elle peut se former d'emblée, c'est-à-dire qu'un caractère individuel apparu isolément peut avoir la fixité dès le début, et l'individu qui le présente être un *raceur*, ou bien sous l'influence d'une action naturelle, ou enfin par l'intervention de l'homme.

Dans le langage des éleveurs, on emploie les termes de *race* et de *sous-race* en les appliquant plutôt à l'appréciation des caractères qu'à la filiation.

Espèce. — L'espèce « n'est qu'un stade, qu'une collectivité relativement temporaire, tenant au passé, d'où elle vient, et à l'avenir par les formes qui en dériveront ; elle ne peut être considérée isolément ».

Lorsqu'on envisage l'espèce au point de vue des formes et des caractères extérieurs, on rassemble, pour former ce groupe, les individus ayant des traits communs et transmissibles aux descendants. Mais l'appréciation des caractères spécifiques étant laissée au libre arbitre de chacun, il en résulte que les espèces basées sur les caractères morphologiques ont une valeur très inégale, et, dans ce cas, elles ne se séparent pas nettement des races. Si l'on se place au point de vue physiologique, et qu'on établisse l'espèce sur la faculté de reproduction, on évite dans une large mesure l'arbitraire, sans cependant arriver à la rigueur absolue. L'espèce se compose alors des individus qui s'unissent et donnent naissance à des individus de leur type, féconds comme eux.

Quand, à la suite de l'union, il y a production de sujets inféconds ou d'une fécondité limitée, unilatérale, c'est-à-dire réduite aux individus d'un seul sexe, il n'y a plus identité d'espèce.

Cela ne veut pas dire que les degrés de fécondité soient en rapport avec les caractères morphologiques. Il peut y avoir plus de dissemblances extérieures entre deux groupes éloignés d'une même espèce, dont les individus et les descendants se reproduisent entre eux, qu'entre deux espèces voisines, dont les représentants accouplés ne donnent que des produits inféconds.

Genre. — On appelle *genre* le groupe immédiatement supérieur au précédent, et qui réunit un certain nombre d'espèces ayant entre elles une grande analogie ; parfois le genre se subdivise en sous-genres.

Au-dessus du genre se placent la *famille*, l'*ordre* et enfin la *classe*, groupes dont la délimitation n'a que peu d'importance pour le zootechnicien.

CHAPITRE L.

MÉTHODES DE REPRODUCTION.

But des méthodes de reproduction. — Définitions. — Consanguinité. — Sélection. — Divers modes de croisement. — Métissage. — Hybridation. — Industrie mulassière.

But des méthodes de reproduction. — Les divers groupes que nous venons d'énumérer peuvent se former, nous l'avons dit, à l'état de nature, sous l'influence du climat, du sol, de l'altitude, etc., sous l'action des modes divers d'hérédité et aussi par l'intervention humaine, à la suite de la gymnastique organique, de l'alimentation et des méthodes de reproduction que nous avons maintenant à étudier.

Il ne suffit pas, en effet, à l'éleveur de remarquer ou d'avoir fait naître chez certains animaux des caractères intéressants; il lui faut encore pouvoir fixer plus ou moins rapidement ces caractères dans les descendants, et, au besoin, en obtenir de nouveaux, ou bien en établir d'intermédiaires. C'est là le but des méthodes de reproduction, basées sur la connaissance des phénomènes de l'hérédité.

Définitions. — On peut accoupler ensemble des individus de même sang, d'une parenté très étroite : on fait alors de la *consanguinité.*

Si l'on rapproche deux reproducteurs de même race sans qu'ils soient de même sang, on opère par *sélection.* La consanguinité n'est donc qu'un mode restreint de la sélection.

Quand le produit est obtenu par l'union de deux animaux de races différentes, c'est la reproduction en *croisement.*

Enfin, les produits de croisement ou métis accouplés entre eux donnent le *métissage.*

Tous les descendants provenant de ces différents modes de reproduction sont féconds entre eux. Au contraire, les *hybrides*, qu'on confond parfois intentionnellement avec les métis, et qui, pour nous, seront issus de l'alliance de deux individus d'espèce distincte, demeurent généralement inféconds entre eux : tels sont les mulets.

Consanguinité. — Dans la reproduction en consanguinité, les éléments héréditaires en présence ont évidemment peu de divergence. Les atavismes s'ajoutent, et les hérédités individuelles tendent à être aussi rapprochées que possible, quand la consanguinité est étroite; les produits auront, par conséquent, suivant cette théorie, de grandes chances d'analogie avec leurs parents. C'est ce que l'on constate en réalité. Il y a donc lieu, lorsqu'on opère par consanguinité, de choisir avec le plus grand soin les reproducteurs, car, de toute évidence, les défauts se transmettent aussi sûrement que les qualités.

Ce mode de reproduction a été fréquemment employé par les grands éleveurs, surtout en Angleterre (c'est l'*in and in* des Anglais et l'*in Zucht* des Allemands), parce qu'il sert à fixer rapidement les caractères que l'on recherche. Il permet, comme il est facile de le comprendre, d'obtenir une grande homogénéité dans les produits. Cependant on admet quelquefois que la consanguinité a des résultats fâcheux et qu'elle engendre dans la descendance une sorte de dégénérescence, qui se traduit par un abâtardissement général, la stérilité, des affections du système nerveux, etc. Cette thèse ne doit être acceptée que sous réserves, eu égard aux résultats, non contestables, obtenus chez les animaux par la consanguinité. D'ailleurs, si l'on constatait, par son emploi, une tendance à la dégénérescence, il conviendrait de *rafraîchir le sang*, c'est-à-dire de se tenir dans les limites d'une moins proche parenté, d'élargir un peu la consanguinité, et même d'aller chercher des reproducteurs éloignés, si la chose paraissait nécessaire.

Sélection. — La sélection est un mode de reproduction dans la race. Au mot *sélection*, qui veut dire *choix*, s'ajoute donc l'idée que les reproducteurs choisis le sont exclusivement dans la race. Il y a toujours lieu ici, comme dans tout ce qui concerne la mise en pratique des méthodes de reproduction, de procéder par gradation lente. On ne doit pas se laisser guider, dans le choix des reproducteurs, par cette idée que deux défauts contraires s'annuleront pour donner un animal de conformation moyenne et par suite bonne. Cela peut arriver; mais, d'après ce que nous avons vu des lois de l'hérédité, il y a autant de chances pour que le jeune tienne surtout de l'un ou de l'autre de ses parents et soit mal conformé. Les reproducteurs doivent donc posséder une certaine uniformité ; elle n'empêche point de corriger peu à peu les défauts de l'un d'eux, en l'accouplant, par exemple, avec un autre qui les présente d'une façon moins accentuée ou qui est normalement établi. Il n'y a qu'à gagner dans ce cas.

La sélection, sans porter l'hérédité à un aussi haut degré que la consanguinité, est néanmoins un mode de reproduction dans lequel les atavismes diffèrent peu. Elle présente au maximum, par rapport au croisement et au métissage, les chances d'obtenir de bons raceurs, parce qu'elle assure la fixité des caractères. On comprend que c'est une méthode lente d'amélioration ; car, lorsqu'une race ne possède pas une aptitude déterminée, il est moins facile de la développer chez les animaux qui en font partie que d'aller chercher des individus d'une autre race, la possédant à un haut degré et permettant d'opérer un croisement donnant souvent des types intermédiaires. Ce n'est donc forcément qu'au bout d'un certain nombre d'années que la sélection porte ses fruits ; mais la sécurité de l'opération est toujours grande ; en ne mêlant pas les atavismes de deux races, elle diminue le nombre des inconnues du problème, encore si complexe, de l'hérédité. Elle n'entraîne pas, d'ailleurs, à l'achat onéreux de reproducteurs de races très perfectionnées, et permet d'améliorer le bétail parallèlement au système de culture en usage.

La sélection est actuellement mise en pratique dans plusieurs régions de la France ; il est facile de constater qu'elle a donné des résultats remarquables en moins d'un demi-siècle. L'importance que les éleveurs attachent à la possession de reproducteurs de *race pure*, c'est-à-dire dont les ancêtres ont été tous pris dans cette même race, est dès lors compréhensible : de là l'utilité des livres généalogiques, indiquant la provenance héréditaire des animaux destinés à la reproduction, soit qu'on veuille les employer à la sélection, soit qu'on veuille s'en servir pour effectuer des croisements. Dans les deux cas, ces livres permettent de juger de la valeur ou des défauts des parents et des ancêtres, et font connaître les aptitudes particulières de la famille. Ils fournissent donc des données sérieuses et rendent l'opération plus sûre. On les nomme, en raison de leur origine anglaise : *Stud-Book*, livre d'écurie ; *Herd-Book*, livre d'étable ; *Floch-*

Book, livre de bergerie. La généalogie détaillée, qu'on appelle encore *pedigree*, peut être reconstituée à l'aide de ces livres.

Croisement. — On pratique un croisement toutes les fois que l'on accouple deux animaux qui ne sont pas de même race ; les atavismes et les hérédités individuelles diffèrent ; les reproducteurs se ressemblent relativement peu, le plus souvent parce qu'on cherche à améliorer d'un seul coup, en vue d'une aptitude déterminée, une race qui ne la présente point. Il est clair que les opérations de croisement sont assez aléatoires ; il y a prépondérance héréditaire d'une race sur l'autre, sans que ce soit sûrement la race la plus perfectionnée qui l'emporte : certains caractères apparaissent ou sont plus marqués, alors qu'on n'y comptait pas ou qu'on pensait les faire disparaître.

Il faut tenir compte du milieu dans lequel vivent les deux races : tantôt elles ont une certaine prédisposition ou affinité l'une pour l'autre, tantôt leur mélange ne donne que de mauvais produits. Il est important qu'il y ait harmonie entre les types choisis, et qu'on ne procède pas par la méthode des compensations, en cherchant, par la réunion de deux animaux possédant des caractères opposés, à obtenir un produit moyen.

On peut effectuer le croisement de plusieurs manières. Lorsqu'on opère par *croisement continu*, on cherche à remplacer, dans une certaine mesure ou même complètement, la race qu'on croise par la race amélioratrice. Un reproducteur de celle-ci est d'abord allié à un individu choisi de la race à améliorer, puis au métis de premier croisement ainsi obtenu ; il en résulte un nouveau métis, qu'on accouple encore avec un reproducteur de la race amélioratrice, et ainsi de suite.

« Si l'on exprime par 1 la distance qui sépare deux races pures qu'on va unir, le produit issu de ces deux races se tient, *théoriquement*, à égale distance de l'une et de l'autre, et la fraction $\frac{1}{2}$ peut lui être appliquée. Si ce métis, devenu adulte, féconde ou est fécondé par un sujet de l'une des races dont il est issu, le produit se rapproche davantage de cette race, et la formule $\frac{3}{4}$ lui est applicable. Et ainsi de suite. » (CORNEVIN.)

A ces termes de

$$\frac{1+0}{2}=\frac{1}{2};\quad \frac{1+0,50}{2}=\frac{3}{4};\quad \frac{1+0,75}{2}=\frac{7}{8};\quad \frac{1+0,875}{2}=\frac{15}{16},\ \text{etc.}$$

on ajoute généralement le mot *sang*, et l'on dit qu'un animal est *demi-sang*, *trois-quarts de sang*, etc.

Le terme *sang* peut avoir la signification de *perfection du système nerveux*, d'*énergie vitale*. On dit d'un animal qu'il a *du sang*. Mais le plus souvent cette expression désigne, comme dans le cas qui nous occupe, la pureté de la race : *cheval pur sang*, par exemple, veut dire cheval dont le père et la mère sont inscrits au Stud-Book des chevaux de course. Pour toutes les autres races, on ajoute leur nom au qualificatif : ainsi on dit *pur sang percheron*, etc. Les expressions *demi-sang* ou *trois-quarts de sang* ne veulent évidemment pas laisser entendre que l'animal tient autant de son père que de sa mère, ou qu'il a 3 unités de sang d'une race, pour 1 de l'autre race ; cela indique tout simplement que le métis appartient à la première ou à la deuxième génération de croisement continu.

On comprend qu'au bout d'un certain nombre de générations, les métis obtenus soient, théoriquement, très près de la race amélioratrice, et c'est à la cinquième génération que certains considèrent ce retour comme définitif. On a donné à la loi qui régit ces phénomènes le nom de *loi de réversion*. En pratique, elle semble agir très souvent, bien qu'il y ait des exceptions ; mais le nombre de générations après lequel elle se manifeste assez clairement n'est nullement déterminé. La réversion peut se faire dès la deuxième génération, ou bien attendre la dixième. Quelquefois on constate des sauts brusques dus à l'atavisme. Néanmoins, malgré cela, l'absorption d'une race par une autre est possible au moyen du croisement continu, lorsqu'on le pratique dans les conditions indiquées et avec persistance, malgré les coups en arrière de l'hérédité atavique. C'est un moyen moins sûr, mais aussi moins long que la sélection, et qui, en conséquence, peut être employé, par exemple, lorsque le sol d'un pays s'améliore rapidement par suite de l'apport de phosphates, de chaux, etc., afin de mettre rapidement le bétail en harmonie avec le système de culture.

Le croisement dit *alternatif* consiste à maintenir les métis à un certaine distance des deux races. Il exige, en quelque sorte, le dosage héréditaire des races à employer, de façon à ramener les produits au point voulu, en utilisant tantôt l'une, tantôt l'autre, suivant ce qu'il faut ajouter ou retrancher à ces produits. C'est un mode de reproduction très chanceux, et, par suite, demandant une grande habileté.

On désigne sous le nom de *croisement industriel* ou de première génération l'opération qui consiste à n'obtenir que des demi-sang, sans croiser à nouveau ceux-ci. Cette méthode, très usitée en Angleterre, particulièrement en vue de la production des animaux de boucherie et des chevaux dits de demi-sang, et qui commence à se répandre en France, donne souvent des résultats pécuniaires avantageux.

Métissage. — Le métissage est l'union des métis entre eux. Plus encore que dans le croisement, les hérédités ataviques et individuelles sont ici dissemblables, les deux métis pouvant représenter quatre races. Il y a donc, dans la plupart des cas, obtention de produits très disparates, qu'on dit en *variation désordonnée*, suivant l'expression que M. Naudin appliquait aux végétaux provenant de métissage, mais lorsque ce mode est pratiqué avec certaines races qui semblent se convenir, il peut conduire à un nouveau groupe ayant tous les caractères d'une race fixée. Ce fait n'est pas admis par tous les savants, et, en particulier, par les adversaires du transformisme, qui prétendent que les métis finissent toujours par retourner à l'un ou à l'autre des types mis en présence, ces types ne pouvant varier que dans une mesure déterminée. Quoi qu'il en soit, de l'avis des anthropologistes et de la majorité des naturalistes, la possibilité de créer des races par métissage existe, comme nous le montre, d'ailleurs, le pur sang anglais, dont l'origine est métisse, les porcs Yorkshire, Berkshire, le chien danois, etc., qui ne sont que des races métisses, mais présentant une homogénéité au moins aussi grande que celle des autres races. Il en est encore des exemples plus probants et plus nombreux chez les oiseaux.

Le métissage est bien autrement difficile à mettre en pratique que le croisement, mais néanmoins il donne parfois des résultats avantageux; allié à la sélection, à la consanguinité, il peut certainement conduire à la création de races nouvelles.

Hybridation. — Les hybrides sont toujours inféconds entre eux; chez certains hybrides, les deux sexes sont inféconds; chez d'autres, le mâle seul est infécond, et la femelle peut reproduire, accouplée avec l'une des espèces qui lui a donné naissance. Les hybrides les plus connus sont le *mulet*, issu de l'accouplement de l'âne et de la jument, et le *bardot*, qui provient du cheval et de l'ânesse, et qu'on rencontre beaucoup moins fréquemment. Parmi les Bovidés, les hybrides, obtenus en assez grand nombre en Asie, sont le fruit de l'union de l'yack et de la vache, ou du taureau et de la femelle de l'yack. Dans la famille des Ovidés, l'hybridation est facile : le produit du bouc et de la brebis, ou du bélier et de la chèvre, prend le nom de *chabin;* il est estimé au Chili. La chèvre et le mouflon peuvent également produire des métis. Le groupe des oiseaux présente des cas nombreux d'hybridation ; les deux plus communs donnent naissance au *coquart*, issu du rapprochement du faisan commun avec la poule, ou du coq avec la faisane, et au *mulard*, hybride du canard musqué ou de Barbarie avec le canard ordinaire.

Industrie mulassière. — C'est surtout dans le Poitou, la Gascogne et le sud-est de la France qu'on produit des mules et des mulets ; mais ceux du Poitou sont particulièrement recherchés et constituent, depuis longtemps déjà, une grande source de richesse pour ce pays. Le mulet est plus sobre que le cheval ; il a le pied plus sûr, et dans certaines circonstances son emploi est tout indiqué, bien que son caractère soit généralement difficile. Ce défaut étant moins prononcé chez les femelles, il s'ensuit qu'elles ont une plus grande valeur. On obtient le mulet, en Poitou, par le croisement, avec l'âne, de la race chevaline mulassière poitevine, dont les juments sont étoffées, ont le tempérament lymphatique, les pieds larges et aplatis, le rein court et des masses musculaires épaisses. Leur taille est d'environ $1^{m},60$. Ces femelles portent 11 mois, et les muletons qu'elles mettent au monde exigent des soins minutieux. On les sèvre à 6 ou 8 mois. Il est bon de les castrer, bien qu'ils soient inféconds, afin de les rendre plus doux. On les dresse à l'âge de 18 mois, puis on les fait travailler modérément jusqu'à cinq ans, âge auquel on les vend. Les baudets pris comme étalons sont choisis avec grand soin. Les mulets et les baudets du Poitou atteignent des prix élevés. Mules et mulets sont exportés en grand nombre et toujours très estimés.

CHAPITRE LI.

PRODUCTION DES JEUNES.

Choix des reproducteurs. — Age des reproducteurs. — Examen individuel. — Époques convenables pour la reproduction. — Gestation. — Incubation.

Choix des reproducteurs. — L'importance indéniable des phénomènes héréditaires commande d'apporter la plus grande attention dans le choix des animaux que l'on destine à la reproduction. Il convient d'examiner s'ils possèdent les caractères de leur race, puis leur conformation générale et leurs particularités, et de tenir compte de l'état physiologique et anatomique des organes de la reproduction.

Les *livres généalogiques* (Stud-Book, Herd-Book) seront utilement consultés, si l'on a affaire à un animal dont la filiation s'y trouve relatée; dans le cas contraire, on recherchera les antécédents et la nature des parents; on se renseignera habilement sur leurs qualités, leurs défauts, leur âge au moment de la procréation.

Age des reproducteurs. — Il ne faut accoupler les reproducteurs dont on fait choix ni lorsqu'ils sont trop jeunes, ni lorsqu'ils sont trop âgés : dans les deux cas on a des produits faibles. Cependant, bien que tous les éleveurs ne soient pas d'accord sur l'âge auquel il convient d'effectuer le premier rapprochement, on peut dire que, pour certaines espèces, celui-ci se fait trop tard dans bien des régions et trop tôt dans d'autres; il y a lieu de tenir compte, sur ce point important, du climat, de la précocité plus ou moins grande de la race considérée, de l'alimentation que les animaux reçoivent et aussi de l'apparition des premiers instincts génésiques chez les reproducteurs que l'on a en vue. En règle générale, le taurillon et la génisse peuvent être accouplés dès l'âge de 12 à 15 mois; la jument devrait, prétend-on, être conduite à l'étalon avant 2 ans et demi, les premiers instincts génésiques apparaissant nettement chez elle vers le dix-huitième mois; le verrat et la truie donnent de bons produits dès l'âge de 8 mois; le bélier, vers 15 mois ou même un peu plus tôt. Il convient de tenir compte de ce que la femelle est toujours plus précoce que le mâle, mais aussi de ce qu'une gestation prématurée gêne son développement normal. Ces chiffres, bien qu'approchés, ne sont que des indications relatives, car des variations peuvent avoir lieu avec les races et avec les individus.

Examen individuel. — L'examen individuel, le choix proprement dit des reproducteurs, repose sur les principes exposés dans les chapitres de la production du lait, de la viande, etc., à propos du type des animaux répondant à ces destinations. Quelquefois on se sert d'*échelles de points*, qui permettent d'analyser la conformation de l'animal et de le juger plus sûrement par comparaison.

Chacun des deux procréateurs doit présenter les caractères propres à son sexe d'une façon bien accusée. On est souvent obligé de choisir les individus qu'on veut employer comme reproducteurs quand ils sont encore très jeunes : c'est là une grande difficulté, et lorsqu'il s'agit de mammifères, il faut nécessairement attendre au moins le sevrage. Il est bon de procéder par éliminations successives, au fur et à mesure que les animaux avancent en âge, et que leurs caractères deviennent plus distincts. On ne risque pas ainsi d'éloigner des bêtes qui, dès le début, n'avaient aucune apparence, mais qui, par la suite, prennent une très bonne conformation.

Époques convenables pour la reproduction. — On fait en sorte que les juments mettent bas à la fin de l'hiver ou au commencement du printemps, afin que les poulains puissent les accompagner au pâturage.

Dans le Midi, les agneaux naissent au printemps; ce qui leur permet d'acquérir suffisamment de force pour supporter la transhumance. Dans le Nord, on s'arrange pour que leur sevrage coïncide avec le moment où les résidus industriels sont abondants. Les veaux, les porcs, sont produits, suivant les régions et les agriculteurs, à des époques diverses, et qu'il faut approprier autant que possible aux conditions économiques et culturales de l'exploitation.

Gestation. — La durée moyenne de la gestation est, chez la jument, de 345 jours; chez l'ânesse, de 360 jours; chez la vache, de 284 jours; la brebis porte 149 jours, et la truie

115 jours seulement; mais on peut observer, suivant les individus, plusieurs jours de différence.

Les soins à donner aux femelles en gestation ne sont pas très particuliers; c'est la jument qui en réclame le plus, bien qu'il suffise, dans la première période, d'une grande douceur

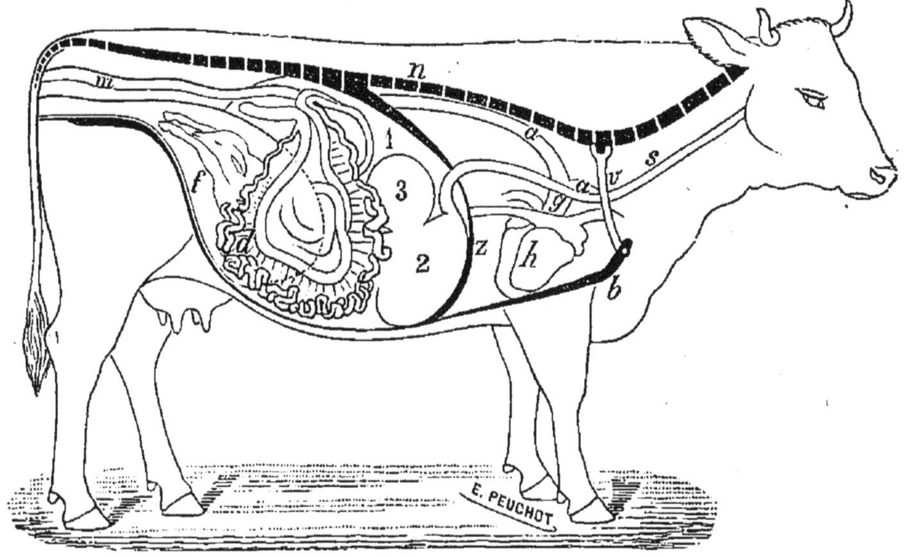

Fig. 62. — Schéma des organes (côté droit) d'un Bovidé (d'après Kræmer).

s. Œsophage. — 1. Panse. — 2. Bonnet. — 3. Feuillet. — *d.* Intestin. — *m.* Rectum. — *h.* Cœur. — *g.* Aorte. — *n.* Colonne vertébrale. — *v.* Première côte. — *b.* Sternum. — *z.* Diaphragme. — *f.* Fœtus.

et d'une certaine attention vis-à-vis des fonctions digestives, toujours un peu troublées. On diminue peu à peu le travail et on augmente la ration plutôt en qualité qu'en poids. La vache doit être placée sur un sol aussi horizontal que possible, et, comme pour toutes les femelles dans le même état, il est nécessaire de lui laisser une tranquillité au moins relative.

Incubation. — L'incubation des œufs des oiseaux de basse-cour demande, en moyenne, 21 jours pour la poule, 19 jours pour le pigeon, de 29 à 30 jours pour l'oie et de 28 à 30 jours pour les canards communs. L'éclosion a toujours lieu un peu plus rapidement pour les œufs mis à couver aussitôt après la ponte que pour ceux pondus depuis un certain temps déjà.

CHAPITRE LII.

ALLAITEMENT, ÉLEVAGE, DRESSAGE.

Allaitement naturel. — Allaitement artificiel. — Sevrage. — Élevage. — Castration. Ferrure. Amputation de la queue des agneaux. — Dressage.

ALLAITEMENT.

Dès qu'un mammifère domestique vient de naître, il convient, après l'avoir fait lécher par sa mère, de le placer près de la mamelle de celle-ci, et au besoin de lui introduire un des trayons dans la bouche : il absorbe ainsi le premier lait ou *colostrum*, qui, loin de se montrer nuisible à la jeune bête, comme on le croit généralement, est, au contraire, indispensable pour débarrasser son estomac et ses intestins des matières, auxquelles on donne le nom de *méconium*, qui s'y sont amassées pendant la vie fœtale.

Si le jeune continue à téter librement sa mère, l'allaitement est dit *naturel;* dans le cas contraire, l'allaitement est *artificiel.*

Allaitement naturel. — C'est le mode le plus commun. Fréquemment on sépare le veau ou le poulain de sa nourrice, et on ne lui permet de s'allaiter qu'à des heures déterminées : c'est là une excellente méthode. Quand une vache donne plus de lait qu'il n'en faut pour alimenter copieusement son veau, on en prélève d'abord une part convenable, mais plutôt trop faible, en trayant la mère; puis on laisse le jeune absorber le reste à la mamelle; mais, nous ne saurions trop le répéter, il y a toujours avantage à le bien soigner dès les premiers jours.

Lorsque l'allaitement naturel doit se prolonger longtemps, il est bon de faire intervenir, à partir d'un mois et demi environ pour le veau, de deux mois pour le poulain, des aliments qui remplacent une partie du lait de la mère, afin de soulager celle-ci et de nourrir plus abondamment les élèves. Si la saison le permet, le mieux est de les mettre au pâturage avec leur nourrice; dans le cas contraire, il convient de leur donner quelques-unes des substances dont on fait usage dans l'allaitement artificiel. On les prépare ainsi au sevrage.

Allaitement artificiel. — Il se pratique à l'aide d'un baquet, dans lequel on fait boire l'animal, d'un biberon de forme spécial ou d'une simple bouteille. L'allaitement artificiel pourrait certainement, dans bien des cas, remplacer l'allaitement naturel, si l'on prenait les soins de propreté tout à fait indispensables à sa bonne réussite.

Les jeunes veaux surtout sont soumis à ce mode d'allaitement; mais on s'en sert aussi, quand besoin est, pour les agneaux, les porcelets et même les poulains, qui cependant absorbent moins volontiers le lait de vache, qu'on emploie le plus souvent en pareille circonstance.

Les veaux s'habituent assez facilement à ce procédé. Pour diminuer le prix de revient de leur allaitement, on a coutume, dans certaines fermes, d'utiliser le lait écrémé, auquel on ajoute une quantité déterminée de farine de lin, de fèves, d'orge, de riz, ou de tout autre aliment analogue.

Sevrage. — Le sevrage consiste à faire passer le jeune animal de la période d'allaitement à la période d'alimentation proprement dite.

Fréquemment, ce passage est beaucoup trop brusque. alors qu'au contraire il devrait s'effectuer avec de grands ménagements, afin d'éviter à l'organisme des modifications rapides, des à-coups, qui, quand ils ne le dépriment pas à tout jamais, en entravent au moins momentanément le développement. Si le sevrage succède à l'allaitement artificiel, « il s'agit de diminuer peu à peu la quantité de lait qu'on distribue aux élèves, et de la remplacer par du lait écrémé, puis par du lait de beurre, des farines délayées, du thé de foin, des soupes, des buvées de tourteaux, dont on augmente progressivement la proportion jusqu'au point de supprimer complètement le lait pur. On leur donne en même temps des fourrages appétissants et de bonne qualité, du vert, des carottes et des betteraves, du regain pour les ruminants, des grains égrugés ou cuits, jusqu'au moment où leur mâchoire est assez puissante pour les broyer quand ils sont distribués à l'état cru ».

Si l'allaitement est naturel, le sevrage du jeune se fait parfois spontanément, quand il accompagne sa mère à la prairie ou quand il s'essaye peu à peu à absorber les aliments que l'on distribue à celle-ci ; mais ce n'est point là une règle habituelle. En général, on procède rationnellement en ne laissant téter les animaux que trois fois par jour la première semaine du sevrage, deux fois seulement la deuxième semaine, et une seule fois la troisième, et en donnant graduellement aux élèves les aliments complémentaires dont nous avons parlé plus haut.

On sèvre généralement le poulain à cinq ou six mois, le veau à deux mois, après lui avoir fait absorber en moyenne 300 litres de lait, l'agneau à quatre mois, le porcelet à deux mois. Cependant, toutes les fois qu'on veut obtenir des animaux de choix ou d'une grande précocité, il convient de prolonger de beaucoup l'allaitement, jusqu'à l'âge de six mois environ pour le veau et de cinq mois pour l'agneau.

D'ailleurs, il y a presque toujours avantage, quand on nourrit bien par la suite, à ne sevrer que le plus tard possible, car on provoque ainsi un développement rapide de l'organisme.

Élevage.

L'élevage des veaux peut se faire en stabulation ou au pâturage. Ce sont les conditions économiques et le régime de l'exploitation, en même temps que le climat, qui déterminent les règles à suivre à cet égard ; mais, de l'avis de la grande majorité des éleveurs, il n'en peut être ainsi pour le poulain, qu'on doit toujours élever dans la prairie.

En effet, les qualités qu'on recherche chez un cheval : développement des articulations, solidité des membres, sûreté du pied, ne sont pas également désirables chez les Bovidés, qui n'ont pas la même destination. Le poulain n'acquiert ces qualités que par un exercice journalier, qu'il prend volontiers lorsqu'il est libre. Pour la même raison, il est préférable de ne pas *entraver* ces élèves lorsqu'ils paissent ; il ne convient pas non plus d'adopter le système du pâturage au piquet, qui gêne leurs mouvements. On ne doit néanmoins les laisser dehors nuit et jour que si le temps le permet.

Parfois, on ne les rentre jamais, même l'hiver ; cette pratique n'est à suivre que sous un climat très doux, alors que la race dont il s'agit jouit d'une certaine rusticité.

Il est important que les prés destinés à l'élevage soient

exempts d'humidité, afin que les jeunes n'aient pas à souffrir des affections que les terrains marécageux engendrent fréquemment.

Les animaux en période de croissance ne devant jamais cesser d'être largement nourris, on leur distribue, si possible, sur le pâturage même, des aliments supplémentaires, des grains aplatis; on les amène d'ailleurs peu à peu, de cette façon, à la ration qu'ils absorberont à l'état adulte.

Les jeunes élèves, particulièrement les poulains, doivent être visités très souvent, pour qu'ils s'habituent à la présence de l'homme, et que leur dressage soit rendu plus facile.

C'est pendant l'élevage qu'on pratique : 1° la castration; 2° la ferrure, s'il s'agit de poulains; 3° l'amputation de la queue, pour les agneaux.

Castration. Ferrure. Amputation de la queue des agneaux. — La castration, en atrophiant les organes de la reproduction, a une grande influence sur le développement ultérieur de l'animal. Le cheval entier a plus de feu, plus de vigueur que le cheval castré; les taureaux ont toujours l'avant-main plus développée que les bœufs. La castration sert puissamment à modifier le caractère du jeune, qui, après l'opération, devient beaucoup plus docile.

Le moment convenable pour l'effectuer varie suivant le but à atteindre : il faut castrer tardivement les animaux qui seront soumis au travail, afin de garder chez eux une certaine énergie; au contraire, il faut castrer le plus tôt possible les jeunes destinés à l'engraissement. Malheureusement, on ne peut pas toujours exécuter la castration dès qu'elle est praticable, l'animal ne montrant souvent pas encore, par ses formes extérieures, s'il sera plus tard bon ou mauvais reproducteur. On préfère donc attendre un développement plus complet avant de prendre une décision : c'est là une des causes qui font que dans bien des cas on castre trop tardivement; l'opération devient alors difficile, et le but cherché n'est pas complètement atteint.

Les chevaux de selle sont castrés vers dix-huit mois, les chevaux de trait seulement vers deux ans. Les veaux non castrés pendant l'allaitement doivent l'être avant huit ou neuf mois, afin que l'animal ne garde pas quelques-uns des caractères du taureau. Les agneaux subissent cette opération vers quatre mois, et les porcelets un peu plus tôt, dès l'âge de trois mois.

Toutes les méthodes de castration demandent un grand soin et une extrême propreté, afin qu'il y ait bien atrophie complète des organes génitaux, et que les suites n'en soient pas dangereuses.

Le poulain castré est appelé *hongre;* le taureau devient *bouvillon,* puis *bœuf;* le bélier, *mouton,* et le verrat, *porc.*

La *ferrure* ne s'applique pendant l'élevage qu'au poulain. Vers l'âge de 18 mois, on lui place de légers fers aux sabots antérieurs, qu'on rogne, d'ailleurs, un peu; puis bientôt on en met aux deux autres sabots, en même temps qu'on commence le dressage.

L'*amputation de la queue* chez l'agneau se fait dans le jeune âge. La queue est gênante pour l'adulte, peu utilisable comme viande ou laine; et il est préférable de la supprimer, puisque l'animal ne court de ce fait aucun danger.

Dressage.

On ne saurait, étant données les connaissances scientifiques acquises, refuser actuellement aux animaux certaines facultés morales, la possibilité de se souvenir, sans nier également l'influence heureuse du dressage et les résultats parfois remarquables qu'on en obtient; le dressage étant basé précisément sur l'emploi que l'on peut faire de ces facultés, si peu accentuées qu'on les suppose.

De même qu'une gymnastique bien comprise développe avantageusement certains organes de la vie végétative, de même le dressage proprement dit donne à l'animal la possibilité d'accomplir des actes profitables à l'homme, que l'absence de mémoire ou son seul instinct ne lui permettraient pas d'exécuter. C'est ainsi que, pour l'animal domestique, il y a une éducation physique (exercice physiologique, gymnastique fonctionnelle) et une éducation morale (dressage), qui tendent à mettre l'organe considéré plus rapidement en harmonie avec la fonction qu'on lui demande de remplir, et qui facilitent l'obtention d'un rendement plus élevé, d'une utilisation pratique plus complète.

Il conviendra, pour bien réussir dans l'éducation des animaux, de prendre de jeunes sujets, de leur faire comprendre surtout ce qu'on exige d'eux, en les plaçant, par exemple, à côté d'un de leurs congénères déjà dressé, de répéter souvent les mêmes choses, d'avoir une grande patience, beaucoup de calme, et de ne châtier les animaux qu'à propos et au moment même de la faute.

Le dressage fait acquérir aux bêtes de travail, et particulièrement aux chevaux, une plus-value parfois considérable : c'est ainsi que les carrossiers allemands, amenés tout dressés, sont parfois préférés aux chevaux normands, bien supérieurs cependant, mais que les éleveurs n'ont pas toujours préparés en vue d'un mode d'utilisation déterminé. Un dressage intelligent donne des qualités au cheval; mais il peut lui faire perdre celles qu'il possède s'il est mal conduit. L'animal doit être habitué, dès le tout jeune âge, à la présence de l'homme; il faut le visiter souvent, lui donner des aliments de choix, des friandises, lui parler doucement en le caressant; bientôt il semblera manifester de l'affection pour la personne qui s'occupe de lui, et l'on peut dire que cette première partie du dressage, quoique très importante, est facile pour quiconque aime les animaux. Dès que l'élève se tient à l'écurie ou à l'étable, il faut l'habituer à être attaché, à se laisser toucher les diverses parties du corps, à lever les pieds pour la ferrure qu'il devra subir. Puis on lui met dans la bouche le bridon, que l'on maintient pendant un temps de plus en plus long ; on l'amène, toujours lentement, à se laisser couvrir du harnais complet. A ce moment vient le dressage proprement dit : on commence, par exemple, pour le cheval de selle, à lui faire accomplir de petites courses sous un faible poids, puis peu à peu, en même temps qu'on augmente la distance parcourue, qu'on réforme et qu'on développe les allures, si cela est nécessaire, on charge l'animal d'un cavalier plus lourd. Quant aux chevaux de trait léger ou de gros trait, on leur demande avantageusement quelque peu de travail un an ou deux avant le moment de la vente, dès l'âge de 18 à 24 mois. On les attelle à des véhicules légers et construits de manière à éviter autant que possible les accidents; on leur fait traîner des fardeaux de plus en plus lourds sur des trajets gradués; ils sont même mis aux travaux des champs ; dans tous les cas, il faut tenir compte de l'allure qu'ils devront posséder plus tard, de la fonction qu'ils auront à remplir, et les y amener peu à peu sans jamais en abuser.

Nous n'avons pas à exposer les pratiques usitées dans

l'entraînement des chevaux de course, bien que l'efficacité d'une gymnastique accomplie dans un but spécial et bien accusé se montre ici d'une manière saisissante.

Le dressage de l'animal le conduit à la période d'utilisation et termine son élevage.

En règle générale, les pays qui font actuellement l'élevage exportent les animaux qu'ils produisent; car, pour la bonne croissance du bétail, il y a des nécessités de sol, de climat, de cultures, différentes de celles qui sont utiles pour l'engraissement par exemple : c'est ainsi que certaines régions sont réputées pour la production des jeunes, à l'exclusion d'autres régions, qui se livrent plus spécialement à des spéculations d'un genre différent. Il s'établit dès lors une sorte de division du travail, dont peuvent profiter à la fois éleveurs et engraisseurs.

CHAPITRE LIII.

DENTITION.

Définitions. — Structure de la dent. — Usure, table dentaire. — Chronomètre dentaire : espèce chevaline; espèce bovine; espèce ovine.

Détermination de l'âge des bovidés par l'examen des cornes.

Définitions. — L'évolution des dents et les changements successifs qu'elles subissent par l'effet de l'usure servent à déterminer approximativement l'âge des mammifères domestiques.

Les dents ont été divisées en *incisives*, *canines* ou *crochets* et *molaires;* mais les incisives surtout sont intéressantes pour nous.

On compte six incisives à chaque mâchoire chez les Équidés, et huit chez les Ruminants, qui n'en possèdent qu'à la mâchoire inférieure.

Les *dents de lait* ou *caduques* apparaissent tout d'abord chez le jeune animal; elles sont remplacées, après leur chute, par les *dents permanentes* ou *dents de remplacement*, appelées encore *dents de cheval* chez les Équidés. Les dents de lait se distinguent facilement des dents permanentes, en ce qu'elles sont plus petites, plus blanches et plus nettes, et en ce qu'elles ont un collet plus apparent.

Les crochets et les dernières molaires viennent tard, mais ne tombent point : ce sont les dents *persistantes*.

Les incisives médianes se nomment *pinces ;* les deux qui viennent ensuite (une de chaque côté) sont les *premières mitoyennes* chez les Ruminants, et simplement les *mitoyennes* chez les Équidés ; les deux suivantes sont les *deuxièmes mitoyennes* chez les Ruminants, et les *coins* chez les Équidés, qui n'ont que six incisives ; enfin les deux dernières sont les *coins* des Ruminants. On a ainsi, dans une mâchoire complète de Ruminant, en allant d'une extrémité à l'autre des incisives :

Coin, 2e mitoyenne, 1re mitoyenne, pinces, 1re mitoyenne, 2e mitoyenne, coin.

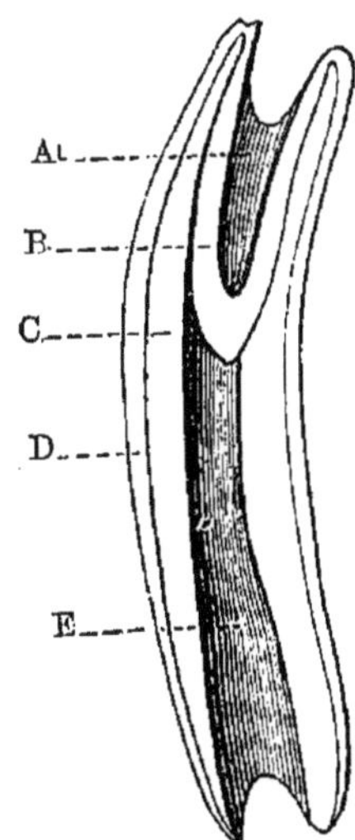

Fig. 63.
Section d'une dent incisive de cheval.
A. Cornet supérieur.
B. Émail.
C. Ivoire de la dent.
D. Émail extérieur.
E. Cornet inférieur.

Structure de la dent. — Nous supposerons connue la constitution de la dent (*fig.* 63), et nous admettrons qu'elle est formée d'un petit bloc d'ivoire percé de deux trous : l'un inférieur, *cornet dentaire interne*, qui reçoit la pulpe de la dent ; l'autre supérieur, qu'on appelle *cornet dentaire externe*.

Toute la partie située au-dessus du *collet*, et, par conséquent, visible, est, dans le jeune âge, complètement recouverte d'émail ; le cornet dentaire externe se trouve, par suite, également émaillé, et l'enduit noirâtre qui en tapisse le fond constitue ce qu'on appelle le *germe de fève*.

Usure, table dentaire. — Une incisive peut être considérée comme ayant grossièrement la forme d'une petite pelle ; la partie enfoncée dans la gencive en serait le manche. Elle présente au début deux faces et un bord antérieur tranchant. Peu à peu, par l'usure, il se forme une troisième face sur la partie tournée à l'intérieur de la bouche ;

et cette face, primitivement étroite et très oblique, s'élargit et devient de plus en plus horizontale à mesure que la dent s'use ; on l'appelle la *table dentaire.*

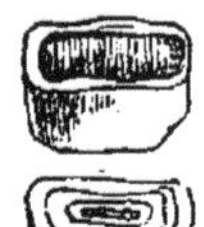

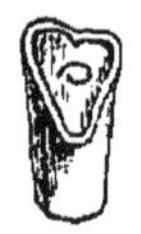

Fig. 64.
Coupes transversales et successives d'une dent incisive.

L'usure fait également apparaître successivement les cornets dentaires. Chacun d'eux se montre entouré d'une ligne plus blanche, et l'espace correspondant à la petite surface ainsi déterminée a reçu le nom d'*étoile dentaire.*

On dit d'une dent qu'elle *a usé*, quand son bord antérieur, le premier sorti de la gencive et le plus élevé, a perdu par l'usure la couche d'émail qui le rendait tranchant; on la dit *rasée* quand la table dentaire est nettement apparente.

Il est clair que la dent, au fur et à mesure qu'elle s'use, présente des sections différentes : en outre des variations d'aspect de l'étoile dentaire, il y a un changement dans la figure qui forme la table : d'ovale allongé qu'elle est tout d'abord, elle devient ronde (*fig.* 64), puis triangulaire, en même temps que l'usure se rapproche de l'extrémité de la racine, que nous savons avoir une section beaucoup plus arrondie que la couronne.

Chronomètre dentaire. — Ces principes une fois posés, il est possible d'arriver à la connaissance approximative de l'âge des animaux domestiques, en observant l'époque d'éruption des dents et leur usure. Trois périodes sont à considérer :

1° La sortie et le rasement des dents incisives caduques ;

2° La sortie et le rasement des dents de remplacement ;

3° Les formes diverses que prennent les tables rasées et usées.

Espèce chevaline.

DENTITION DE LAIT.	De 6 à 8 jours.	Sortie des	pinces.
	De 30 à 40 jours.		mitoyennes.
	De 6 à 10 mois.		coins.
	A 10 mois.	Rasement des	pinces.
	A 1 an.		mitoyennes.
	De 15 à 20 mois.		coins.

	Âge		Dents
DENTITION PERMANENTE.	De 2 ans 1/2 à 3 ans.	Sortie des	pinces.
	De 3 ans 1/2 à 4 ans.		mitoyennes.
	De 4 ans 1/2 à 5 ans.		coins.
			(*L'animal a tout mis.*)
	A 6 ans.	Rasement des	pinces.
	A 7 ans.		mitoyennes.
	A 8 ans.		coins.
	A 9 ans.	Arrondissement des	pinces.
	A 10 ans.		mitoyennes.
	A 11 ans.		coins.
	De 12 à 13 ans.	Arrondissement de toutes les dents. Disparition de l'émail central.	
	A 14 ans.	Triangularité des	pinces.
	A 15 ans.		mitoyennes.
	A 16 ans.		coins.

ESPÈCE BOVINE.

A la naissance, les deux pinces et les deux premières mitoyennes sont généralement sorties.

	Âge		Dents
DENTITION DE LAIT.	A dix jours.	Sortie des	sec. mitoyennes.
	De 20 à 25 jours.		coins.
	De 5 à 6 mois.	L'arcade des incisives est *au rond*, c'est-à-dire que le bord tranchant de ces dents forme un arc de cercle régulier.	
	A 10 mois.	Rasement des	pinces.
	A 12 mois.		prem. mitoyennes.
	A 15 mois.		sec. mitoyennes.
	De 18 à 20 mois.		coins.
DENTITION PERMANENTE.	A 2 ans.	Sortie des	pinces.
	De 2 ans 1/2 à 3 ans.		prem. mitoyennes.
	De 3 ans 1/2 à 4 ans.		sec. mitoyennes.
	De 4 ans 1/2 à 5 ans.		coins.
			(*L'animal a tout mis.*
	A 6 ans.	La mâchoire est au rond.	
	De 6 à 7 ans.	Rasement des	pinces.
	A 8 ans.		prem. mitoyennes.
	A 9 ans.		sec. mitoyennes.
	A 10 ans.		coins.

A 2 ans, l'animal a 2 dents d'adulte; à 3 ans, il en a 4; à 4 ans, 6; et à 5 ans, il en possède 8.

Espèce ovine.

	Âge		Dents
DENTITION DE LAIT.	De 3 à 5 jours.	Sortie des	pinces.
	De 10 à 15 jours.	Sortie des	prem. mitoyennes
		Sortie des	sec. mitoyennes.
	De 20 à 25 jours.	Sortie des	coins.
	A 3 mois.	L'arcade incisive est au rond.	
DENTITION permanente.	De 15 à 18 mois.	Sortie des	pinces.
	De 20 à 24 mois.	Sortie des	prem. mitoyennes.
	De 36 à 42 mois.	Sortie des	sec. mitoyennes.
	De 48 à 54 mois.	Sortie des	coins.

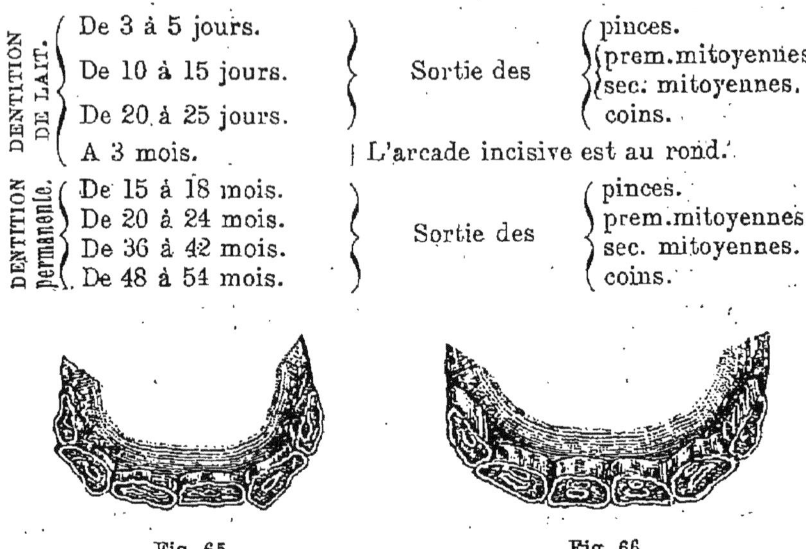

Fig. 65.

Incisives d'un cheval de 3 ans.

Fig. 66.

Incisives d'un cheval de 10 ans.

Ces indications sont fournies pour les animaux communs; il y a lieu de les modifier parfois beaucoup, si l'on a affaire à un animal précoce, chez lequel l'évolution dentaire est plus rapide. On se trouve aujourd'hui fréquemment dans ce cas. C'est ainsi que certains Bovidés très précoces se sont montrés pourvus de leur dentition complète à 3 ans; que des Ovidés, également précoces, la possédaient à trente mois. Il n'est, en tout cas, point rare de rencontrer des bovins qui, à quatre ans, ont leur *bouche faite*. « La dentition est, en un mot, l'image du régime. » On sait que, dans les mêmes conditions, les femelles se montrent toujours un peu plus précoces que les mâles.

Détermination de l'âge des Bovidés par l'examen des cornes. — L'observation des cornes donne encore un moyen de connaître approximativement l'âge des Bovidés.

La première année, elles sont coniques, presque droites, avec un léger sillon circulaire à la base. A 2 ans, elles commencent à se contourner, s'allongent et montrent deux petits sillons, au lieu d'un. A 3 ans, la courbure s'accentue, et, à la base, se voit un sillon beaucoup plus marqué que les deux premiers, qui, d'ailleurs, vont s'effaçant, de sorte que le premier sillon bien apparent *vaut* 3 ans. A 4 ans, il s'en forme un second analogue, à 5 ans un troisième, à 6 ans un quatrième, et ainsi de suite.

On peut donc, en comptant le nombre des sillons, apprécier l'âge de la bête à moins d'une année près. En réalité, ces sillons ne sont pas toujours très nets.

Remarque. — Lorsqu'on examine les dents d'un Équidé ou les cornes d'un Bovidé que l'on veut acheter, il faut se tenir en garde contre la ruse des maquignons, à qui la coutume de limer, d'arracher, de noircir les dents, de râper et de polir les cornes, est familière : ils parviennent ainsi à rajeunir ou à vieillir, selon la circonstance, aux yeux de l'acheteur non prévenu, l'animal mis en vente. Dans la majorité des cas, ces fraudes sont grossières et assez faciles à reconnaître avec un peu d'attention.

CHAPITRE LIV.

SOINS A DONNER AUX ANIMAUX.

Fonctions de la peau. — Pansage. — Tondage. — Bains.

Fonctions de la peau. — La peau, en dehors du rôle de protection qu'elle remplit vis-à-vis des organes internes, est le siège d'un véritable phénomène de respiration. Par les sécrétions, dont les produits se déversent à sa surface (sueur, matière sébacée), elle concourt à régulariser la température du corps et à débarrasser l'économie de matériaux qui doivent être éliminés. Ce sont là des fonctions d'une très grande importance, dont l'accomplissement normal doit être constant pour que les animaux jouissent d'une bonne santé. A l'état de nature, ils enlèvent d'eux-mêmes, du mieux qu'ils peuvent, les impuretés qui tendent à s'accumuler à la surface de la peau. Ils sont, d'ailleurs, moins exposés à se trouver souillés, et les pluies, les bains qu'ils prennent, les maintiennent aisément en état de propreté. En domesticité, l'homme doit intervenir par le pansage, le tondage, les bains, les lavages, pour régulariser, ou même, dans certains cas, pour activer les fonctions de la peau. Les animaux régulièrement soumis à ces soins ont toujours plus belle apparence.

Pansage. — Les instruments qui servent au pansage sont : l'étrille, le bouchon, l'époussette, la brosse, l'éponge, le peigne, le cure-pied, les couteaux de chaleur, les ciseaux.

L'*étrille* se compose d'une plaque de tôle rectangulaire, nommée *coffre*, et d'un manche. Le coffre est muni d'un rebord denté et de plusieurs lames parallèles, qui n'y sont maintenues que par leurs extrémités, afin de faciliter le nettoyage. Ces lames sont alternativement dentées et non dentées sur le bord libre. Enfin, on nomme *marteaux* deux morceaux de fer fixés au coffre et sur lesquels on frappe pour débarrasser l'étrille des matières qu'elle enlève à la peau. On fait usage de l'étrille au début du pansage, pour séparer les poils agglutinés, détacher la crasse et les pellicules épidermiques qui obstruent les pores de la peau. On ne doit étriller que les parties charnues et respecter les parties osseuses, — comme la tête, la colonne vertébrale, les extrémités des membres, — ainsi que les parties sensibles. Pour les chevaux fins, chatouilleux, les juments poulinières de race légère, l'étrille sera remplacée avec avantage par le bouchon ou la brosse en chiendent.

Le *bouchon*, dont on se sert ensuite, est une tresse de paille tortillée, qu'on passe sur les parties où l'on n'a pu promener l'étrille. Il est fréquemment employé à l'exclusion de tout autre instrument, surtout pour les Bovidés; on lui préfère néanmoins la brosse de chiendent lorsqu'il s'agit d'animaux fins. Le bouchonnage peut avoir quelquefois uniquement pour but une sorte de massage méthodique des régions musculaires.

L'*époussette*, formée d'une queue de cheval ou bien de lanières de toile ou de drap, débarrasse la peau de la poussière, des poils et des pellicules que l'on a détachés antérieurement avec l'étrille, la brosse, le bouchon.

La *brosse ordinaire*, garnie de crins, de soies, ou même de fils métalliques, est dirigée alternativement à contre-poil et dans le sens du poil, qu'elle sert à lisser; on doit la passer fréquemment sur l'étrille pour la nettoyer.

L'*éponge*, imbibée d'eau propre, sert au lavage des yeux,

des naseaux, du pourtour de la bouche, des organes génitaux, de l'anus. On prend ensuite le *peigne* en corne ou en métal pour le toupet, la crinière et la queue, et l'on nettoie enfin les pieds à l'aide d'une sorte de crochet émoussé appelé *cure-pieds*.

Les *couteaux de chaleur* sont des lames flexibles de bois ou de métal, munies d'un manche à chaque extrémité, et qui peuvent être passées sur toutes les parties du corps en exprimant rapidement l'eau des suées.

Pratique du pansage. — Le pansage peut être exécuté à un moment quelconque de la journée, mais il est préférable de le faire le soir. Il convient de l'effectuer dehors ou sous un hangar si la température est assez douce, en tenant les animaux à l'abri du soleil et des courants d'air. Si le temps est froid, on les laisse à l'écurie ou à l'étable, en ayant soin d'ouvrir, afin de permettre à la poussière de s'échapper.

On ne doit se servir que d'instruments dont on connaît la provenance, afin d'éviter de communiquer aux animaux certaines maladies contagieuses, comme le farcin, la morve, etc.

Il ne faut pas abuser du pansage, sous peine de rendre les animaux très impressionnables; mais, même lorsqu'il s'agit de chevaux grossiers, un pansage chaque jour est au moins nécessaire.

L'âne et le mulet doivent être pansés de la même façon que le cheval; c'est à tort que l'on néglige sous ce rapport le premier de ces animaux.

Les Bovidés se trouvent très bien d'un pansage par jour, tout au plus donne-t-on de temps à autre un coup d'étrille, de brosse ou de carde aux bœufs de travail. Cependant les bouviers de certaines parties du midi de la France, les engraisseurs et les éleveurs renommés n'hésitent pas à panser leurs animaux régulièrement, et il est certain qu'ils y trouvent avantage.

Tondage. — Le *tondage* se pratique sur les bêtes à poil ras. La *tonte* se dit plus spécialement de l'action de couper la laine du mouton. Le but des deux opérations est, d'ailleurs, différent.

Par le tondage, on évite, dans une certaine mesure, la transpiration, et on permet à la sueur de sécher promptement, au lieu de la laisser s'accumuler sur les poils. Le tondage facilite également le pansage et maintient la peau dans un plus grand état de propreté; il est surtout indispensable pour les chevaux qui ont à faire un service pénible sous une température relativement élevée.

Il n'est pas moins utile aux Bovidés que l'on maintient dans des étables assez chaudes et généralement peu aérées : les fonctions de nutrition se font alors mieux, et les aliments, utilisés plus complètement, donnent un engraissement plus économique.

On pratique le tondage soit à la *flamme*, soit à la *tondeuse*. Le premier moyen consiste à promener sur le corps de l'animal la flamme du gaz d'éclairage ou d'une lampe à alcool produite par un bec brûleur d'une forme spéciale. On détache avec la brosse les poils carbonisés. L'opération se fait rapidement, mais demande une certaine habileté, des brûlures graves pouvant résulter d'un manque d'attention.

Les tondeuses seront utilisées de préférence; leur emploi, sans nécessiter beaucoup plus de temps, conduit à un meilleur résultat.

On tond à la fin de l'automne, avant les premiers froids, afin que les animaux s'habituent progressivement à l'abaissement de la température; on est, d'ailleurs, guidé dans le choix du moment convenable par l'aspect que possède le poil quand vient la mauvaise saison.

Bains. — L'effet immédiat d'un bain est le nettoiement de la peau; en outre, les fonctions cutanées s'accomplissent d'une façon plus complète sous l'influence de la réaction tonique provoquée par l'eau fraîche; l'appétit augmente, et l'animal est plus dispos au travail.

En général, on ne fait baigner les grands animaux que durant la saison chaude, de mai à septembre-octobre. Cependant certains chevaux de trait sont soumis au bain en toute saison par les rouliers, qui débarrassent ainsi rapidement leurs bêtes de la poussière et de la boue, et se contentent de les bouchonner aussitôt rentrés à l'écurie, afin d'éviter les accidents consécutifs au refroidissement. Un bain pris vers la fin de l'après-midi peut remplacer avantageusement le pansage du soir pour les chevaux. On doit, dans la mesure du possible, faire prendre les bains un peu avant les repas, pour ne pas apporter de trouble dans le fonctionnement de l'appareil digestif. Dans la crainte qu'ils n'arrivent en sueur à l'endroit choisi, les animaux y seront menés à une allure raisonnable; on les laisse dans l'eau un quart d'heure environ, en ayant soin qu'ils se donnent assez de mouvement pour faciliter la réaction. A la sortie de l'eau, on les essuie, on les bouchonne quelquefois; mais il est toujours bon de les mettre immédiatement en marche, de leur faire prendre un peu d'exercice. Ils doivent trouver l'avoine aussitôt rentrés. Sur les côtes, on a coutume de faire baigner dans la mer : l'action de l'eau salée est plus tonique et plus résolutive que celle de l'eau douce; celle-ci, toutefois, nettoie mieux la peau. Après les bains d'eau douce, il est inutile de faire boire les animaux, qui ont déjà bu d'eux-mêmes en se baignant; après une immersion dans l'eau de mer, il est indispensable de les abreuver.

CHAPITRE LV.

LOGEMENT DES ANIMAUX DOMESTIQUES.

Nécessité des abris appropriés aux animaux domestiques. — Écuries. — Bouveries et vacheries. — Bergeries. — Porcheries.

Nécessité des abris appropriés aux animaux domestiques. — De ce que les animaux vivant à l'état sauvage nous paraissent doués d'une constitution beaucoup plus robuste que celle dont jouissent nos animaux domestiques, il ne faut pas conclure *a priori* que les logements destinés à ces derniers soient toujours inutiles ou même nuisibles. Le but poursuivi par le cultivateur s'écarte, en effet, le plus souvent, des fonctions purement naturelles; l'animal engraissé, la vache qu'on pousse à la lactation, ne se rencontrent pas à l'état sauvage; par suite, les moyens mis en œuvre doivent être aussi distincts que les résultats à atteindre.

La bonne disposition des logements des animaux a pour objets : la conservation de la santé; — l'utilisation et l'assimilation plus complètes des aliments; — la diminution des travaux de transport et de main-d'œuvre nécessités par les soins à donner aux bêtes, par la distribution de la nourriture et par l'enlèvement du fumier.

Écuries. — Les poulains doivent être élevés dans des conditions qui se rapprochent assez de l'état de nature. Ils s'abritent simplement sous des cabanes ou des hangars situés dans les *cours*, *parquets* ou *paddocks;* on prend soin néanmoins de préserver plus complètement les juments poulinières et leurs jeunes, en les plaçant dans des compartiments spéciaux appelés *boxes*, généralement carrés et de 3 mètres de côté environ. Ces boxes servent également pour les chevaux de prix ou les reproducteurs.

Dans toute écurie, qu'il s'agisse de chevaux fins ou de chevaux grossiers, diverses conditions hygiéniques doivent toujours être observées : absence d'humidité, pureté de l'atmosphère intérieure assurée par un lent, mais constant échappement de l'air vicié, éclairage et espace convenables.

On dispose les chevaux soit sur un seul rang, soit sur deux rangs en les plaçant dos à dos, soit encore sur deux rangs placés tête à tête, ou enfin sur plusieurs rangs transversaux.

Dans le premier cas, la largeur de l'écurie doit être de 4^{m},80 à 5 mètres, dont 0^{m},58 à 0^{m},60 pour l'auge et le râtelier, 2^{m},40 à 2^{m},45 pour le cheval, 1^{m},25 à 1^{m},35 pour le passage derrière les chevaux, et 0^{m},60 pour la place des harnais, suspendus à l'intérieur, contre le mur de façade de l'écurie.

Si l'on met les harnais dans une pièce spéciale, dite *sellerie*, ce qui est préférable au point de vue de leur conservation, mais non à celui de la rapidité du service, la largeur peut n'être que de 4^{m},25 à 4^{m},40.

L'espace moyen nécessaire, en largeur, à chaque cheval est de 1^{m},50; il est égal, d'ailleurs, à la taille de l'animal; quelquefois cet espace se trouve réduit à 1^{m},20 : cela est insuffisant. La grande hauteur de l'écurie est une condition favorable à la pureté de l'air; mais, avec une ventilation appropriée, 2^{m},60 environ d'élévation suffisent.

Un bon éclairage est indispensable à la santé des chevaux; il est en même temps utile pour la tenue de l'écurie, et il facilite le pansage, lorsqu'on le fait à l'intérieur.

L'écurie à deux rangs dos à dos se compose de deux écuries simples, dans lesquelles le passage derrière chaque rangée de chevaux devient commun. On économise ainsi un passage de service et deux murs longitudinaux. Les harnais, ne pouvant être accrochés au mur, sont placés assez haut sur des poteaux.

L'écurie à deux rangs tête à tête est également formée de deux écuries simples accolées, cette fois, par les crèches ou auges. De cette façon, on ne gagne pas de place, mais on évite deux murs longitudinaux. Les harnais sont suspendus comme dans l'écurie simple.

La disposition en rangs transversaux s'emploie lorsque le nombre des chevaux dépasse une trentaine, ou bien quand l'on transforme un bâtiment dont la largeur et la profondeur conviennent mal pour une écurie simple ou double.

Le *sol* de l'écurie, supposé sec ou assaini, est recouvert d'un plancher qui permet l'écoulement facile des urines et résiste aux fers des chevaux. Les matériaux dont il est formé doivent donc être durables, non glissants, fixes et faciles à réparer ou à remplacer. On emploie le pavé de grès, de granit, de calcaire dur; les briques ordinaires placées de champ; des briques spéciales, creuses ou à nervures; le béton ou le ciment hydraulique, qu'on strie à la surface, afin d'empêcher le glissement; le pavé en bois, en quelque cas.

On donne au plancher une pente d'environ 15 à 20 millimètres par mètre : les urines se réunissent ainsi dans une rigole longitudinale, également en pente de 3 à 5 millimètres, et formée de briques, de béton ou de conduites en fonte. Trop souvent, les rigoles n'existent pas dans les écuries communes, ou bien elles sont si peu accentuées que le purin s'y écoule difficilement. Le nettoyage en est alors incommode, et c'est là une cause d'insalubrité pour les animaux.

Toute écurie est munie d'*auges* ou *crèches*, et de *râteliers*, contenant le fourrage sec et la paille alimentaire. Les crèches en bois s'étendent généralement sur toute la longueur de l'écurie comme le râtelier. Si elles sont en pierre creusée ou en fonte, elles peuvent être distinctes et beaucoup plus petites. Quant au râtelier, il se trouve assez bas et, autant que possible, disposé de façon à éviter que les poussières et les débris de foin ne tombent dans les yeux et sur la tête des chevaux.

Lorsque les animaux sont côte à côte sans aucune séparation, ils peuvent se blesser grièvement : aussi met-on souvent entre eux des *bat-flancs*, formés d'une ou de plusieurs planches épaisses assemblées, qui sont suspendues par leur partie antérieure au mur ou à l'auge, et en arrière au plafond par l'intermédiaire d'une corde ou d'une chaîne munie d'une *sauterelle*, c'est-à-dire d'un petit levier mobile, qui permet de détacher commodément le bat-flanc, au cas où le cheval viendrait à passer le pied par-dessus dans une ruade.

Les cloisons fixes sont souvent préférables aux bat-flancs mobiles; mais elles ne laissent aucune latitude dans la répartition de l'espace, lorsque des chevaux se trouvent alternativement en plus ou moins grand nombre dans la même écurie; elles nécessitent plus de place et coûtent plus cher. On peut néanmoins les établir assez économiquement dans les fermes. Elles doivent avoir environ $3^{m},50$ de longueur, $1^{m},20$ de hauteur à la mangeoire, et de 1 mètre à $1^{m},05$ seulement à l'arrière.

Un moyen recommandable pour l'attache du cheval consiste dans l'emploi d'une chaîne partant du licol et se fixant à un anneau qui peut glisser le long d'une tringle verticale allant du sol à la mangeoire : l'anneau s'abaisse ou se relève suivant les mouvements de la tête. On se sert encore de forts pitons fixés à l'auge, et dans lesquels passent les cordes ou les chaînes d'attache, qui portent un poids à leur extrémité libre.

Les fenêtres de l'écurie doivent être placées près du plafond, de façon que les animaux soient à l'abri des courants d'air et garantis contre le soleil. On les munit de vitres, de volets ou de persiennes, et de filets ou de toiles métalliques, pour éviter que les mouches ne puissent pénétrer à l'intérieur.

Dans toute écurie se trouvent généralement : un coffre à avoine, une sorte d'armoire permettant de ranger les instruments de pansage et de propreté, la pharmacie usuelle, et, sur un plancher à mi-hauteur, les lits des charretiers.

Bouveries et vacheries. — Les animaux d'élevage de l'espèce bovine peuvent être, comme ceux de l'espèce chevaline, tenus en liberté dans des *parquets* attenant à des hangars bien exposés, sous lesquels ils se réfugient d'eux-mêmes lors des intempéries.

Les bœufs de travail sont logés à peu près comme les chevaux de trait, sauf en ce qui concerne les dimensions : une largeur de $1^{m},30$ environ suffit à chaque bête.

Les veaux et les bœufs à l'engrais, de même que les vaches laitières, demandent, pour tirer tout le parti possible de leur ration, des étables bien closes, restreintes, plutôt chaudes et humides, tout en étant salubres, que froides et aérées. Il leur faut un grand calme : l'apport de la nourriture, l'enlèvement du fumier, doivent se faire sans déranger les animaux.

Lorsqu'il s'agit d'une étable à un seul rang pour des bœufs de travail, on donne en largeur : de 0m,40 à 0m,50 à la crèche ou auge, de 2m,20 à 2m,40 pour la longueur de l'animal, de 1m,10 à 1m,30 au passage de service, et de 0m,40 à 0m,60 pour les jougs et harnais, en tout de 4m,10 à 5m,20.

Si ce sont des bœufs d'engrais ou des vaches laitières, on peut, à la rigueur, se contenter de 3m,60 à 4 mètres ; mais il vaut mieux ménager devant l'auge un couloir de 0m,70, permettant d'y verser les aliments sans déranger les bêtes et rendant le service plus rapide. Le bord de l'auge ne doit jamais être à plus de 0m,30 du sol.

S'il s'agit d'une étable à deux rangs dos à dos, il faut de 6m,50 à 7 mètres de largeur et 70 centimètres de chaque côté des auges pour les couloirs d'alimentation. L'étable à

Fig. 67. — Coupe transversale d'une étable à deux rangs tête à tête.

deux rangs tête à tête (*fig.* 67) aura de 8 mètres à 9 mètres, suivant la taille des animaux, plus la place nécessaire aux harnais et aux jougs, s'il s'agit de bœufs de travail. Entre les deux auges, on laisse, dans ce cas, un passage de service, par lequel on amène la nourriture, au moyen de petits wagonnets par exemple, si l'étable est un peu importante.

Le plancher peut être moins dur, moins résistant que celui des écuries, car l'on a affaire à des animaux moins remuants et souvent non ferrés. Les briques, le béton gras hydraulique, sont d'un bon emploi. Il faut que l'écoulement des urines se fasse bien, tout en ne donnant au plancher des vacheries que de 10 à 15 millimètres au plus de pente par mètre, afin d'éviter une position par trop déclive des femelles, lors de la gestation.

On remplace avantageusement les crèches et les râteliers des anciennes étables par de larges auges posées sur le sol. On peut adopter, suivant les cas, des auges en briques cimentées, en pierre creusée ou en fonte. Un grillage en bois ou une cloison pleine oblige chaque animal qui veut prendre sa nourriture à passer sa tête à travers un trou, comme dans les vacheries du Limousin, ou entre deux barreaux, comme en Hollande; ce système l'empêche d'empiéter sur la portion de son voisin.

Bergeries. — Les dimensions d'une bergerie se calculent facilement, étant connu l'espace réservé à un mouton pour se coucher et pour manger, en outre de celui qui est nécessaire aux besoins du service. On admet qu'il faut à chaque bête, suivant sa race, de $0^{m},25$ à $0^{m},40$ de largeur au râtelier, et une superficie d'environ $0^{mq},75$ à 1 mètre carré, y compris les intervalles laissés pour le passage.

Dans les bergeries, la disposition par quatre rangées ou par rangs transversaux est souvent adoptée; la largeur de 8 mètres est considérée comme convenable dans le premier cas.

Le sol des bergeries est ordinairement en terre bien battue, recouverte, si possible, d'une couche d'argile ou de marne.

Les râteliers présentent des dispositions très diverses. Comme on laisse parfois le fumier s'accumuler en couches épaisses sous les moutons, il existe des crèches qui peuvent se hausser au fur et à mesure de l'augmentation de taille des animaux et de l'épaisseur de la litière; quelques-unes se fixent aux murs, mais, en général, elles sont doubles et se placent facilement à l'endroit voulu; les animaux y mangent des deux côtés, de telle sorte qu'une crèche de 2 mètres de long, par exemple, alimente à la fois de 10 à 16 moutons, suivant leur taille.

Les crèches destinées aux cours des bergeries et aux parcs à moutons sont munies d'une sorte de toit métallique, dans lequel se trouve une porte permettant l'introduction du foin : il est ainsi protégé contre la pluie.

Les portes des bergeries, rétrécies à la partie la plus inférieure, ont seulement la largeur nécessaire pour le passage de deux moutons de front; des rouleaux de bois sont placés verticalement de chaque côté, afin d'éviter que les animaux ne se blessent dans l'encombrement inévitable des sorties et des rentrées du troupeau.

Porcheries. — Les loges destinées aux porcs sont carrées; 2 mètres de côté environ suffisent. On les place sous un appentis ou dans un bâtiment bien aéré; elles sont à un seul rang, ou à deux rangs avec un couloir de service au milieu.

De petites cours annexées à chaque loge, ainsi qu'une mare, permettent aux animaux de sortir et de recevoir les soins de propreté nécessaires.

On place les porcs d'engrais soit séparément, soit par paires; les truies mères et les verrats sont toujours mis à part.

Les auges, fixées sur le côté de la loge, doivent être munies d'une sorte de volet, pouvant à volonté se rabattre à l'extérieur ou bien du côté de l'animal, ce qui permet de lui interdire l'accès de l'auge, ou disposées de telle façon, qu'on puisse les remplir commodément sans qu'il se jette avec avidité sur sa nourriture.

A chaque grande porcherie est adjointe une pièce placée à l'endroit où aboutissent les couloirs de service et contenant le matériel nécessaire pour la cuisson des aliments.

CHAPITRE LVI.

Acclimatation et acclimatement.

Acclimatation et acclimatement. — L'*acclimatement* est l'adaptation de l'organisme au milieu dans lequel on le transporte; l'*acclimatation* est l'ensemble des méthodes suivies par l'homme en vue de réaliser plus ou moins complètement l'acclimatement.

Nous n'avons que peu de chose à dire de l'acclimatation des espèces nouvelles, parce que, en général, tous les animaux du domaine de l'agriculture qu'on a cherché à acclimater n'ont pas donné des résultats pécuniaires en rapport avec les efforts et les sacrifices faits dans ce but. En outre, le plus souvent, ce n'est pas au cultivateur qu'il est loisible de tenter des essais d'acclimatation. Ceux-ci, en dehors du point de vue purement scientifique, que nous laissons ici de côté, doivent toujours rapporter à l'éleveur des produits utiles nouveaux ou des produits déjà connus à meilleur compte. Le croisement des races à acclimater avec les races indigènes donne d'ailleurs des animaux qui peuvent se rapprocher de ceux à introduire, et qui, mieux adaptés au climat, sont, en général, d'une exploitation plus lucrative que les sujets de race pure.

Quoi qu'il en soit, la règle qui doit servir de guide en acclimatation consiste à ménager toujours des transitions lentes, une gradation méthodique dans le passage du milieu quitté par l'animal à celui dans lequel on veut le placer. L'application s'en rencontre fréquemment dans la pratique.

Lorsqu'on change le régime et les conditions d'existence d'un animal, quand on enlève, par exemple, un jeune cheval à la prairie, pour le mener dans une écurie de ville et lui demander du travail moteur, il ne faut pas brusquement le mettre, pour la nourriture et le travail, au régime qu'il doit avoir par la suite; une transition ménagée est nécessaire. Il en est de même, mais avec plus de complications encore, s'il s'agit de transporter un animal d'un climat dans un autre : dans ce cas, on effectue le changement par étapes, comme cela se pratique, mais beaucoup plus lentement, pour l'extension naturelle des groupes. On s'explique, dans une certaine mesure, qu'il existe des races plus résistantes ou plus faciles que d'autres à acclimater.

Le déplacement des animaux du Sud vers le Nord semble plus aisé à mettre en pratique que le transport inverse du Nord vers le Sud. L'altitude, on le comprend, corrige en partie les effets de la latitude. La température agit en tant que chaleur proprement dite, et surtout en ce qu'elle fait varier la proportion de la vapeur d'eau contenue dans l'air; suivant que cette proportion est faible ou élevée, la pression atmosphérique change; de ces diverses causes corrélatives résulte un dépérissement organique plus ou moins profond.

La constitution minéralogique et chimique du sol, donnant des fourrages de valeur nutritive et de composition différentes, contribue aussi, dans certains cas, à la difficulté de l'acclimatement.

En résumé, lorsqu'on croit avantageux de pratiquer l'acclimatation d'une race ou d'une espèce, il faut d'abord étudier les divers facteurs du milieu dans lequel elle se trouve primitivement. Par une transition aussi ménagée qu'on le pourra et portant à la fois sur les différents éléments susceptibles d'être modifiés qui composent ce milieu, tels que l'alimentation, la température, etc., on amènera peu à peu cette race ou cette espèce à s'adapter, plus ou moins complètement, à ses nouvelles conditions d'existence. Mais il ne faut pas oublier que le temps est un facteur indispensable de toute acclimatation.

CHAPITRE LVII.

Signalement du cheval. Robes. — Pelage des Bovidés.

Signalement du cheval. Robes. — On donne le nom de *signalement* à l'énumération des caractères extérieurs qui peuvent faire distinguer un cheval de tous les autres. Ces caractères se tirent du sexe, de l'âge, de la taille, de la robe de l'animal, ainsi que des différentes marques naturelles qu'il présente.

La taille se mesure au garrot, que nous savons être la partie la plus élevée de la crête osseuse de la colonne vertébrale; elle peut varier de 1 mètre à 1^{m},80; elle est petite au-dessous de 1^{m},45, grande au-dessus de 1^{m},55, moyenne entre ces deux limites.

Le mot *robe* désigne l'ensemble des poils et des crins dont le cheval est revêtu. Les robes sont dites *simples*, quand le poil est d'une seule couleur; *composées*, lorsqu'il s'y trouve au moins deux couleurs de poil. On en distingue douze espèces, groupées dans cinq grandes divisions.

Classification des robes.

Robes simples.

1° Une seule couleur.	Blanc : mat, sale, argenté, porcelaine, etc. Café au lait : clair ou foncé, etc. Alezan : clair, foncé, doré, cuivré, brûlé, etc. Noir : franc, mal teint, jayet, etc.

Robes composées.

2° Deux couleurs séparées.	Bai : clair, foncé, cerise, sanguin, châtain, brun, etc. Isabelle : clair ou foncé. Souris : clair ou foncé.
3° Deux couleurs mélangées.	Gris : foncé, pommelé, clair, sale, étourneau de fer, etc. Aubère : clair ou foncé. Louvet.
4° Trois couleurs.	Rouan : clair, vineux, foncé.
5° Deux robes.	Pie.

La robe alezan est d'un blond jaunâtre, plus ou moins foncé jusqu'au brun, avec crins semblables ou presque blancs.

Le bai correspond à l'alezan avec crins noirs : c'est une des robes les plus répandues.

L'isabelle correspond au café au lait avec extrémités noires.

L'aubère est un mélange d'alezan et de blanc.

Le louvet, très rare, laisse voir deux couleurs dans le même poil : du noir et du jaune.

Le rouan est constitué par le blanc, l'alezan et le noir.

Le pie est ainsi appelé parce qu'il résulte de l'assemblage, par grandes taches, de la robe blanche avec l'une des autres, plus souvent avec les robes simples.

Les *signes particuliers* de la robe des chevaux viennent de la présence de poils blancs, noirs ou alezans, disséminés ou rassemblés, et formant des taches persistantes; on les désigne par différents termes, dont les principaux sont, parmi les particularités dues aux poils blancs : *rubican*, *grisonné*, *neigé*, *zain*. — *Balzane*, de tel ou tel pied, veut dire telle ou telle extrémité blanche. Pour indiquer des marques blanches au front, on se sert, suivant leur forme, leur place et leur étendue, des expressions suivantes : *quelques poils en tête*, *pelote en tête*, *liste en tête*, *en tête à gauche*, *à droite*, etc. Lorsque le blanc couvre plus ou moins la face, on dénomme le cheval *belle-face*, *buvant dans son blanc*. La tache de *ladre* se rencontre aux endroits décolorés et sans poils qui peuvent se trouver autour de la bouche, entre les naseaux, sur le pourtour des yeux, à la face, etc.

On donne aux particularités dues aux poils noirs les noms de : *cap de maure*, *raie de mulet*, *zébrure*, *charbonnure*, etc.; à celles dues aux poils alezans, ceux de : *truité*, *aubérisé*, *marqué de feu*, *rouanné*.

On appelle, en outre, *miroitures*, des taches régulières et arrondies, moins foncées que le reste de la robe; *pommelure*, l'encadrement de poils blancs par des poils noirs : *gris pommelé*.

Les particularités doivent toujours être indiquées dans le signalement : ce sont elles qui constituent les meilleures caractères distinctifs.

Toutes les robes éprouvent des variations sensibles dans leurs nuances avec les saisons, l'état de santé de l'animal, son avancement en âge et la nature de son alimentation.

Pelage des Bovidés. — Le *pelage* est aux Bovidés ce que la robe est aux Équidés. C'est un des caractères qu'on emploie de préférence lorsqu'il s'agit de reconnaître la race à laquelle appartient un animal donné; c'est, en tout cas, celui qui frappe le plus et qu'on retient le mieux. Son étude n'est donc pas sans intérêt.

Les pelages sont en moins grand nombre que les robes; et les couleurs qu'on rencontre chez les Bovidés sont exceptionnelles chez les Équidés. Parmi les pelages, on distingue : le noir, le blanc, le rouge, le jaune, le gris, le fauve, le brun. Le rouge peut être foncé ou acajou, vif, clair, orangé. Le jaune va de la teinte café au lait à la teinte jaune rougeâtre, que l'on dit *froment clair* ou *froment foncé*. Le pelage *gris souris* est dû le plus souvent à la teinte grise de chacun des poils en particulier, et non à l'assemblage de poils blancs et de poils gris. Le fauve, qui, de même que le gris, n'existe qu'avec un mufle noir, est le résultat du renforcement d'un fond jaune par la teinte noire, allant souvent jusqu'au brun sur les parties antérieures. Le brun montre les divers tons du café torréfié.

Les pelages composés peuvent être dits *pies*, quand ils sont formés de deux couleurs assemblées par plaques. Généralement on admet, par analogie avec le plumage de l'oiseau ainsi nommé, que c'est le blanc qui forme le fond du pelage, et l'on dit *pie noir*, *pie rouge*, *pie fauve*, etc.; ce qui veut dire *blanc et noir* ou *noir et blanc*, *blanc et rouge* ou *rouge et blanc*, etc. Il serait préférable de nommer les couleurs en plaçant en tête celle qui occupe la plus grande surface.

Le pelage *rouan* des Bovidés est un mélange de poils blancs et de poils rouges, sans trace de noir, et, par cela, différent du rouan des Équidés.

En Normandie, quand on trouve, en outre, de petites taches disséminées où les poils blancs prédominent, on appelle *caille* ou *pagne* le pelage ainsi formé. Si, sur un fond entièrement rouge, entièrement jaune, rouge et blanc, ou jaune et blanc, on remarque des bandes verticales ou obliques de poils bruns à contours plus ou moins irréguliers, le pelage est dit *faiblement bringé*, dans le cas où ces bandes sont peu nombreuses, et *fortement bringé*, dans le cas où elles se trouvent en abondance. Ces bringures ne sont d'ailleurs pas un attribut exclusif de la race normande.

CHAPITRE LVIII.

Races chevalines. — Races asines. — Races bovines. — Races ovines. — Races porcines.

Races chevalines. — Parmi les races de gros trait, nous citerons : les *chevaux Boulonnais*, *Bretons des Côtes-du-Nord*, *Poitevins*. Parmi celles de trait léger se placent : les chevaux *Percherons*, *Bretons du Léon*, *Ardennais*. Les *Anglo-Normands*, les *Bretons du Conquet* (Finistère), font partie des grands chevaux de selle et des carrossiers. Enfin, dans la catégorie des petits et moyens chevaux de selle, se trouvent les *Limousins* et les *chevaux des Pyrénées*. Nous laissons de côté à dessein le cheval anglais de course, dit de pur sang, qui, depuis un certain temps déjà, sert, intelligemment dans certaines régions, à tort dans d'autres, à l'amélioration des races locales.

Races asines. — On distingue en France, dans l'espèce asine, trois groupes principaux : l'*âne du Poitou*, l'*âne des Pyrénées* et l'*âne du Berri*.

Mulets. — On produit les mulets principalement dans le Poitou, dans les Pyrénées et dans les montagnes du Centre et de l'Est. La taille de ces derniers est généralement inférieure, quoique dans ces diverses régions on rencontre de grands et de petits mulets.

Races bovines. — Les races bovines françaises les plus remarquables sont : la *Flamande*, la *Normande*, la *Bretonne*, plus particulièrement laitières ; la *Parthenaise*, la *Garonnaise*, la *Limousine*, la *Charolaise* ou *Nivernaise*, l'*Auvergnate* ou de *Salers*, donnant toutes, plus ou moins, du travail et de la viande ; enfin les diverses *races des Pyrénées* et *des Landes*, plus petites, plus rustiques et travailleuses.

Les races bovines étrangères possédant une certaine importance en France appartiennent soit à l'Angleterre (*race Durham*, jouant vis-à-vis des Bovidés un rôle analogue à celui du pur sang vis-à-vis des Équidés ; *race de Jersey*, — la meilleure beurrière de toutes), — soit à la Hollande (*races Hollandaises*), — soit à la Suisse (*races Schwytz*, *Fribourgeoise*, *Bernoise*, etc.).

Races ovines. — Parmi les races ovines, il convient de citer : la *race mérinos*, dont on a fait plusieurs sous-races, les races *Flamande*, *Artésienne*, *Picarde*, *Normande*, *Choletaise*, *Champenoise*, des *Causses* ; — les races laitières du Midi : du *Lauraguais*, du *Larzac*, *Béarnaise*, de *Millery* ; — les petites *races de bruyère* : des *Nielles* ou de *pré salé*, de la *Marche* et du *Limousin*, *Auvergnate*, *Ségalas*, *Landaise*, du *Lyonnais*, du *Vivarais*, de l'*Auxois*, des *Vosges*, *Solognote*, *Berrichonne*, de la *Brenne* et du *Crevant* ; — enfin, dans les races étrangères : les *Dishley* ou *New-Leicester*, les *New-Kent*, les *Cotswold*, les *South-Down*, les *Cheviots*, les *Black-faced*, etc.

Races porcines. — On peut diviser les Suidés domestiques de notre pays en deux groupes principaux : les uns sont indigènes : *races Normande*, *Craonnaise*, *Limousine*, des *Pyrénées*, de *Lorraine* ; — les autres, d'importation étrangère : *races Berckshire*, *Hampshire*, *Essex*, *Windsor*, *Yorkshire*.

La description des races précédemment citées est beaucoup trop longue pour qu'il nous soit possible de lui donner place dans le présent volume; elle serait, d'ailleurs, ici sans intérêt.

CHAPITRE LIX.

PRINCIPALES MALADIES DES ANIMAUX DOMESTIQUES. POLICE SANITAIRE. — VICES RÉDHIBITOIRES.

Maladies du cheval. Tares. — Maladies des Bovidés. — Maladies des Ovidés. — Maladies du porc. — Inoculations préventives.
Police sanitaire.
Vices rédhibitoires.

PRINCIPALES MALADIES DES ANIMAUX DOMESTIQUES.

Maladies du cheval. Tares. — Le cheval est plus particulièrement exposé aux maladies suivantes :

1° La *gourme* ordinaire, qui se manifeste par un écoulement d'humeur par les naseaux, avec gonflement, fréquemment suivi d'abcès, des glandes situées dans l'auge, entre les mâchoires inférieures;

2° La *morve*, beaucoup plus grave, a des symptômes analogues; elle est caractérisée par une ulcération localisée généralement à l'un des naseaux, accompagnée d'un écoulement purulent de plus en plus épais. Les ganglions de l'auge sont durs, tuméfiés. Cette maladie est très facilement contagieuse, même du cheval à l'homme, et, lorsqu'un animal en est franchement atteint, il faut l'abattre sur-le-champ sans rémission;

3° Le *farcin* est une affection identique à la morve, mais à siège différent; il est marqué par l'apparition de boutons purulents, de plaies ulcéreuses, etc.; les boutons de farcin s'observent principalement sur les régions où la peau est fine (bouche, naseaux, gouttière jugulaire, face interne des membres). Il reste incurable;

4° Le *cornage* est un bruit anormal produit à la sortie ou à l'entrée de l'air dans les voies respiratoires. Ce bruit, souvent causé par un rétrécissement des conduits aériens, peut aller du sifflement au ronflement ; il se fait entendre quand l'animal a accompli un travail pénible. Le cornage est aigu ou chronique, c'est-à-dire qu'il provient d'une altération momentanée ou d'une altération permanente des organes ; dans ce dernier cas, il est rédhibitoire ; la *trachéotomie* est en général le seul remède à employer ;

5° La *pousse*, symptôme commun à plusieurs maladies, affecte la respiration ; lorsqu'il y a pousse, les battements du flanc sont anormaux et laissent voir que l'inspiration se fait en deux temps. L'*emphysème pulmonaire*, surtout caractérisé par la pousse et causé par une lésion du poumon, est seul rédhibitoire. Il faut aux animaux poussifs un régime spécial et un travail approprié. Il y a peu de chances de guérison ;

6° Les *tares* des membres, tumeurs qu'on peut rencontrer le long des rayons osseux et au pourtour des articulations. On les divise en *tares dures* et en *tares molles*, suivant qu'elles proviennent d'une inflammation du périoste, provoquée par des tiraillements ou des contusions, ou bien qu'elles sont dues à l'épanchement et à l'accumulation de la *synovie*, qui sert à lubréfier les articulations et les parties où glissent les tendons. Les tares, par une prédisposition héréditaire, peuvent se montrer sans cause bien apparente : c'est pourquoi il faut éloigner de la reproduction les animaux tarés.

Les tumeurs dures qui viennent sur le canon sont appelées *suros ;* celles du jarret : *courbe*, *jarde* et *éparvin*, sont respectivement placées à la partie supérieure de la face interne de l'articulation, à la partie inférieure et postérieure de la face externe, et enfin à la face interne du jarret au niveau de sa réunion avec le canon. Les *formes* sont des exostoses siégeant sur le paturon.

Les tares molles sont désignées sous les noms de *vessigons articulaires* ou *tendineux*, quand elles se trouvent au genou et au jarret ; on réserve le nom de *capelet* pour la tumeur molle de la pointe du jarret. Les *molettes* sont des tumeurs de même nature qui affectent les parties inférieures des membres (boulet et paturon) ;

7° Les *eaux aux jambes*, qui se produisent sous l'influence de la malpropreté et de l'humidité, causent l'engorgement et la tuméfaction des paturons et des boulets : bientôt la peau s'épaissit, se fendille et laisse suinter un liquide infect.

Il faut soigner énergiquement les animaux dès l'apparition du mal;

8° La *fluxion périodique des yeux*, inflammation intermittente, se répète environ tous les trente jours : l'œil se ternit peu à peu, et, au bout d'un temps plus ou moins long, on observe une opacité complète du cristallin (cataracte). C'est une maladie incurable et héréditaire.

A ces diverses maladies, qui se rapportent plus particulièrement au cheval, il convient d'ajouter le *tic*, avec ou sans usure des dents, les diverses affections de poitrine, contagieuses ou non, chroniques ou aiguës, les maladies *typhoïdes*, les *coliques*, assez fréquentes quand l'animal n'est pas rationné, l'*immobilité*, la *paraplégie*, etc..., et les maladies du pied : *bleime*, *seime*, *crapaud*, *fourchette pourrie*, etc., qu'il serait trop long de décrire.

Maladies des Bovidés. — Les maladies qui peuvent atteindre les Bovidés sont :

1° La *météorisation*, commune d'ailleurs à tous les ruminants. Elle se montre surtout après l'ingestion de légumineuses (trèfle, luzerne, etc.). Le dégagement des gaz, qui proviennent d'une fermentation intérieure, distend la panse de l'animal et peut causer l'asphyxie. Il faut donner issue à ces gaz, en ponctionnant le rumen, c'est-à-dire en le perçant au moyen d'un *trocart* ou d'un couteau effilé. Cette blessure est sans danger. On peut encore introduire une *sonde œsophagienne* au moyen d'un baillon spécial qu'on place dans la bouche de l'animal. Avant de recourir à ces moyens extrêmes, il est essentiel de faire usage d'eau salée ou bien d'eau ammoniacale;

2° La *péripneumonie*, maladie contagieuse des poumons, qui met plusieurs semaines à se déclarer, est caractérisée par des symptômes généraux, par de la toux, du jetage et une sensibilité extrême de la colonne vertébrale. Elle peut causer de véritables désastres;

3° Les *maladies charbonneuses*, virulentes et contagieuses, communes à tous les animaux domestiques. Elles se manifestent par une altération profonde du sang, la perte des forces et la production d'une ou de plusieurs tumeurs cutanées inflammatoires, suivies le plus souvent de mort : en quelques jours, des troupeaux entiers de bœufs et de moutons sont ainsi détruits. Le charbon, on le sait, se communique facilement à l'homme par de simples piqûres;

4° La *tuberculose*, *phtisie* ou *pommelière*, maladie générale, contagieuse, fait périr l'animal par consomption sans aucun remède;

5° Le *typhus des bêtes à cornes* ou *peste bovine*, d'une extrême gravité;

6° La *fièvre aphteuse* ou *cocote*, également épidémique, mais beaucoup moins grave. Elle attaque les muqueuses de la bouche, les mamelles et l'entre-deux des onglons du pied.

Toutes ces maladies réclament l'application *très énergique et immédiate* des mesures de police sanitaire que nous indiquerons ci-après;

7° La *mammite*, inflammation de la mamelle, dont la résolution est rarement complète.

Maladies des Ovidés. — Les moutons sont sujets à la *cachexie*, qu'ils contractent surtout dans les prairies humides, et qui est due à un ver parasite, la douve du foie; au *sang de rate* ou *charbon bactérien*, qui enlève des troupeaux en quelques heures; au *claveau* ou *clavelée*, affection de la peau contagieuse et souvent très grave; à la *météorisation*, dont nous venons de parler; à la *gale*, qu'on traite par le bain Tessier, contenant de l'acide arsénieux, des sels de fer et de gentiane.

Les jeunes agneaux présentent parfois des plaques à l'intérieur de la bouche et ne peuvent plus teter : c'est le *muguet* ou *chancre*. On tamponne ces plaques avec une dissolution d'alun.

Le *piétin* se montre sous forme d'ulcère contagieux entre les ongles et bientôt sur le pied tout entier; on doit visiter chaque jour les animaux boiteux et les cautériser avec de l'acide azotique, de l'acide phénique, de la créosote. Il est utile de mettre à l'entrée de la bergerie une caisse contenant un fort lait de chaux.

Le *fourchet* est l'inflammation de la partie supérieure de l'espace qui sépare les deux onglons; on perce l'abcès qui en résulte, et on lave la plaie.

Certains parasites sont la cause du *tournis* des moutons; ils se logent dans les fosses nasales ou le cerveau; l'animal s'agite constamment et, dans le dernier cas, tourne sur lui-même et meurt bientôt.

Maladies du porc. — Les porcs peuvent être atteints par le *rouget*, qui les fait périr en très peu de temps; par le *charbon*, la *fièvre aphteuse*, comme les bœufs et les moutons, l'*angine* ou *esquinancie;* par des affections cutanées plus ou moins graves; par la *ladrerie*, due à la présence du ténia de l'homme sous sa forme de cysticerque (on le rencontre principalement sous la langue : d'où la coutume de visiter cet organe sur les marchés) ; par la *trichinose*, également causée par un parasite redoutable, la *trichine*. La viande de porc trichinée peut communiquer la trichinose à l'homme, lorsqu'elle est insuffisamment cuite.

Inoculations préventives. — Il importe de rappeler ici que, grâce aux travaux si remarquables de M. Pasteur, l'*inoculation*, — c'est-à-dire l'introduction dans l'organisme d'une parcelle virulente, dont l'action est plus ou moins atténuée, — permet de prévenir un certain nombre de maladies contagieuses graves. Les pertes évitées par les inoculations préventives de péripneumonie, de charbon, de rouget, de clavelée, sont aujourd'hui très considérables. Aussi ces inoculations prennent-elles avec raison une grande importance aux yeux des cultivateurs.

Police sanitaire.

Certains règlements de police sanitaire régissent les maladies contagieuses des animaux domestiques. Tels sont : la loi du 21 juillet 1881, complétée par le décret du 22 juin de l'année suivante; le décret et l'arrêté du 28 juillet 1888.

Sont classées parmi les maladies contagieuses :

La rage et le charbon (fièvre charbonneuse ou sang de rate) pour toutes les espèces domestiques;

La morve, le farcin, la dourine pour les Équidés;

La peste pour tous les ruminants;

La péripneumonie pour les Bovidés; la clavelée et la gale pour les Ovidés;

La fièvre aphteuse pour les Bovidés, les Ovidés et les Porcins.

Le décret du 28 juillet 1888 a ajouté à la nomenclature de ces maladies : le *charbon symptomatique* ou *emphysémateux* et la *tuberculose* pour l'espèce bovine, le *rouget* et la *pneumo-entérite infectieuse* pour l'espèce porcine.

Les dispositions générales de la loi sont les suivantes : obligation pour le propriétaire de déclarer les animaux malades ou suspects et d'isoler ces animaux, avant même que l'autorité ait répondu à la déclaration; devoir du maire de veiller à l'accomplissement de cette prescription et de requérir le vétérinaire sanitaire dès qu'un cas de maladie lui est signalé; interdiction de traitement par tous autres que les vétérinaires; interdiction de vente ou de mise en vente des animaux atteints ou soupçonnés d'être atteints de la maladie; interdiction de livrer à la consommation la chair des animaux morts de l'une de ces affections; interdiction ou réglementation des foires et marchés, du transport et de la circulation du bétail; désinfection des étables, écuries, voitures et objets divers à l'usage des animaux malades ou ayant servi à leur transport, etc.

L'arrêté du 28 juillet 1888 modifie ces dispositions en ce qui concerne la fièvre charbonneuse et le charbon. Il les rend moins sévères : c'est ainsi que les locaux sont seulement placés sous la surveillance du vétérinaire sanitaire, au lieu d'être l'objet d'une déclaration d'infection; cette surveillance cesse quinze jours après la disparition du dernier cas de maladie, tandis que la déclaration d'infection ne pouvait être levée avant l'expiration d'une période de quatre mois.

Pour la tuberculose des bêtes bovines, il prescrit le séquestre absolu des animaux atteints et la destruction de la viande qui en provient, quand les lésions tuberculeuses sont généralisées ou visibles sur les parois de la poitrine et de la cavité abdominale. La vente et l'usage du lait des vaches tuberculeuses sont interdits.

Pour chaque nature de maladies, des mesures spéciales sont édictées, en outre de l'arrêté d'infection pris, s'il y a lieu, par le préfet, sur le rapport du maire de la commune où se trouvent les animaux atteints.

Il est accordé des indemnités, dans les cas de peste bovine et de péripneumonie, aux propriétaires d'animaux qui ont été abattus par ordre administratif. Le préfet peut ordonner l'*inoculation préventive* des animaux non atteints, par mesure prophylactique. Quand les propriétaires eux-mêmes veulent la mettre en œuvre, ils font une déclaration au maire de la commune, qui prend les mesures nécessaires.

Un service d'inspection du bétail, établi sur nos frontières, s'oppose à l'importation, dans notre pays, des maladies contagieuses existant à l'étranger.

VICES RÉDHIBITOIRES.

On entend par *vices rédhibitoires* les défauts *cachés* de la chose vendue, qui la rendent impropre à l'usage auquel on la destine, ou qui diminuent tellement l'aptitude à cet usage que l'acheteur ne l'aurait pas acquise, ou n'en aurait donné qu'un moindre prix, s'il les avait connus. Le *délai de garantie* est le temps accordé à l'acheteur pour constater les vices reconnus rédhibitoires et intenter au vendeur une action devant les tribunaux. A défaut de conventions contraires entre les parties, la loi du 2 août 1884 régit les contestations qui peuvent s'élever à ce sujet.

Sont reconnus vices rédhibitoires pour le cheval : la *morve*, le *farcin*, l'*immobilité* (caractérisée par un état de stupeur, de manque d'expression chez l'animal, qui ne se meut que difficilement) ; l'*emphysème pulmonaire*, qui n'existe pas toujours quand il y a *pousse;* le *cornage chronique;* le *tic proprement dit*, avec ou sans usure des dents (habitude vicieuse consistant à contracter les muscles de la bouche et de l'encolure; pendant ce mouvement l'animal absorbe de l'air par déglutition) ; les *boiteries anciennes intermittentes* (une boiterie n'est rédhibitoire que quand elle ne provient pas d'une blessure récente, et qu'elle n'est pas constamment visible) ; la *fluxion périodique des yeux*.

On n'admet plus aucune maladie ou vice rédhibitoire dans l'espèce bovine. Pour les moutons, le *sang de rate* et la *clavelée* étaient autrefois rédhibitoires ; la clavelée seule l'est aujourd'hui. Enfin, chez les porcs, la *ladrerie* comporte rédhibition.

L'action rédhibitoire ne peut exister : 1° si le vendeur reprend la bête et en rembourse le prix augmenté des frais occasionnés par la vente; 2° si la valeur de l'animal ne dépasse pas 100 francs; 3° si cet animal a été mis directement ou indirectement (par des harnais, des instruments de pansage, etc.) en contact avec d'autres animaux atteints de la maladie incriminée (le farcin ou la morve pour le cheval, l'âne, le mulet, et la clavelée pour le mouton) ; 4° si l'action rédhibitoire n'a pas été intentée dans le délai légal, c'est-à-dire dans un délai de 30 jours francs pour la fluxion périodique, 9 jours francs pour tous les autres vices, non compris le jour fixé pour la livraison. Il y a lieu d'adresser, dans ces délais, verbalement ou par écrit, une requête au juge de paix du canton, pour provoquer la nomination d'experts. Le juge de paix décide, d'ailleurs, s'il y a lieu d'appeler ou non le vendeur à l'expertise.

CHAPITRE LX.

ANIMAUX DE BASSE-COUR.

Coq et poule. — Incubation naturelle. — Incubation artificielle. — Poulailler. — Engraissement des volailles. — Dindon. — Oie. — Canard. — Lapin. — Léporide.

Les animaux de basse-cour sont soumis, quant à leur exploitation zootechnique, aux mêmes lois générales que les espèces domestiques dont nous avons précédemment parlé. Toutefois leur régime présente quelques particularités.

Coq et poule. — Les principales races de poules françaises sont celles *de Barbezieux*, *de Bresse*, *Caussade* ou *de Gascogne*, *de Caux*, *Coucou*, *Courtes-pattes*, *Crèvecœur*, *de la Flèche*, *de Gournay*, *de Houdan*, *du Mans*. Parmi les volailles étrangères, les races : *Andalouse*, *Bentam*, *Brahma-Pootra*, *Breda*, *de Campine*, *Cochinchinoise*, *de Combat*, *Dominique*, *Dorking*, *Espagnole*, *Hollandaise*, *de Hambourg*, *Langshan*, *Leghorn*, *Malaise*, *de Minorque*, *Nagasaki*, *Nègre*, *de Padoue*, *de Yokohama*, sont les plus connues.

La poule, on le sait, est exploitée en vue des œufs qu'elle pond et de la chair qu'elle fournit. La *ponte* peut varier de 80 à 225 œufs par an. Les meilleures pondeuses se trouvent généralement dans les races de la Bresse, de Barbezieux, de la Flèche, de Houdan ; mais elles sont encore dépassées par les races étrangères de Campine, de Hambourg, de Leghorn. La poule commune donne en moyenne, par an, 100 œufs, dont le poids varie de 40 à 80 grammes.

La ponte commence dès la première année, la fécondité maxima étant comprise entre deux et quatre ans ; elle débute à la fin de l'hiver et s'arrête à l'arrière-saison avec la mue; mais il existe des poules qui, placées dans des conditions convenables, pondent presque en tout temps.

Les œufs qu'on veut faire couver doivent être gros, bien conformés, à coque résistante, et ne pas avoir plus d'une quinzaine de jours. Le *mirage*, c'est-à-dire l'interposition de l'œuf entre un foyer lumineux et l'œil, permet de voir, par transparence, s'il est fécondé ou s'il est clair. Les œufs non fécondés, *clairs*, doivent être mis à part. Les autres donneront des poussins en proportion plus ou moins forte, suivant les chances d'incubation.

Incubation naturelle. — L'incubation peut être *naturelle* ou *artificielle*, selon qu'elle est effectuée par les animaux eux-mêmes ou par des appareils spéciaux dits *couveuses artificielles*. Les poules bonnes couveuses se trouvent surtout dans les races de la Flèche, de la Bresse, Cochinchinoise, Brahma-Pootra, Dorking, Nègre. Si l'incubation porte sur un certain nombre d'œufs, il est nécessaire de posséder un *couvoir*, où l'on dispose les nids, faits de paniers, de caisses en bois, dans lesquels on place les œufs et les poules couveuses. Le couvoir doit être modérément chaud, bien aéré quoique sans courants d'air, situé dans un endroit calme autant que possible, afin que les animaux ne soient pas dérangés. Les nids seront maintenus propres, exempts de vermine. On place environ une douzaine d'œufs sous chaque poule, mais ce nombre peut varier avec la taille de l'animal.

Nous avons déjà dit que l'incubation de l'œuf de poule dure 21 jours. Chaque jour on enlève la poule de son nid pendant quelques instants, afin qu'elle se nettoie et qu'elle prenne sa nourriture.

Les couvées se font au printemps et en été; mais il est avantageux, quand on est installé pour cela, d'en provoquer pendant l'hiver; car on obtient ainsi des poulets bons à vendre au printemps, époque où ils sont plus rares et conséquemment d'un prix plus élevé, et des jeunes poules dont la ponte se prolonge dans la mauvaise saison.

Incubation artificielle. — Les couveuses artificielles sont des sortes d'étuves, formées de caisses en bois, à l'intérieur desquelles, par différents moyens, on maintient les œufs qui y sont placés à une température normale d'environ 38 à 40°. Il convient de remuer journellement ces œufs (ce que ne manquent pas de faire elles-mêmes les poules qui couvent; de renouveler l'air intérieur; enfin de surveiller d'assez près la température, l'humidité et le moment de l'éclosion. On emploie également, dans l'élevage artificiel, les *sécheuses* et les *éleveuses*, dans lesquelles on place les poussins aussitôt qu'ils sont éclos.

La proportion d'œufs venant à bien par ce procédé est toujours plus faible que celle qui résulte de l'emploi de couvoirs bien tenus; mais il permet d'obtenir à la fois un nombre considérable de poussins, de façon à n'avoir qu'une seule éclosion par an et au moment que l'on juge convenable.

Élevage. — Dès le second jour de la vie des poussins, on leur donne des pâtées de pain trempé, de farine, d'œufs cuits durs et coupés en morceaux, d'oignons ou d'orties hachés menu. Dès le quatrième jour, ils commencent à becqueter du millet, du riz cuit, du blé, de la pomme de terre également cuite, placés proprement dans des augettes. Peu à peu on les amène à se nourrir de menues graines, qu'on leur jette à la volée; s'ils vivent en liberté, 40 à 50 grammes de ces graines suffisent par tête; mais, s'ils sont parqués dans une enceinte grillagée, il faut doubler la dose, car ils trouvent moins à becqueter. On doit, en outre, leur fournir de la verdure, des vers ou un peu de nourriture animale.

Poulailler. — C'est dans le poulailler que se fait la ponte, et que les animaux se réfugient et prennent leurs repas. Il ne doit appartenir qu'aux poules et aux coqs, les autres oiseaux étant mis à part. Le local qui le compose sera sec, bien ventilé. On en garnira les ouvertures d'une toile métallique, et on en recouvrira le sol de cendre, de sable, de plâtre ou de terre légère très sèche. Les *perchoirs* formés de traverses de sapin posées sur des appuis mobiles sont de beaucoup préférables aux échelles fixes et aux barreaux arrondis. Les *pondoirs*, faits de boîtes en bois pour éviter la vermine, auront 30 centimètres suivant deux dimensions et 10 centimètres de hauteur. Ils seront placés à terre, dans les endroits les plus tranquilles, à raison d'un pour dix poules. Des lavages fréquents du poulailler sont utiles; en outre, sous un abri quelconque, on ménage un trou, que l'on remplit de terre sèche mêlée à de la fleur de soufre ou à de la cendre : les volailles viennent s'y poudrer et se débarrassent ainsi de leurs parasites. Quand le *pou rouge* envahit le poulailler, on en nettoie minutieusement toutes les parties avec de l'eau additionnée de 5 grammes d'acide sulfurique par litre.

Engraissement des volailles. — Les volailles, pour être avantageusement vendues, doivent recevoir, vers la fin de leur existence, une nourriture plus succulente, qui les amène à un état d'engraissement convenable. Les poulardes et les chapons du Mans, par exemple, sont obtenus au moyen de procédés de gavage particuliers, auxquels on les soumet dès l'âge de sept ou huit mois. On peut ainsi leur faire absorber une quantité considérable de nourriture et les amener en peu de temps à l'état voulu.

Dindon. — Les principales races de dindons sont : le *dindon noir*, le *dindon blanc*, le *dindon rouge* ou *dindon des Ardennes*, le *dindon ocellé*, le *dindon gris*, le *dindon panaché* et le *dindon d'Italie*. Les femelles de ce dernier sont surtout estimées comme couveuses.

Plus rustique que la poule dès qu'il a passé la *crise du rouge*, le dindon est d'un élevage difficile au moment de cette crise. Le jeune dindonneau est délicat, impressionnable au froid. On lui donne comme première nourriture des œufs hachés menu, mélangés à de la mie de pain rassis bien émiettée, puis des feuilles d'ortie blanche hachées; quelques jours après, on lui compose une autre pâtée avec du son, de la farine d'orge, du lait écrémé, de l'orge bouillie, et on fait alterner celle-ci avec la première. A deux mois a lieu la *pousse du rouge;* les caroncules se développent et prennent leur teinte particulière : c'est alors qu'il faut garantir le dindonneau contre les variations de la température, les pluies froides, etc. On peut le fortifier en lui donnant pendant quelques jours une pâtée spéciale, faite de sarrasin, avec un peu de poudre de gentiane; quinze jours après cette période redoutable, l'animal est devenu très résistant.

La dinde est précieuse, parce qu'elle couve parfaitement les œufs de poule; elle peut ainsi mener à bien 7 éclosions par an. Elle pond dès neuf mois, en mars ou avril, puis une seconde fois en juillet-août, donnant ainsi une trentaine d'œufs environ par an. La durée de l'incubation de ces œufs est de vingt-huit jours.

Le dindon ne doit pas être à même d'atteindre les poussins dans la basse-cour : il les maltraiterait et pourrait les faire périr.

Au printemps et en été, on donne au dindon des graines : blé, sarrasin, orge; en automne, du maïs, de l'orge, des pâtées de pommes de terre cuites et pétries avec de la farine d'orge. Il absorbe aussi des glands, des faînes, des châtaignes; c'est un grand consommateur de limaces et d'insectes. On l'engraisse également par un gavage effectué avec des châtaignes bouillies, de la farine de froment, de maïs, de pois ou de vesce. L'opération dure de quinze jours à un mois. Les dindons élevés spécialement dans le but de la vente après gavage sont prêts vers six mois.

Oie. — La nourriture des jeunes oisons consiste en œufs cuits et triturés avec de la farine d'orge ou de sarrasin; on y ajoute de la chicorée sauvage, des jeunes pousses d'ortie hachées, etc.

On laisse un mâle pour 6 femelles. La ponte commence en février et donne environ 15 œufs, qui sont couvés par la mère avec une telle sollicitude qu'il convient de placer près d'elle des aliments et de l'eau, afin qu'elle prenne sa nourriture. Cette incubation dure de 28 à 30 jours et peut, d'ailleurs, être confiée à une dinde. Les oies redoutent la pluie et le grand soleil. Il leur faut un espace relativement considérable ; on les mène dans les champs, où elles trouvent en partie leur nourriture; on leur donne, en outre, du maïs, de l'orge, du sarrasin, de l'avoine, du blé, des pommes de terre mélangées avec ces graines; elles mangent beaucoup et arrivent à peser en moyenne 4 kilog. L'oie aime l'eau, mais seulement l'eau claire, non souillée et plutôt profonde.

L'engraissement de l'oie en vue de la production des *foies gras* se pratique surtout aux environs de Toulouse, de Ruffec, de Nérac et de Strasbourg. On place les animaux dans un endroit obscur, et on les enferme dans une case leur permettant à peine de se mouvoir. Les pratiques barbares qu'on emploie quelquefois, telles que celles qui consistent à leur clouer les pattes, à leur crever les yeux, sont absolument à rejeter. Pour le gavage, on se sert d'un entonnoir, qu'on introduit dans l'œsophage, et au moyen duquel on fait absorber à l'animal une quantité de maïs qui, pendant les 30 où 35 jours que dure l'opération, se monte à environ 40 litres. Pour cet oiseau, comme pour tous ceux qu'on gave d'une manière analogue, il faut s'assurer, en tâtant le jabot, que la ration donnée le jour précédent est digérée. On obtient, par hypertrophie, une augmentation considérable du foie, qui, de 60 à 80 grammes, arrive à peser de 300 à 500 grammes.

L'oie fournit encore du duvet, qu'on lui enlève à la veille de la mue, au lieu de le laisser perdre naturellement; on en retire, en moyenne, 80 grammes par an.

On distingue l'*oie commune*, l'*oie de Toulouse*, qui atteint jusqu'à 8 kilog., l'*oie d'Embden*, l'*oie de Madagascar*, l'*oie caronculée*, etc.

Canard. — L'élevage du canard n'offre pas de difficulté. On laisse l'animal en plein air jour et nuit, mais on prend soin de lui ménager de petits refuges pour faciliter la construction des nids et la récolte des œufs. En captivité, la ponte atteint rarement plus de 40 œufs. On peut les faire couver par des poules; l'éclosion se produit au bout de 28 jours. Une mare ou un bassin est indispensable aux canetons.

On donne d'abord aux jeunes une pâtée faite de farine d'orge et de sarrasin pétrie avec du lait écrémé; on y mélange des orties et du cresson hachés, de la chicorée, du cerfeuil. Peu à peu, au fur et à mesure qu'ils approchent de l'état adulte, ils prennent des vermisseaux, des têtards, des colimaçons, et, en supplément, on leur fournit des graines de sarrasin, d'orge, d'avoine et de blé. Il est à remarquer que les feuilles de l'ailante ou vernis du Japon sont vénéneuses pour ces oiseaux.

L'engraissement se fait, comme pour l'oie, dans le but d'obtenir des foies gras. Au bout de 20 jours, ces foies pèsent de 250 à 300 grammes. C'est à Agen, à Nérac, en Picardie, qu'on pratique surtout cet engraissement. On enlève également au canard une certaine quantité de duvet; on le recueille à l'automne. Les *canards de Rouen*, estimés pour leur chair, peuvent atteindre le poids de 3 kilog.; ceux d'*Aylesbury* et du *Labrador* sont, avec le canard commun, les plus connus.

Lapin. — On élève le lapin soit en *garenne*, soit en boîtes mobiles, soit en *clapiers;* ce dernier mode d'élevage est le seul intéressant pour nous.

Le *clapier* se compose de loges abritées, avec de petites cours adjacentes. Ces loges sont faites parfois de tonneaux, disposés de façon que les urines s'écoulent facilement, et que le froid et l'humidité ne puissent pas atteindre les lapins. Le fourrage est mis dans un râtelier, et le grain dans des augettes, afin qu'il n'y ait pas gaspillage des aliments. Il faut que le clapier soit placé dans un endroit calme, éloigné du bruit; car les mères s'effarouchent aisément, ce qui souvent cause la mort des petits. L'hygiène, la propreté, sont au plus haut point nécessaires, si l'on veut éviter une mortalité parfois très grande, causée par la diarrhée, la gale, etc.

Élevage. — Dès le sevrage, on sépare les lapereaux des mères, les mâles étant également placés dans des cases spéciales.

La lapine porte 30 jours et allaite les jeunes pendant six semaines environ. Les lapereaux, sevrés, reçoivent du pain mouillé avec du lait et des herbes fines, des grains d'orge ou d'avoine mélangés avec des pommes de terre.

C'est vers cinq ou six mois que les mâles sont aptes à la reproduction; mais il vaut mieux attendre le huitième mois, et même plus tard pour les espèces de grande taille. Vers trois mois on castre ceux qu'on destine à l'engraissement.

A l'état adulte, on donne aux lapins des herbes de prairies naturelles ou artificielles ou qui proviennent du sarclage des champs ; il faut éviter avec soin que ces herbes fermentent. Les navets, les betteraves, les détritus et débris de légumes, les fèves de marais, les féveroles, les pommes de terre cuites et mêlées avec du son, les choux, sont également utilisés ; on fournit encore aux femelles des feuilles d'orme, du trèfle, de la luzerne, parce qu'ils favorisent la lactation. Les graines, avoine, maïs, par exemple, sont données avantageusement. La nourriture est distribuée en trois repas, en variant autant que possible les aliments : un le matin, un vers le milieu du jour, et le dernier, le plus copieux, le soir.

Engraissement. — L'engraissement du lapin dure environ un mois, pendant lequel on lui fait absorber des pommes de terre, du son de froment, des carottes, des débris de pain, de l'avoine, etc. Il convient, comme toujours en pareille circonstance, de le placer dans une case obscure.

Les espèces les plus répandues sont : le *lapin commun*, très rustique, très prolifique, pouvant donner en moyenne 10 petits par portée, et peser de 4 à 5 kilog. à l'âge adulte; le *lapin géant de Flandre*, qui ne donne que 6 petits par portée, mais qui atteint 6 kilog.; le *lapin argenté*, *lapin riche* ou *lapin à fourrure*, le *lapin angora*, le *lapin de Chine*, le *lapin russe* ou *de l'Himalaya*, dont les extrémités des pattes, de la queue, du nez, des oreilles, sont d'un noir velouté, avec le reste du corps blanc et les yeux rouges ; le *lapin bélier* et le *lapin aux oreilles pendantes*, très voisins l'un de l'autre.

Léporide. — L'hybridation du lapin et du lièvre, qui donne le *léporide*, a fait l'objet de nombreuses discussions. Aujourd'hui, l'existence du léporide est encore contestée, quoique dans certains endroits on rencontre sur les marchés des animaux vendus sous ce nom; mais leur petit nombre et, par suite, le peu d'importance qu'ils offrent nous dispensent de nous y arrêter. Remarquons toutefois que le croisement des deux espèces considérées est très difficile à réaliser dans la pratique, et que ce sont les produits de générations ultérieures de léporides de premier croisement qu'on désigne le plus fréquemment sous ce nom.

CHAPITRE LXI.

AQUICULTURE.

EAUX DOUCES. — Pisciculture. — *Pisciculture naturelle :* Étangs à truites. Étangs à carpes. — Cours d'eau. — Frayères artificielles. — Échelles à poissons. — *Pisciculture artificielle :* Fécondation des œufs. — Incubation. Appareils d'éclosion ; œufs libres, œufs adhérents. — Transport des œufs, des alevins et des poissons.
Astaciculture.
EAUX SAUMATRES ET SALÉES. — Étangs et Marais.
Ostréiculture.
Mytiliculture.

L'*aquiculture* a pour but de retirer, au meilleur compte, de l'exploitation des eaux douces, saumâtres ou salées, la plus grande quantité possible de produits marchands.

On compte en France environ 800 000 hectares d'eau douce rapportant 34 millions de francs, et 2 800 kilomètres de côtes marines, d'où l'on tire un produit de 37 millions. Il serait facile d'en obtenir beaucoup plus.

On divise l'aquiculture en Pisciculture, Ostréiculture, Mytiliculture, Hirudiniculture, etc., suivant que les animaux dont il s'agit sont les poissons (*pisces*), les huîtres (*ostrea*), les moules (*mytilus*), les sangsues (*hirudo*), etc.

EAUX DOUCES.

Pisciculture. — Lorsqu'on s'occupe seulement d'aménager les eaux d'un étang, d'une rivière, etc., dans le sens le plus favorable à la vie et à la multiplication du poisson, on fait de la *pisciculture naturelle*. Si, au contraire, on intervient d'une manière directe en fécondant artificiellement les œufs de certains poissons, en même temps qu'on élève à part les jeunes ainsi obtenus, afin de es soustraire, dans la mesure du possible, aux nombreuses chances de destruction qu'ils rencontrent dans la nature, on fait de la *pisciculture artificielle*.

Pisciculture naturelle.

Étangs. — En pisciculture, un étang est une dépression de terrain plus ou moins profonde, dans laquelle on peut retenir à volonté les eaux de pluie, de sources ou de rivières, afin d'y élever et d'y engraisser le poisson. Les étangs occupent en France environ 200 000 hectares de superficie.

Le mode d'exploitation d'un étang repose sur la qualité de l'eau qu'il contient et les extrêmes de température qu'elle peut atteindre, sur la façon dont il s'alimente, la nature de son fond et enfin sur sa situation par rapport aux terrains avoisinants. Sa mise en rapport nécessite certains travaux indispensables. S'il est formé par une digue barrant une petite vallée, il convient que cette digue possède en bas une ouverture nommée *bonde de décharge* et en haut une bonde ou *canal de trop-plein.* Les étangs sont généralement entourés de talus en terre argileuse forte, consolidés par des roseaux et des pieux.

Toutes les communications de l'étang avec les autres cours d'eau doivent être sérieusement grillagées, et, si besoin est, les grillages seront installés sur des cadres mobiles, qui, étant levés, permettront le passage du poisson aux moments convenables.

Il faut qu'un étang possède un endroit plus profond que les autres. Lorsqu'il n'existe pas naturellement, on le creuse près du point où s'écoulent les eaux. Cet endroit porte le nom de *poêle* ou *pêcherie;* des canaux qui se ramifient sur le fond de l'étang y aboutissent, et la bonde de décharge est située de telle façon qu'il peut être mis complètement à sec. Lorsqu'on vide l'étang, le retrait de l'eau oblige tous les poissons à se réunir dans la pêcherie, où il est facile de les prendre.

Lors des grands froids et des grandes chaleurs, les bas-fonds de l'étang, les touffes d'herbes aquatiques, constituent des abris pour le poisson.

Les herbes flottantes ne sont pas à conserver; mais les plantes de fond et les joncs, les roseaux, sur lesquels certains poissons déposent leurs œufs ou *frai*, sont utiles en bonne proportion. Il importe de tenir l'étang toujours salubre, de renouveler, s'il est possible, assez fréquemment l'eau en été, et, lorsqu'elle s'altère, de procéder à la pêche. En hiver, on évite la formation de la glace en baissant ou montant alternativement le niveau de l'eau, au moyen de la bonde de décharge; on brise la glace lorsqu'elle occupe toute la surface.

Il est d'une très bonne pratique d'assécher assez fréquemment les étangs et de les mettre en culture pendant une ou deux années; après quoi on y fait revenir l'eau.

Suivant leur nature et le genre de produits qu'ils donnent, on distingue les étangs à truites et les étangs à carpes.

Étangs à truites. — Toutes les eaux ne conviennent pas aux truites; elles préfèrent des eaux vives, plutôt froides que tempérées, ne dépassant jamais une dizaine de degrés centigrades. Le fond ne doit pas être vaseux.

Avant de peupler un étang de truites, on fera bien de tenter quelques essais en petit : on pourra ainsi s'assurer qu'elles se plairont dans l'eau dont on dispose.

Pour exploiter fructueusement un tel étang, il faut : 1° mettre le poisson à l'abri des causes de destruction; 2° assurer sa nourriture et favoriser sa reproduction. On commencera donc par pêcher l'étang, afin d'en enlever les poissons carnivores : brochets, perches, anguilles, etc. On fera continuellement la chasse aux ennemis du poisson ainsi qu'aux animaux avides de frai, tels que les *musaraignes*, les *rats d'eau*, les *loutres*, les *hérons*, les *canards*, les *martins-pêcheurs*, les *grenouilles*, les *dytiques* et les *hydrophiles*. Les rives de l'étang seront ombragées, afin d'assurer de la fraîcheur sur ses bords et d'y attirer de nombreux insectes aquatiques, qui constituent une bonne nourriture pour les poissons.

On cultive tout d'abord, dans l'étang, ce qu'on appelle communément des *poissons blancs*, de moindre valeur que la truite, et qui lui serviront de nourriture; puis on introduit un certain nombre de truites mâles et de truites femelles adultes (5 à 6 de chaque sexe par hectare en eau). La truite fraye de novembre à janvier suivant la température. S'il n'y a pas de *frayère naturelle*, c'est-à-dire d'endroit tranquille, peu profond, où les eaux soient vives et aérées, et dont le fond se trouve graveleux ou sableux, on disposera dans les mêmes conditions une *frayère artificielle*, en étendant sur une surface de quelques mètres carrés de petits cailloux, en couche d'une épaisseur d'environ 15 centimètres. Si les conditions d'une bonne reproduction ne peuvent se rencontrer, on aura recours à la fécondation artificielle.

Étangs à carpes. — Les carpes se plaisent dans les eaux plutôt tièdes que fraîches ; elles vivent mieux sur les fonds de vase; mais elles y contractent un goût peu agréable. L'élevage en grand de la carpe nécessite plusieurs pièces d'eau ou compartiments : le premier, destiné à recevoir la *feuille*, c'est-à-dire les alevins de carpe, qui rappellent de loin la forme d'une feuille de saule ; le second, le *nourrain* ou *empoissonnage;* le troisième, les carpes marchandes. Après son passage dans ces deux derniers compartiments, la carpe pèse environ 1 kilog. Viennent enfin les viviers d'hivernage, qui servent à conserver le poisson pendant la mise à sec des étangs, et qui doivent être profonds et sans vase. Très souvent on se contente de deux compartiments : dans l'un se fait la multiplication, dans l'autre les poissons sont amenés à l'état marchand.

La carpe fraye de juin à août; elle dépose ses œufs sur les herbes aquatiques, dont l'existence est indispensable dans un étang à carpes. On choisit, pour la reproduction, les plus beaux animaux adultes de 4 ou 5 ans; on les place au printemps dans l'étang à feuille, qui ne doit pas avoir plus d'un mètre de profondeur, et dont les berges, en pente douce, seront bien exposées au soleil.

Lorsqu'on est en possession de la feuille, on la dépose dans le second compartiment, où elle grandit et s'engraisse. Quatre années suffisent, en moyenne, pour que la carpe atteigne son entier développement. On adjoint des tanches aux carpes, et, si le nombre des alevins est trop grand pour que tous profitent, on jette dans l'étang quelques petits brochets, qui se chargent de les décimer.

On peut donner comme nourriture à ces poissons des grains bouillis, des débris de salades, des limaces, etc.

La pêche se fait vers le milieu d'octobre. On amène lentement tout le poisson dans la *poêle* de l'étang; on le prend alors facilement avec un filet nommé *senne.*

Cours d'eau. — Dans les cours d'eau, comme partout ailleurs, il faut diminuer les chances de destruction et faciliter la multiplication des produits. Le premier point dépend de l'administration supérieure. Le braconnage et les délits de pêche passent généralement inaperçus ou sont punis très légèrement. La tolérance est trop grande vis-à-vis des usiniers et de ceux qui empoisonnent les rivières en y déversant, au mépris de la loi, des eaux résiduaires. Les travaux de navigation, le curage des canaux, nuisent d'autant plus qu'ils sont faits le plus souvent sans aucun souci de la pisciculture. Avec quelques ménagements et sans beaucoup de peine, on arriverait à préserver efficacement et à multiplier le poisson.

L'établissement de frayères artificielles, le soin de réserver les frayères naturelles lorsqu'on pratique le *faucardement*, c'est-à-dire la coupe des herbes dans certains cours d'eau, favoriseraient beaucoup la ponte et l'alevinage.

Frayères artificielles. — Les frayères artificielles sont faciles à établir, qu'il s'agisse d'œufs agglutinés, comme en pondent les Cyprins, ou d'œufs libres, comme chez les Salmonides. Pour les premiers, on installe, près des rives, des fagots de branchages ou des sortes d'îlots de plantes aquatiques. Pour les seconds, on dispose des couches de sable ou de gravier dans les endroits tranquilles, à eau vive, et de peu de profondeur.

La pratique d'échelonner le long des cours d'eau des endroits qu'on nomme *réserves*, où, la pêche étant interdite, le poisson peut frayer en toute sécurité, devrait être plus répandue.

Échelles à poissons. — On sait, en outre, que différents poissons, appelés pour cette raison *migrateurs*, remontent les cours d'eau à certaines époques de l'année, pour y déposer leurs œufs; tels sont le saumon, l'alose, l'esturgeon, la lamproie, etc. Mais les barrages actuels, les chutes d'eau des usines, offrent un obstacle souvent insurmontable au passage de ces poissons fort estimés; ce qui entraîne la perte de leurs œufs et, par suite, leur disparition. C'est ainsi que les saumons ne se trouvent plus qu'en très petit nombre dans nos rivières, alors qu'ils y étaient autrefois abondants. De là l'utilité des *échelles à poissons*, c'est-à-dire de constructions spéciales leur permettant de franchir les chutes. Elles sont encore peu répandues dans notre pays (il n'en existe guère que 25) et le plus souvent mal établies ou mal combinées.

Une bonne échelle à poissons satisfait aux conditions suivantes : la partie inférieure ou entrée de l'appareil se trouve au point où l'eau se montre abondante et vive, afin d'y attirer le poisson; il faut que la quantité d'eau déversée soit suffisante, et, d'autre part, que le courant reste relativement faible, afin que le poisson le remonte sans difficulté. Les plus employées sont : 1° les *échelles à escaliers*, composées de réservoirs placés comme les marches d'un escalier, d'où leur nom ; elles sont défectueuses ; 2° les échelles *à plans inclinés*, utilisées fréquemment en Angleterre et en Amérique, formées d'un couloir dans lequel se trouvent des tablettes placées verticalement en chicane, de sorte que l'eau parcourt un chemin sinueux ; 3° enfin les échelles du système Mac-Donald, plus compliquées, et qui ne semblent pas devoir être généralement adoptées.

Pisciculture artificielle.

Fécondation des œufs. — Pour suppléer à l'insuffisance de la fécondation naturelle, on pratique la fécondation artificielle des œufs de divers poissons, et les alevins obtenus sont jetés dans les cours d'eau en des endroits convenablement choisis. Les chances de fécondation, d'éclosion des œufs et d'élevage des jeunes sont ainsi beaucoup plus grandes qu'à l'état de nature. En outre, on peut introduire facilement dans une rivière des espèces qui ne s'y trouvaient pas, ou bien porter son action sur des points qui d'eux-mêmes ne se seraient pas repeuplés.

On opère différemment la fécondation artificielle, suivant qu'il s'agit d'œufs libres (Salmonides) ou d'œufs adhérents (Cyprinides). Rappelons seulement que les Salmonides donnent environ 2 000 œufs par chaque kilogramme de leur poids, tandis que pour les Cyprins cette proportion peut atteindre 200 000.

Œufs libres. — Les reproducteurs une fois choisis, on les observe fréquemment quelque temps avant l'époque présumée de la ponte, et, dès qu'une femelle a le ventre gonflé, mou, l'orifice anal injecté et proéminent, dès que le mâle laisse apparaître sa laitance sous la plus légère pression, il importe de procéder à la fécondation.

Pour cela, on prend un vase de verre, de porcelaine, de terre vernissée ou de bois, à bords droits et à fond plat ; on y verse de l'eau sur une hauteur d'une dizaine de centimètres ; cette eau doit être claire, vive, limpide et à la température moyenne à laquelle a lieu le frai naturel ; celle où l'on a pêché les reproducteurs convient le plus souvent.

On saisit la femelle par les nageoires pectorales et on facilite la sortie des œufs, en exerçant de haut en bas une très légère pression sur le ventre de l'animal, qu'on tient entre le pouce et l'index. On fait immédiatement de même pour le mâle : la liqueur fécondante s'écoule, et l'on s'arrête quand l'eau prend une apparence laiteuse. Les œufs étalés au fond du vase sont ensuite agités mollement avec la laitance, et au bout de 3 ou 4 minutes la fécondation est opérée.

Aujourd'hui, presque tous les pisciculteurs emploient un autre procédé, avec lequel les pertes sont plus faibles : c'est la *méthode russe* ou de *Wrasky*. On se sert de deux vases; on fait tomber dans l'un les œufs, dans l'autre la laitance, et celle-ci, très légèrement étendue d'eau, est versée de suite sur les œufs. On peut encore mélanger la laitance avec les œufs, puis laisser ainsi quelques minutes et ajouter un peu d'eau fraîche.

Œufs adhérents. — Il faut, comme précédemment, se servir d'une cuvette de terre vernissée ou de porcelaine; on y place quelques touffes d'herbes aquatiques bien lavées et de l'eau à une température de 15 à 20° ; puis on verse de la laitance, jusqu'à ce que le liquide soit trouble. Les œufs, qu'on fait tomber ensuite, s'attachent aux herbes du fond; on ajoute une nouvelle quantité de laitance et on laisse en repos quelques minutes.

Dans tous les cas, il faut, pour réussir, parfaite maturité des œufs, température convenable et promptitude dans les opérations.

Incubation des œufs fécondés. — Appareils d'éclosion. — *Œufs libres.* — L'incubation des œufs fécondés s'effectue en les baignant dans un courant d'eau, de telle manière qu'on puisse les observer à tout instant. L'appareil le plus connu parmi ceux qu'on utilise dans ce but se compose de petites auges en poterie vernissée ou en métal, beaucoup plus longues que larges et d'une dizaine de centimètres de hauteur. Près des bords se trouve une sorte de claie horizontale mobile formée de baguettes de verre espacées de 2 à 3 millimètres. Ces auges portent, de plus, une gouttière de trop-plein permettant la sortie de l'eau toujours au même niveau. Elles sont placées en escalier, de façon que l'eau, s'échappant par la gouttière d'une auge supérieure, tombe dans l'auge située au-dessous. Les choses étant ainsi disposées, on étale avec précaution et à côté les uns des autres les œufs fécondés sur les claies, et l'on établit dans les auges un courant d'eau possédant à peu près la température de celle dans laquelle on a opéré la fécondation.

Cet appareil, dénommé *auges de Coste*, du nom du savant qui a donné dans notre pays la première impulsion à la pisciculture, tend à être complètement remplacé par les *boîtes californiennes*, qui nous viennent d'Amérique, où cet art s'est développé considérablement. Leur construction, très simple, repose sur l'emploi d'un cylindre de verre, dans lequel on place des tamis en fil de fer galvanisé, qui supportent les œufs; l'eau arrive par une tubulure inférieure; elle baigne et nettoie ces œufs d'une façon automatique; elle sort à la partie supérieure du cylindre.

D'autres appareils en métal, de différentes formes, cylindriques ou parallélépipédiques, basés sur le même principe, sont également employés.

Dans les établissements d'une certaine importance, on place aussi les claies sur des tables en ciment munies d'un rebord d'une douzaine de centimètres, et sur lesquelles coule constamment de l'eau claire et aérée.

L'œuf fécondé présente bientôt une certaine opacité, et l'apparition d'une petite tache circulaire ne tarde pas à se manifester. L'œuf non fécondé blanchit. Pour manipuler les œufs et enlever ceux qui meurent pour une cause quelconque, on se sert de pinces dont les branches sont terminées par deux demi-sphères creuses qui emprisonnent l'œuf. S'il s'agit de déplacer les œufs vivants, une pipette courbe à large ouverture est d'un bon usage. L'eau dans laquelle se fait l'incubation doit être claire et vive, bien aérée, même froide pour les Salmonides, provenant d'une source, si c'est possible. Il est bon de la filtrer, tout au moins grossièrement, sur des éponges par exemple, avant son arrivée aux appareils d'incubation.

Une fois éclos, les alevins, qui portent une *vésicule ombilicale*, sont placés dans des bassins relativement vastes, où l'eau se renouvelle fréquemment et reste au-dessous de 15°. Tant que la vésicule subsiste, il faut se garder de donner aucune nourriture aux jeunes poissons; mais, sitôt qu'elle est résorbée, on les alimente artificiellement. C'est le passage de cette période qui constitue la principale difficulté de la pisciculture proprement dite. Il ne faut leur donner que de la nourriture fraîche, finement divisée et restant le plus longtemps possible en suspension dans l'eau; il convient d'enlever chaque jour la partie non utilisée, afin d'éviter la corruption. Toutes les fois qu'on le peut, on emploie de petits crustacés d'eau douce, des daphnies par exemple, qu'on produit même actuellement dans ce but sur une grande échelle, ainsi que d'autres petits animaux dont les alevins sont friands. La nourriture vivante est toujours préférable; mais, en bien des circonstances, il faut avoir recours à la chair crue, hachée et pilée, à la cervelle hachée, tamisée au travers d'une fine mousseline, à la rate, qui, préparée, donne aussi de bons résultats, au foie séché et écrasé, au sang également desséché et pulvérisé.

Œufs adhérents. — Quant aux œufs adhérents, l'éclosion en est plus facile. On place les plantes qui les portent sur une couche d'herbes aquatiques, dans de petits paniers bien fermés ou dans des caisses à claire-voie, lestés, mais soutenus par des flotteurs un peu au-dessous de la surface d'un cours d'eau voisin. On obtient ainsi une éclosion presque naturelle.

Transport des œufs, des alevins et des poissons. — On peut avoir à déplacer des œufs fécondés. Pour le transport, si la fécondation ne date pas de plus de six jours, il suffit de les emballer entre deux couches de mousse humide, de linges mouillés ou même dans des vases remplis d'eau.

Dans le cas contraire, il vaut mieux attendre que l'œuf soit *embryonné*, c'est-à-dire qu'on aperçoive dans son intérieur, par transparence, deux petits points noirs, qui deviendront les yeux du poisson. A ce moment, les œufs, quoique moins délicats à manier, ne doivent pas subir de fortes variations de température, aussi les place-t-on dans des caisses à double paroi. On peut, d'ailleurs, retarder jusqu'à l'instant propice l'éclosion des œufs, en les mettant dans une sorte de petite armoire-glacière, dans laquelle de l'eau, provenant de glace en fusion placée à la partie supérieure, les arrose et les refroidit constamment.

Le transport des poissons vivants se fait, suivant les circonstances, dans des bateaux à compartiments percés de trous, dans des tonneaux, dans des vases de métal, etc.; mais il convient, dans ces deux derniers cas, de maintenir toujours l'eau aussi froide que possible, en se servant parfois de glace, et d'insuffler de temps en temps de l'air dans le liquide, au moyen de petites pompes ou de soufflets appropriés. Certains poissons sont, en pareille circonstance, beaucoup plus résistants que d'autres : c'est ainsi que les Cyprinides demandent moins de soins que les Salmonides.

Astaciculture.

La production des écrevisses n'a pas, en France, l'importance qu'elle atteint dans d'autres pays, notamment en Allemagne ; nos cours d'eau en sont, d'ailleurs, actuellement dépeuplés, par suite d'une épidémie récente qui a fait périr un grand nombre de ces crustacés.

On ne peut pratiquer la fécondation artificielle sur les œufs d'écrevisse, et c'est en plaçant, vers mars ou avril, dans les cours d'eau contenant du calcaire en quantité suffisante, des écrevisses de cinq à sept ans (pesant de 25 à 30 grammes), autant que possible *grainées*, c'est-à-dire portant des œufs, qu'on parvient à repeupler les ruisseaux d'une profondeur de $1^{m},50$ à 2 mètres. On peut élever ces animaux dans les étangs à poissons, en leur installant des abris spéciaux, où ils se réfugient et qui permettent de les pêcher commodément.

Les écrevisses sont omnivores ; mais il est préférable, si on les tient en réservoir, de leur donner de la viande fraîche ; dans les conditions ordinaires, elles se nourrissent de mollusques, de larves d'insectes, et même de petits poissons.

L'écrevisse se développe très lentement, et, pour qu'elle soit marchande, il faut qu'elle ait de 7 à 8 ans ; elle pèse alors environ 40 grammes. Pour cette raison et aussi parce que cet élevage présente quelques difficultés, les établissements et les cours d'eau où l'on produit des écrevisses sont très peu nombreux. Nous ne nous y arrêterons pas.

L'hirudiniculture, qui consiste à élever rationnellement les sangsues, ne peut trouver place ici en raison de sa faible importance au point de vue agricole.

Eaux saumatres et salées.

Étangs et marais. — L'exploitation des *étangs* ou des *marais* plus ou moins salés qui se trouvent sur nos côtes, est une source de profits qui, dans certains cas, peuvent devenir très élevés; mais la mise en culture de ces eaux, saumâtres surtout, est loin d'être généralisée : bien des hectares de ces étangs qui, convenablement exploités, pourraient rapporter de beaux bénéfices, ne sont encore actuellement qu'une cause d'insalubrité pour le pays qui les environne.

Il convient, le plus souvent, de mettre l'étang en communication avec la mer par un canal, en un point duquel on dispose une vanne ou *martellière*, qui, élevée au abaissée aux moments propices, permet de retenir l'eau amenée par les marées hautes et de la faire écouler à marée basse. On installe également sur un bâti spécial un filet en forme d'entonnoir, qui laisse entrer les poissons de mer dans l'étang, mais qui ne leur permet pas d'en sortir. On peut donc les pêcher commodément lorsqu'on assèche le vivier en temps voulu. La nourriture des poissons est assurée par des *pacages* : on nomme ainsi des endroits où croissent les herbes qu'ils recherchent, et sur lesquelles vivent des mollusques, des crustacés, etc., dont quelques-uns d'entre eux s'alimentent exclusivement. Les abris contre les grands froids et les grandes chaleurs sont formés par des trous pratiqués en divers points, ou par des nattes disposées à la surface.

Dans les canaux des étangs qui communiquent naturellement avec la mer, on place des claies en roseaux, qu'on enfonce verticalement : elles servent de barrières aux poissons et permettent, par une disposition particulière, de les réunir en grande abondance dans un petit nombre d'endroits. Ces pêcheries ou *bordigues*, surtout installées dans les étangs de la Méditerranée, sont donc, en somme, établies sur le principe des nasses, mais avec les complications que comporte leur nature.

Ostréiculture.

Nous décrirons rapidement ici les pratiques suivies sur nos côtes dans le but de produire à bon compte l'huître (*Ostrea edulis*) et la moule (*Mytilus edulis*).

L'industrie ostréicole se divise en deux branches spéciales : dans certaines parties on produit les jeunes huîtres (Arcachon, Bretagne, etc.), et sur d'autres points (Marennes, la Tremblade, etc.), on élève ces mollusques, qui ont traversé la phase difficile de leur existence.

L'huître donne plus d'un million d'œufs, qui, pour la plupart, sont perdus lorsque, dans les conditions naturelles, ils s'échappent de la coquille maternelle à l'état d'embryons ciliés. Ces embryons, en ostréiculture, sont recueillis en aussi grande quantité que possible sur des *collecteurs*, où ils viennent se fixer. On appelle de ce nom différents engins, dont les plus employés sont des tuiles de diverses formes, recouvertes d'un enduit calcaire qu'on peut détacher facilement. On place ces collecteurs près d'un banc d'huîtres qui se reproduisent, à l'endroit où le courant amène naturellement le *naissain*, c'est-à-dire les jeunes embryons. Les tuiles courbes, dont on fait le plus souvent usage, peuvent être mises à demeure en juin-juillet, soit en *bouquets* ou en *champignons*, soit en forme de *ruches*, suivant que le fond est ou n'est pas vaseux. On retire en automne les collecteurs recouverts de naissain, et, quand cela est possible, on les place dans des bassins, sous une couche d'eau suffisante pour qu'ils soient à l'abri du froid ; au mois de mars suivant, on procède au *détroquage*, c'est-à-dire qu'on enlève les jeunes huîtres de leurs supports artificiels, et qu'on les dispose dans des caisses dites *ostréophiles*, pour les mettre à l'abri des causes de destruction. On peut aussi les placer dans des bassins spéciaux appelés *claires;* mais alors le détroquage a lieu dès le commencement de l'hiver. Enfin, certains ostréiculteurs laissent le naissain sur les tuiles ou cassent celles-ci en morceaux, qui, plus tard, préservent les jeunes huîtres (huîtres à tesson). Ces pratiques ne visent qu'à une économie immédiate et ne sont pas à recommander.

Élevage de l'huître. — Le choix du terrain où seront déposées les petites huîtres est très important : il faut un sol sablo-vaseux présentant une certaine dureté. Il est possible, d'ailleurs, de durcir les vasières au moyen de sable. Des courants assez énergiques doivent traverser les bassins, si l'on veut que les huîtres *poussent* vite et grandissent ; enfin, pour que l'huître engraisse, il lui faut une eau légèrement saumâtre.

MYTILICULTURE.

La moule est cultivée surtout aux environs de La Rochelle. Dans un sol côtier découvert à marée basse, on enfonce des pieux de 3 ou 4 mètres de hauteur et de 20 centimètres de diamètre, qu'on espace de 40 à 50 centimètres les uns des autres. Chaque file occupe une longueur d'environ

200 mètres, et les lignes de pieux dessinent un W dont le sommet est dirigé vers la mer. Les *bouchots* ainsi formés se divisent en quatre étages, dont le premier comprend les *bouchots d'en bas* ou *d'aval*, qui sont isolés, et sur lesquels vient se fixer, pendant février-mars, le *naissain* de moules, que l'on détache en juillet; il est alors de la grosseur d'un haricot et constitue le *renouvelain*. On le transporte sur les *bouchots bâtards*, clayonnés, qui forment le deuxième étage; puis ces moules sont placées un peu plus tard sur les *bouchots milloins* découverts plus fréquemment que les autres aux marées; c'est là qu'elles deviennent marchandes. Enfin on les dépose sur les *bouchots d'amont*, les plus près du rivage, où on les prend au fur et à mesure des besoins. Il faut ainsi un an à la moule pour acquérir sa croissance complète; à l'état de nature, trois ou quatre années sont nécessaires pour qu'elle s'achève.

On se borne donc simplement à sauvegarder le naissain et à activer son développement en le plaçant dans des conditions favorables. Toute simple qu'elle est, l'industrie de la mytiliculture pourrait se répandre avantageusement; car nous importons, principalement de Hollande, une grande quantité de moules.

CHAPITRE LXII.

APICULTURE.

Mœurs des abeilles. — Rayons. — Élevage du couvain. Métamorphoses. — Essaimage. — Enfumage. — Ruches : Ruches à rayons fixes. Ruches à rayons mobiles. — Du rucher. — Maladies des abeilles. — Ennemis des abeilles. — Récolte et extraction du miel et de la cire.

Mœurs des abeilles. — Les abeilles (*Apis mellifica*) sont des *Hyménoptères* formant des sociétés ou ruchées, composées de 15 à 20 000 ouvrières, d'environ 1 500 mâles ou faux-bourdons, et d'une femelle ou reine.

L'abeille désignée sous le nom d'*ouvrière* se distingue par sa taille plus petite, la présence d'un aiguillon, le peu de développement de ses ovaires, et surtout par la conformation des pattes postérieures, qui constituent ses outils, et dont les deux parties principales sont la *corbeille* et la *brosse :* celle-ci formée d'une pièce carrée où se trouvent des poils régulièrement disposés, celle-là, d'une pièce triangulaire creusée d'une cavité entourée de poils. La durée de l'existence d'une ouvrière est d'environ une année.

Le *mâle* est dépourvu d'aiguillon. Plus coloré et d'une taille plus grande que l'ouvrière, il n'a ni corbeille ni brosse; mais il possède des organes génitaux bien développés. Il est mis à mort par les ouvrières au bout de 2 à 3 mois, quand il a rempli son rôle de reproducteur.

La *femelle* ou *reine*, de taille plus forte, plus allongée, possède un aiguillon et des organes génitaux; elle vit de 4 à 5 ans et pond annuellement près de 60 000 œufs, qui donneront 2 ou 3 essaims : c'est sur elle que repose la vie de l'espèce.

Les ouvrières sont les seules qui travaillent; les unes, nommées *pourvoyeuses*, vont au dehors ramasser la *propolis*, sorte de résine qu'elles trouvent sur les bourgeons de bouleau, de peuplier, etc.; le *miel*, qu'elles récoltent dans les nectaires des fleurs, et qu'elles rapportent dans leur jabot; enfin, les grains de *pollen*, qu'elles recueillent sur les étamines et dans le calice, en s'y frottant et se brossant soigneusement ensuite pour réunir la poussière pollinique en boulettes, qu'elles logent dans leurs corbeilles.

Le miel est placé dans des cellules fermées d'un couvercle ou *opercule* plat et mince, le pollen dans des cellules toujours ouvertes; la propolis est utilisée dans la construction de différentes parties de la ruche, comme matière de soutien ou de remplissage.

A côté des pourvoyeuses sont les *cirières*, qui bâtissent les diverses cellules des rayons avec de la cire, qu'elles sécrètent par petites lamelles entre les anneaux de leur abdomen; elles saisissent ces lamelles avec leur *pince*, formée par la partie inférieure de la pièce que nous avons appelée *corbeille* et la partie supérieure de la brosse, puis elles les déposent sous forme de mamelons, qu'elles creusent, et dont elles aplanissent les parois avec la pièce carrée ou brosse. L'outil dont elles se servent étant toujours le même, les conditions et les matériaux de construction ne changeant pas, il en résulte une grande régularité dans l'établissement des cellules.

Les ouvrières *nourricières* forment un troisième groupe :

elles sont chargées de l'éducation du *couvain*, c'est-à-dire des œufs et des larves et nymphes qui en sortent; elles préparent les aliments et donnent à chaque larve ce qui lui revient.

Enfin, il est d'autres abeilles préposées à la défense de la ruche, à son aération. Elles obtiennent la ventilation nécessaire en battant des ailes près de son ouverture.

Rayons. — Les *rayons*, formés de cellules ou alvéoles placées dos à dos, constituent des sortes de gaufres à cavités polyédriques. Les abeilles commencent toujours ces rayons au sommet de la ruche et descendent vers le bas en les dirigeant suivant des plans verticaux parallèles. Ils comprennent trois catégories de cellules : 1° les cellules des ouvrières, qui se trouvent dans les rayons du centre de la ruche; 2° les cellules des mâles, qu'elles placent au bas des rayons de côté; 3° enfin les cellules royales ou des femelles, au nombre de 5 à 25, disposées sur les bords.

Les cellules d'ouvrières occupent les trois quarts des rayons et sont un peu plus petites que celles des mâles. Quant aux cellules des femelles, elles se distinguent très facilement à leur forme ovoïde, allongée, et à leurs dimensions beaucoup plus considérables.

Élevage du couvain. Métamorphoses. — Quelques jours après être sortie de sa cellule, la reine s'élève dans les airs et s'accouple, le plus souvent avec un mâle d'une colonie voisine; deux jours après, la jeune mère commence une ponte qui durera toute sa vie : surveillée par les ouvrières, elle produit, la première année, des œufs d'ouvrières; puis, au printemps de chacune des années suivantes, elle effectue la *grande ponte*, en donnant successivement des œufs d'ouvrières, des œufs de mâles, puis de nouveau des œufs d'ouvrières et enfin quelques œufs de femelles.

Si, par hasard, la reine n'avait pas été fécondée, elle ne pondrait que des œufs mâles par *parthénogénèse*.

L'œuf met environ 3 jours à éclore. Aussitôt la petite larve reçoit une pâtée composée de miel et de pollen; au bout de six jours, elle a atteint toute sa croissance : on l'enferme alors dans sa cellule au moyen d'un *opercule bombé*, ce qui distingue cette cellule de celles qui contiennent du miel. La larve file une sorte de cocon et se change en *nymphe;* elle reste murée ainsi environ 12 jours et sort, sous la forme d'insecte parfait, en déchirant la paroi de sa prison. Les œufs déposés dans les cellules de mâles mettent 24 jours, dans les mêmes conditions, pour donner des faux-bourdons.

Les ouvrières traitent d'une façon particulière la larve placée dans une cellule royale; elle reçoit une bouillie spéciale nommée *pâtée royale*. Cette larve atteint en 16 jours son complet développement. Parfois, elles la retiennent encore prisonnière après ce temps; la future reine fait alors entendre un petit cri que les apiculteurs appellent *chant de la femelle*.

Si, pour une cause quelconque, les abeilles d'une ruche perdent leur reine, elles agrandissent une cellule, qu'elles aménagent en cellule royale, y déposent un œuf d'ouvrière et donnent ensuite à la larve qui en provient de la pâtée royale. On voit alors celle-ci prendre les attributs de la femelle.

Cette faculté qu'aurait la pâtée royale de provoquer le développement du sexe, très intéressante au point de vue biologique, est contestée.

Essaimage. — Quand les abeilles d'une même colonie deviennent trop nombreuses, par suite d'éclosions répétées, et qu'il y a du *couvain* de femelle dans la ruche, elles cherchent à *essaimer*. Pour cela, elles se groupent d'abord à l'entrée en formant ce qu'on appelle la *barbe*, puis, vers le milieu du jour, elles partent avec la mère existante, pour se fixer à une branche d'arbre par exemple. L'essaimage se fait en mai-juin, suivant le climat.

Pour recueillir un essaim, on s'approche avec précaution de l'endroit où il s'est posé, en tenant d'une main une ruche renversée; puis, de l'autre main, on secoue la branche d'arbre, on en détache l'essaim, de façon à le faire tomber dans la ruche, qu'on retourne ensuite doucement sur un linge étendu. Les abeilles ne tardent pas à monter dans l'intérieur de celle-ci; au bout d'une demi-heure environ, on transporte la nouvelle colonie à la place qu'elle doit occuper dans le rucher.

Quelquefois une ruche peut donner plusieurs essaims successifs à peu de jours d'intervalle; ce sont des *essaims secondaires*, généralement moins forts que l'*essaim primaire*. Tandis que celui-ci pèse en moyenne 2 kilog., les autres n'atteignent le plus souvent qu'un poids moitié moindre ; il y a alors avantage à les réunir.

On peut obtenir des *essaims artificiels* en séparant de force un certain nombre d'abeilles d'une colonie déterminée pour en faire une autre colonie. Cette séparation, très facile à effectuer avec les ruches dites *à cadre*, l'est moins avec les ruches ordinaires.

Il faut ne créer d'essaim artificiel que si la ruche qu'on veut diviser est nombreuse, et surtout si elle possède des moyens de remplacer la mère qu'on lui enlève, et qui doit rester avec l'essaim nouvellement formé.

Le moment d'opérer l'essaimage artificiel est convenable lorsqu'on commence à voir des mâles sortir des ruches, car c'est un signe que la mère a pondu des œufs de femelles, et que, par suite, on peut l'enlever sans crainte.

Enfumage. — Les opérations qui font l'objet de l'apiculture sont assez nombreuses ; comme il y a quelque danger à les effectuer, on pratique l'*enfumage* des abeilles, qui permet de manipuler plus commodément ces insectes. Dans ce but, on a construit des soufflets particuliers munis d'une boîte dans laquelle on fait brûler des chiffons, de la paille, du foin, etc., et qui permettent de projeter la fumée sur les abeilles ou dans les ruches. On a grand soin de n'enfumer que légèrement. Les abeilles entrent alors en état de *bruissement* et sont moins à craindre.

Ruches. — On peut classer les ruches en deux groupes, suivant que les rayons qu'elles contiennent sont fixes ou mobiles.

Ruches à rayons fixes. — Les ruches à *rayons fixes* comprennent d'abord la ruche simple ou commune, en forme de cloche lorsqu'elle est en paille ou en petit bois ; dans le Midi, on la fait souvent d'une caisse en planches ou en liège ; une petite ouverture est ménagée à la partie inférieure. Cette ruche est tout d'une pièce ; on la recouvre de paille, afin de la mettre à l'abri des températures extrêmes. Pour atteindre les rayons qu'elle contient, il faut, le plus souvent, étouffer les abeilles, ce qui est une méthode barbare. On détache ensuite les rayons au couteau.

La ruche composée, *à chapiteau* ou *à hausses*, est préférable. La ruche à chapiteau est formée d'un corps de ruche dont la partie supérieure est plate et percée d'un trou de quelques centimètres. On adapte au-dessus de ce fond un chapiteau, qui porte encore le nom de *calotte*, *capot*, *cabochon*, etc. Les formes de ce genre de ruche peuvent être très différentes; mais, comme nous l'avons dit, les abeilles commencent leurs rayons à la partie supérieure, c'est-à-dire dans le chapiteau; c'est là qu'elles emmagasinent le miel de meilleure qualité. On place donc, au printemps, un chapiteau, qu'on a eu soin d'amorcer en y adaptant un fragment de rayon, et on l'enlève lorsque la principale fleur *mellifère* est passée, c'est-à-dire en juin-juillet. On enfume et on tapote préalablement le chapiteau, afin que les abeilles en sortent; puis on referme la petite ouverture du corps de ruche et l'on remet un chapiteau vide.

La ruche à hausses se compose de plusieurs compartiments ou hausses semblables qu'on place les uns sur les autres. Entre les hausses sont des planches à trous ou mieux à claire-voie, qui permettent la circulation facile des abeilles. On obtient du miel de la même façon que précédemment. Ces ruches permettent l'essaimage par division et la réunion des colonies avec une assez grande facilité, en soustrayant à une ruche une ou deux hausses convenablement choisies et en la complétant ensuite par des hausses vides.

Ruches à rayons mobiles. — Les ruches *à rayons mobiles* sont disposées de telle sorte que les abeilles construisent leurs rayons à l'intérieur de cadres mobiles placés verticalement. Les rayons sont donc liés aux cadres et se déplacent avec eux, ce qui rend leur manipulation des plus aisées. Les apiculteurs exercés peuvent ainsi conduire à leur gré la ruchée.

Les cadres mobiles sont formés de réglettes en bois d'une largeur telle que les coins de deux cadres voisins se juxtaposent à moitié de l'espace compris entre deux rayons, soit 35 millimètres. Le rayon occupant au milieu de ces réglettes environ 25 millimètres de largeur, il en résulte que, de chaque côté, il reste 5 millimètres, qui, ajoutés aux 5 qui restent également sur les côtés des rayons voisins, font 10 millimètres, ce qui constitue un passage suffisant pour les abeilles.

Les ruches à cadres mobiles peuvent être hautes ou étagées. Quand il y a plusieurs étages de cadres, placés dans chaque étage suivant des plans verticaux et se touchant par leurs coins, les conditions sont favorables au développement du couvain. Ces ruches peuvent être, au contraire, basses et longues, n'avoir qu'un seul étage de cadres et des boîtes de supplément de forme particulière, appelées des *sections*, qui font fonction de chapiteaux. Celles-ci sont faciles à manier et conviennent à la production abondante du miel.

Rucher. — Le rucher doit être établi sous un toit ou en plein air, dans un endroit tranquille et à l'abri de l'humidité, des bourrasques et des vents froids. Le rucher en plein air est le plus commode. L'allée qui permet l'accès des ruches est située du côté opposé à celui où sortent les abeilles. Il faut éviter de placer les ruches en plein soleil ou contre un mur blanc qui concentre la chaleur sur elles; car, dans ce cas, la température peut devenir telle que le miel fonde dans les rayons; les abeilles quittent alors la ruche pour en rechercher une plus fraîche. L'exposition du levant est la meilleure. On établit les ruches sur des trépieds surmontés d'un plateau ou sur des appuis en pierre. On les recouvre d'un *surtout* en paille, afin de les abriter de la pluie et du trop grand soleil. Il y a toujours avantage à avoir une ruchée un peu forte plutôt que deux ruchées peu nombreuses. Une ruchée a la cire d'autant plus foncée qu'elle est plus vieille.

Il se peut que des abeilles d'une colonie veuillent piller la colonie voisine; lorsqu'on s'en aperçoit, il faut rétrécir l'entrée de la ruche assiégée et asperger les assaillantes d'eau froide.

Il convient, autant que possible, de ne pas manipuler de miel près du rucher.

Maladies des abeilles. — Les abeilles atteintes de *dysenterie* laissent leurs excréments dans toutes les parties de la ruche, qu'elles empoisonnent ainsi. Cette maladie est probablement due à la trop grande humidité. Il faut nettoyer la ruche, puis l'aérer convenablement.

La *constipation* se montre surtout au printemps, sous l'influence d'un froid brusque. Dès les premiers symptômes, il faut faire passer les abeilles saines de la colonie attaquée dans une colonie vigoureuse.

On reconnaît qu'une ruche est malade de la *loque* à l'odeur de viande gâtée qui s'en dégage. Les ouvrières laissent périr le couvain éloigné du centre de la ruche, et celui-ci se décompose, en formant avec la cire une masse analogue à de la pulpe d'abricot pourri. On déplace les abeilles saines, on nettoie et on désinfecte complètement la ruche.

Ennemis des abeilles. — Les principaux ennemis des abeilles sont : le rat, le mulot, le blaireau, la mésange, le guêpier, le lézard gris, la guêpe, la philante apivore, le meloé commun et le meloé bigarré (dont les larves ou trion-gulins s'attachent aux abeilles butineuses et causent probablement l'affection connue sous le nom de *vertige*, qui fait tourner les abeilles jusqu'à complet épuisement) ; le sphinx tête de mort, dont elles se préservent elles-mêmes en rétrécissant avec de la propolis l'ouverture de leur ruche et en empêchant ainsi l'entrée de ce gros papillon ; enfin et par-dessus tout, la fausse teigne de la cire, dont les œufs sont introduits dans les ruches soit par les papillons eux-mêmes, soit involontairement par les abeilles. Les chenilles de la fausse teigne, une fois écloses, percent des galeries en se nourrissant de cire ; elles les tapissent de fils de soie et y accumulent leurs déjections. Dès qu'elles sont adultes, elles filent un cocon, se transforment en nymphes, puis en papillons, et le cycle recommence.

Les abeilles se débarrassent de ces ennemis lorsqu'ils sont en petit nombre ; elles déposent les excréments noirs de la fausse teigne sur le tablier de la ruche, ce qui permet de reconnaître la présence du lépidoptère à l'intérieur ; d'ailleurs, l'odeur des larves est caractéristique.

On doit enlever les rayons attaqués, quand ils ne le sont que dans une faible partie, et augmenter, si c'est possible, la colonie envahie, afin qu'elle se défende et répare plus facilement les dommages. Si les dégâts sont considérables, il faut transvaser la population de la ruche et nettoyer complètement celle-ci.

Récolte et extraction du miel et de la cire. — L'extraction du miel se fait au moyen de tamis, de terrines ou de pots vernissés et de couteaux plus ou moins flexibles de formes différentes.

Si l'on n'a affaire qu'à quelques ruches, on opère aussitôt après la récolte des chapiteaux ou des hausses ; car, à ce moment, le miel des rayons déposé sur les tamis coule facilement dans les vases placés au-dessous. On prend soin de désoperculer les cellules à miel et de séparer les rayons secs et ceux qui contiennent du couvain. On a quelquefois recours à la pression ou à la chaleur d'un four, lorsque le miel est déjà froid; mais la chaleur artificielle, mal employée, en altère toujours un peu les qualités. Lorsqu'on doit opérer sur de grandes quantités, on peut se servir des *mellificateurs* chauffés à la température voulue par des serpentins.

Les ruches à cadres mobiles permettent la récolte facile du miel par l'emploi du *mello-extracteur*, formé d'un prisme en toile métallique, à l'intérieur duquel s'en trouve un autre semblable, de telle sorte qu'entre les faces respectives des deux prismes on peut placer les cadres mobiles contenant les rayons désoperculés. Si l'on fait tourner rapidement l'appareil autour de son axe vertical, dans un vase en fer-blanc par exemple, le miel sera projeté en dehors des cellules sous l'action de la force centrifuge, et, en retournant le cadre de façon à mettre alternativement les deux faces du rayon vers l'extérieur du prisme, on obtiendra une extraction complète. Il convient d'apporter la plus grande propreté et les plus grands soins dans les manipulations.

On obtient encore différents sous-produits du miel, tels que les eaux miellées, l'hydromel, etc.

Les miels, suivant leur provenance et les fleurs qui ont servi à leur fabrication, peuvent avoir différents goûts; les plus estimés sont ceux du Gâtinais (sainfoin), de Chamonix ou de Savoie (labiées et mélèze), de Narbonne (labiées), etc.

Quant à la cire, elle s'extrait le plus souvent par fusion et refroidissement dans l'eau; la partie inférieure du dépôt ou *pied de cire* contient presque toutes les impuretés.

CHAPITRE LXIII.

SÉRICICULTURE.

Mœurs et éducation du ver à soie. — Maladies du ver à soie. — Auxiliaires du ver à soie.

Mœurs et éducation du ver à soie. — Le *Bombyx du mûrier* (*Bombyx* ou *Sericaria mori*) est originaire de la Chine, d'où nous vient, d'ailleurs, l'industrie de la sériciculture. C'est dans le Gard, la Drôme, l'Ardèche, parmi les départements du sud-est où l'on élève le ver à soie, que cette industrie a le plus d'importance. La chenille du *Bombyx mori* est encore appelée *magnan*, d'où le nom de *magnanerie* donné au local où se fait l'éducation du ver.

Les œufs du papillon portent le nom de *graine de ver à soie ;* il en faut environ 30000 pour faire une once (30 grammes), soit 1000 au gramme. On les conserve à l'air et à une basse température jusqu'au moment convenable pour l'éclosion, c'est-à-dire jusqu'à l'époque où la feuille de mûrier qui doit servir à la nourriture du ver est assez développée. On soumet alors les œufs à une incubation artificielle dans une couveuse, une pièce chauffée, ou même, comme cela se pratique encore pour de petites éducations, en les portant sous les vêtements. Au bout de quelques jours, les jeunes chenilles éclosent ; on les recouvre avec des feuilles de mûrier, fraîches, hachées, auxquelles elles ne tardent pas à s'attacher ; on les porte alors sur des claies.

Le ver à soie subit quatre mues ; de sorte qu'entre le moment de l'éclosion et celui où le ver cherche à grimper (*montée*) afin de filer son cocon, il y a cinq phases : une avant la première mue, trois entre deux mues consécutives, et la cinquième enfin entre la quatrième mue et la montée. La durée des phases ou âges successifs est de cinq jours pour le premier, de quatre pour le second, de six pour le troisième, de sept pour le quatrième et enfin de dix pour le cinquième. Chaque mue est précédée d'une période d'engourdissement, pendant laquelle les vers cessent de manger ; elle est suivie, au contraire, d'une période de voracité appelée *frèze*. La durée de l'éducation et, par suite, des âges peut varier beaucoup avec la température et l'abondance de la nourriture, dans les limites de vingt à quarante jours; elle est en moyenne de trente-deux à trente-cinq jours.

Il convient d'éviter, pour les vers, les brusques alternatives de température; il faut leur assurer une ventilation convenable; la plus grande propreté et la régularité dans les repas des chenilles d'une même éducation sont indispensables; car il est nécessaire que tous les vers d'un même lot grandissent et montent en même temps, afin de ne pas multiplier la main-d'œuvre.

Pendant l'époque des mues, on diminue graduellement la distribution, jusqu'à ce que les vers soient *endormis*. Les feuilles servant de nourriture doivent être fraîches, non flétries, mais surtout sèches, car la feuille mouillée a de graves inconvénients.

Pour renouveler les feuilles, on *délite* les vers en les couvrant d'une claie légère ou d'un filet à mailles plus ou moins petites, sur lequel sont des feuilles fraîches. Les vers ne tardent pas à y monter, et il est facile de nettoyer l'endroit où ils se trouvaient.

Arrivés vers le vingt-troisième jour de l'éducation, au commencement du cinquième âge, les vers mangent de plus en plus : c'est l'époque de la *grande frèze;* puis ils s'agitent et cessent de manger; à ce moment, on dispose les *cabanes* en bouleau ou en bruyères, ou bien de petits compartiments qui constituent les *coconnières artificielles*, afin que les vers puissent trouver des points d'appui pour filer leur cocon. La soie que le ver sécrète provient d'une paire de glandes, formées de tubes enroulés sur eux-mêmes et occupant presque toute la longueur du corps sur les côtés de l'appareil digestif; le fil de soie, tel qu'il sort de l'orifice percé dans la lèvre inférieure du ver, est composé lui-même de deux fils qui s'échappent de l'extrémité des glandes et se soudent bientôt.

Le ver à soie passe trois ou quatre jours à filer son cocon; puis il subit une cinquième mue et se transforme en chrysalide. On procède alors au *déramage* quelques jours après, c'est-à-dire qu'on détache avec précaution chaque cocon, qu'on met de côté ceux qui contiennent des vers morts et qui sont noirs, et enfin qu'on sépare les plus beaux pour en faire des cocons à graine. Les autres sont soumis à l'*étouffement*.

Les chrysalides des cocons destinés à fournir de la graine donnent, au bout d'une quinzaine de jours, des papillons, qui, mouillant les cocons avec un liquide spécial, puis les déchirant, se montrent alors sous la forme ailée. L'accouplement a lieu, et les femelles fécondées pondent des œufs qui écloront au printemps suivant.

Le cocon ainsi percé devient d'un dévidage difficile; la soie en est dépréciée : c'est pourquoi les chrysalides contenues dans les cocons qu'on porte directement à la filature sont *étouffées* au moyen de la vapeur ou d'un courant d'air chaud. Généralement, il y a avantage pour les magnaniers à vendre leurs cocons aux filateurs, s'il est possible, avant l'étouffement. Ceux-ci ont des appareils spéciaux et dévident plusieurs fils à la fois pour en former un brin unique.

Maladies du ver à soie. — Les vers à soie sont sujets à diverses maladies, dont les principales sont : la *pébrine* ou maladie des corpuscules, la *muscardine*, et la *flacherie* ou maladie des *morts-flats*.

Les vers malades de la pébrine portent sur le corps des taches noires de deux sortes : les unes à bords très nets, qui sont la trace des blessures qu'ils se font en marchant les uns sur les autres; les secondes, à bords entourés d'une auréole, qui dénotent seulement la maladie qu'on désigne sous le nom de *pébrine* précisement parce qu'elles ont l'apparence de grains de poivre; on l'appelle encore *gattine*. Elle fait périr les vers à tous les âges. Les travaux de M. Pasteur ont eu pour résultat de permettre de lutter avantageusement contre le fléau, ce qu'on n'avait pu faire jusqu'alors. Ce savant montra que les œufs et les vers peuvent porter en eux le germe de la maladie sans offrir de corpuscules distincts au microscope, que le mal se développe surtout chez les chrysalides et les papillons, et que, par suite, en ayant recours à des papillons exempts de corpuscules, on doit pouvoir se procurer une graine saine. Le mal se transmet facilement par la nourriture imprégnée de corpuscules, par les piqûres que font les vers atteints aux vers sains (il y a dans ce cas inoculation), enfin par simple association de vers sains et de vers malades.

On peut se procurer de la graine absolument saine en employant le *grainage au microscope* ou le *grainage cellulaire*, recommandés par M. Pasteur.

Dans le grainage au microscope, on fait éclore un certain nombre de papillons, provenant de cocons prélevés au hasard sur le lot total, quelques jours plus tôt que ceux de ce même lot, en les mettant dans une pièce plus chaude, et on examine tous les jours au microscope une vingtaine de chrysalides, broyées séparément dans quelques gouttes d'eau. Si l'on en trouve plus de deux qui soient corpusculeuses, il faut porter tous les cocons à la filature. Autrement, dès que les papillons commencent à sortir, on les broie, et leur examen est encore plus facile que celui des chrysalides. Si, sur cinquante papillons, il en est moins de 5 corpusculeux, on peut faire du grainage avec la chambrée d'où ils proviennent; mais il faut sélectionner les papillons dès leur sortie, en rejetant les faibles et ceux dont le duvet est, par places, noir et velouté.

Le grainage cellulaire consiste à recueillir les femelles, aussitôt après l'accouplement, sur de petits carrés de toile, de façon qu'elles y déposent leurs œufs. On les épingle en un coin du carré, et on les examine au microscope, en rejetant les pontes de celles qui montrent des corpuscules.

Le nom de *muscardine* vient de ce que le ver atteint de cette maladie se recouvre, après sa mort, d'une efflorescence blanchâtre qui lui donne l'apparence d'un bonbon appelé *muscardin*. L'animal se montre attaqué surtout un peu avant la montée : il cesse brusquement de manger, reste immobile, devient mou, flasque, et meurt; alors seulement son corps durcit, se violace et prend l'aspect ci-dessus indiqué. Cette affection est causée par un champignon microscopique, le *Botrytis bassiana*, dont les spores se disséminent avec une grande facilité. Dès que la maladie apparaît dans une magnanerie, il faut isoler les vers et désinfecter complètement l'endroit où elle s'est montrée. C'est un botrytis très voisin, le *Botrytis tenella*, qui est parasite de la larve du hanneton.

La *flacherie* ou maladie des *morts-flats* se voit sur les vers au cinquième âge, à l'époque de la grande frèze : ils ne mangent plus et ne tardent pas à mourir. M. Pasteur a observé que cette maladie est due à la fermentation des feuilles de mûrier dans le canal intestinal, sous l'action de différents microorganismes; que le ver ainsi atteint peut se transformer en chrysalide et même en papillon, mais que ceux-ci possèdent toujours le ferment dans le tube digestif; enfin que la flacherie peut être héréditaire ou accidentelle, se montrer par exemple sous l'influence d'une température trop élevée, de l'ingestion de feuilles mouillées, etc. Il y a donc lieu de prendre des précautions à cet égard.

Auxiliaires du ver à soie. — En dehors de la France, où l'on élève de préférence le Bombyx du mûrier, il est des pays où certains lépidoptères producteurs de soie sont utilisés; par exemple la Saturnie du chêne du Japon (*Saturnia Yama-Maï*) et la Saturnie Tussah (*Saturnia mylitta*), qui vivent l'une au Japon et l'autre dans l'Inde; on en tire une assez grande quantité de soie inférieure. On a tenté en France, en outre de l'acclimatation de ces deux papillons, celle de la Saturnie de l'ailante (*Saturnia cynthia*), qui vit parfaitement sous notre climat, et de la Saturnie du chêne de Chine (*Saturnia Pernyi*).

Les éducations de ces différents vers à soie réussissent pour la plupart dans notre pays; mais aucune n'a donné jusqu'ici de résultats industriels.

CHAPITRE LXIV.

ANIMAUX NUISIBLES ET ANIMAUX AUXILIAIRES.

ANIMAUX NUISIBLES. — Nécessité d'une lutte active. — Mammifères. — Oiseaux. — Mollusques.

Insectes. — Insectes nuisibles aux forêts. — Insectes nuisibles aux arbres fruitiers. — Insectes nuisibles aux plantes fourragères. — Insectes nuisibles aux plantes potagères. — Insectes nuisibles aux céréales. — Insectes nuisibles à la vigne. Phylloxera. — Insectes nuisibles à toutes les cultures : Hanneton, Criquets.

Myriapodes. — Crustacés. — Vers.

ANIMAUX AUXILIAIRES. — Mammifères. — Oiseaux. — Reptiles et Batraciens. — Insectes. — Arachnides.

ANIMAUX NUISIBLES A L'AGRICULTURE.

Nécessité d'une lutte active. — Les animaux nuisibles sont sans contredit de redoutables adversaires pour l'agriculteur. Immenses sont les pertes causées par quelques-uns de ces êtres, dont les plus petits commettent parfois des dégâts irréparables. Tels sont, parmi les insectes : le hanneton, le phylloxera, le criquet, etc., dont on déplore actuellement les ravages récents, et contre lesquels la lutte, si vive qu'elle soit, reste longtemps disproportionnée et peu efficace.

Or, si dès l'apparition de l'espèce nuisible dans une région, on en détruisait avec grand soin les individus encore rares, que de pertes seraient évitées! Mais, le plus souvent, le cultivateur n'observe pas l'ennemi auquel il a affaire; il aime mieux ne pas s'en préoccuper, jusqu'à ce qu'il y soit forcé par l'importance du dégât, tout d'abord très faible, puis de plus en plus grande. Alors les champs infestés sont déjà nombreux; l'entente, absolument nécessaire, mais difficile entre les propriétaires, rend l'action en commun parfois impossible ou la retarde beaucoup trop; la lutte est dans tous les cas fort coûteuse et ne peut avoir de résultats immédiats, ce qui n'est pas fait pour stimuler le zèle des intéressés.

Il conviendrait que l'agriculteur mît en pratique, pour les insectes et les animaux nuisibles en général, ce qu'il fait maintenant de plus en plus pour les plantes parasites et les mauvaises herbes, qui ne sont pas toujours aussi redoutables, mais qui se voient beaucoup mieux. La dépense, relativement minime, qui résulterait annuellement d'une chasse appliquée à ces animaux ou d'un traitement insecticide approprié, constituant en quelque sorte une opération culturale, serait largement compensée par la plus-value des récoltes.

Mais, nous le répétons, les dégâts causés, lorsqu'ils sont assez peu importants, ne se retournent pas toujours contre leurs véritables auteurs, surtout s'il s'agit de larves qui échappent à la vue et attaquent les racines; on préfère les attribuer aux influences météorologiques par exemple. Le défaut d'observation et de raisonnement fait payer depuis longtemps, sans difficulté, le cadavre d'une taupe à raison de 25 centimes ou bien l'abonnement annuel du taupier, parce que les taupinières ne peuvent passer inaperçues, tandis qu'il a fallu arriver jusqu'à ces dernières années pour qu'un litre de hannetons fût acheté 10 ou 15 centimes.

De ces préliminaires on doit conclure, et nous ne saurions trop y insister, que l'initiative des cultivateurs et l'observation constante des champs susceptibles d'être attaqués, sont les meilleurs adversaires des animaux nuisibles, en ce qu'elles permettent d'agir au bon moment.

Mammifères nuisibles. — Les mammifères nuisibles peuvent être classés de la manière suivante, d'après la nature de leurs dégâts : le loir, le lérot, le muscardin, l'écureuil, le lapin, le mulot, le campagnol, etc., commettent surtout leurs déprédations dans les vergers, les jardins fruitiers, les bois et les champs; ils sont friands de végétaux; — le surmulot, le rat noir, s'attaquent à presque tous les produits animaux ou végétaux; — le renard, le loup, la fouine, la martre, le putois, la belette, dévastent plus particulièrement les basses-cours ou dévorent une certaine quantité de petits mammifères utiles; — enfin la musaraigne d'eau, le campagnol amphibie et surtout la loutre sont des destructeurs de frai ou de poisson.

Les moyens d'action contre les mammifères peuvent avoir simplement pour but de préserver de leurs attaques les récoltes ou les fruits. A cet effet, on place des bandes de métal autour des arbres ou à la partie inférieure des espaliers; des plates-formes également en métal ou montées sur des pieds que les mammifères ne peuvent gravir, afin de garder à l'abri de leurs déprédations les meules et les récoltes; on garnit aussi de feuilles de tôle les parois des greniers; mais ces moyens coûteux sont difficiles à mettre en pratique. Aussi emploie-t-on de préférence :

1° Les pièges, quelquefois très simples et très efficaces, mais dans la description desquels nous ne pouvons entrer;

2° L'empoisonnement à l'aide de pâtes faites avec du phosphore, de l'arsenic, de la strychnine, etc., et mélangées aux aliments dont les animaux à détruire se montrent friands. Il faut se servir des poisons avec une extrême prudence, car les chiens, les bêtes de la ferme et les personnes non prévenues peuvent subir les graves conséquences de leur action; de plus, les mammifères empoisonnés vont mourir dans leur trou, et leur corps s'y putréfie, dégageant une odeur infecte;

3° L'asphyxie, pour les animaux qui habitent des galeries souterraines. On fait pénétrer dans leurs terriers de l'eau ou des vapeurs irrespirables, produites par la combustion de chiffons, de paille, etc., mêlés de fleur de soufre;

4° Les ennemis naturels, tels que les chiens, les chats, et certains carnassiers qui, nuisibles d'ordinaire, rendent des services au moment des invasions de rongeurs par exemple, en en détruisant une grande quantité.

Des arrêtés pris par les préfets peuvent autoriser en tout temps la chasse d'animaux déclarés nuisibles. On sait que des primes élevées sont attachées à la destruction des loups.

Oiseaux nuisibles. — Les oiseaux de proie diurnes, appartenant aux genres suivants : faucon (sauf la crécerelle), autour, épervier, busard (sauf le busard Saint-Martin), milan, balbusard, sont généralement plus nuisibles qu'utiles; d'autres, très voisins, sont considérés comme plutôt utiles que nuisibles. Il y a là une incertitude compréhensible : le régime de la plupart de ces oiseaux étant composé de petits mammifères, d'oiseaux et, en général, de petits animaux, il s'agit de savoir si la destruction qu'ils en font porte plutôt sur les animaux utiles que sur les animaux nuisibles, ou inversement.

Parmi les passereaux, le guêpier ou abeillerolle; parmi les oiseaux aquatiques, les hérons en particulier, sont à détruire. Tous les oiseaux non aquatiques se montrent sans doute utiles au printemps, parce qu'ils se nourrissent d'insectes utiles ou nuisibles (ces derniers étant de beaucoup les plus nombreux, l'utilité des oiseaux est incontestable à cette époque) ; mais il est pénible en automne, au moment des semailles, de voir des passereaux dévorer, en quantités quelquefois considérables, les grains et les fruits. Il convient donc de surveiller la multiplication de ces oiseaux et de chercher à en proportionner le nombre aux services qu'ils sont appelés à rendre, afin de n'avoir à souffrir que le moins possible de leurs ravages.

Mollusques nuisibles. — Les escargots et les limaces devront être ramassés après la pluie. Les poussières telles que la fleur de soufre, le sable très fin, la sciure de bois mélangée de goudron, sont employées dans le but de les retenir ; on se sert également de pièges-abris, que l'on dispose convenablement, et où ces animaux se réfugient. On en recueille ainsi un certain nombre à la fois.

Insectes nuisibles.

Bien que le régime des insectes ne soit pas absolument exclusif, et qu'on puisse trouver une même espèce sur des plantes différentes — quelques-uns s'attaquent à toutes les cultures, — il est cependant possible, et surtout il est commode de les classer suivant la nature des plantes qui subissent plus particulièrement leurs dégâts : nous passerons donc rapidement en revue dans les groupes suivants les principaux insectes nuisibles à l'agriculture.

Insectes nuisibles aux forêts. — Le nombre des insectes nuisibles aux forêts est considérable.

Coléoptères. — Il en est qui creusent des galeries dans le bois, comme les *Scolytes :* grand rongeur de l'orme (*Scolytus destructor*) ; rongeur du chêne (*S. intricatus*) ; scolyte du bouleau (*S. Ratzeburgii*) ; — les *Bostriches :* grand rongeur du pin (*Bostrichus stenographus*) ; bostriche strié (*B. lineatus*) ; grand rongeur du sapin (*B. typographus*), etc. ; — les *Hylésines :* hylésine du pin (*Hylesinus piniperda*) ; grand rongeur du frêne (*H. fraxini*), etc. ; — les *Vrillettes ;* — les *Buprestes ;* — les *Cérambyx ;* — les *Callidies ;* — les *Saperdes ;* — les *Lymexylons.* D'autres, appartenant pour la plupart au groupe des *Charançons*, s'attaquent aux feuilles ; tels sont : le charançon argenté (*Phyllobius argentatus*) ; le charançon du poirier (*P. pyri*) ; le charançon au cou vert (*P. viridicollis*). Il en est de même des *Chrysomèles* et des *Galéruques.*

Hyménoptères. — Le sirex géant (*Sirex gigas*) et le sirex commun (*Sirex juvencus*) creusent des galeries dans le bois. Les mouches à scie, les *Lophyres*, s'attaquent aux feuilles.

Névroptères. — Le termite lucifuge (*Termites lucifugus*), dont les dégâts dans les bois de construction sont bien connus, est un *névroptère.*

Lépidoptères. — La spongieuse (*Liparis dispar*), la livrée (*Bombyx neustria*), le cul doré (*Liparis chrysorrhœa*), la nonne (*Liparis monacha*), le sphinx du pin (*Sphinx pinastri*), le bombyx du pin (*Lasiocampa pini*), la daschyre pudibonde (*Daschyra pudibunda*), la processionnaire du chêne (*Cnethocampa processionnea*), l'hibernie défeuillante (*Hibernia defoliaria*), la phalène du bouleau, sont des lépidoptères qui s'attaquent aux feuilles. Le cossus gâte-bois (*Cossus ligniperda*) et la sésie apiforme (*Sesia apiformis*) percent, au contraire, le bois de leurs galeries.

Moyens de destruction. — Les méthodes générales de destruction de ces insectes, applicables tantôt aux uns, tantôt aux autres, se groupent de la manière suivante. Comme *moyens préventifs*, on entoure les troncs d'arbres d'un cercle de goudron ou de terre mélangée de bouse de vache, ou l'on met de la chaux vive au pied. Comme *moyens de destruction*, on peut disposer, sous forme de pièges, des arbres abattus, que certains insectes préfèrent aux arbres vivants, ou bien des morceaux d'écorce, des branchages, des souches, que l'on surveillera, et que l'on brûlera au moment convenable; secouer les branches au-dessus de nappes ou de bâches et brûler les larves et les adultes ainsi recueillis; quelquefois rechercher les gros insectes dans leurs galeries avec un fil de fer recourbé; râcler, écraser les œufs, couper les branches qui les portent et les brûler; faire de même partout la chasse aux chenilles et aux larves, en récoltant les poches où elles se trouvent, les feuilles qui les portent, etc., et brûler le tout soigneusement; écorcer et badigeonner de coaltar; couper, abattre et brûler, si besoin est, les arbres atteints; employer une solution de savon noir contre les mouches à scie; une solution de 10 parties d'huile lourde de gaz pour 100 parties d'eau contre les chenilles processionnaires, et essayer, si possible, l'asphyxie à la benzine ou au sulfure de carbone, au moyen de petits tampons de coton introduits dans les galeries quand elles sont assez larges; sulfater, créosoter, etc., les bois destinés à la construction.

Tels sont, groupés, les principaux moyens recommandés jusqu'ici. Les uns s'appliquent plus particulièrement à certains insectes; les autres sont d'un usage général; il reste à choisir celui qu'il faut préférer dans la circonstance où l'on se trouve.

Insectes nuisibles aux arbres fruitiers. — *Coléoptères.* — L'anthonome ou charançon des pommes (*Anthonomus pomorum*) a causé de sérieux dégâts dans ces dernières années; les rhynchites ou coupe-bourgeons (*Rhynchites conicus, bacchus, betuleti*, etc.) s'attaquent aux bourgeons. Le charançon des noisettes (*Balaninus nucum*) ou *ver des noisettes* ronge le fruit du noisetier. Enfin les scolytes, hylésines, cérambyx, saperdes, dont nous avons déjà parlé à propos des arbres forestiers, creusent des galeries dans le tronc ou dans les branches des arbres fruitiers.

Hyménoptères. — Les hyménoptères désignés sous le nom de *mouches à scie* s'attaquent en général aux feuilles; les guêpes et les fourmis, aux fruits mûrs; les larves de cèphes (*Cephus*) rongent les bourgeons.

Lépidoptères. — La phalène hiémale (*Cheimatobia brumata*), la zeuzère du marronnier (*Zeuzera æsculi*), l'hyponomeute du pommier (*Hyponomeuta* ou *Yponomeuta malinella*), la nonne (*Liparis monacha*), la mineuse des feuilles d'olivier (*Elachysta oleœlla*), la phalène du groseillier (*Abraxas grossulariata*), la livrée (*Bombyx neustria*), la spongieuse (*Liparis dispar*), le cul doré (*Liparis chrysorrhœa*), le grand paon de nuit (*Saturnia pyri*), les tordeuses (*Tortrix*), la phalène défeuillante (*Hibernia defoliaria*), la daschyre pudibonde (*Daschyra pudibunda*), s'attaquent aux feuilles de diverses manières, soit en les rongeant, soit en les roulant, soit enfin en les agglomérant. Les chenilles de l'hyponomeute du pommier, par exemple, s'entourent de véritables toiles de soie et, ainsi abritées, rongent les feuilles qui se trouvent à l'intérieur; puis elles vont de place en place en s'entourant de nouvelles toiles. Les *vers des pommes, vers des prunes*, etc., sont les chenilles de la pyrale des pommes (*Carpocapsa pomonana*), de la pyrale des prunes (*C. funebrana*), de la pyrale des châtaignes (*C. splendens*), etc., qui rongent ces fruits.

Hémiptères. — Les tigres (*Tyngis*) et les psylles (*Psylla*) commettent leurs dégâts sur les feuilles; mais les *Aphis* ou pucerons proprement dits, les *Coccus* et surtout le puceron lanigère (*Schizoneura lanigera*) sucent la sève des branches, des racines, et l'arbre, bientôt couvert de nodosités, de *chancres*, ne tarde pas à périr.

Diptères. — La mouche des cerises, la mouche des olives, de l'orange, la cécidomyie des poirettes, éclosent à l'état larvaire dans les fruits et en rongent la pulpe.

Moyens de destruction. — On peut essayer quelques-uns des moyens employés pour les arbres forestiers et procéder de la même façon à la chasse des œufs, des larves et des insectes parfaits, toutes les fois que la chose est possible; utiliser les fruits tombés, en faire une boisson, si les insectes en sont sortis, ou les donner à manger aux porcs, afin de détruire les larves; verser de l'eau bouillante sur le sol où tombent ces fruits; badigeonner sur l'arbre le fruit attaqué et le piquer au canif avec une solution au $\frac{1}{10}$ de jus de tabac; mouiller les toiles que font les chenilles avec un pinceau imprégné d'un mélange de pétrole au $\frac{1}{6}$ ou au $\frac{1}{10}$ suivant les cas. On doit opérer de grand matin ou par un temps humide, alors que les chenilles sont engourdies. Les guêpes se prennent dans des flacons à moitié remplis d'eau miellée et suspendus aux arbres; mais le meilleur procédé consiste à rechercher les nids et à les détruire, en les enfumant, en les asphyxiant au moyen de benzine, par exemple, ou de mèches de soufre allumées, en les ébouillantant; il convient alors, afin d'éviter les piqûres, d'opérer le soir, quand toute la colonie est rentrée et engourdie. Contre les hémiptères tels que les tigres, on peut employer l'eau phéniquée très étendue ou l'eau de savon. Après la taille, on enduira l'arbre et la muraille, dans le cas où il est en espalier, d'un lait de chaux; on en arrosera le pied avec de l'eau bouillante. On peut encore saupoudrer les tiges avec de la fleur de soufre ou de la poudre de pyrèthre, les laver avec du jus de tabac. Contre le puceron lanigère, beaucoup de moyens ont été préconisés; il importe, pour cet insecte comme pour quelques autres, de dissoudre d'abord la matière cireuse qui le protège, si l'on veut que l'insecticide agisse; d'où les remèdes ci-après : 1° solution de savon noir dans l'eau, à laquelle on ajoute du pétrole; les proportions varient autour des chiffres suivants : un demi-kilog. de savon noir et 1 litre de pétrole pour 5 litres d'eau; on étend plus ou moins d'eau, suivant l'époque de la végétation et suivant que les parties à enduire sont plus ou moins sensibles; 2° badigeonnage avec huile de lin ou huile d'olive sans toucher aux feuilles; 3° solution de savon, à laquelle on mélange de l'alcool amylique et, si besoin est, du jus de tabac.

Il faut nettoyer, pendant l'hiver, tous les arbres de la mousse qui les revêt et des vieilles écorces fendillées, en dégarnir le collet, et les badigeonner aussi complètement que possible avec un lait de chaux.

Les insectes dont la transformation s'effectue dans les mousses, sous les arbres, seront pris en février-mars dans les amas de débris végétaux, qu'on aura soin de brûler avant qu'ils s'en échappent; on peut aussi mettre de la chaux vive au pied des arbres, afin d'empêcher cette transformation. Pour éviter les dégâts de la mouche des olives (*Dacus oleæ*), il faut récolter les olives avant maturité et en faire immédiatement de l'huile. Afin de faire disparaître les larves attaquant les fruits, il convient de recueillir ceux de ces fruits qui sont tombés et de les détruire ou de les utiliser, s'il est possible, immédiatement, avant que l'insecte s'en soit échappé : on peut, par exemple, faire becqueter par des poules les cerises tombées.

Insectes nuisibles aux plantes fourragères. — *Coléoptères.* — Le négril (*Colapsis atra*), la casside nébuleuse (*Cassida nebulosa*), le silphe des betteraves (*Silpha opaca*) s'attaquent aux feuilles; les charançons, au contraire, comme l'apion du trèfle (*Apion apricans*), la bruche de la vesce (*Bruchus nubilus*), rongent les grains.

Hyménoptères. — L'athalie des raves (*Athalia spinarum*) mange les feuilles.

Lépidoptères. — Le bombyx du trèfle (*Bombyx trifolii*), le petit papillon du chou (*Pieris rapæ*), le grand papillon blanc veiné de vert (*P. napi*) se nourrissent de feuilles lorsqu'ils sont à l'état larvaire. La noctuelle des moissons ou *ver gris* (*Agrotis segetum*) s'attaque surtout aux betteraves.

Moyens de destruction. — Il faut ramasser et détruire les insectes sous tous leurs états : se servir pour cela, par exemple, d'un filet fauchoir, d'une planche montée sur une brouette et recouverte de goudron, que l'on promène sur les tiges; on recueille ensuite tous ceux qui s'y sont attachés; — couper les fourrages alors que les insectes ne sont pas encore suffisamment développés et ne peuvent émigrer vers les champs voisins, et les donner immédiatement à manger aux bestiaux, si c'est possible; semer de bonne heure, afin que les plantes soient mieux en état de supporter les attaques des chenilles au moment de l'éclosion; enfin *alterner les cultures :* l'année suivante, les insectes, ne retrouvant plus les végétaux qui leur servent d'aliments, périssent. L'alternance des cultures, lorsqu'elle est possible, doit être entendue ici de telle sorte que les plantes qui occuperont le terrain envahi et les champs voisins, ne soient point attaquées par les insectes dont on veut se débarrasser, et, si le cas se présente, il est bon que les phases de végétation de ces plantes ne coïncident pas avec les phases de développement des insectes. On a recommandé, en particulier, contre le silphe opaque, la pourpre de Londres (arséniate de chaux coloré par la rosaniline) et le vert de Scheele ou vert de Paris (arséniate de cuivre), répandus en mélange, avec une matière pulvérulente, le matin à la rosée, ou dissous dans l'eau et projetés en fine pluie sur les cultures par un temps sec.

Insectes nuisibles aux plantes potagères. — *Coléoptères*. — La bruche du pois (*Bruchus pisi*), la bruche de la fève, la bruche de la lentille, etc., rongent les graines. Le charançon du chou (*Ceuthorynchus sulcicollis*), le criocère de l'asperge (*Crioceris asparagi*), la casside verte (*Cassida viridis*), le doryphore (*Doryphora decemlineata*), les altises (*Altica*), s'attaquent surtout aux feuilles et les dévorent.

Orthoptères. — La taupe-grillon ou *courtilière* (*Gryllo talpa*) commet des dégâts au printemps dans les potagers, en creusant des galeries souterraines et en coupant les racines des jeunes plants.

Lépidoptères. — La teigne du poireau (*Lita vigiliella*), la noctuelle gamma (*Plusia gamma*), la noctuelle du chou (*Hadena brassicæ*), la noctuelle potagère (*Hadena oleracea*), le grand papillon du chou (*Pieris brassicæ*), le petit papillon du chou (*P. rapæ*), le grand papillon blanc veiné de vert (*P. napi*), rongent les feuilles à l'état de chenilles et peuvent rapidement détruire les plantes attaquées. La teigne des pois verts (*Grapholita pisana*) et la noctuelle de la laitue s'attaquent aux grains. Enfin la noctuelle point d'exclamation (*Agrotis exclamationis*) se montre surtout nuisible aux racines.

Hémiptères. — Les punaises du chou (*Pentatoma ornatum*) sucent la sève des feuilles; il en est de même des différents pucerons des plantes potagères, du genre *Aphis*, qui s'y trouvent parfois en très grand nombre.

Diptères. — Les tipules (*Tipula*) se tiennent principalement sur les racines à l'état larvaire; la psylomie de la rose (*Psylomia rosæ*) cause la rouille des carottes, la mouche de l'échalote (*Anthomya platura*) se trouve dans l'oignon.

Moyens de destruction. — Il faut récolter ces divers insectes à l'état d'œufs, de chenilles ou de larves, de chrysalides et d'insectes parfaits, toutes les fois que la chose est possible. On peut employer pour cela les moyens déjà indiqués ou bien le piège à altises, composé d'un grand entonnoir en fer-blanc présentant une échancrure, qui permet l'introduction successive des tiges des plantes attaquées; si l'on secoue brusquement ces plantes, et que l'on opère lorsque les insectes sont encore engourdis, ceux-ci sautent et tombent dans l'entonnoir; un petit sac attaché à la partie inférieure permet de les recueillir facilement. La planche enduite de goudron qu'on promène au-dessus des tiges est également d'un bon usage. On peut encore répandre sur les feuilles de la sciure de bois imprégnée de coaltar, du sable mélangé de naphtaline, du soufre d'Apt, de la chaux pulvérisée, une matière en poudre très fine quelconque, par exemple certains engrais chimiques. Si l'on se sert de plantes-pièges ou de débris, on aura soin de les brûler en temps convenable. Les lotions insecticides précitées trouvent ici leur emploi pour les pucerons. On inonde les galeries des courtilières d'huile lourde ou d'eau de savon, etc. Enfin on peut alterner les cultures.

Insectes nuisibles aux céréales. — *Coléoptères.* — Le charançon du blé ou *calandre* (*Sitophilus granarius*) se montre très nuisible au grain dans les greniers; l'aiguillonnier (*Saperda marginella*), le carabe bossu (*Zabrus gibbus*), les taupins (*Elater*, *Agriotes*), le hanneton à corselet vert, le hanneton solsticial et le hanneton d'été (*Anisoplia* et *Rhizotrogus*) attaquent le blé sur pied et, pour la plupart, rongent les racines; le criocère de l'orge (*Crioceris melanopa*) dévore les feuilles.

Parmi les *Hyménoptères*, le cèphe pygmée se tient à l'état larvaire dans les tiges de blé et de seigle.

Lépidoptères. — L'alucite des céréales (*Butalis cerealella*), la teigne des grains (*Tinea granella*), sont surtout à redouter dans les greniers; la noctuelle du blé (*Agrotis tritici*) s'attaque au blé sur pied.

Hémiptères. — Les pucerons, et parmi ceux-ci le puceron du blé (*Aphis granaria*), sucent la sève et nuisent à la croissance du grain.

Diptères.—La cécidomyie du froment ou mouche de Hesse (*Cecidomyia tritici* ou *C. destructor*), les chlorops (*Chlorops*) et l'oscinie dévastatrice (*Oscinia vastator*) sont funestes aux céréales sur pied.

Moyens de destruction. — Pour détruire les insectes qui se tiennent dans les greniers, ou tout au moins pour atténuer les dégâts qu'ils commettent, on a proposé d'y placer des plantes à odeur forte, des toisons en suint, etc. Il faut constamment surveiller les tas et les remuer de temps à autre, les pelleter soit à la main, soit avec des appareils mécaniques. Les greniers doivent être tenus très propres, avoir des parois lisses et sans fissures. On peut employer les silos à grains ou se servir de greniers spéciaux et mobiles. Quand le blé est attaqué, et qu'on veut l'utiliser comme blé de semence, on le met dans un tonneau et l'on fait périr les larves au moyen d'un asphyxiant, par exemple de sulfure de carbone. On emploie encore des tarares dus au Dr Herpin, qui utilisent la force centrifuge et brisent les grains attaqués, laissant les grains sains intacts, enfin le chauffage, qui consiste à porter le blé à une température d'environ 60°, pas assez élevée pour l'altérer, mais suffisante pour détruire les larves. Le mieux, sitôt que commencent les dégâts, est d'envoyer le blé au moulin.

Contre les teignes, il est bon d'enfermer des bergeronnettes dans les greniers : ces oiseaux en détruisent beaucoup.

Quant aux insectes qui attaquent les céréales sur pied, il convient, le plus souvent, de couper les tiges très bas, afin d'éviter, autant que possible, que les larves se réfugient dans la partie inférieure, d'extirper les chaumes, de les brûler aussitôt après la moisson, puis de labourer immédiatement. On a conseillé l'épandage de tourteaux de colza pulvérisés contre la cécidomyie. Enfin, quand la récolte est tout à fait compromise, il est préférable de la brûler sur pied. L'alternance des cultures est à récommander, dans ce cas comme dans tous les autres.

Insectes nuisibles à la vigne. Phylloxera. — On compte plusieurs centaines d'espèces nuisibles à la vigne; nous n'en citerons qu'un très petit nombre :

Coléoptères. — Le lèthre à grosse tête (*Lethrus cephalotes*), l'altise de la vigne (*Altica* ou *Graptodera ampelophaga*), l'urbec (*Rhynchites betuleti*), encore appelé *bèche*, *lisette*, s'attaquent aux bourgeons, aux jeunes pousses et aux feuilles. Le grand rongeur de la vigne (*Apate sexdentata*) creuse des galeries dans les ceps. L'eumolpe ou écrivain (*Eumolpus vitis*) ronge les feuilles et les racines. Enfin le *Vesperus Xatartii* entame les souches et les tiges.

Lépidoptères. — La pyrale de la vigne (*Œnophtira pilleriana*) s'attaque aux feuilles et aux jeunes pousses, et la cochylis (*Cochylis roserana*) ou *teigne de la vigne*, aux jeunes grappes.

Hémiptères. — Les principaux sont : le calocoris (*Lopus albomarginatus*), la cochenille de la vigne (*Lecanium vitis*), et enfin le phylloxera (*Phylloxera vastatrix*), sur lequel, en raison des dégâts considérables qui lui sont imputables, nous allons insister plus longuement.

Le tableau des métamorphoses de cet insecte, que nous établissons ci-dessous, et surtout le cadre de cet ouvrage nous dispensent d'entrer dans le détail des mœurs et de la vie du phylloxera :

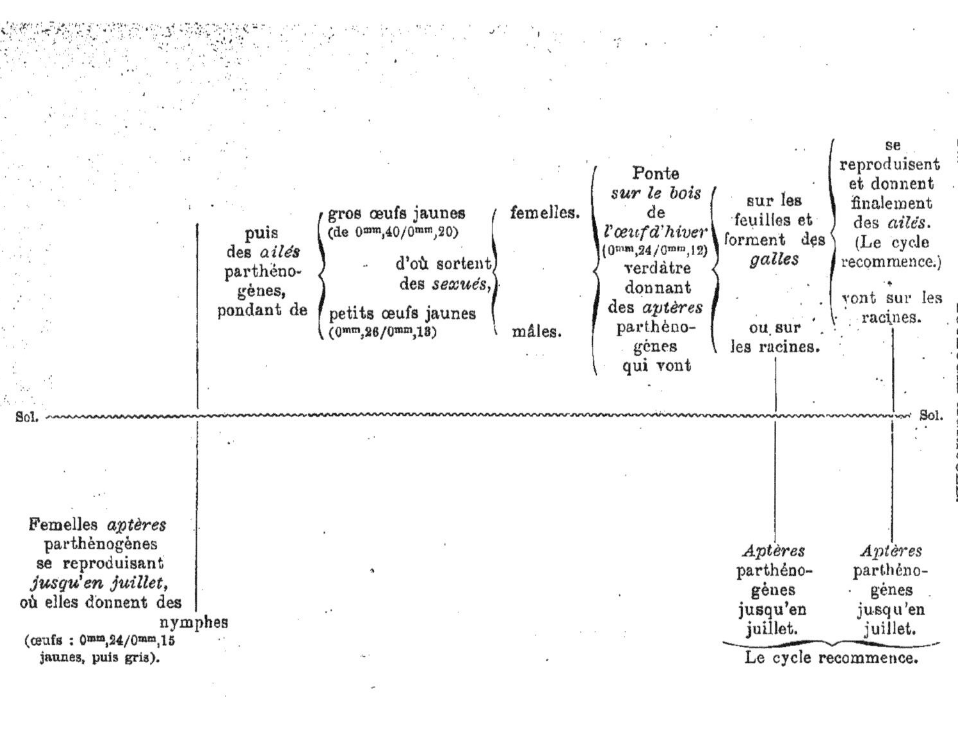
puis des *ailés* parthénogènes, pondant de
gros œufs jaunes (de 0mm,40/0mm,20)
petits œufs jaunes (0mm,26/0mm,13)
d'où sortent des *sexués*,
femelles.
mâles.
Ponte *sur le bois* de *l'œuf d'hiver* (0mm,24/0mm,12) verdâtre donnant des *aptères* parthénogènes qui vont
sur les feuilles et forment des *galles*
ou sur les racines.
se reproduisent et donnent finalement des *ailés*. (Le cycle recommence.)
vont sur les racines.
Sol.
Sol.
Femelles *aptères* parthénogènes se reproduisant *jusqu'en juillet*, où elles donnent des nymphes
(œufs : 0mm,24/0mm,15 jaunes, puis gris).
Aptères parthénogènes jusqu'en juillet.
Aptères parthénogènes jusqu'en juillet.
Le cycle recommence.

On sait que les pucerons ont la faculté de se reproduire par parthénogénèse, c'est-à-dire sans l'intervention de mâles, sans accouplement; tous les phylloxeras se trouvant au-dessous du sol, sur les racines, dont ils sucent la sève, sont des femelles sans ailes (aptères) qui donnent des quantités innombrables d'individus, aptères comme elles, en un très court espace de temps. Les phylloxeras ailés qui proviennent d'une génération aptère n'ayant pas suivi son développement ordinaire, servent de moyen aérien de propagation du fléau; ils volent peu, mais sont transportés par les vents et pondent, *sur les feuilles*, des œufs, d'où sortent les *sexués*, qui, suivant une loi générale, redonnent à l'espèce, par leur accouplement, une nouvelle puissance reproductrice, la retrempent pour ainsi dire, car elle finirait par s'éteindre s'il n'y avait que des œufs parthénogénésiques. L'œuf d'hiver commence donc théoriquement le cycle d'évolution du phylloxera; une femelle sexuée, après sa fécondation, ne pond qu'un seul œuf, tandis qu'une femelle aptère parthénogène pond de 10 à 13 œufs tous les jours : si bien qu'un seul œuf d'hiver peut, finalement, pendant une saison, donner naissance à plus de 20 millions d'individus.

Les aptères, qui, sortant de l'œuf d'hiver, s'en vont sur les feuilles, forment des excroissances particulières, des *galles*, qu'on trouve presque uniquement sur les vignes américaines. Un certain nombre de ces aptères peuvent ultérieurement donner des ailés et recommencer le cycle sans descendre sur les racines.

Le tableau ci-contre indique le mode d'évolution de l'insecte, mode assez compliqué, comme on peut le voir. Rappelons que le puceron lanigère, qui s'attaque au pommier, subit des métamorphoses analogues.

Moyens de destruction du Phylloxera et des autres insectes nuisibles à la vigne. — Les méthodes préconisées ont été aussi nombreuses qu'inefficaces pour la plupart. Nous ne parlerons que de celles dont l'application se poursuit encore : le badigeonnage des ceps, qui a pour but la destruction de l'œuf d'hiver, l'emploi du sulfure de carbone, du sulfocarbonate de potassium, etc., enfin la submersion.

Le *badigeonnage* s'effectue avec un mélange d'huile lourde (20 parties), de naphtaline brute (60 parties), de chaux vive (120 parties) et d'eau (400 parties). Ce mélange doit être fait avec soin, d'après les instructions spéciales données par

M. Balbiani, qui l'a recommandé. Si la vigne est âgée, on *décortique* avec des racloirs, des râpes ou des gants à mailles d'acier; on badigeonne *tout* le bois de la souche. On peut opérer dès le début de l'hiver; mais l'époque la plus convenable est février-mars. Un temps sec et un peu de vent, sans qu'il gèle, sont des circonstances favorables à la bonne réussite du badigeonnage.

Les *insecticides* employés jusqu'ici ne se comptent plus; tous les jours on en découvre de nouveaux; mais le *sulfure de carbone*, surtout préconisé, et qui sert au traitement d'un grand nombre de vignobles, nous occupera seul.

On le fait pénétrer dans le sol à des doses variables suivant les terrains et les circonstances, mais uniformes et régulièrement espacées pour un même endroit, au moyen de *pals injecteurs* ou de *charrues sulfureuses*. Les pals sont d'un usage plus général. Ils consistent en un cylindre de métal qui sert de réservoir, et où l'on place l'insecticide. A l'intérieur se trouve un corps de pompe dans lequel se meut un piston. La course de ce piston, suivant son étendue, chasse plus ou moins de liquide dans un long tube qui pénètre en terre. Des poignées et une pédale permettent de manœuvrer et d'enfoncer l'instrument à la profondeur voulue. On règle une fois pour toutes la course du piston et, par suite, la dose qui s'échappe à chaque coup de pal. Aussitôt l'injection terminée, le trou doit être bouché. On donne au moins 20 000 coups de pal à l'hectare, en dépensant en moyenne 200 kilog. de sulfure. Il faut éviter de sulfurer quand le terrain est humide ou le temps pluvieux, ou quand les grandes gelées sont à craindre. Le traitement se fait généralement en octobre et novembre ou en février, mars, avril.

Le *sulfocarbonate de potassium*, au contact de l'air et de l'eau, se transforme en sulfure de carbone et en carbonate de potasse. Le premier agit comme insecticide, et le second comme engrais. Le traitement au sulfocarbonate est coûteux et demande une grande quantité d'eau.

Par la *submersion* on obtient de très bons résultats partout où elle est praticable. Elle consiste à recouvrir d'eau le sol du vignoble pendant une période de 25 à 40 jours. Il faut employer de 10 000 à 30 000 mètres cubes d'eau par hectare. Nous avons vu, à propos de l'irrigation par submersion, comment le terrain doit être disposé, et aussi les bons effets que les eaux fertilisantes ont en pareille circonstance.

Lorsqu'il s'agit d'une submersion de vignes, on emploie le plus souvent une pompe centrifuge, disposée comme le montre la figure 68; l'eau est amenée par ce moyen dans un canal qui la conduit au bassin le plus élevé. La dépense moyenne est de 60 à 80 francs par hectare.

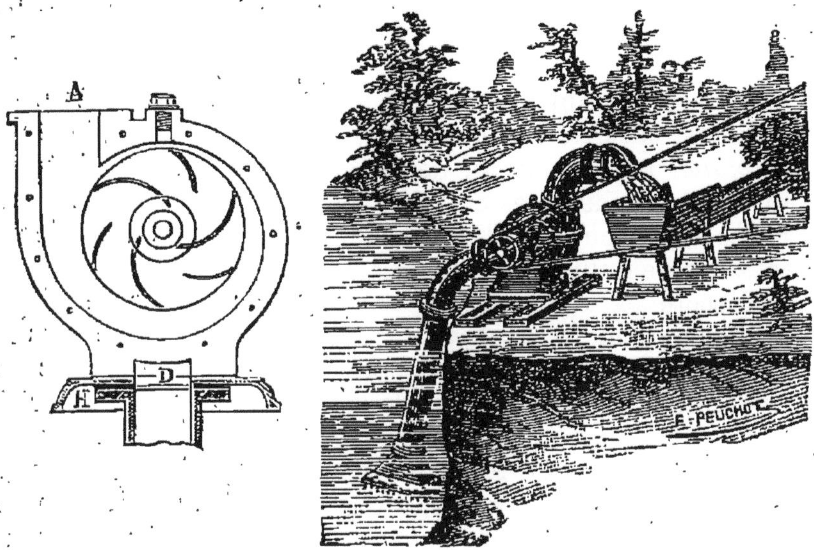

Fig. 68. — Pompe centrifuge.

La vigne semble jouir d'une certaine *immunité* dans les *sables*, et, depuis que la connaissance de ce fait est acquise, les terrains de cette nature, où la vigne est susceptible de prospérer, ont beaucoup augmenté de valeur. Il en est ainsi, par exemple, pour ceux des environs d'Aigues-Mortes. Enfin nous savons (voir *Viticulture*) qu'aujourd'hui une grande partie du vignoble français est reconstituée en *plants américains*, moins sensibles que nos plants indigènes aux attaques du phylloxera.

Revenons aux autres insectes ennemis de la vigne. Outre la chasse que l'on doit toujours faire aux coléoptères nuisibles sous leurs diverses formes, en employant par exemple l'entonnoir à altises, on peut avoir recours à l'*ébouillantage* et au *sulfurage* pour les lépidoptères.

L'*ébouillantage* se pratique au moyen d'une chaudière spéciale, qui peut être facilement transportée d'un point à un autre dans le vignoble, et de sortes de cafetières, qu'on vient remplir d'eau chaude au fur et à mesure qu'on les a vidées sur les ceps. On opère en février-mars, par un temps calme et dans des conditions telles que l'eau se refroidisse le moins possible pendant le transport jusqu'aux ceps.

Le *clochage*, *sulfurage* ou *sulfurisation* consiste à recouvrir chaque souche d'une cloche en bois ou en métal, à l'intérieur de laquelle on fait brûler du soufre pendant environ dix minutes.

Insectes nuisibles à toutes les cultures. Hanneton. — Le hanneton (*Melolontha vulgaris*) commet, à l'état de larve (*ver blanc*, *turc* ou *man*), des dégâts extrêmement importants, surtout dans les cultures du nord et de l'ouest de la France. On a pu les estimer, dans notre pays, à plusieurs centaines de millions de francs.

L'insecte parfait apparaît à une époque voisine du milieu du mois de mai ; il vit de 3 à 4 semaines, s'accouple vers la fin de mai, et la femelle dépose une trentaine d'œufs en terre, à quelques centimètres de la surface. 3 semaines après, l'éclosion a lieu, et les jeunes larves commencent à ronger les plantes à fleur de terre; elles s'enfoncent à l'automne et se tiennent, pendant l'hiver, à une profondeur qui varie de 35 à 60 centimètres; elles s'engourdissent, puis, au commencement de la belle saison suivante, remontent à la surface du sol et disparaissent de nouveau à l'automne, pour reparaître au printemps et ronger les racines jusqu'en juin-juillet, époque de leur dernier enfouissement. Le ver blanc s'enfonce alors parfois jusqu'à 1 mètre de profondeur, se transforme en nymphe dans une sorte de coque, puis en insecte parfait, et sort de terre en mai. On ne peut donc lutter efficacement contre la larve que pendant la belle saison, alors qu'elle se trouve à la surface du sol.

Ainsi que le montre le tableau ci-contre, la durée des métamorphoses complètes de ce coléoptère est de 36 mois, les dates ci-dessous n'étant qu'approximatives.

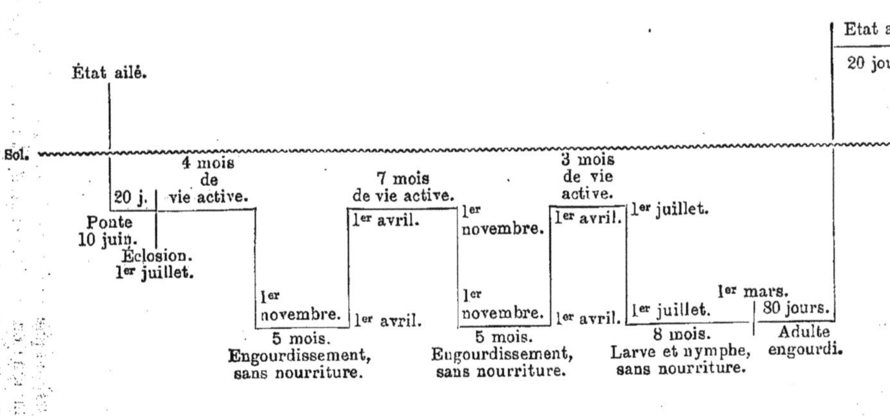
État ailé.
Etat ailé.
20 jours.
Sol.
Sol.
20 j.
Ponte
10 juin.
Éclosion.
1er juillet.
4 mois
de
vie active.
1er
novembre.
5 mois.
Engourdissement,
sans nourriture.
1er avril.
7 mois
de vie active.
1er avril.
1er
novembre.
1er
novembre.
5 mois.
Engourdissement,
sans nourriture.
1er avril.
3 mois
de vie
active.
1er avril.
1er juillet.
1er juillet.
8 mois.
Larve et nymphe,
sans nourriture.
1er mars.
80 jours.
Adulte
engourdi.

Moyens de destruction du hanneton. — On peut classer ainsi les moyens de destruction proposés :

1° *Substances insecticides* agissant soit sur le tube digestif de l'animal, soit sur ses organes respiratoires. D'une façon générale, ces substances, applicables en horticulture ou en arboriculture, sont, dans la pratique, d'un prix de revient trop élevé quand ils s'adressent à l'agriculture ; nous n'en parlerons donc pas ici ;

2° *Exposition des larves à l'air.* Sous l'action du soleil, et même simplement laissés hors de terre, les vers blancs ne tardent pas à périr : aussi la pratique des *déchaumages*, des labours légers, au moment propice, c'est-à-dire quand l'insecte se trouve dans la couche supérieure du sol, doit-elle être encouragée ;

3° *Irrigations abondantes ;* elles semblent également très nuisibles aux vers blancs ;

4° *Ennemis du hanneton.* On peut, lorsqu'on a ramené les larves à la surface du sol, les faire rechercher par les volailles, les dindons en particulier ; de là l'emploi des *poulaillers roulants*. Toutefois ces oiseaux n'en détruisent que des quantités relativement faibles. Il est à remarquer que les moineaux, les corbeaux, les pies, les alouettes, les étourneaux, les mésanges, les pouillots, etc., et les petits oiseaux de proie consomment beaucoup d'insectes parfaits. La taupe, dont on discute encore le rôle utile ou nuisible, passe pour dévorer quantité de vers blancs ;

5° *Ramassage des larves à la main ;* ce procédé, qui paraît dispendieux *a priori*, ne laisse cependant pas que de donner de très bons résultats, quand le labour qui permet d'effectuer le ramassage est pratiqué à une époque favorable de l'année ;

6° *Emploi des champignons parasites ;* cette méthode, qu'on pourrait, d'ailleurs, étendre à tous les insectes nuisibles, est d'application récente. Elle consiste à faire passer de diverses façons dans le corps de l'insecte des champignons microscopiques qui ne tardent pas à l'envahir, à le tuer. La maladie se répand ainsi de proche en proche (voir *Maladies du ver à soie*) ;

7° *Ramassage des insectes parfaits ;* c'est le moyen qui jusqu'ici a donné les meilleurs résultats, surtout lorsqu'il est mis en pratique par un groupe de cultivateurs habitant la même commune ou le même canton, et se réunissant pour former un *syndicat de hannetonnage*. Le ramassage s'effectue de très bon matin, au moyen de bâches. disposées pour entourer le tronc de l'arbre et recevoir les hannetons encore engourdis, qu'on y fait tomber en secouant ou en gaulant les branches. Le litre de hannetons est payé aux ramasseurs de 10 à 20 centimes. Les insectes recueillis sont détruits au moyen de la chaux.

Criquets. — On appelle plus communément ces *orthoptères* des *sauterelles*, bien qu'il soit facile de les distinguer de celles-ci par la brièveté de leurs antennes et le nombre des articles de leurs tarses. Les criquets qui dévastent périodiquement l'Algérie, appartiennent surtout à l'espèce nommée *Stauronotus maroccanus*. Les œufs, pondus un à un, sont réunis en grappes ou *oothèques*, qui en contiennent de 30 à 100. L'éclosion a lieu de 20 à 40 jours après la ponte; la larve subit plusieurs mues successives, passe à l'état de nymphe, qui n'a que des rudiments d'ailes, et finalement devient insecte parfait. Les dégâts peuvent donc être commis par des ailés, qui parfois viennent de fort loin, ou bien par les larves, les nymphes et les jeunes adultes de la nouvelle génération.

Moyens de destruction des criquets. — Les procédés de destruction employés sont nombreux, mais assez souvent impuissants devant l'importance et la rapidité des invasions. On peut rechercher et détruire les pontes, ou mieux, écraser les jeunes, alors qu'ils montent à la surface, après leur sortie de l'oothèque, et qu'ils sont encore rassemblés; mais le moyen le plus répandu consiste dans l'usage de l'appareil cypriote ou appareil Durand, basé sur ce fait que les criquets ne peuvent franchir une paroi verticale lisse. On dispose donc, perpendiculairement à la direction que suivent les criquets, et suivant des lignes brisées à angles plus ou moins ouverts, des bandes de toile fixées au moyen de pieux, et dont la partie supérieure est surmontée de rubans métalliques ou de toile cirée. La partie inférieure des toiles est recouverte d'un peu de terre, de façon à ce que les criquets ne puissent passer en dessous. A l'intérieur des angles situés du côté à protéger, se trouvent des fosses, de sorte que les criquets, ne pouvant franchir la partie supérieure lisse des toiles et s'avançant toujours, finissent par s'accumuler dans les fosses. On les extermine alors facilement.

Myriapodes nuisibles. — Les géophiles, scolopendres, iules, polysdèmes, doivent être recherchés et détruits.

Crustacés nuisibles. — Les *Cloportes :* cloporte *ordinaire* et cloporte *porcellion*, qu'on écrase ou qu'on échaude, et le *crabe tourteau*, qui s'attaque aux huîtres dans les parcs, sont les seuls crustacés qu'on puisse considérer comme nuisibles.

Vers nuisibles. — Parmi les vers nuisibles aux cultures, on remarque surtout, dans les nématodes, les *Anguillules* du blé, qui causent la nielle; celles de l'oignon, de la betterave, etc. Contre ces dernières on peut essayer l'eau acidulée d'acide sulfurique (1 partie pour 150 d'eau), ou le sulfure de carbone. Il faut brûler les blés niellés et les oignons attaqués, et alterner les cultures.

Animaux auxiliaires.

Nous entendons par animaux auxiliaires ceux qui sont d'un grand secours pour les agriculteurs en faisant la chasse aux animaux nuisibles.

Mammifères. — On peut ranger dans la catégorie des animaux auxiliaires les chauves-souris, le hérisson, les musaraignes (*Sorex*), sauf la musaraigne d'eau, les taupes, qui sont considérées tantôt comme utiles, tantôt comme nuisibles.

Oiseaux. — Il convient de protéger les grimpeurs et les passereaux au printemps, mais de restreindre leurs dégâts en automne. La crécerelle et surtout les rapaces nocturnes sont utiles, parce qu'ils dévorent une grande quantité d'insectes, des mulots, des campagnols, etc.

Reptiles et Batraciens. — Les lézards, l'orvet (*Anguis fragilis*), les crapauds (*Bufo*), les grenouilles, sauf la rainette, les salamandres et les tritons se nourrissent surtout d'insectes et de petits mollusques.

Insectes. — Les cicindèles, les carabes ou jardinières, les calosomes, les procrustres, les féronies, les staphylins, les lampyres ou vers-luisants, les driles, les téléphores, les clairons, les coccinelles ou bêtes à bon Dieu, les mantes, les libellules ou demoiselles, les agrions, les fourmis-lions, les hémérobes ou demoiselles terrestres, sont carnassiers; ils vivent d'insectes et de petits mollusques.

Les ichneumons, les pimplas, les microgasters, les ptéromales et le groupe des guêpes fouisseuses, c'est-à-dire les crabroniens et les sphégiens, les mouches entomobies ou tachinaires (*echinomya*, *tachina*) s'attaquent aux autres insectes de différentes façons, soit en piquant de leur aiguillon les larves et les insectes parfaits, de façon à les paralyser, soit en déposant des œufs dans leur corps; les petites larves qui éclosent se nourrissent de l'animal qu'elles habitent ou qui est déposé à côté d'elles. Dans tous les cas, l'œuvre de destruction est accomplie par ces insectes, dont les mœurs sont des plus intéressantes.

Arachnides. — Les araignées détruisent beaucoup d'insectes nuisibles; il convient de ne pas les anéantir sans motif.

Tous les animaux que nous venons de nommer sont d'utiles aides dans la lutte contre les ennemis des cultures; il est donc essentiel, non seulement de ne point les combattre, mais encore de les protéger et de favoriser leur multiplication dans la mesure du possible.

TROISIÈME PARTIE

ÉCONOMIE RURALE

CHAPITRE LXV.

Définition de l'Économie rurale. — Agents de la production agricole.
La propriété foncière. — Grande, moyenne et petite culture. — Culture morcelée. Réunions territoriales.
Valeur foncière et valeur locative du sol. — Impôt foncier. — Cadastre.

Définition de l'Économie rurale. — « L'Économie rurale, dit M. Lecouteux, par cela même qu'elle est la science des richesses agricoles, est en même temps la science des rapports, des harmonies, des proportions, des solidarités qui déterminent les conditions d'équilibre et de bonne distribution des forces productives de l'agriculture. » Elle synthétise, en quelque sorte, toutes les sciences agricoles, pour les diriger vers un même but, le profit.

L'Économie rurale se rattache à l'Économie politique en ce que, comme cette dernière, elle observe et décrit les milieux économiques; mais elle revêt nettement le caractère d'une science distincte dans l'étude de la constitution des entreprises agricoles. C'est surtout par cette seconde partie que nous l'aborderons.

Agents de la production agricole. — Les agents de la production des richesses, tant agricoles qu'industrielles, sont au nombre de trois : la terre, le travail et le capital. Nous allons voir quel est le rôle de chacun d'eux dans le fonctionnement de l'entreprise rurale.

La propriété foncière. — La terre est le premier agent, l'agent essentiel de la production agricole; le capital et le travail n'interviennent que pour la mettre en valeur.

La terre appartient soit à des individus, soit à des collectivités, telles que l'État, les départements, les communes, les associations laïques ou religieuses. La propriété individuelle occupe la majeure partie de l'étendue territoriale de la France. Nous devons nous en féliciter; car c'est le mode de possession qui favorise au plus haut degré le progrès agricole.

La propriété du sol se transmet par vente, donation, héritage ou prescription. Ce dernier moyen d'acquérir, qui, d'après nos lois, nécessite l'occupation pendant trente ans d'un sol réputé sans propriétaire, n'existe plus chez nous qu'à l'état de rare exception.

La transmission par vente ou par donation se fait au gré des parties, sous la condition d'un droit de *mutation* à payer à l'État. Quant à la transmission par héritage, elle est soumise à certaines lois. Le père de famille ne peut disposer en toute liberté que d'une faible partie de sa fortune, le reste devant être partagé par portions égales entre tous ses enfants. On fait à cette disposition, éminemment équitable et sage, le reproche de pousser au morcellement du sol ; mais, si ce morcellement, combattu, d'ailleurs, par différents moyens que nous allons examiner, a certainement des inconvénients, il ne présente pas tous les dangers que quelques auteurs se sont plu à lui attribuer.

On distingue, suivant son étendue, la grande, la moyenne et la petite propriété. Cette dernière domine en France, où les grands domaines sont rares.

Grande, moyenne et petite culture. — Il ne faudrait pas confondre la grande, la moyenne et la petite culture avec la grande, la moyenne et la petite propriété. Un domaine de grande étendue peut être divisé en plusieurs exploitations, de même qu'une seule exploitation peut englober plusieurs propriétés.

Ce sont la moyenne et la petite cultures que l'on rencontre surtout en France; elles nécessitent des capitaux moins considérables que la grande culture; mais cette dernière a généralement sur elles l'avantage de faciliter l'emploi économique des machines pour tous les travaux de la ferme. La classification des exploitations agricoles dans l'une ou l'autre de ces catégories est assez arbitraire; toutefois, la caractéristique de la petite culture, c'est que les différents travaux sont exécutés par la seule famille du cultivateur.

Culture morcelée. Réunions territoriales. — Quand un domaine est formé de petites parcelles isolées, situées parfois à de grandes distances les unes des autres, la culture en devient difficile et coûteuse. Des pertes de temps considérables sont occasionnées par la nécessité de conduire les instruments d'une pièce à une autre pièce, par les nombreuses interruptions qui se produisent dans le travail, par la fréquence des *tournées*, lors des façons culturales données au sol et principalement des labours. L'emploi des semoirs, des faucheuses, des moissonneuses, etc., devient impossible dans de semblables exploitations; les irrigations, les drainages, avantageux surtout lorsqu'il s'agit de surfaces importantes, y perdent une grande partie de leur valeur. En outre, comme il existe toujours, à la périphérie de chaque champ, une bande de terre négligée, parce qu'on n'y peut faire passer les instruments de culture, la multiplication de ces parcelles finit par entraîner l'inutilisation d'une assez grande étendue de terrain. Enfin, le morcellement crée des enclaves éloignées de tout chemin de communication et, par suite, d'un accès difficile.

La division du sol, nous l'avons vu déjà, est surtout la conséquence de nos lois régissant les successions, et plus particulièrement de l'application des articles 826 et 832 du Code civil. Ces articles sont ainsi conçus :

« Art. 826. — Chacun des cohéritiers peut demander sa part en nature des meubles et immeubles de la succession.....

« Art. 832. — Dans la formation et la composition des lots, on doit éviter, autant que possible, de morceler les héritages et de diviser les exploitations, et il convient de faire entrer dans chaque lot, s'il se peut, la même quantité de meubles, d'immeubles, de droits ou de créances de même nature et valeur. »

La première partie de ce dernier article vise à tempérer, en ce qui concerne la propriété foncière, ce que la seconde partie semble avoir d'excessif.

L'achat, par un même propriétaire, de plusieurs parcelles contiguës, l'échange de parcelles entre propriétaires voisins, facilité par la réduction des droits d'enregistrement et de transcription, qu'énonce la loi du 3 novembre 1884, permettent de reconstituer des propriétés compactes. Mais il est un autre moyen beaucoup plus efficace, beaucoup plus rapide, d'opérer cette reconstitution : c'est l'application du système des *réunions territoriales.*

Ces réunions se font généralement par commune. Voici comment on procède : on divise la surface totale du territoire en autant de lots qu'il y a de propriétaires, et l'on délivre à chacun d'eux un lot en rapport avec ce qu'il possédait primitivement. Dans certains pays (Suisse, Allemagne, Danemark), les réunions territoriales deviennent obligatoires dès qu'elles sont réclamées par la majorité des cultivateurs d'une même circonscription. En France, on ne peut y procéder que s'il y a consentement unanime des propriétaires. Plusieurs communes du département de la Meuse ont donné, depuis longtemps déjà, l'exemple de semblables remaniements territoriaux, effectués au grand bénéfice des participants. Dans l'intérêt de tous les cultivateurs, il est à souhaiter que ces réunions se multiplient. Les quelques lignes suivantes, empruntées à M. Tisserand, Directeur de l'Agriculture, qui, pendant un séjour à Hohenhaïda (Saxe), a vu s'effectuer sous ses yeux une semblable réunion, feront ressortir, mieux que toute dissertation, les avantages qu'on peut tirer de ces opérations : « On comptait, dit-il, 744 parcelles, d'une étendue moyenne de 57 ares. La réunion réduisit le nombre des parcelles à 60, d'une superficie moyenne de 982 ares, traversées, pour la majeure partie, par un seul chemin. Le travail a duré un an et a coûté 5 fr. 35 par hectare. Par la diminution de la surface consacrée autrefois aux routes et clôtures, on a gagné 97 ares 58 centiares, c'est-à-dire plus que la dépense de la réunion territoriale. La conséquence de la réunion a été la nécessité d'agrandir tous les greniers pour suffire à l'accroissement des récoltes. »

Valeur foncière et valeur locative du sol. — La *valeur foncière* ou *valeur vénale* du sol n'est autre chose que le prix de vente normal de l'hectare de terre. Ce prix varie beaucoup, suivant les régions, la fertilité des terres, le genre de culture qu'elles portent. Certaines landes valent à peine 25 francs l'hectare, alors que telle vigne ou telle prairie se paye de 10 000 à 12 000 francs l'hectare, et qu'il existe des cultures maraîchères dont le prix atteint 40 000 et 50 000 fr. Dans chaque pays, la quantité de terre est limitée; elle ne peut évidemment s'accroître : il en résulte que son prix s'élève en raison directe de la richesse locale et de la densité de la population.

La *valeur locative* du sol est représentée par la redevance payée annuellement au propriétaire, pour chaque hectare de terre, par l'exploitant, fermier ou métayer, le propriétaire étant supposé son propre fermier dans le cas où il n'en a pas d'autre. Cette redevance se paye tantôt en argent, tantôt en nature. Le loyer des bâtiments s'y trouve compris. Ce *fermage*, que l'on désigne aussi sous le nom de *rente*, constitue la part des bénéfices de l'entreprise agricole qui revient au capital foncier.

Le *taux* de la rente foncière est le rapport entre la valeur foncière et la valeur locative. Ce taux varie suivant les époques et suivant les pays. En France, il oscille généralement entre 2 1/2 et 3 pour 100.

Impôt foncier. Cadastre. — Tout immeuble, terre ou bâtiment, est frappé d'une contribution spéciale, l'*impôt foncier*. Cet impôt, à la charge du propriétaire, est établi d'après le *cadastre*, registre public où se trouvent indiquées la situation, la contenance et la valeur des propriétés de chaque commune.

CHAPITRE LXVI.

Modes d'exploitation du sol. — Faire-valoir direct. — Régie. — Fermage. — Métayage. — Bail à cheptel. — Organisation du travail à la ferme.

Modes d'exploitation du sol. — La direction de l'entreprise agricole peut appartenir soit au propriétaire lui-même ou à son représentant, soit à un preneur, fermier ou métayer. Dans le premier cas, capital foncier et capital d'exploitation se trouvent réunis entre les mêmes mains; dans le second cas, tout ou partie du capital d'exploitation est en la possession d'un individu distinct du propriétaire foncier.

Faire-valoir direct. — On entend par *faire-valoir direct* le mode de jouissance du sol par le propriétaire même, qui réside sur son domaine et en dirige personnellement l'exploitation. Ce mode est celui qui se prête le mieux aux améliorations agricoles durables. Libre dans ses entreprises, sûr de jouir pendant une longue suite d'années des bénéfices résultant de la construction de bâtiments ruraux, de travaux de drainage ou d'irrigation, de l'emploi des amendements et des engrais, possédant souvent des capitaux suffisants, le propriétaire peut se livrer à des améliorations trop coûteuses pour un fermier, dont le bail est rarement assez long pour lui garantir qu'il tirera de ses avances le profit qu'il est en droit d'en attendre.

Régie. — Dans le système de *faire-valoir par régie*, le propriétaire est représenté par un *régisseur*. Il est rare que la régie présente les mêmes avantages que le faire-valoir direct, lors même que le régisseur est capable et consciencieux. Dans bien des cas, le régisseur est entravé dans la bonne administration du domaine par l'intervention du propriétaire : il y a antagonisme entre ces deux autorités, et l'exploitation en souffre. Souvent aussi, le propriétaire, qui n'est plus astreint à la résidence sur ses terres, se désintéresse de leur amélioration et ne fournit plus les capitaux nécessaires pour l'entreprendre. *L'absentéisme*, c'est-à-dire la vie des propriétaires fonciers loin de leurs domaines délaissés, est ce que l'on peut imaginer de plus fâcheux pour l'avenir de notre agriculture.

Fermage. — Le *fermage* suppose un contrat par lequel un *propriétaire* ou *bailleur* cède à un *fermier* ou *preneur* la jouissance de son domaine pendant un certain nombre d'années, sous condition du payement d'une redevance fixe annuelle en argent ou en nature. Ce contrat est verbal ou écrit : dans ce dernier cas, il peut être dressé devant notaire ou fait sous seing privé. L'enregistrement est obligatoire pour tous les baux, quelle qu'en soit la forme.

Le propriétaire est tenu d'assurer au fermier la jouissance de l'immeuble rural et de ses accessoires; d'exécuter toutes les grosses réparations nécessaires pour que le domaine reste en état de servir aux usages pour lesquels il a été loué; enfin, sauf convention contraire ou à moins d'entente préalable avec le fermier, il ne doit en aucun cas modifier l'état des lieux pendant la durée du bail.

De son côté, le fermier est dans l'obligation de ne pas détourner le fonds affermé de la destination reconnue par le bail, et, conformément aux termes de la loi, d'en *jouir en bon père de famille*. Cette dernière expression signifie que le fermier est tenu d'en user avec le domaine qu'il exploite, comme s'il devait le léguer à ses enfants; ce qui suppose qu'il entretiendra les terres en bon état de fertilité soit par la consommation à la ferme des pailles et fourrages produits et par l'application aux cultures des fumiers obtenus et des engrais complémentaires, soit par l'apport d'engrais équivalents à ces fumures; qu'il garnira l'immeuble des animaux et des instruments indispensables à l'exploitation; qu'il exécutera les réparations dites locatives; enfin, qu'à l'expiration de son bail, il rendra le fonds rural au propriétaire dans l'état où il lui a été livré lors de son entrée en jouissance.

Les articles 1777 et 1778 du Code civil règlent les obligations réciproques du fermier entrant et du fermier sortant. Pour éviter des contestations, d'où résultent souvent de dispendieux procès, il est utile de stipuler nettement dans les baux, et sans craindre d'entrer dans trop de détails, quelles seront ces obligations, en même temps que celles que contractent vis-à-vis l'un de l'autre le propriétaire et le fermier.

Le droit de chasse et le droit de pêche doivent faire l'objet d'une clause spéciale.

L'article 2102 du Code civil garantit au propriétaire le payement du fermage; il le déclare, sauf quelques restrictions, créancier privilégié en ce qui concerne le produit de la vente des objets qui garnissent la ferme ou qui servent à son exploitation, et de celle de la récolte de l'année.

La durée des baux à ferme est très variable. Souvent ils sont consentis pour des périodes de trois, six ou neuf ans. Ceux qui dépassent quinze ou dix-huit ans sont assez rares. Ce sont cependant les longs baux qui favorisent surtout le progrès agricole, en permettant au fermier d'entreprendre, avec l'espérance de jouir des bénéfices en résultant, d'importants travaux d'amélioration, dont l'influence se fait longtemps sentir. Lorsqu'il n'y a pas fixation, par contrat, de la durée du bail, la loi suppose que celle-ci est telle, qu'elle permette au preneur de recueillir tous les fruits du sol.

Le bail est renouvelé *par tacite reconduction*, aux mêmes conditions que précédemment, lorsque, avant son expiration, il n'a pas été dénoncé par l'une des parties contractantes.

Dans certains cas, le propriétaire prend à sa charge les grosses améliorations foncières, telles que construction de bâtiments, irrigations ou drainages, plantations, terrassements, etc., moyennant le payement par le fermier de l'intérêt des avances faites. Parfois aussi, en faisant, sous certaines conditions, l'avance au fermier d'un cheptel vivant, il contribue directement à l'amélioration du bétail et à l'extension des cultures fourragères, qui doivent assurer à son domaine, par la production d'engrais, une plus haute fertilité. Lorsque, au contraire, c'est le fermier qui réalise les améliorations, si celles-ci ne sont pas constituées par des objets qu'il puisse enlever, il est nécessaire, pour éviter toute contestation, de prévoir, par contrat, dans quelle mesure le propriétaire devra lui en tenir compte à l'expiration de son bail. Pour sauvegarder à la fois les intérêts des deux parties, les conventions doivent porter sur le chiffre et la nature des améliorations en même temps que sur le mode d'indemnité à accorder au fermier. Celui-ci peut être dédommagé de ses avances, soit par leur remboursement en fin de bail, après expertise ou suivant différentes clauses, soit par l'autorisation de prolonger son bail moyennant certaines conditions, soit par la faculté d'acheter le domaine à un prix et dans un délai déterminés, soit enfin par l'exemption de fermages pendant une ou plusieurs années.

Métayage. — Le *métayage* ou *colonage partiaire* résulte d'un contrat par lequel le propriétaire cède au preneur, *métayer* ou *colon partiaire*, la jouissance de son domaine et tout ou partie du bétail et du matériel nécessaires à son exploitation, moyennant une redevance en nature représentée par une portion des produits de la métairie. En règle générale, les produits sont partagés par moitié; toutefois, leur répartition varie suivant la valeur de la terre et du matériel livrés par le propriétaire. Plus le sol est fertile, plus la part du propriétaire doit être considérable; plus, au contraire, le sol nécessite de travail pour produire, plus la rémunération du métayer doit être élevée. L'agriculture par le métayage est surtout une agriculture par le travail; le capital y fait assez souvent défaut. Dans ce mode d'exploitation, la main-d'œuvre est fournie presque tout entière par le métayer et sa famille; celle que l'exploitant est obligé de prendre au dehors doit être payée par lui.

Le métayage convient non seulement aux pays où les capitaux sont rares, mais à tous ceux où les cultures exigent, durant la plus grande partie de l'année, une main-d'œuvre coûteuse; à ceux où, par suite de l'incertitude des récoltes, il y a irrégularité dans les revenus agricoles; enfin, aux régions où, faute de débouchés, les produits du sol sont consommés en nature. Par cette raison qu'il fait courir les mêmes chances au propriétaire et au preneur, il rend leur association plus intime, il identifie mieux leurs intérêts. Il assure, en outre, à l'exploitant une plus grande sécurité, puisque celui-ci se trouve dans de meilleures conditions par rapport à la hausse des salaires, et qu'il est toujours certain de pouvoir acquitter son fermage.

Les produits végétaux sont partagés en nature entre le métayer et le propriétaire, presque toujours immédiatement après la récolte. En ce qui concerne les animaux, le partage en nature est le plus souvent impossible, et l'on est obligé d'avoir recours à un partage en argent.

Les contrats de métayage doivent stipuler, outre l'apport fait par chacun des deux contractants et la part qui doit lui revenir dans les produits, toutes les conditions de l'exploitation : établissement des assolements, entretien et achat du bétail, exécution des améliorations, etc. Il est également utile qu'ils énoncent la durée du bail; cette recommandation n'est pas superflue, car, souvent encore aujourd'hui, aucune convention ferme n'intervient à ce sujet entre les parties; les baux sont supposés passés pour un an, et se renouvellent par tacite reconduction aussi longtemps que ni propriétaire ni métayer n'y mettent obstacle. Un semblable état de choses est défavorable aux améliorations culturales; on y substituerait avec avantage des baux de plus longue durée qui assureraient au métayer la complète rémunération de ses efforts.

Les articles 1763 à 1778 du Code civil ont rapport au métayage.

Bail à cheptel. — On entend par *cheptel* un fonds de bétail donné, sous certaines conditions, à un fermier ou à un métayer par le propriétaire. On distingue :

1° Le *cheptel simple :* — le cheptelier doit conserver le troupeau; en cas de perte par manque de soins, il en est responsable; si la perte résulte d'un cas fortuit, il en supporte la moitié, quand elle est partielle; lorsqu'elle est totale, le propriétaire la supporte en entier; ce dernier a droit au croît, c'est-à-dire aux animaux nés du troupeau, le fermier à tous les autres produits;

2° Le *cheptel à moitié :* — chacun des contractants fournit la moitié des animaux pour les mettre en commun et partager le profit ou la perte. Le laitage, le fumier, le travail des bêtes restent au preneur; le bailleur n'a droit qu'à la moitié du croît et de la laine;

3° Le *cheptel de fer* (art. 1821 à 1827 du Code civil) : — le fermier est tenu de restituer, à sa sortie, un troupeau d'une valeur égale à celui qu'il a reçu lors de son entrée. En cas de perte, pour quelque raison que ce soit, il la supporte en totalité. Par contre, il a sur tous les produits un droit à peu près absolu; il paye, de ce fait, une redevance au propriétaire.

Le *cheptel de métayage* (art. 1827 à 1830 du Code civil) est analogue au cheptel simple; mais les conventions particulières permises par la loi sont beaucoup plus étendues.

Organisation du travail à la ferme. — Propriétaire, régisseur, fermier ou métayer sont, à des titres divers, les entrepreneurs de l'exploitation rurale. Ils ont pour auxiliaires différents travailleurs. Ceux-ci se classent en deux groupes : 1° les domestiques de ferme; 2° les ouvriers agricoles.

Les domestiques de ferme, charretiers, bouviers, servantes, etc., sont attachés d'une façon stable à l'établissement; généralement ils sont engagés pour l'année. Quant aux ouvriers agricoles, ils ne deviennent nécessaires que pour l'exécution de certains travaux : fenaison, moisson, vendange, etc. Ces ouvriers sont de deux genres : les *journaliers* et les *tâcherons;* les premiers se payent à la journée; les seconds, à la tâche. Souvent, le manque d'ouvriers *sédentaires*, c'est-à-dire résidant dans le pays, et parfois leur incapacité, obligent à recourir aux ouvriers *nomades*, qui parcourent nos différentes régions à l'époque des travaux importants. L'habileté du cultivateur consiste à savoir choisir, parmi ces diverses catégories de travailleurs, le personnel dont il pourra tirer, au plus bas prix, les meilleurs services, en confiant à chacun la fonction qui lui convient plus spécialement. Son savoir-faire doit s'étendre également à l'emploi des animaux de travail, de même qu'à la substitution raisonnée des machines à la main-d'œuvre et aux moteurs animés.

CHAPITRE LXVII.

Capital d'exploitation. — Systèmes de culture. — Produit brut et produit net.

Capital d'exploitation. — Le *capital d'exploitation* est le capital qui permet au cultivateur de pourvoir à tous les frais d'exploitation du sol et du bétail. Ces frais se répartissent ainsi : fermages ou revenus fonciers; — travail; — engrais; — semences; — frais d'entretien du bétail; — frais généraux, qui comprennent : les impôts, les frais d'assurances, l'entretien des bâtiments, chemins et clôtures, les dépenses de ménage, etc. Le capital d'exploitation est constitué par : 1° le mobilier (machines, instruments, outils, ustensiles, meubles, appareils divers) ; 2° le bétail ou cheptel vif; 3° les matières en magasin, produits de vente ou de consommation ; 4° les engrais en terre; 5° les emblavures, c'est-à-dire les ensemencements exécutés, les récoltes sur pied; 6° les espèces en caisse formant le fonds de roulement.

L'importance du capital d'exploitation est éminemment variable avec les systèmes de culture. Sa valeur s'énonce par hectare de terre cultivée.

Systèmes de culture. — On entend par *système de culture* le mode de mise en œuvre des forces et des ressources dont dispose le cultivateur pour l'exploitation de son domaine.

Différentes classifications de ces systèmes ont été établies par les agronomes. Nous signalerons notamment la classification de Royer, d'après les périodes de fertilité, que nous avons citée déjà en traitant de l'agrologie. Celle que l'on adopte presque toujours aujourd'hui distingue seulement deux systèmes de culture : la culture *intensive* et la culture *extensive*.

La *culture intensive* nécessite un capital d'exploitation considérable (on l'évalue à 1 000 francs au moins par hectare cultivé) ; elle se base sur l'emploi des fortes fumures, des façons culturales multipliées, des plantes à grand rendement; elle réalise les plus importantes améliorations foncières. Son produit brut est élevé; quant au prix de revient des produits qu'elle fournit, on a pu dire que souvent « plus la culture intensive dépense par hectare, jusqu'à la limite nécessaire pour obtenir des récoltes maxima d'une certaine qualité, moins elle dépense par hectolitre ou par quintal récolté ». Cela tient à ce que, si certains frais (fumures, récolte, etc.) augmentent proportionnellement aux rendements obtenus, il est des frais fixes (loyer, impôts, semences) qui n'en dépendent en aucune façon, et qui, pesant aussi lourdement sur une faible récolte que sur une récolte élevée, grèvent bien plus chaque unité de produits obtenus dans le premier cas que dans le second. C'est ainsi, par exemple, que si ces frais portent sur une récolte de 15 hectolitres de blé à l'hectare, chaque hectolitre en supportera $\frac{1}{15}$, et que, s'ils portent sur une récolte de 30 hectolitres, chaque hectolitre n'en supportera que $\frac{1}{30}$. Le système intensif est le seul qui convienne aux terres arrivées à une haute valeur foncière; il s'applique, d'ailleurs, à toutes les cultures, aussi bien aux prairies, aux vignes, aux céréales, qu'aux cultures industrielles ou maraîchères.

Mais il ne serait pas possible ni même avantageux de le mettre partout en pratique. Quand les capitaux font défaut, quand il s'agit de terres à bon marché, de fertilité médiocre, dont l'amélioration ne peut se faire sans danger qu'avec l'aide du temps, on est bien obligé d'avoir recours au *système extensif*, basé sur les jachères, les pâtures, le boisement, l'écobuage, etc.; mais on ne doit accepter ce système que temporairement, avec l'espoir de transformer peu à peu les cultures par le travail, en réalisant les améliorations possibles.

Quand une exploitation est trop étendue pour que les capitaux dont dispose l'agriculteur puissent suffire à la cultiver intensivement, plutôt que de consacrer uniformément ces capitaux à la conservation en cultures arables de toutes ses terres, il est préférable qu'il concentre ses moyens d'action sur une surface moindre, quitte à boiser ou à transformer en pâtures une partie de son domaine.

Produit brut et produit net. — L'ensemble des produits vendus ou consommés à la ferme, exprimé en argent et rapporté à l'hectare, constitue le *produit brut* de l'exploitation agricole. On obtient le *produit net* en défalquant les frais de culture du chiffre représentant le produit brut. Le produit net n'est pas autre chose que le bénéfice du cultivateur. Toute industrie humaine vise le profit : ce que doit donc considérer l'agriculteur, c'est le produit net.

Il est important que son attention n'en soit pas détournée par les questions de produit brut, qui sont, pour lui, d'intérêt secondaire. Tantôt le maximum de produit net ne peut résulter que du maximum de produit brut, c'est-à-dire de la culture intensive ; tantôt il est la conséquence de la culture extensive. à faible produit brut : de là la nécessité d'adopter, suivant les cas, tel ou tel système de culture.

CHAPITRE LXVIII.

COMPTABILITÉ AGRICOLE.

Nécessité pour l'agriculteur de tenir une comptabilité régulière. — Principes de la comptabilité agricole. — Livres comptables. — Inventaire. — Clôture des comptes.

Nécessité pour l'agriculteur de tenir une comptabilité régulière. — Tout commerce, toute industrie, nécessite l'établissement d'une comptabilité régulière, dont le but est la constatation et le contrôle des opérations effectuées. L'agriculteur, à la fois industriel et commerçant, ne saurait se soustraire à cette nécessité sans s'exposer à des opérations malheureuses résultant d'erreurs d'appréciation. La comptabilité, en effet, est capable de lui faire connaître, approximativement tout au moins, quelle est la valeur de telle culture, de telle branche de son exploitation, en lui indiquant les profits ou les pertes par lesquels elles se traduisent ; elle en fait ressortir les défectuosités ou les vices et lui permet ainsi d'y remédier ; seule, enfin, elle lui donne le moyen de se rendre compte, à chaque instant, de l'état des ressources dont il dispose. Cultiver sans tenir de comptabilité, c'est agir en aveugle ; bien des entreprises agricoles n'ont périclité que par suite du désordre qui régnait dans les comptes de l'exploitant.

Principes de la comptabilité agricole. — Il n'existe pas, à vrai dire, de comptabilité agricole spéciale ; ce qu'on désigne sous ce nom, c'est tout simplement l'application aux opérations culturales des principes de la comptabilité commerciale. On a beaucoup discuté l'emploi des systèmes *en partie double* et *en partie simple*. On fait au premier le reproche de nécessiter l'ouverture de *comptes débiteurs* et de *comptes créditeurs*, à l'établissement desquels se prêtent mal les transactions de la ferme, en raison des transformations multiples que subissent les produits du sol sans sortir de l'exploitation. C'est ainsi, par exemple, que la paille des céréales devient litière ou aliment pour les animaux : elle se transforme donc en fumier, en viande, en lait, etc.; le fumier, à son tour, incorporé au sol pour la durée d'un assolement, sert, dans des proportions indéterminées pour chaque récolte, à la production de racines, de céréales, etc., qui, de nouveau, repassent en totalité ou en partie à l'état de fumier, de lait, de viande, etc. Il est donc fort difficile d'attribuer à ces produits une valeur certaine. Il faut reconnaître que l'objection est sérieuse; mais nous répondrons que l'attribution, aux produits du sol consommés à la ferme, d'une valeur fictive basée sur les cours du marché local, est généralement rationnelle et se rapproche assez de la vérité pour qu'il n'y ait pas lieu de s'arrêter à quelques inexactitudes de détail, inévitables dans un mode de comptabilité comme dans l'autre. Nous adopterons le système en partie double, parce que ses indications sont plus nettes, et qu'il fait mieux ressortir les prix de revient, sans cependant les établir d'une façon absolument précise, ainsi que le font comprendre les indications précédentes.

Toutefois, pour éviter la multiplication de ces erreurs de détail, dont nous parlions, en même temps que pour simplifier les écritures, il nous semble préférable d'enregistrer séparément : d'une part, les mouvements d'espèces (achats de matériel, de bétail, de semences, d'engrais, etc., main-d'œuvre, ventes de produits divers, qui donnent lieu à la *comptabilité-argent*); d'autre part, les mouvements de matières (pailles, fourrages, fumiers, produits de consommation à la ferme, qui font l'objet de la *comptabilité-matières*). L'appréciation en numéraire et le report au grand-livre, dont nous allons parler, des opérations de la comptabilité-matières ne se font dès lors qu'à la fin de l'année.

La comptabilité-matières ne peut enregistrer que des poids ou des volumes; elle nécessite l'emploi des instruments de mesure : balance, bascule, mesures de capacité, dont toute exploitation sérieuse doit être pourvue, et auxquels il est nécessaire d'avoir constamment recours. Quant à la comptabilité-argent, c'est en francs et centimes qu'elle traduit ses indications.

Livres comptables. — Au *journal* ou *livre de caisse* sont quotidiennement inscrites, par ordre de date, toutes les recettes et toutes les dépenses ou toutes les dettes et toutes les créances, avec indication de leur motif et stipulation du prix en argent. La différence entre le chiffre total des recettes et celui des dépenses indique, à chaque moment, l'état de la caisse, qu'il est alors facile de vérifier. On choisit des dates fixes, aussi rapprochées que possible, pour cette vérification.

Toutes les écritures du journal, et, à la fin de l'année, toutes celles des livres auxiliaires, doivent être reportées au *grand-livre*, où elles sont classées par spécialité, par nature de culture ou de production, dans un ordre qu'indique un répertoire placé en tête de ce registre. Chaque compte comprend deux parties : le *débit* et le *crédit*. Au débit, sont inscrites toutes les fournitures faites à ce compte ; au crédit, toutes celles qu'il a faites à d'autres comptes. Ces fournitures sont évaluées en argent, selon les prix d'achat ou de vente s'il s'agit d'objets achetés ou vendus, selon les prix moyens des marchés voisins s'il s'agit de produits consommés à la ferme. A la fin de l'année, la *balance*, c'est-à-dire la différence entre le débit et le crédit, indique, pour chaque compte, s'il se solde *en perte* ou s'il se solde *en bénéfice*.

Pour chaque nature de produits, on obtient le prix de revient en divisant par le nombre d'unités (hectolitres, kilogrammes, etc.) le chiffre total des dépenses. Il est clair que plus l'excès du prix de vente sur le prix de revient est considérable, plus l'opération est avantageuse.

A la comptabilité-matières appartiennent plusieurs registres auxiliaires, dont deux principaux : le *livre des magasins*, qui indique, à leur date, l'entrée et la sortie des produits pour une destination déterminée ; le *livre du bétail*, où sont inscrits les effectifs de chaque espèce, les naissances et les décès, les ventes, les achats, les produits fournis par les animaux : viande, lait, laine, etc., les saillies, les généalogies, etc.

On compte encore, parmi les livres auxiliaires les plus utiles : le *livre de la main-d'œuvre*, indiquant, en regard des noms des divers ouvriers de l'exploitation, les journées faites et les salaires payés ; le total seul de ces salaires incombant à chaque compte est inscrit au journal ; le *livre des cultures*, où sont consignés la désignation des pièces de terre, la nature des cultures qu'elles portent, les travaux qu'on y exécute, les engrais qu'on leur fournit, les récoltes qu'on en obtient ; le *livre de ménage*, relatif aux dépenses de nourriture, de chauffage, de blanchissage, etc. Parfois on porte sur ce dernier livre les recettes et les dépenses de la basse-cour et de la laiterie, dont la ménagère est généralement chargée. Il est préférable d'ouvrir des carnets spéciaux pour ces services, de même que pour tous ceux qui ne dépendent qu'indirectement les uns des autres. La multiplication des carnets de compte, lorsqu'ils sont soigneusement tenus et ne font pas double emploi, a plus d'avantages que d'inconvénients : elle contribue à donner à la comptabilité une grande précision en ne laissant aucun détail dans l'obscurité.

Beaucoup de ces carnets, d'ailleurs, ne reçoivent d'écritures qu'en certaines saisons, et leur tenue n'exige guère que quelques minutes chaque jour.

Inventaire. — Le point de départ de toute comptabilité, c'est *l'inventaire*, c'est-à-dire la nomenclature et l'évaluation de tout ce que possède l'exploitant à un moment déterminé. Un livre spécial, le *livre des inventaires*, lui est consacré. La date choisie annuellement par le cultivateur pour dresser son inventaire peut varier : c'est tantôt la fin de l'année, tantôt l'époque qui suit la récolte principale : fenaison, moisson, vendange, etc.; tantôt la date qui correspond au renouvellement des baux à ferme; il importe surtout qu'elle soit fixe, et qu'elle se présente pendant une période de faible activité.

A *l'actif* de l'inventaire figurent le capital d'exploitation et, dans le cas où le propriétaire exploite lui-même, le capital foncier : terres et constructions. On comprend dans le capital d'exploitation les animaux, le matériel de culture, le mobilier de ferme, les denrées en magasin, les engrais, les espèces en caisse et les créances. Le prix des animaux d'engrais ou propres à l'engraissement est déterminé au cours actuel du marché : celui des animaux de travail est basé sur le prix d'achat, que l'on *amortit* chaque année, c'est-à-dire que l'on diminue d'une somme proportionnelle à l'amoindrissement de leur valeur. Un semblable amortissement doit être appliqué au matériel et au mobilier de ferme. Quant aux denrées en magasin, on est dans l'obligation d'en estimer la valeur d'après les cours des marchés voisins. Celle des fumiers peut être établie soit d'après leur richesse en éléments fertilisants cotés aux cours du jour, soit, plus simplement, mais avec moins d'exactitude, d'après la valeur qu'on leur attribue communément dans la localité.

Au *passif* sont portées les dettes de l'agriculteur.

Le *bilan* de l'inventaire est obtenu en retranchant le chiffre du passif de celui de l'actif. Ce bilan, comparé à celui des années précédentes, permet de se rendre compte du bénéfice par lequel la dernière campagne de culture se traduit.

Clôture des comptes. — L'époque de l'inventaire est aussi celle de la *clôture des comptes*. On les solde au grand-livre par *profits et pertes*, quand les opérations sont terminées; — par *balance de sortie* ou *report à nouveau*, quand elles se continuent avec le nouvel exercice.

CHAPITRE LXIX.

INSTITUTIONS AGRICOLES.

Ministère de l'Agriculture. — Chambres consultatives d'agriculture. — Enseignement agricole. — Laboratoires de recherches et d'analyses. — Encouragements à l'agriculture. — Sociétés, Comices et Syndicats agricoles. — Crédit agricole. — Assurances agricoles.

Les institutions agricoles sont de deux genres : les unes doivent leur organisation à l'État; les autres ont été créées par l'initiative privée et vivent plus ou moins complètement de leurs propres ressources. On peut les classer en quatre catégories, selon qu'elles ont pour but la dissémination de l'enseignement professionnel, la défense des intérêts des cultivateurs, l'attribution de récompenses aux agriculteurs méritants ou la mise à leur disposition des ressources nécessaires à la réalisation de certaines améliorations.

Ministère de l'Agriculture. — Tous les services agricoles officiels, y compris les services vétérinaires, forestiers et de l'hydraulique, dépendent du Ministère de l'Agriculture, organisé sur les mêmes bases que les autres ministères, c'est-à-dire ayant à sa tête un ministre qui le représente devant le Parlement et que secondent des directeurs, chefs de bureaux, etc. Il existe, auprès de ce ministère, un Conseil supérieur de l'Agriculture et des Comités spéciaux chargés d'étudier les lois et les mesures administratives propres à favoriser les intérêts agricoles.

Chambres consultatives d'agriculture. — Des Chambres consultatives d'agriculture devraient, aux termes d'une loi déjà ancienne, exister dans chaque arrondissement. Il est loin d'en être ainsi. Le rôle de ces chambres se borne à établir la statistique agricole de l'arrondissement, à émettre des vœux et à donner à l'administration centrale les avis qui lui sont demandés. Chaque année, la durée de la session et le programme des travaux sont déterminés par le préfet. Les attributions restreintes de ces chambres rendent leur action presque nulle.

Enseignement agricole. — L'enseignement professionnel agricole, qui répand les connaissances scientifiques applicables à l'exploitation du sol, est le plus puissant moyen d'impulsion que l'on ait mis au service du progrès de notre première industrie. L'enseignement donné par l'État est à trois degrés, auxquels correspondent les établissements suivants :

1° Enseignement supérieur : Institut national agronomique, à Paris;

2° Enseignement secondaire : Écoles nationales de Grignon (Seine-et-Oise), de Montpellier (Hérault) et de Rennes (Ille-et-Vilaine) ;

3° Enseignement primaire : Écoles pratiques d'agriculture et Fermes-écoles, nombreuses aujourd'hui et disséminées dans les différentes régions de la France.

A cet enseignement viennent s'ajouter l'École forestière de Nancy, dont les élèves se recrutent parmi les anciens élèves de l'Institut agronomique et de l'École polytechnique; l'École forestière des Barres; les Écoles vétérinaires d'Alfort, de Lyon et de Toulouse; l'École des haras du Pin; l'École nationale d'Horticulture de Versailles; les Écoles de laiterie, de bergers, les cours de greffage, etc.

L'enseignement agricole est, en outre, donné aujourd'hui

aux élèves de certains Collèges, des Écoles normales primaires, des Écoles primaires supérieures et des Écoles primaires élémentaires. Il est organisé depuis peu dans quelques Facultés. Il existe enfin plusieurs Écoles libres d'agriculture.

Les conférences faites dans chaque département par le *professeur départemental d'agriculture* vulgarisent parmi les cultivateurs les applications pratiques de la science. Dans le but de hâter encore cette vulgarisation, on a créé récemment des *professeurs d'arrondissement*. De nombreux champs d'expériences et de démonstration ont été organisés en vue de faciliter leur tâche et d'appuyer leur enseignement par l'exemple, en rendant visibles et tangibles à tous les résultats surprenants que l'on peut obtenir par l'emploi des méthodes perfectionnées. Dans la mesure des moyens dont il dispose, l'instituteur peut également installer dans son jardin un petit champ de démonstration, qui, tout modeste qu'il soit, ne manquera pas d'exercer une heureuse influence sur l'esprit de ses élèves et peut-être même de certains cultivateurs rebelles à l'enseignement par la parole.

Laboratoires de recherches et d'analyses. — Au sujet des engrais, puis au sujet des semences, nous avons eu déjà l'occasion de parler des stations agronomiques et des laboratoires analogues, qui poursuivent, pour le compte des agriculteurs, l'analyse chimique ou l'analyse botanique des différents produits, afin d'en déterminer la valeur et de dévoiler les fraudes possibles. Ajoutons que ces stations et la plupart des laboratoires appartenant à l'État s'occupent également de recherches scientifiques intéressant l'agriculture. Quelques-uns même de ces laboratoires sont exclusivement affectés à ce genre de travaux et n'exécutent pas d'analyses.

Encouragements à l'agriculture. — Chaque année, à la suite du Concours général agricole de Paris et des Concours régionaux organisés par l'État dans les départements, des récompenses sont décernées aux exposants des plus beaux produits du sol, des animaux les plus remarquables et des meilleurs instruments de culture.

En outre, des *primes d'honneur* sont accordées, dans chaque département à tour de rôle, aux exploitations les mieux tenues appartenant tant à la grande qu'à la petite culture.

Enfin, à titre d'encouragements à l'agriculture, l'État accorde des subventions aux Sociétés agricoles, aux Comices, à certaines entreprises de drainage, d'irrigation, de traitement des vignes contre le phylloxera, etc.

Sociétés, Comices et Syndicats agricoles. — Il existe aujourd'hui en France un grand nombre de comices et de sociétés d'agriculture, dont le but principal est d'organiser des concours, avec les ressources fournies par les cotisations de leurs membres, et de décerner des récompenses aux agriculteurs les plus méritants. Quelques-unes de ces sociétés sont très puissantes ; telles sont : la Société des agriculteurs de France, la Société d'encouragement à l'agriculture, etc. La Société nationale d'agriculture, très différente des précédentes, et se consacrant uniquement aux questions scientifiques, possède une organisation spéciale, qui en fait une véritable académie agricole.

Le programme des Syndicats agricoles est plus large que celui des Comices. La loi du 21 mars 1884 a reconnu à ces associations, qui doivent être formées exclusivement d'agriculteurs, le droit de se constituer sans autorisation préalable, et la jouissance de la personnalité civile. Actuellement, presque tous nos départements sont pourvus d'au moins un syndicat agricole. Quelques-uns de ces syndicats poursuivent un objet spécial : travaux d'irrigation, défense contre le phylloxera, etc. Le plus grand nombre ont pour but l'achat en commun des machines, instruments de culture, engrais, semences et parfois même objets de ménage et de consommation nécessaires à leurs membres. S'approvisionnant par grandes quantités, ils bénéficient d'importantes réductions de prix, et, de plus, ils peuvent faire contrôler en commun et, par suite, à peu de frais, par les laboratoires spéciaux, la qualité des marchandises qui leur sont livrées. Quelques-unes de ces associations ont établi des dépôts et vendent elles-mêmes les produits des syndiqués : elles suppriment ainsi les intermédiaires entre le producteur et le consommateur, dont l'intervention est onéreuse à la fois pour l'un et pour l'autre. Beaucoup de syndicats s'occupent indistinctement de tout ce qui a rapport aux intérêts agricoles. Ces associations, bien comprises, sont appelées à rendre les plus grands services à l'agriculture.

Crédit agricole. — Le Crédit agricole, organisé dans plusieurs pays, et notamment en Allemagne, où fonctionnent régulièrement les associations Raiffeisen et Schulze-Delitzsch, n'existe encore en France qu'à l'état de projet. Les pouvoirs publics s'occupent activement de trouver une solution pratique de cette question qui permette de garantir efficacement le remboursement du prêt sans entraver le cultivateur dans l'exercice de son industrie. Il n'est donc pas téméraire d'espérer que, dans un avenir prochain, les agriculteurs soucieux de réaliser dans leurs exploitations des améliorations sérieuses pourront se procurer facilement et à un taux raisonnable les capitaux nécessaires.

Assurances agricoles. — L'agriculteur prudent doit toujours s'assurer contre les dommages causés aux immeubles, au matériel, aux récoltes ou aux animaux par l'incendie, la grêle ou les épizooties. Moyennant le payement annuel d'une certaine prime, il touchera, en cas de perte, une somme déterminée d'après l'importance du sinistre. Les assurances sont, les unes *à prime fixe*, c'est-à-dire que le montant du versement annuel est invariable : elles sont alors contractées avec de véritables compagnies financières; les autres *mutuelles*, quand un certain nombre d'intéressés se constituent en société dans le but de se garantir mutuellement le remboursement des dommages qu'ils pourraient éprouver. Dans ce dernier cas, la prime varie en raison de l'importance des sommes versées dans l'année aux sinistrés. Les sociétés et les compagnies d'assurance n'offrent pas toutes la même sécurité; l'agriculteur avisé saura choisir, dans le nombre, celles avec lesquelles il convient qu'il contracte des engagements.

TABLE DES MATIÈRES

DEUXIÈME PARTIE.

Zootechnie et Zoologie agricoles.

TROISIÈME PARTIE.

Économie rurale.

FIN

Paris. — Imp. DELALAIN FRÈRES, 1 et 3, rue de la Sorbonne.

En préparation :

L'Horticulture, à l'usage des écoles primaires supérieures, des écoles normales primaires, des écoles d'agriculture et des fermes-écoles, rédigée conformément aux programmes prescrits pour ces établissements, par M. *Léon Bussard;* 1 vol. in-12, *avec figures dans le texte.*

On trouve à la même librairie :

Agriculture et Jardinage, à l'usage des écoles primaires, par *J. Gillet-Damitte,* inspecteur de l'instruction primaire; *avec* 8 *gravures,* *br. avec couverture forte,* 25 c.

Petite Agriculture des Écoles, suivie de Notions d'Horticulture, simples notions sur les principales opérations agricoles et la culture des champs et des jardins, par *le docteur A. C. Saucerotte :* 6e édition, revue et corrigée; in-18, *avec* 6 *gravures dans le texte,* *cart.* 80 c.

Leçons élémentaires d'Agriculture, rédigées d'après les programmes des écoles normales primaires et des écoles professionnelles, par *A. Ysabeau,* agronome : 11e édition; 1 vol. in-12, *avec* 44 *gravures dans le texte,* *cart.* 2 f.

Leçons élémentaires d'Horticulture, rédigées d'après les programmes des écoles normales primaires et des écoles professionnelles, par *A. Ysabeau,* agronome : 6e édition; 1 vol. in-12, *avec* 30 *gravures dans le texte,* *cart.* 1 f. 60 c.

Notions d'Histoire naturelle applicables aux usages de la vie, rédigées d'après les programmes de l'enseignement primaire supérieur, à l'usage des élèves des écoles primaires et normales et des pensionnats, par *Henri Regodt,* professeur de sciences naturelles : 12e édition; 1 vol. in-12, *avec* 110 *gravures dans le texte,* *cart.* 2 f. 25 c.

Histoire naturelle (Cours d'), répondant aux programmes officiels prescrits pour l'enseignement secondaire classique et moderne dans les lycées et collèges, pour les cours des écoles normales primaires et pour les examens de Baccalauréat, par *M. J. Langlebert,* professeur de sciences physiques et naturelles, docteur en médecine, officier d'académie : 58e édition, suivie d'un Résumé général des classifications zoologique, botanique et géologique actuellement admises dans nos écoles, et tenue au courant des dernières découvertes et des progrès de la science les plus récents; 1 vol. in-12, *avec* 620 *gravures,* *br.* 4 f.

Leçons élémentaires d'Hygiène, rédigées conformément aux derniers programmes officiels prescrits pour cet enseignement dans les lycées et collèges et dans les écoles normales primaires, par *M. H. George,* docteur-médecin, docteur ès sciences naturelles, maître de conférences d'hygiène à l'Institut agronomique, professeur d'histoire naturelle à l'école municipale Lavoisier à Paris : 9e édition, revue, corrigée et augmentée; 1 vol. in-12, *br.* 2 f. — *cart.* 2 f. 20 c.

Économie domestique et Hygiène, *à l'usage des écoles primaires de filles élémentaires et supérieures,* par *Mme Murique,* directrice de l'école normale primaire de Versailles; 1 vol. in-12, *avec vignettes dans le texte, cart.* 1 f. 50 c.

Paris. — Imprimerie Delalain frères, rue de la Sorbonne, 1 et 3.

www.ingramcontent.com/pod-product-compliance
Ingram Content Group UK Ltd.
Pitfield, Milton Keynes, MK11 3LW, UK
UKHW012002240726
13965UKWH00001B/99